21世纪高等学校计算机规划教材
21st Century University Planned Textbooks of Computer Science

数据库原理及应用（第2版）

Database Principle and Application (2nd Edition)

何玉洁 刘福刚 主编
于绍娜 余阳 张荣梅 副主编

精品系列

人 民 邮 电 出 版 社
北 京

图书在版编目（CIP）数据

数据库原理及应用 / 何玉洁，刘福刚主编. -- 2版
-- 北京 : 人民邮电出版社，2012.3
21世纪高等学校计算机规划教材
ISBN 978-7-115-27164-8

Ⅰ. ①数… Ⅱ. ①何… ②刘… Ⅲ. ①数据库系统－高等学校－教材 Ⅳ. ①TP311.13

中国版本图书馆CIP数据核字(2012)第011595号

内容提要

本书由11章、2个附录组成，主要内容包括关系数据库基础、SQL语言、关系数据理论、数据库设计、事务与并发控制、后台数据库编程、视图和索引、安全管理、备份和恢复数据库等，在附录部分给出了SQL Server 2008的安装以及该平台支持的常用系统函数。

本书条理清晰、语言简洁，适合作为高等院校计算机及理工科类多用计算机学科的大学本科数据库教材，也可作为相关人员学习数据库知识的参考书。

21世纪高等学校计算机规划教材
数据库原理及应用（第2版）

◆ 主　　编　何玉洁　刘福刚
　副 主 编　于绍娜　余　阳　张荣梅
　责任编辑　武恩玉
◆ 人民邮电出版社出版发行　北京市崇文区夕照寺街14号
　邮编　100061　　电子邮件　315@ptpress.com.cn
　网址　http://www.ptpress.com.cn
　三河市海波印务有限公司印刷
◆ 开本：787×1092　1/16
　印张：18　　　　2012年3月第2版
　字数：474千字　　2012年3月河北第1次印刷

ISBN 978-7-115-27164-8

定价：35.00元

读者服务热线：(010)67170985　印装质量热线：(010)67129223
反盗版热线：(010)67171154

前 言

本书第 1 版出版于 2008 年 4 月，到现在已经过去了 3 年多，从第 1 版的使用反馈意见及个人的教学实际情况看，有必要对第 1 版的很多内容进行修订，以使本书更符合高校教学的要求，符合技术的发展需求。

本书修订内容如下：

（1）将后台的数据库实践平台从 SQL Server 2000 升级到 SQL Server 2008。直接升级到 SQL Server 2008 而没有升级到 SQL Server 2005 的考虑是，SQL Server 2005 和 SQL Server 2008 的操作界面基本是一样的，占用的系统资源也差不多，但 SQL Server 2008 在操作细节上更加人性化，提供了与 Visual Studio 编程环境类似的微帮助功能，更便于用户使用。

（2）去掉了第 1 版中的 VB 编程部分。由于现在使用 VB 编写数据库应用程序的人越来越少，VB 的市场使用率越来越低，因此去掉了这部分内容。

（3）习题形式多样、题量丰富。为每章精心设置大量习题，每章习题都包含选择题、填空题和简答题 3 种；对第 6 章关系数据库理论和第 7 章数据库设计还设置了设计题；对能够上机实践的内容，如第 3 章 SQL 语言基础及数据定义功能、第 4 章数据操作语句、第 5 章视图和索引、第 9 章数据库编程、第 10 章安全管理和第 11 章备份和恢复数据库均给出了上机练习题。

（4）将索引从第 1 版的“第 3 章数据定义功能”中分离出来，将视图从第 1 版“第 4 章数据操作”中分离出来，将索引和视图合并为新的一章。第 2 版扩充了对索引和视图的讲解，使其知识更全面，学生学习完之后能了解其应用原理。

（5）对第 1 版第 4 章的数据查询功能的讲解，增加了 CASE 表达式、集合并运算（UNION）和将查询结果保存到新表（SELECT…INTO…）功能的介绍。

（6）增加了数据库后台编程技术的介绍，内容包括存储过程、触发器和游标。

（7）将在 SQL Server 2008 平台上进行的实践操作的介绍与知识讲解紧密结合在一起。在第 1 版中，实践和理论知识的讲解是分开进行的，在第 2 版中，为使学生在学习完理论知识后更便于实践，将实践的讲解分散到涉及相关内容的各个章中，如数据表的定义、视图和索引的定义等。

（8）将 SQL Server 基础知识的介绍、安装以及常用工具的介绍从书的正文中分离出来，放到附录中，使书的正文内容更加协调。

（9）增加了对 SQL Server 提供的常用系统函数的介绍，这部分内容也放在附录中。

除上述这些大的调整之外，在每一章对示例、内容也做了一些调整和补充，使全书的知识内容更加完整，条理更加清晰，更便于学生学习掌握数据库知识。

本书的特点是内容涵盖全面，立足学以致用，在内容选取上既包括了数据库的基础理论知识，又包括了数据库的实践和后台编程技术。

本书可作为计算机专业以及非计算机专业多用计算机（电子、通信、管理及信息处理）学科的大学本科教材。随着计算机软硬件技术的不断发展，各企业和部门管理水平的不断提高和规范化，计算机的应用水平取得了长足的进步，特别是数据库技术，其应用水平及普及速度更是日新月异，数据库技术已经不再仅是计算机专业学生必须学习的课程，而且也成为非计算机专业，特别是多用计算机学科的大学生必须学习和掌握的知识。作为新时代的大学生，为了能够适应社会对人才的需要，有必要全面地掌握数据库知识。

本书适合 32 到 48 学时的教学，各学校和各专业可根据对学生的计算机水平掌握程度的要求，在授课中对本书的一些内容进行筛选。比如要求比较低的学校，可选讲数据库编程、有关关系数据库理论和极小函数依赖集的内容。

本书为授课教师提供电子教案，同时还提供了本书的习题解答供教师下载。

作者在编写本书的过程中，得到了人民邮电出版社领导和编辑的大力支持和帮助，同时也得到了很多使用过本书第 1 版的高校教师的帮助，他们对本书的内容提出了许多宝贵的意见和建议，是他们一直以来的鼓励与帮助，促使我们完成了这本书的编写。在此，对人民邮电出版社及所有帮助过我们的教师、学生及各方面人士表示诚挚的感谢。

本书的作者都是从事数据库教学多年并一直致力于数据库技术及应用和研究的一线教师，在数据库的设计与使用方面都有一些自己的经验和感受，本书是这些作者多年教学经验和感受的总结。虽然作者尽了自己应尽的努力，但由于水平所限，书中难免有不妥之处，望广大同仁能给予批评和指正。

何玉洁

2011 年 12 月

目 录

第1章 数据库概述

随着信息管理水平的不断提高，应用范围的日益广泛，信息资源已成为企业的重要财富，而作为管理信息的数据库技术也得到了很大的发展，其应用领域也越来越广泛。数据库管理系统正日益进入到我们的日常生活中，人们在不知不觉中扩展着对数据库的使用，比如信用卡购物，飞机、火车订票系统、图书馆对书籍的借阅管理等，无一不使用了数据库技术。从小型事务处理到大型信息系统，从联机事务处理到联机分析处理，从一般企业管理到计算机辅助设计与制造（CAD/CAM）、地理信息系统等，数据库系统已经渗透到我们日常生活中的方方面面，数据库中信息量的大小以及使用程度已经成为衡量企业信息化程度的重要标志。

简单地说，数据库技术就是研究如何对数据进行科学管理以为人们提供可共享的、安全的、可靠的数据。数据库技术一般包含数据管理和数据处理两部分内容。

数据库系统本质上是一个用计算机存储数据的系统,数据库本身可以看作是一个电子文件柜，也就是说，数据库是收集数据文件的仓库或容器。

1.1 数据管理的发展

从计算机产生之后，人们就希望能够使用计算机存储和管理数据。最初对数据的管理是用文件方式进行的，也就是人们通过编写应用程序来实现对数据的存储和管理。后来，随着数据量的不断增大，计算机处理能力的不断增强，人们对数据的要求越来越多，希望达到的目的也越来越复杂，而文件管理方式已经很难满足人们对数据的需求，由此产生了数据库系统，也就是用数据库系统来存储和管理数据。数据管理的发展因此也就经历了文件管理和数据库管理两个阶段。

本节介绍文件管理和数据库管理在管理数据上的主要差别。

1.1.1 文件管理

理解今日数据库特征的最好办法是看一下在数据库技术产生之前，人们是如何通过文件的方式对数据进行管理的。

20世纪50年代后期到60年代中期，在计算机硬件方面，已经有了磁盘等直接存取存储设备；在软件方面，操作系统中已经有了专门的数据管理软件，一般称为文件管理系统。文件管理系统把数据组织成相互独立的数据文件，利用“按文件名访问，按记录进行存取”的管理技术，可以对文件中的数据进行修改、插入和删除操作。

在出现了程序设计语言之后，开发人员不但可以创建自己的文件并将数据保存在文件中，而且还可以编写应用程序来处理文件中的数据，即编写应用程序来定义文件的结构，实现对文件内容的插入、删除、修改和查询操作。当然，真正实现磁盘文件的物理存取操作的是操作系统中的文件管理系统，应用程序只是告诉文件管理系统对哪个文件的哪些数据进行哪些操作。我们将开发人员编写应用程序，并借助文件管理系统的功能，实现对用户数据处理的方式称为文件管理。在本章后边的讨论中将忽略掉文件管理系统，假定应用程序是直接对磁盘文件进行操作。

现在看一下文件管理方式下对数据的操作模式。假设某学校要用文件管理系统实现对学生的管理。在此系统中主要实现两部分功能：学生基本信息管理和学生选课情况管理。假设教务部门对学生选课情况进行管理，各系部对学生基本信息进行管理。在学生基本信息管理中保存学生的基本信息数据，假设这些数据保存在 F11 文件中。对学生选课情况的管理涉及学生的部分基本信息、课程的基本信息和学生的选课信息，假设用 F2 和 F3 两个文件分别保存课程基本信息和学生选课基本信息数据。

设实现“学生基本信息管理”功能的应用程序叫 A1，实现“学生选课管理”功能的应用程序叫 A2。由于学生选课管理中要用到一些 F1 文件中的数据，为减少冗余，假设这个功能就使用学生基本信息管理中的 F1 文件中的数据，如图 1-1 所示。

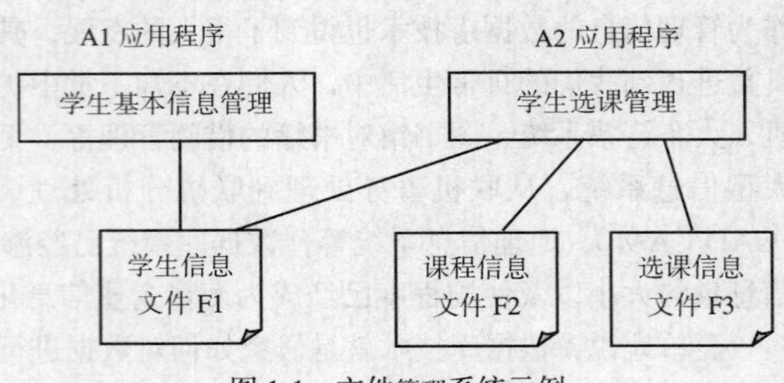

图 1-1　文件管理系统示例

假设 F1、F2 和 F3 文件分别包含如下信息：

F1 文件包含：学号、姓名、性别、出生日期、联系电话、所在系、专业、班号。

F2 文件包含：课程号、课程名、授课学期、学分、课程性质。

F3 文件包含：学号、姓名、所在系、专业、课程号、课程名、修课类型、修课时间、考试成绩。

我们将文件中所包含的每一个子项称为文件结构中的“字段”或“列”，将每一行数据称为一个“记录”。

“学生选课管理”的处理过程大致为：在学生选课管理中，若有学生选课，则先查 F1 文件，判断有无此学生；若有则再访问 F2 文件，判其所选的课程是否存在；若一切符合规则，就将学生选课信息写到 F3 文件中。

这看起来似乎很好，但仔细分析一下，就会发现用文件管理数据有如下缺点。

1. 编写应用程序不方便

应用程序编写者必须掌握所用文件的逻辑及物理结构（文件中包含多少个字段，每个字段的数据类型，采用何种存储结构，比如链表或数组等）。操作系统只提供了打开、关闭、读、写等几个底层的文件操作命令，而对文件中数据的查询、修改等操作都必须在应用程序中编程实现。这样也容易造成各应用程序在功能上的重复，比如图 1-1 中的“学生基本信息管理”和“学生选课管理”都要对 F1 文件进行操作，但这两个功能相同的操作却很难共享。

2. 数据冗余不可避免

由于 A2 应用程序需要在学生选课信息文件（F3 文件）中包含学生的一些基本信息，比如，除了学号之外，还需要包含姓名、性别、专业、所在系等信息，而学生信息文件（F1 文件）中也包含了这些信息，因此 F3 文件和 F1 文件中有重复的数据。但这些重复的数据只是不同文件的部分内容，因此很难在两个文件中公用这些公共信息，从而造成数据的重复或称数据的冗余。

数据冗余所带来的问题不仅仅是存储空间的浪费（其实，随着计算机硬件技术的飞速发展，存储容量的不断扩大，空间问题已经不是我们解决问题需要关心的主要问题），还会造成数据的不一致（inconsistency）。例如，假设某个学生所学的专业发生了变化，一般只会想到在 F1 文件中进行修改，而往往忘记了在 F3 中同样需要进行修改。由此造成同一名学生在 F1 文件和 F3 文件中的"专业"不一样，也就是数据不一致。人们不能判定哪个数据是正确的，尤其是当系统中存在多处数据冗余时，情况更是如此。这样数据就失去了其可信性。

文件本身并不具备维护数据一致性的功能，这些功能完全由用户（应用程序开发者）负责维护。这在简单的系统中还可以勉强应付，但在复杂的系统中，若让开发者来保证数据的一致性，几乎是不可能的。

3. 应用程序依赖性

就文件管理而言，应用程序对数据的操作要依赖于存储数据的文件结构。文件和记录的结构通常是应用程序代码的一部分，如 C 程序的 struct。文件结构的每一次修改，如添加字段、删除字段甚至是修改字段的长度（如电话号码从 7 位扩到 8 位），都将导致应用程序的修改，因为我们在打开文件进行读取数据时，必须要将文件记录中的不同字段的值对应到应用程序的变量中。而随着应用环境和需求的变化，修改文件的结构是不可避免的事情，这些都需要在应用程序中做相应的修改，而（频繁）修改应用程序是很麻烦的。因为人们首先要熟悉原有程序，修改后还需要对程序进行测试、安装等。甚至是修改了文件的存储位置或者是文件名，也都需要对应用程序进行修改，这显然给程序维护人员带来很多麻烦。

所有这些都是由于应用程序对文件结构以及文件的物理特性过分依赖造成的，换句话说，用文件管理数据时，其数据独立性（data independence）很差。

4. 不支持对文件的并发访问

在现代计算机系统中，为了有效利用计算机资源，一般都允许多个应用程序同时运行（尤其是在现在的多任务操作系统环境中）。文件最初是作为程序的附属数据出现的，它一般不支持多个应用程序同时对同一个文件进行访问。我们可以假设，某个用户打开了一个 Excel 文件，如果第二个用户在第一个用户没有关闭此文件之前想打开此文件，他会得到什么信息呢？他只能以只读的方式打开此文件，而不能在第一用户打开的同时对此文件进行修改。我们再假设，如果用某种程序设计语言编写了一个对某文件中的内容进行修改的程序，其过程是先以写的方式打开文件，然后写入新内容，最后再关闭文件。在文件被关闭之前，不管是在其他的程序中，还是在同一个程序中都不允许再次打开此文件，这就是文件管理方式不支持并发访问的含义。

对于以数据为中心的应用系统来说，必须要支持多个用户对数据的并发访问。

5. 数据间联系弱

当用文件管理数据时，文件与文件之间是彼此独立、毫不相干的，文件之间的联系必须通过程序来实现。比如对上述的 F1 文件和 F3 文件，F3 文件中的学号、姓名等学生的基本信息必须是 F1 文件中已经存在的（即选课的学生必须是已经存在的学生）；同样 F3 文件中的课程号等与课程有关的基本信息也必须是 F2 文件中已经存在的（即学生选的课程也必须是已经存在的课程）。这些数据之间的联系是实际应用当中所要求的自然联系，但文件本身不具备自动实现这些联系的功能，我们必须编写应用程序来保证这些联系，也就是必须手工保证这些联系。这不但增加了编写代码的工作量和复杂度，而且当联系很复杂时，也难以保证其正确性。因此，用文件管理数据时很难反映现实世界事物间客观存在的联系。

6. 难以按不同用户的愿望表示数据

按用户的愿望表示数据分为两种情况：第一种是有些用户可能只关心全体信息中的部分信息，比如分配学生宿舍的人可能只关心学生基本信息中的学号、姓名、性别；第二种情况是用户需要的信息可能来自于多个不同文件的部分信息内容的组合，例如可能有用户希望得到如下信息：

（班号，学号，姓名，课程名，学分，考试成绩）

对于第一种情况，如果有多个不同用户希望看到的数据是不同的，如果为每个这样的用户建立一个文件，势必造成很多的数据冗余。我们希望的是，用户关心哪些信息就为他生成哪些信息，对用户不关心的数据将其屏蔽掉。

对第二种情况，由于这些信息涉及了 3 个文件：从 F1 文件中得到“班号”信息，从 F2 文件中得到“学分”，从 F3 文件中得到“考试成绩”；而“学号”、“姓名”可以从 F1 文件或 F3 文件中得到，“课程名”可以从 F2 文件或 F3 文件中得到。在生成结果数据时，必须对从 3 个文件中读取的数据进行比较，然后组合成一行有意义的数据。比如，将从 F1 文件中读取的学号与从 F3 文件中读取的学号进行比较，学号相同时，才可以将 F1 文件中的“班号”、F3 文件中的“考试成绩”以及当前所对应的学号和姓名组合成一行数据的内容。同样，在处理完 F1 文件和 F3 文件的组合后，还需要将组合的结果再与 F2 文件中的内容进行比较，找出课程号相同的课程的学分，再与已有的结果组合起来。如果数据量很大，涉及的文件比较多时，我们可以想象这个过程有多复杂。因此，这种大容量复杂信息的查询，在文件管理方式中是很难处理的。

7. 无安全控制功能

在文件管理方式中，很难控制某个人对文件的操作，比如只允许某个人查询和修改数据，但不能删除数据，或者对文件中的某个或者某些字段不能修改等。而在实际应用中，数据的安全性是非常重要且不可缺少的。比如，在学生选课管理中，我们不允许学生修改他的考试成绩。在银行系统中，更是不允许一般用户修改其存款数额。

随着人们对数据需求的增加以及计算机技术的不断发展，如何对数据进行有效、科学、正确、方便的管理已成为人们的迫切需求。针对文件管理的这些缺陷，人们逐步发展了以统一管理和共享数据为主要特征的数据库管理系统。

1.1.2 数据库管理

20 世纪 60 年代后期以来，计算机管理数据的规模越来越大，应用范围越来越广泛，数据量急剧增加，同时多种应用同时共享数据集合的要求也越来越强烈。

随着大容量磁盘的出现，硬件价格的不断下降，软件价格的不断上升，编制和维护系统软件及应用程序的成本相应的不断增加。在数据处理方式上，联机实时处理要求更多，并开始提出和考虑分布处理。在这种背景下，以文件方式管理数据已经不能满足应用的需求，于是出现了新的管理数据的技术——数据库技术，同时出现了统一管理数据的专门软件——数据库管理系统。

例如，对于上述的学生基本信息管理和学生选课管理两个子系统，使用数据库技术来管理，其实现方式与文件管理有很大的区别。用数据库技术来管理的实现过程如图 1-2 所示。

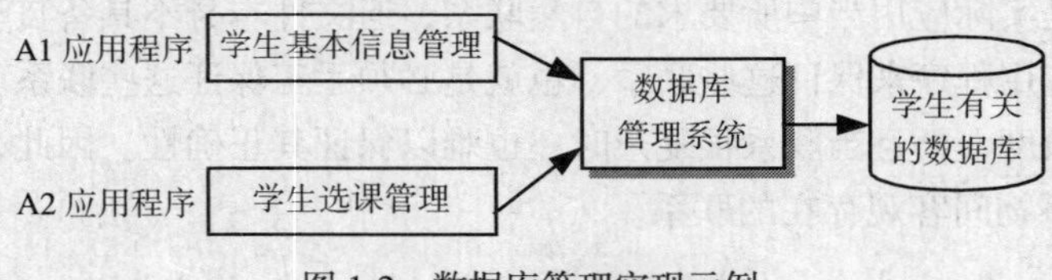

图 1-2 数据库管理实现示例

比较图 1-1 和图 1-2，可以直观地发现两者有如下差别。

（1）在文件管理中，应用程序是直接访问存储数据的文件；而在数据库管理中，应用程序则是通过数据库管理系统（DataBase Management System，DBMS）来访问数据的。

（2）在数据库管理中，用户在访问数据时不再是逐一文件进行访问，而是针对一个存储用户所需全部信息的数据库进行访问，数据具体存储文件的信息被数据库隐藏了，而且这些文件的具体操作和存储位置等细节信息也由数据库管理系统统一进行管理。

数据库管理与文件管理相比实际上是在应用程序和存储数据的数据库（在某种意义上也可以把数据库看成是一些文件的集合）之间增加了一层，即数据库管理系统。数据库管理系统实际上是一个系统软件。不要小看这个变化，正是因为有了这个系统软件，才使得以前在应用程序中由开发人员实现的很多繁琐的操作和功能，交给了这个系统软件来完成，这样应用程序或者用户不再需要关心数据的存储方式。而且数据的存储方式的变化也不再影响应用程序，这些变化都交给数据库管理系统来处理。经过数据库管理系统处理后，应用程序感觉不到这些变化，因此，应用程序也不需要进行任何修改。

与文件管理数据的局限性进行比较，数据库管理具有以下优点。

1. 相互关联的数据集成

在数据库系统中，所有相关的应用数据都存储在数据库环境中，应用程序可通过 DBMS 访问数据库中的所有数据。

2. 较少的数据冗余

由于数据是统一管理的，因此可以从全局着眼，合理地组织数据。例如，将本书 1.1.2 节中的 F1 文件、F2 文件和 F3 文件中的重复数据挑选出来，进行合理的管理，这样就可以形成如下所示的几部分信息：

学生基本信息：学号、姓名、性别、出生日期、联系电话、所在系、专业、班号。

课程基本信息：课程号、课程名、授课学期、学分、课程性质。

学生选课信息：学号、课程号、修课类型、修课时间、考试成绩。

在关系数据库中，可以将每一种信息存储在一个表中（关系数据库的概念我们在后边介绍），重复的信息只存储一份，当在学生选课中需要学生的姓名等其他信息时，根据学生选课中的学号，可以很容易地在学生基本信息中找到此学号对应的姓名等信息。因此，消除数据的重复存储不影响对信息的提取，同时还可以避免由于数据重复存储而造成的数据不一致问题。比如，当某个学生所学的专业发生变化时，只需在“学生基本信息”一个地方进行修改即可。

同 1.1.2 节中的问题一样，当要检索班号，学号，姓名，课程名，学分，考试成绩信息时，这些信息也需要从 3 个地方（关系数据库为 3 张表）获取，也需要对信息进行适当的组合，即学生选课中的学号只能与学生基本信息中学号相同的信息组合在一起；同样，学生选课中的课程号也必须与课程基本信息中课程号相同的信息组合在一起。过去在文件管理系统中，这个工作是由开发者编程实现的，而现在有了数据库管理系统，这些烦琐的工作可以完全交给数据库管理系统来完成。

3. 程序与数据相互独立

在数据库中，数据所包含的所有数据项以及数据的存储格式都与数据一起存储在数据库中，它们通过 DBMS 而不是应用程序来访问和管理，应用程序不再需要处理文件和记录的格式。

程序与数据相互独立有两个方面的含义。一方面是指当数据的存储方式发生变化（这里包括逻辑存储方式和物理存储方式），比如从链表结构改为哈希表结构，或者是顺序和非顺序之间的转换，应用程序不必作任何修改；另一方面是指当数据的逻辑结构发生变化时，比如增加或减少一些数据项，如果应用程序与这些修改的数据项无关，则应用程序无需修改。这些变化都由 DBMS 负责维护。在大多数情况下，应用程序并不知道数据存储方式或数据项何时已经发生了变化。

4. 保证数据的安全可靠

数据库技术能够保证数据库中的数据是安全、可靠的，它有一套安全控制机制，可以有效地防止数据库中的数据被非法使用或非法修改；数据库中还有一套完整的备份和恢复机制，以保证当数据遭到破坏时（由软件或硬件故障引起的），能够很快地将数据库恢复到正确的状态，并使数据不丢失或只有很少的丢失，从而保证系统能够连续、可靠地运行。

5. 最大限度地保证数据的正确性

保证数据的正确性是指存储到数据库中的数据必须符合现实世界的实际情况，比如人的性别只能是“男”或“女”，人的年龄应该在 0~150 之间（假设没有年龄超过 150 岁的人）。如果我们在性别中输入了其他的值，或者将一个负数输入到年龄中，在现实世界中显然是不对的。数据库系统能够保证进入到数据库中的数据都是正确的数据，这就是数据的正确性，也称为数据完整性。数据完整性是通过在数据库中建立约束来实现的。当建立好保证数据正确性的约束之后，如果有不符合约束条件的数据进入到数据库中，数据库能主动拒绝这些数据。

6. 数据可以共享并能保证数据的一致性

数据库中的数据可以被多个用户共享，共享是指允许多个用户同时操作相同的数据。当然这个特点是针对大型的多用户数据库系统而言的，对于单用户系统，在任何时候最多只有一个用户访问数据库，因此不存在共享的问题。

多用户共享问题是数据库管理系统内部解决的问题，它对用户是不可见的。这就要求数据库能够对多个用户进行协调，保证多个用户之间对数据的操作不会产生矛盾和冲突，即在多个用户同时使用数据库时，能够保证数据的一致性和正确性。可以设想一下火车订票系统，如果多个订票点同时对某一天的同一列火车进行订票，那么必须要保证不同订票点订出票的座位不能重复。

数据库技术发展到今天已经是一门比较成熟的技术，经过上边的讨论，可以概括出数据库管理系统具备如下特征。

数据库是相互关联的数据的集合，它用综合的方法组织数据，具有较小的数据冗余，可供多个用户共享，具有较高的数据独立性，具有安全控制机制，能够保证数据的安全、可靠，允许并发地使用数据库，能有效、及时地处理数据，并能保证数据的一致性和完整性。

需要再次强调的是，所有这些特征并不是数据库中的数据固有的，而是靠数据库管理系统提供和保证的。

1.2 数据独立性

数据独立性包含两个方面，即逻辑独立性和物理独立性。物理独立性是指当数据的存储结构发生变化时（如从链表存储改为哈希表存储），不影响应用程序的特性；逻辑独立性是指当表达现实世界的信息内容发生变化时（如增加一些列、删除无用列等），也不影响应用程序的特性。要理解数据独立性的含义，需要先搞清什么是非数据独立性。在数据库技术出现之前，也就是在使用文件管理数据的时候，实现的应用程序常常是数据依赖的，也就是数据的物理存储方式以及有关的存取技术都是在开发应用程序时需要考虑的方面，而且，数据的物理存储方式和访问技术直接体现在应用程序的代码中。如果数据文件使用了索引，那么应用程序也必须知道有索引存在，也要知道记录的顺序是索引的，应用程序的代码必须基于这些知识而设计和实现。我们称这样的应用程序是数据依赖的。在这种方式中，一旦数据的物理存储结构改变了，应用程序必须做相应的调整。比如，将数据的存储从顺序存储改为链式存储，则应用程序必须调整数据的访问方式。而修改是与数据管理密切联系的部分，与应用程序最初要解决的问题毫不相干。

在数据库系统中，尽量避免应用程序依赖于数据的情况，这有如下两个原因：

- 不同的用户看数据的角度是不同的，即使是对同样的数据也存在这样的问题。例如我们在 1.1.2 节中介绍的文件系统很难按不同用户的要求显示数据的例子。如果基本数据发生了变化，势必要修改应用程序。

- 随着科学技术的进步以及应用业务的变化，有时必须要改变数据的物理表示和访问技术，以适应技术发展及需求变化的要求。比如，添加新的数据列，改变数据列的类型，或者增加新的存储设备等。理想的情况下，这些变化不应该影响应用程序。但遗憾的是，如果应用程序是数据依赖的，则这些改变都会要求应用程序做相应的改变。这种维护的代价不亚于创建一个新的应用程序。

因此，数据独立性的提出主要是客观应用的要求。数据独立性可以描述为：应用程序不会因数据的物理表示和访问技术的改变而改变，即应用程序不依赖于任何特定的物理表示和访问技术。数据库技术的出现正好克服了应用程序与数据的物理表示和访问技术间的依赖问题。

1.3　数据库系统的组成

前面我们介绍了数据库系统具有的各种特征，那么什么是数据库系统呢？简单地说，数据库系统就是基于数据库的计算机应用系统，一般包括 3 个主要部分：数据库、数据库管理系统和应用程序，如图 1-3 所示。其中，数据库是数据的汇集，它以一定的组织形式保存在存储介质上；DBMS 是管理数据库的系统软件，可以实现数据库系统的各种功能；应用程序指以数据库和数据库数据为基础的程序。

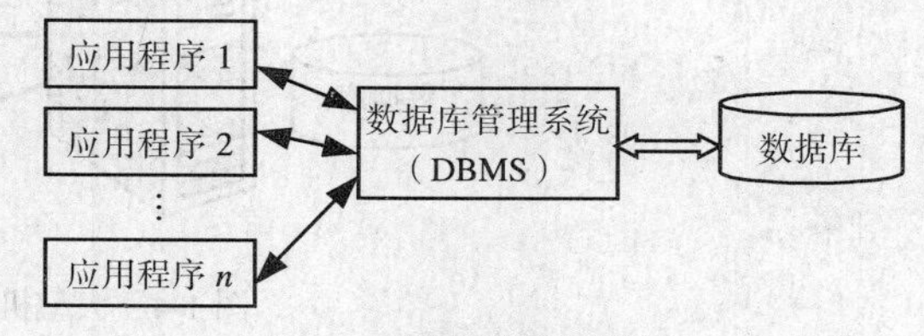

图 1-3　数据库系统简图

除了上述这些最基本的组成之外，数据库系统还需要运行这些软件所需的计算机硬件环境和操作系统环境的支持。硬件环境指保证数据库系统正常运行的最基本的内存、外存等硬件资源。操作系统环境指数据库管理系统作为系统软件是建立在一定的操作系统环境之上的，没有合适的操作系统，数据库管理系统是无法运行的。

在数据库系统中还包括一部分内容，即用户。一般可将用户分为 3 类。第一类是系统管理员，这类人员负责数据库的规划、设计、协调、维护和管理等工作，主要保证数据库正确和高效的运行。第二类是应用程序开发人员，这类人员负责在某种环境下使用某个程序设计语言编写数据库应用程序。第三类用户是最终用户，是数据库应用程序的使用者，他们在联机工作站或终端上通过数据库应用程序完成与数据库的交互以及对数据的操作。

简单地说，数据库系统包括了以数据为主体的数据库，管理数据库的系统软件——数据库管理系统，支持数据库系统运行的计算机硬件环境和操作系统环境以及使用数据库系统的人。

1.4 数据库应用结构

数据库应用结构是指数据库运行的软硬件环境。通过这个环境，用户可以访问数据库中的数据，可以通过数据库内部环境访问数据库，也可以通过外部环境访问数据库，可以执行不同的操作。用户的目的也可以各不相同，可以查询数据、修改数据或者插入新的数据。

不同的数据库管理系统可以具有不同的应用结构。我们将介绍 4 种最常见的应用结构，即集中式应用结构、文件服务器结构、客户/服务器结构和互联网应用结构。

1.4.1 集中式应用结构

在 20 世纪 60 ~ 70 年代，数据库系统环境是大型机环境。大型机代表一种“集中式”的环境。这种环境主要由一台功能强大、允许多用户连接的计算机组成。多个哑终端（一般只包括显示器和键盘，没有存储处理的能力）通过网络连接到大型机上，并可以与大型机进行通信。终端一般只是大型机的扩展，它们并不是独立的计算机。终端本身并不能完成任何操作，主要依赖于大型机来完成所有的操作。用户从终端键盘键入的信息传到主机，然后由主机将执行的结果以字符方式返回到终端上。这个时期计算机的所有资源（数据）都在主机上，所有处理（程序）也在主机上完成。图 1-4 所示为大型机结构的数据访问模式。

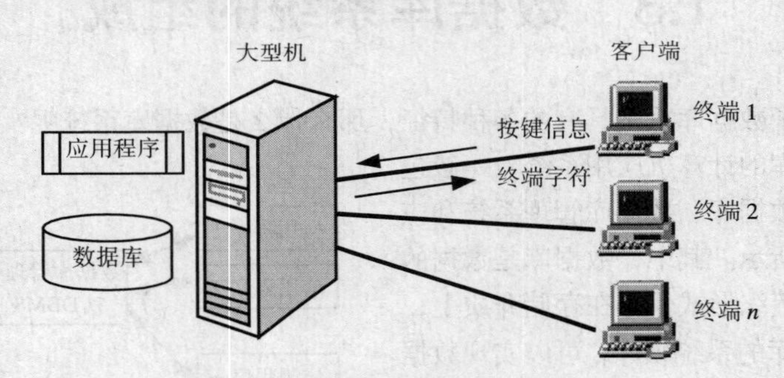

图 1-4 大型机结构的数据访问模式

集中式应用结构的优点是可以实现集中管理，安全性好；但其缺点是费用昂贵，不能真正划分应用程序的逻辑。大型机的另一个主要问题就是对最终用户的限制，终端只能与大型机进行通信。而其他的一些任务，如用户的手工处理、字处理软件的使用或者是个人电脑等都无法与大型机交互。

1.4.2 文件服务器结构

到 20 世纪 80 年代，个人计算机进入了商用舞台，同时计算机应用的范围和领域也日趋广泛。这对那些没有能力实现大型机方案的企业来说，个人计算机无疑有了用武之地。在个人计算机进入商用领域不久，局域网也问世了，同时也诞生了文件服务器技术。图 1-5 所示为文件服务器结构的数据访问模式。

从图 1-5 可以看出，在文件服务器结构中，应用程序是在客户端的工作站上运行的，而不是在服务器上运行的，文件服务器只提供了资源（数据）的集中管理和访问途径。这种结构的特点是将共享数据资源集中管理，而将应用程序分布在各个客户工作站上。文件服务器结构的优点在于实现的费用比较低廉，而且配置非常灵活。在一个局域网中可以方便地增减客户端工作站。文件服务器结构的缺点是，由于文件服务器只提供文件服务，所有的应用处理都要在客户端完成，这就意味着客户端的个人计算机必须要有足够的能力，以便执行需要的任何程序。这可能经常需要对客户端的计算机进行升级，否则就很难改进应用程序的功能或提高应用程序的性能。特别要提出的是，虽然应用程序可以存放在网络文件服务器的硬盘上，但它每次都要传送到客户端的个人计算机的内存中执行。另外，所有的处理都是在客户端完成的，因此网络上就要经常传送大量无用的数据。

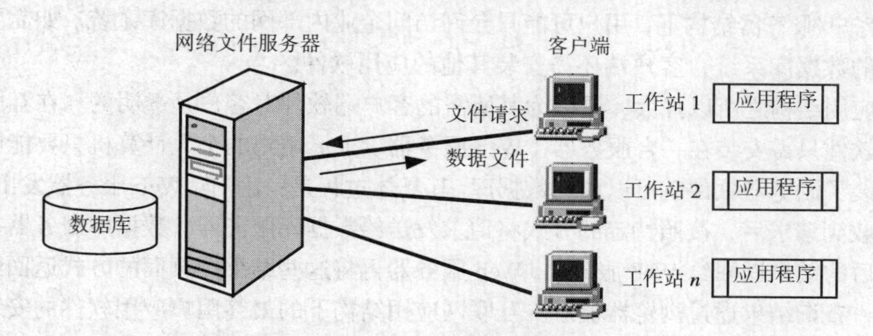

图 1-5 文件服务器结构的数据访问模式

Microsoft 的 FoxPro 就是曾经非常流行的支持文件服务器结构的数据库管理系统。

1.4.3 客户/服务器结构

文件服务器结构的费用虽然低廉，但是和大型机的“集中式”相比，它缺乏足够的计算和处理能力。为了解决费用和性能的矛盾，客户/服务器结构应运而生，这种结构允许应用程序分别在客户工作站和服务器（注意，不再是文件服务器）上执行，这样就可以合理地划分应用逻辑，充分发挥客户工作站和服务器两方面的性能。图 1-6 所示为客户/服务器结构的数据访问模式。

在客户/服务器结构中，应用程序或应用逻辑可以根据需要划分在服务器和客户工作站中。这样，为了完成一个特定的任务，客户工作站上的程序和服务器上的程序可以协同工作。从图 1-6 可以看出客户/服务器结构和文件服务器结构的区别。客户/服务器结构的客户工作站向服务器发送的是处理请求，而不是文件请求；服务器返回的是处理的结果，而不是整个文件，从而极大地减少了网络流量。

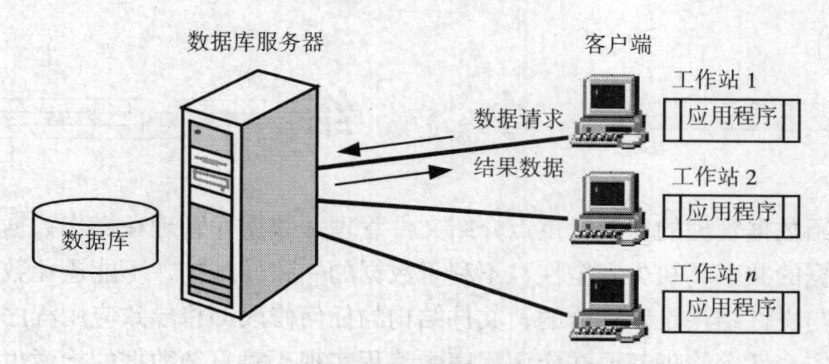

图 1-6 客户/服务器结构的数据访问模式

目前，常用的数据库管理系统都支持客户/服务器结构，如 Microsoft 的 SQL Server、Sybase、Oracle、DB2 等。

综上所述，大型机集中式应用结构的所有程序都在主机内执行，而文件服务器结构的所有程序都在客户端执行，这两种结构都不能提供真正的可伸缩应用系统框架。而客户/服务器结构则可以将应用逻辑分布在客户工作站和服务器之间，可以提高应用程序的性能。

1.4.4 互联网应用结构

互联网应用结构与客户/服务器结构非常相似。在客户/服务器结构中，需要使用服务器、网络以及一台或多台相互连接的个人计算机；而互联网应用结构依赖于因特网。因特网计算模式非常独特。在客户/服务器结构下，用户可能只允许访问企业内部网的数据库系统。如需要访问公司内部网以外的数据库系统，客户端还需安装其他的应用软件。

互联网应用结构之所以强大，是因为其所需的客户端软件对客户是透明的。在互联网应用结构中，应用软件只需安装在一台服务器（Web 服务器）上。用户的个人计算机只要能够连接到互联网并且安装了浏览器软件就可以访问数据库。其具体过程是：用户向 Web 服务器发出数据请求，Web 服务器收到请求后，按照特定的方式将请求发送给数据库服务器，数据库服务器执行这些请求并将执行后的结果返回给 Web 服务器，Web 服务器再将这些结果按页面的方式返回给客户的浏览器。最后，查询结果通过浏览器显示。互联网应用结构下的最终用户应用软件的安装和维护都非常简单，客户端不再需要安装、配置应用软件的工作，这些工作只需在 Web 服务器上完成，这减少了客户端软件的配置，避免了在客户端对应用程序的维护。当应用软件需要做一些修改时，只要在 Web 服务器上进行修改即可。

图 1-7 所示为互联网应用结构的数据库的访问模式。

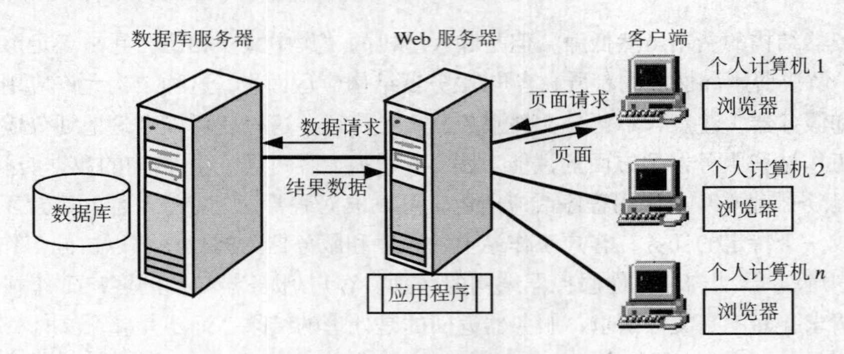

图 1-7 互联网应用结构的数据库访问

小 结

本章首先介绍数据管理的发展，重点介绍文件管理和数据库管理在操作数据上的差别。文件管理不能提供数据的共享，缺少安全性，不利于数据的一致性维护，不能避免数据冗余。更为重要的是应用程序与文件结构是紧耦合的，文件结构的任何修改都将导致应用程序的修改，而且对数据的一致性、安全性等管理都要在应用程序中编程实现，对复杂数据的检索也要由应用程序来完成，使得编写使用数据的应用程序非常复杂和烦琐，且当数据量很大，数据操作比较复杂时，应用程序几乎不能胜任。而数据库管理的产生就是为了解决文件管理的诸多不便，它将以前在应用程序中实现的复杂功能转由数据库管理系统（DBMS）统一实现，这不但减轻了开发者的负担，还带来了数据的共享、安全、一致性等诸多好处，并将应用程序与数据的结构和存储方式彻底分开，使应用程序的编写不再受数据的结构和存储方式的影响。

随后本章介绍数据库系统的组成。数据库系统主要由数据、硬件、软件和用户组成，其中软件中的 DBMS 是数据库系统的核心，在用户中系统管理员是最重要的，他负责维护整个系统的正常运行。

最后介绍到目前为止数据库的应用结构经历的 4 个变化，从最开始的集中式，到文件服务器方式，再到现在应用范围广泛的客户/服务器方式，最终到目前日益兴起的互联网方式的多层结构，每一种结构的变化都更加合理地均衡了客户端和服务器端的处理逻辑和负载。数据库应用结构是由数据库管理系统对数据的处理方式决定的，而不是由操作系统和硬件结构决定的。

习　题

一、选择题

1. 下列关于数据库管理系统的说法，错误的是（　　）。
   A. 数据库管理系统与操作系统有关，操作系统的类型决定了能够运行的数据库管理系统的类型
   B. 数据库管理系统对数据库文件的访问必须经过操作系统才能实现
   C. 数据库应用程序可以不经过数据库管理系统而直接读取数据库文件
   D. 数据库管理系统对用户隐藏了数据库文件的存放位置和文件名
2. 下列关于用文件管理数据的说法，错误的是（　　）。
   A. 用文件管理数据，难以提供应用程序对数据的独立性
   B. 当存储数据的文件名发生变化时，必须修改访问数据文件的应用程序
   C. 用文件存储数据的方式难以实现数据访问的安全控制
   D. 将相关的数据存储在一个文件中，有利于用户对数据进行分类，因此也可以加快用户操作数据的效率
3. 下列说法中，不属于数据库管理系统特征的是（　　）。
   A. 提供了应用程序和数据的独立性
   B. 所有的数据作为一个整体考虑，因此是相互关联的数据的集合
   C. 用户访问数据时，需要知道存储数据的文件的物理信息
   D. 能够保证数据库数据的可靠性，即使在存储数据的硬盘出现故障时，也能防止数据丢失
4. 在数据库系统中，数据库管理系统和操作系统之间的关系是（　　）。
   A. 相互调用　　　　　　　　　　B. 数据库管理系统调用操作系统
   C. 操作系统调用数据库管理系统　D. 并发运行
5. 数据库系统的物理独立性是指（　　）。
   A. 不会因为数据的变化而影响应用程序
   B. 不会因为数据存储结构的变化而影响应用程序
   C. 不会因为数据存储策略的变化而影响数据的存储结构
   D. 不会因为数据逻辑结构的变化而影响应用程序
6. 数据库管理系统是数据库系统的核心，它负责有效地组织、存储和管理数据，它位于用户和操作系统之间，属于（　　）。
   A. 系统软件　B. 工具软件　C. 应用软件　D. 数据软件

7．数据库系统是由若干部分组成的，下列不属于数据库系统组成部分的是（　　）。

A．数据库　B．操作系统　C．应用程序　D．数据库管理系统

8．下列关于客户/服务器结构和文件服务器结构的描述，错误的是（　　）。

A．客户/服务器结构将数据库存储在服务器端，文件服务器结构将数据存储在客户端

B．客户/服务器结构返回给客户端的是处理后的结果数据，文件服务器结构返回给客户端的是包含客户所需数据的文件

C．客户/服务器结构比文件服务器结构的网络开销小

D．客户/服务器结构可以提供数据共享功能，而用文件服务器结构存储的数据不能共享

9．下列关于数据库技术的描述，错误的是（　　）。

A．数据库中不但需要保存数据，而且还需要保存数据之间的关联关系

B．数据库中的数据具有较小的数据冗余

C．数据库中数据存储结构的变化不会影响到应用程序

D．由于数据是存储在磁盘上的，因此用户在访问数据库数据时需要知道数据的存储位置

二、填空题

1．数据管理的发展主要经历了________和________两个阶段。

2．在利用数据库技术管理数据时，所有的数据都被________统一管理。

3．数据库管理系统提供的两个数据独立性是________独立性和________独立性。

4．数据库系统能够保证进入到数据库中的数据都是正确的数据，该特征称为________。

5．在客户/服务器结构中，数据的处理是在________端完成的。

6．数据库系统就是基于数据库的计算机应用系统，它主要由________、________和________三部分组成。

7．与用数据库技术管理数据相比，文件管理系统的数据共享性________，数据独立性________。

8．在数据库技术中，当表达现实世界的信息内容发生变化时，可以保证不影响应用程序，这个特性称为________。

9．当数据库数据由于机器硬件故障而遭到破坏时，数据库管理系统提供了将数据库恢复到正确状态，并尽可能使数据不丢失的功能，这是数据库管理系统的________特性保证的。

10．数据库中的数据是相互关联的数据集合，具有较小的数据冗余，可供多个用户共享，具有较高的数据独立性，且具有安全性和可靠性，这些特征都是由________保证的。

三、简答题

1．文件管理方式在管理数据方面有哪些缺陷？

2．与文件管理相比，数据库管理有哪些优点？

3．比较文件管理和数据库管理数据的主要区别。

4．在数据库管理方式中，应用程序是否需要关心数据的存储位置和结构？为什么？

5．在数据库系统中，数据库的作用是什么？

6．在数据库系统中，应用程序可以不通过数据库管理系统而直接访问数据库文件吗？

7．数据独立性指的是什么？它能带来哪些好处？

8．数据库系统由哪几部分组成，每一部分在数据库系统中的作用大致是什么？

9．文件服务器结构和客户/服务器结构对数据的处理有什么区别？

10．应用在客户/服务器结构上的数据库管理系统是否也同样可以应用在互联网应用结构中？

第2章 数据模型与数据库系统结构

本章主要介绍数据模型和数据库管理系统的体系结构。介绍体系结构的目的是给后续章节建立一个框架结构。对本章内容的理解有助于对现代数据库系统的结构和功能有一个较全面的认识，也有利于后续章节的学习。这些内容可能有些抽象和枯燥，但在学习完后续章节的内容时，再回顾这部分内容，就会有更好的理解。

2.1 数据和数据模型

数据是我们要处理的信息，数据模型是数据的组织方式，本节介绍数据和数据模型的基本概念。

2.1.1 数据

为了了解世界、研究世界和交流信息，人们需要描述各种事物。用自然语言来描述虽然很直接，但过于烦琐，不便于形式化，而且也不利于用计算机来表达。为此，人们常常只抽取那些感兴趣的事物特征或属性来描述事物。例如，一个学生可以用如下信息描述：张三，9912101，男，1981，计算机系，应用软件。这样的一行数据称为一条记录。单看一行数据一般很难知道其确切含义，但如果知道这行数据的含义，就可以得到如下信息，张三是9912101班的男学生，1981年出生，是计算机系应用软件专业的。这种描述事物的符号记录称为数据。数据有一定的格式，例如，姓名一般是长度不超过4个汉字的字符（假设没有少数民族），性别是一个汉字的字符。这些格式的规定是数据的语法，而数据的含义是数据的语义。人们通过解释、推论、归纳、分析和综合等方法，从数据中所获得的有意义的内容称为信息。因此，数据是信息存在的一种形式，只有通过解释或处理才能成为有用的信息。

2.1.2 数据模型

对于模型，特别是具体的模型，人们并不陌生。一张地图、一组建筑设计沙盘、一架飞机模型等都是具体的模型。人们从模型可以联想到现实生活中的事物。模型是对事物、对象、过程等客观系统中感兴趣的内容的模拟和抽象表达，是理解系统的思维工具。数据模型（Data Model）也是一种模型，它是对现实世界数据特征的抽象。

数据库是企业或部门相关数据的集合，数据库不仅要反映数据本身的内容，而且要反映数据之间的联系。由于计算机不可能直接处理现实世界中的具体事物，因此，必须要把现实世界中的具体事物转换成计算机能够处理的对象。在数据库中用数据模型这个工具来抽象、表示和处理现实世界中的数据和信息。通俗地讲，数据模型就是对现实世界数据的模拟。

现有的数据库系统均是基于某种数据模型的，因此，了解数据模型的基本概念是学习数据库的基础。

数据模型一般应满足 3 个要求：第一个是数据模型要能够比较真实地模拟现实世界；第二个是数据模型要容易被人们理解；第三个是数据模型要能够很方便地在计算机上实现。用一种模型来同时很好地满足这三方面的要求在目前是比较困难的。在数据库系统中可以针对不同的使用对象和应用目的，采用不同的数据模型来实现。

数据模型实际上是模型化数据和信息的工具。根据模型应用的不同目的，可以将这些模型分为两大类，它们分别属于两个不同的层次。

第一类是概念层数据模型，也称为概念模型或信息模型，它从数据的应用语义视角来抽取模型并按用户的观点来对数据和信息进行建模。这类模型主要用在数据库的设计阶段，它与具体的数据库管理系统无关。另一类是组织层数据模型，也称为组织模型，它从数据的组织方式来描述数据。组织层就是指用什么样的结构来组织数据。数据库发展到现在主要包括如下几种组织方式（或叫组织模型）：层次模型（用树型结构组织数据）、网状模型（用图型结构组织数据）、关系模型（用简单二维表结构组织数据）以及对象-关系模型（用复杂的表格以及其他结构组织数据）。组织层的数据模型主要是从计算机系统的观点对数据进行建模，它与所使用的数据库管理系统的种类有关，主要用于 DBMS 的实现。

为了把现实世界中的具体事物抽象、组织为某一具体 DBMS 支持的数据模型，人们通常首先将现实世界抽象为信息世界，然后再将信息世界转换为机器世界。即：首先把现实世界中的客观对象抽象为某一种信息结构，这种信息结构并不依赖于具体的计算机系统，而且也不与具体的 DBMS 相关，而是概念级的模型，也就是我们前边所说的概念层数据模型；然后再把概念层数据模型转换为计算机上的 DBMS 支持的数据模型，也就是组织层数据模型。注意从现实世界到概念层数据模型使用的是“抽象”技术，从概念层数据模型到组织层数据模型使用的是“转换”，也就是说先有概念模型，然后再有组织模型。从概念模型到组织模型的转换应该是比较直接和简单的，因此使用合适的概念层模型就显得比较重要。这个过程如图 2-1 所示。

一般来说，数据包括如下两个的特征。

1. 静态特征

数据的静态特征包括数据的基本结构、数据间的联系和对数据取值范围的约束。比如第 1 章 1.1.1 节中给出的学生管理的例子。学生基本信息包含：学号、姓名、性别、出生日期、所在系、专业、所在班、特长、家庭住址，这些都是学生所具有的基本特征，是学生数据的基本结构。学生选课信息包括学号、课程号和考试成绩等信息。但学生选课信息中的学号与学生基本信息中的学号是有一定关联关系的，即学生选课信息中的学号能取的值必须在学生基本信息中的学号取值范围之内，因为只有这样学生选课信息中所描述的学生的选课情况才是有意义的（我们不允许记录一个根本就不存在的学生的选课情况），这就是数据之间的联系。最后我们看数据取值范围的约束。人的性别一项的取值只能是“男”或“女”，课程的学分一般是大于 0 的整数值，学生的考试成绩一般在 0~100 分之间等，这些都是对某个列的数据取值范围进行了限制，

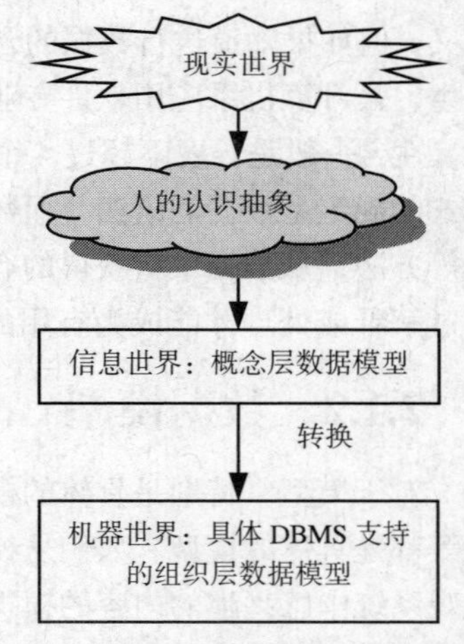

图 2-1　从现实世界到机器世界的过程

目的是在数据库中存储正确的、有意义的数据。这就是对数据取值范围的约束。

2. 动态特征

数据的动态特征是指对数据可以进行的操作以及操作规则，对数据库数据的操作主要有查询数据和更改数据，更改数据一般又包括对数据的插入、删除和修改。

我们也将对数据的静态特征和动态特征的描述称为数据模型三要素，即在描述数据时要包括数据的基本结构、数据的约束条件（这两个属于静态特征）和定义在数据上的操作（属于数据的动态特征）。

2.2　概念层数据模型

从图 2-1 可以看出，概念层数据模型实际上是现实世界到机器世界的一个中间层次。本节介绍概念层数据模型的基本概念及构建方法。

2.2.1　基本概念

概念层数据模型：抽象现实系统中有应用价值的元素及其关联关系，反映现实系统中有应用价值的信息结构，并且不依赖于数据的组织层结构。

概念层数据模型用于信息世界的建模，是现实世界到信息世界的第一层抽象，是数据库设计人员进行数据库设计的工具，也是数据库设计人员和用户之间进行交流的工具。因此，该模型一方面应该具有较强的语义表达能力，能够方便、直接地表达应用中的各种语义知识；另一方面它还应该简单、清晰和易于被用户理解。

概念层数据模型是面向用户、面向现实世界的数据模型，它与具体的 DBMS 无关。采用概念层数据模型，设计人员可以在设计的开始把主要精力放在了解现实世界上，而把涉及 DBMS 的一些技术性问题推迟到后面去考虑。

常用的概念层数据模型有实体-联系（Entity-Relationship，E-R）模型、语义对象模型。我们这里只介绍实体-联系模型，这也是最常使用的一种模型。

2.2.2　实体–联系模型

由于直接将现实世界按具体数据模型进行组织，必须同时考虑很多因素，设计工作比较复杂，并且效果也不是很理想，因此需要一种方法能够对现实世界的信息结构进行描述。事实上这方面已经有了一些方法，我们要介绍的是 P.P.S.Chen 于 1976 年提出的实体-联系（Entity-Relationship）方法，即通常所说的 E-R 方法。这种方法由于简单、实用，因此得到了广泛的应用，也是目前描述信息结构最常用的方法。

E-R 方法使用的工具称为 E-R 图，它所描述的现实世界的信息结构称为企业模式（Enterprise Schema），也把这种描述结果称为 E-R 模型。

实体-联系方法试图定义许多数据分类对象，然后数据库设计人员就可以将数据项归类到已知的类别中。我们将在第 7 章数据库设计中介绍如何将 E-R 模型转换为组织层数据模型。

1. 实体

实体是具有公共性质并且可以相互区分的现实世界对象的集合。实体是具体的，例如，职工、学生、教师、课程都是实体。

在E-R图中用矩形框表示具体的实体，把实体名写在框内，如图2-2（a）中的“经理”和“部门”实体。

实体中的每个具体的记录值（一行数据），比如学生实体中的每个具体的学生，我们称之为实体的一个实例。

注意：有些书也将实体称为实体集，将每行具体的记录称为实体。

2. 属性

每个实体都具有一定的特征或性质，这样我们才能根据实体的特征来区分一个个实例。属性就是描述实体或者联系的性质或特征的数据项，属于一个实体的所有实例都具有相同的性质，在E-R模型中，这些性质或特征就是属性。

比如学生的学号、姓名、性别等都是学生实体具有的特征，这些特征就构成了学生实例的属性。实体所具有的属性多少是由用户对信息的需求决定的。例如，假设用户还需要学生的出生日期信息，则可以在学生实例中增加一个“出生日期”属性。

将实体名及其全部属性名组合起来，抽象和描述同类实体的形式称为实体型，如学生（学号，姓名，性别）。

属性在E-R图中用圆角矩形表示，在矩形框内写上属性的名字，并用连线将属性框与它所描述的实体联系起来，如图2-2（c）中“学生”实体的“学号”、“姓名”和“性别”。

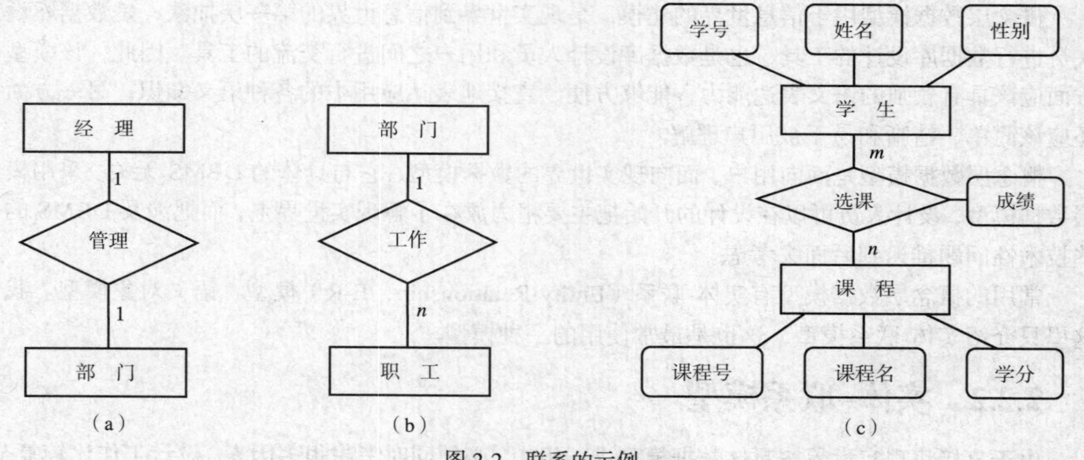

图2-2 联系的示例

3. 联系

在现实世界中，事物内部以及事物之间是有联系的，这些联系在信息世界反映为实体内部的联系以及实体之间的联系。实体内部的联系通常是指一个实体内属性之间的联系，实体之间的联系通常是指属于不同实体的属性之间的联系。比如在职工实体中，假设有职工号、职工姓名和部门经理号等属性，其中部门经理号描述的是管理这个职工的部门经理的编号。一般来说，部门经理也属于单位的职工，因此，部门经理号和职工号通常采用的是一套编码方式，部门经理号与职工号之间有一种关联的关系，即部门经理号的取值在职工号取值范围内。这就是实体内部的联系。学生和课程之间的关联关系是通过学生选课体现的，在学生选课中至少会包含学生的学号以及学生所选的课程号，而且学生选课中的学号必须是学生实体中已经存在的学号，因为我们不允许为不存在的学生记录选课情况。同样，学生选课中的课程号也必须是课程实体中存在的课程号。这种关联到两个不同实体的联系就是实体之间的联系。通常情况下我们遇到的联系大多都是实体之间的联系。

联系是数据之间的关联集合，是客观存在的应用语义链。联系用菱形框表示，框内写上联系名，并用连线将联系框与它所关联的实体连接起来，如图 2-2（c）中的"选课"联系。

联系也可以有自己的属性，比如图 2-2（c）中的"选课"联系有"成绩"属性。

两个实体之间的联系通常分为 3 类。

（1）一对一联系（1 : 1）。如果实体 A 中的每个实例在实体 B 中至多有一个（也可以没有）实例与之关联，反之亦然，则称实体 A 与实体 B 具有一对一联系，记作 1 : 1。一对一联系示意图如图 2-3（a）所示。

例如，部门和经理（假设一个部门只有一个经理，一个人只担任一个部门的经理）、系和正系主任（假设一个系只有一个正主任，一个人只担任一个系的主任）都是一对一联系，如图 2-2（a）所示。

（2）一对多联系（1 : n）。如果实体 A 中的每个实例在实体 B 中有 n 个实例（$n \geqslant 0$）与之关联，而实体 B 中的每个实例在实体 A 中最多只有一个实例与之关联，则称实体 A 与实体 B 是一对多联系，记作 1 : n。一对多联系示意图如图 2-3（b）所示。

例如，假设一个部门有若干职工，而一个职工只在一个部门工作，则部门和职工之间就是一对多联系，如图 2-2（b）所示。又比如，假设一个系有多名教师，而一个教师只在一个系工作，则系和教师之间也是一对多联系。

（3）多对多联系（m : n）。如果实体 A 中的每个实例在实体 B 中有 n 个实例（$n \geqslant 0$）与之关联，而实体 B 中的每个实例在实体 A 中也有 m 个实例（$m \geqslant 0$）与之关联，则称实体 A 与实体 B 的联系是多对多的，记为 m : n 。多对多联系示意图如图 2-3（c）所示。

例如学生和课程，一个学生可以选修多门课程，一门课程也可以被多个学生选修，因此学生和课程之间是多对多的联系，如图 2-2（c）所示。

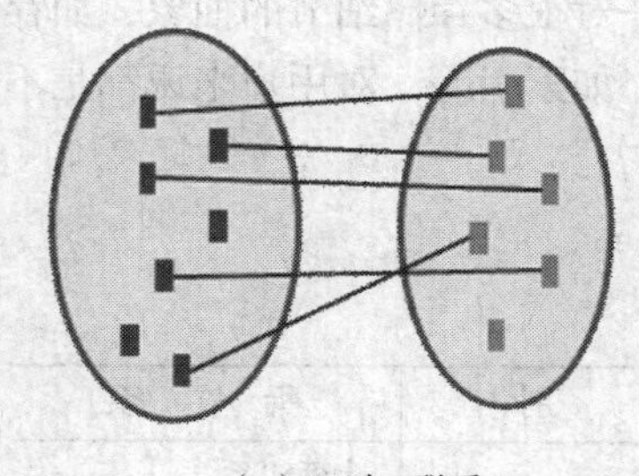

（a）一对一联系

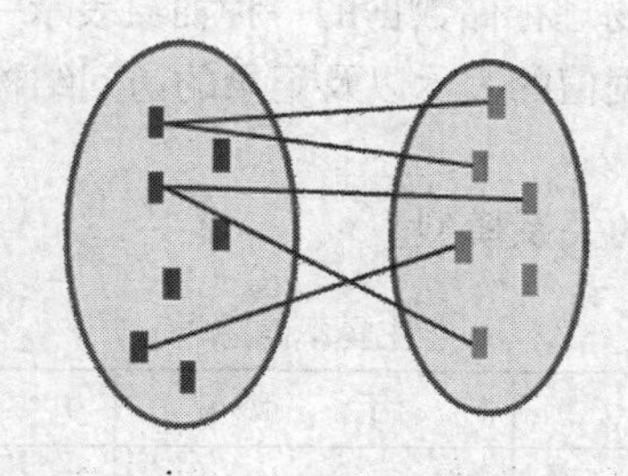

（b）一对多联系

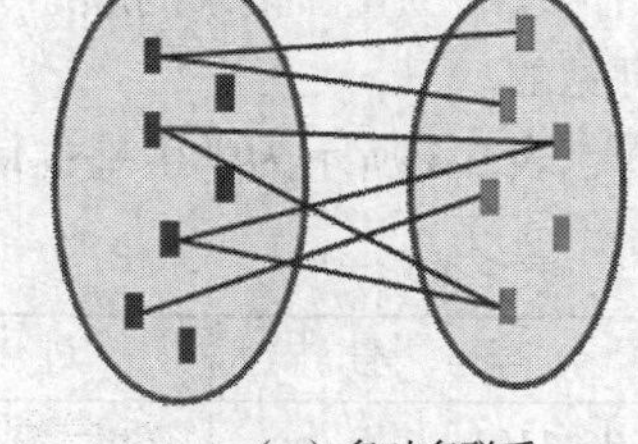

（c）多对多联系

图 2-3　不同类型的联系

实际上，一对一联系是一对多联系的特例，而一对多联系又是多对多联系的特例。

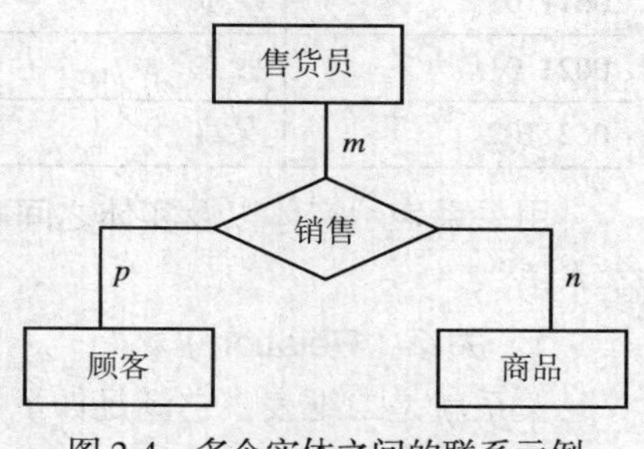

图 2-4　多个实体之间的联系示例

E-R 图不仅能描述两个实体之间的联系，而且还能描述两个以上实体之间的联系。比如有顾客、商品、售货员 3 个实体，并且有语义：每个顾客可以从多个售货员那里购买商品，并且可以购买多种商品；每个售货员可以向多名顾客销售商品，并且可以销售多种商品；每种商品可由多个售货员销售，并且可以销售给多名顾客。描述顾客、商品和售货员之间的关联关系的 E-R 图如图 2-4 所示，这里联系被命名为“销售”。

E-R 图广泛用于数据库设计的概念结构设计阶段。用 E-R 模型表示的数据库概念设计结果非常直观，易于用户理解；所设计的 E-R 图与具体的数据组织方式无关，并且可以被直观地转换为关系数据库中的关系表。

2.3 组织层数据模型

组织层数据模型是从数据的组织方式角度来描述信息，目前，在数据库技术的发展过程中用到的组织层数据模型有 4 种，它们是层次模型、网状模型、关系模型和面向对象模型。组织层数据模型是按组织数据的逻辑结构来命名的，比如，层次模型采用树型结构。目前使用最普遍的是关系数据模型。关系数据模型技术从 20 世纪 70 ~ 80 年代开始到现在已经发展的非常成熟，因此，这里重点介绍关系数据模型。

关系数据模型（或称为关系模型）是目前最重要的一种数据模型。关系数据库就是采用关系模型作为数据的组织方式。20 世纪 80 年代以来，计算机厂商推出的数据库管理系统几乎都支持关系模型，非关系系统的产品也大都加上了关系接口。下面从数据模型的三要素角度来介绍关系数据模型的特点。

2.3.1 关系模型的数据结构

关系模型源于数学，它用二维表来组织数据。这个二维表在关系数据库中称为关系。关系数据库是表（或者说是关系）的集合。

关系系统要求让用户所感觉的数据库就是一张张表。在关系系统中，表是逻辑结构而不是物理结构。实际上，系统在物理层可以使用任何有效的存储结构来存储数据，如顺序文件、索引、哈希表、指针等。因此，表是对物理存储数据的一种抽象表示——对很多存储细节的抽象，如存储记录的位置、记录的顺序、数据值的表示以及记录的访问结构，如索引等，对用户来说都是不可见的。

表 2-1 所示为学生基本信息的关系模型。

表 2-1　　学生基本信息表

学　号	姓　名	年　龄	性　别	所 在 系
0611101	李勇	21	男	计算机系
0611102	刘晨	20	男	计算机系
0611103	王敏	20	女	计算机系
0621101	张立	20	男	信息管理系
0621102	吴宾	19	女	信息管理系

用关系表示实体以及实体之间联系的模型称为关系数据模型。下面介绍一些关系模型中的基本术语。

1. 关系（Relation）

关系就是二维表，它满足如下条件：

（1）关系表中的每一列都是不可再分的基本属性。如表 2-2 所示的表就不是关系表，因为“出生日期”列不是基本属性，它包含了子属性“年”、“月”和“日”。

（2）表中各属性不能重名。

（3）表中的行、列次序并不重要，即如果交换列的前后顺序，如表 2-1 中，将“性别”放置在“年龄”的前边，不影响其表达的语义。

表 2-2　包含复合属性的表

学　号	姓　名	年　龄	性　别	所 在 系	出生日期		
					年	月	日
0611101	李勇	21	男	计算机系	1987	4	6
0611102	刘晨	20	男	计算机系	1988	12	15
0611103	王敏	20	女	计算机系	1988	8	21
0621101	张立	20	男	信息管理系	1988	6	3

2. 属性（Attribute）

二维表中的每个列称为一个**属性**（或叫字段）。每个属性有一个名字，称为属性名。二维表中对应某一列的值称为属性值；二维表中列的个数称为关系的元数。如果一个二维表有 n 个列，则称其为 n 元关系。表 2-1 所示的学生关系有学号、姓名、年龄、性别、所在系 5 个属性，是一个五元关系。

3. 值域（Domain）

二维表中属性的取值范围称为**值域**。例如在表 2-1 中，“年龄”列的取值为大于 0 的整数，“性别”列的取值为“男”和“女”两个值，这些都是列的值域。

4. 元组（Tuple）

二维表中的一行数据称为一个**元组**（记录值）。例如，表 2-1 所示的学生关系中的元组有：

（0611101，李勇，21，男，计算机系）

（0611102，刘晨，20，男，计算机系）

（0611103，王敏，20，女，计算机系）

（0621101，张立，20，男，信息管理系）

（0621102，吴宾，19，女，信息管理系）

5. 分量（Component）

元组中的每一个属性值称为元组的一个**分量**，n 元关系的每个元组有 n 个分量。例如，对于元组（0611101，李勇，21，男，计算机系），有 5 个分量，对应“学号”属性的分量是“0611101”，对应“姓名”属性的分量是“李勇”，对应“年龄”属性的分量是“21”，对应“性别”属性的分量是“男”，对应“所在系”属性的分量是“计算机系”。

6. 关系模式（Relation Schema）

二维表的结构称为**关系模式**，或者说，关系模式就是二维表的表框架或表头结构。设有关系名为 R，属性分别为 A_1，A_2，…，A_n，则关系模式可以表示为：

$\mathbf{R（A_1，A_2，…，A_n）}$

对每个 A_i（i=1，…，n）还包括该属性到值域的映像，即属性的取值范围。例如，表 2-1 所示关系的关系模式为：

学生（学号，姓名，性别，年龄，所在系）

如果将关系模式理解为数据类型，则关系就是该数据类型的一个具体值。

7. 关系数据库（Relation Database）

对应于一个关系模型的所有关系的集合称为关系数据库。

8. 候选码（Candidate Key）

如果一个属性或属性集的值能够唯一标识一个关系的元组而又不包含多余的属性，则称该属性或属性集为**候选码**。候选码也称为候选键或候选关键字。在一个关系上可以有多个候选码。

9. 主码（Primary Key）

当一个关系中有多个候选码时，可以从中选择一个作为主码。每个关系只能有一个主码。

主码也称为主键或主关键字，是表中的属性或属性集，用于唯一地确定一个元组。主码可以由一个属性组成，也可以由多个属性共同组成。例如，表2-1所示的学生关系中，学号是主码，因为学号的一个取值可以唯一地确定一个学生。而表2-3所示的选课关系的主码就由学号和课程号共同组成。因为一个学生可以选修多门课程，而且一门课程也可以有多个学生选，因此，只有将学号和课程号组合起来才能共同确定一行记录。我们称由多个属性共同组成的主码为复合主码。当某个关系的主码是由多个属性共同组成时，我们就用括号将这些属性括起来，表示共同作为主码。表2-3所示的选课关系的主码是：（学号，课程号）。

表2-3 学生选课信息表

学 号	课 程 号	成 绩
0611101	C001	96
0611101	C002	80
0611101	C003	84
0611101	C005	62
0611102	C001	92
0611102	C002	90
0611102	C004	84
0621102	C001	76
0621102	C004	85
0621102	C005	73
0621102	C007	NULL

注意，我们不能根据关系在某时刻所存储的内容来决定其主码，这样做是不可靠的，这样做只能是猜测。关系的主码与其实际的应用语义有关、与关系模式设计者的意图有关。例如，对于表2-3所示的选课关系，用（学号，课程号）作为主码在一个学生对一门课程只能有一次考试的前提下是成立的，如果实际情况是一个学生对一门课程可以有多次考试，则用（学号，课程号）作主码就不够了。因为一个学生对一门课程有多少次考试，则其（学号，课程号）的值就会重复多少遍。如果是这种情况，可以为这个关系添加一个“考试次数”列，并用（学号，课程号，考试次数）作为主码。

有时一个关系中可能存在多个可以做主码的属性，比如，对于“学生”关系，假设增加了“身份证号”属性，则“身份证号”属性也可以作为学生表的主码。如果关系中存在多个可以作主码的属性，则称这些属性为候选码属性，相应的码为候选码。从候选码中选取哪一个作主码都可以，因此，主码是从候选码中选取出来的。

10. 主属性（Primary Attribute）和非主属性（Nonprimary Attribute）

包含在任一候选码中的属性称为**主属性**。不包含在任一候选码中的属性称为**非主属性**。

关系中的术语很多可以对应到现实生活中表格所使用的术语，如表 2-4 所示。

表 2-4　　术语对比

关系术语	一般的表格术语
关系名	表名
关系模式	表头（表所含列的描述）
关系	（一张）二维表
元组	记录或行
属性	列
分量	一条记录中某个列的值

2.3.2　关系模型的数据操作

关系模型的操作对象是集合（也就是关系），而不是行，也就是操作的数据以及操作的结果都是完整的表（是包含行集的表，而不只是单行，当然，只包含一行数据的表是合法的，空表或不包含任何数据行的表也是合法的）。而非关系型数据库系统中典型的操作是一次一行或一次一个记录。因此，集合处理能力是关系系统区别于其他系统的一个重要特征。

关系模型的数据操作主要包括 4 种：查询、插入、删除和修改数据。关系数据库中的信息内容只有一种表示方式，那就是表中的行列位置有明确的值。这种表示是关系系统中唯一可行的方式（当然，这里指的是逻辑层）。特别指出，关系数据库中没有连接一个表到另一个表的指针。在表 2-1 和表 2-3 中，表 2-1 学生基本信息表的第 1 行数据与表 2-3 学生选课信息表中的第 1 行有联系（当然也与第 2、3、4 行有联系），因为学生 0611101 选了课程。但在关系数据库中这种联系不是通过指针来实现的，而是通过学生基本信息表“学号”列中的值与学生选课信息表中“学号”列中的值联系的（学号值相等）。但在非关系系统中，这些信息一般由指针来表示，这种指针对用户来说是可见的。

注意：当我们说关系数据库中没有指针时，并不是指在物理层没有指针，实际上，在关系数据库的物理层也使用指针，但所有这些物理层的存储细节对用户来说都是不可见的，用户所看到的物理层是没有指针的。

2.3.3　关系模型的数据完整性约束

在数据库中数据的完整性是指保证数据正确性的特征。数据完整性是一种语义概念，它包括两个方面：

- 与现实世界中应用需求的数据的相容性和正确性；
- 数据库内数据之间的相容性和正确性。

关系模型中的数据完整性规则是对关系的某种约束条件，它的数据完整性约束主要包括三大类：实体完整性、参照完整性和用户定义的完整性。

1．实体完整性

实体完整性指关系数据库中所有的表都必须有主码，而且表中不允许存在如下记录：

- 无主码值的记录；
- 主码值相同的记录。

因为若记录没有主码值，则此记录在表中一定是无意义的。前边我们介绍过，关系模型中的每一行记录都对应客观存在的一个实例或一个事实。比如，一个学号唯一地确定了一个学生。如果表中存在没有学号的学生记录，则此学生一定不属于正常管理的学生。另外，如果表中存在主码值相等的两个或多个记录，则这两个或多个记录会对应同一个实例。这会出现两种情况：第一，若表中其他属性的值也完全相同，则这些记录就是重复的记录，存储重复的记录是无意义的；第二，若其他属性的值不完全相同则会出现语义矛盾，比如同一个学生（学号相同），其名字不同或性别不同，显然不可能。

在关系数据库中主码的属性不能取空值。关系数据库中的空值是特殊的标量常数，它代表未定义的（不适用的）或者有意义但目前还处于未知状态的值。例如，当向表 2-3 所示的学生选课信息表中插入一行数据时，在学生还没有考试之前，其成绩是不确定的，因此，此列上的值即为空。空值用“NULL”表示。

2. 参照完整性

参照完整性也称为引用完整性。现实世界中的实体之间往往存在着某种联系，在关系模型中，实体以及实体之间的联系都是用关系来表示的，这样就自然存在着关系（表）与关系（表）之间的引用关系。参照完整性用于描述实体之间的联系。

参照完整性一般指多个实体或表之间的关联关系。如表 2-3 中，学生选课信息表描述的学生必须受限于表 2-1 中的学生基本信息表中已有的学生，不能在学生选课表中描述一个根本就不存在的学生，也就是学生选课表中学号的取值必须在学生基本信息表中学号的取值范围内。这种限制一个表中某列的取值受另一个表的某列的取值范围约束的特点就称为参照完整性。在关系数据库中用外码（Foreign Key，有时也称为外键或外部关键字）来实现参照完整性。例如，我们只要将学生选课信息表中的“学号”定义为引用学生基本信息表的“学号”的外码，就可以保证选课表中的“学号”的取值在学生基本信息表的已有“学号”范围内。

外码一般出现在联系所对应的关系中，用于表示两个或多个实体之间的关联关系。外码实际上是关系中的一个（或多个）属性，它一般是引用某个其他关系（特殊情况下，也可以是外码所在的关系）的主码，也可以是候选码，但多数情况下是主码。

下面举例说明如何指定外码。

例 1 设有下列学生关系模式和专业关系模式，其中主码用下划线标识。

学生（学号，姓名，性别，专业号，出生日期）

专业（专业号，专业名）

这两个关系模式之间存在着属性引用关系，学生关系模式中的“专业号”引用了专业关系模式中的“专业号”，显然，学生中的“专业号”的值必须是确实存在的专业的专业号。也就是说，学生中的“专业号”参照了专业中的“专业号”，即学生关系模式中的“专业号”是引用了专业关系模式中的“专业号”的外码。

例 2 学生、课程以及学生与课程之间的选课关系可以用如下 3 个关系模式表示，其中主码用下划线标识。

学生（学号，姓名，性别，专业号，出生日期）

课程（课程号，课程名，学分）

选课（学号，课程号，成绩）

在这 3 个关系模式中，选课关系模式中的“学号”必须是学生关系模式中已有的学生，因此选课关系模式中的“学号”引用了学生关系模式中的“学号”。同样选课中的“课程号”也必须是课程关系模式中已有的课程号，即选课关系模式中的“课程号”引用了课程关系模式中的“课程号”。因此，选课关系模式中的“学号”是引用了学生关系模式中的“学号”的外码，“课程号”是引用了课程关系模式中的“课程号”的外码。

主码要求必须是非空且不重复的，但外码无此要求。外码可以有重复值，这点从表 2-3 可以看出。外码也可以取空值。例如，职工与其所在的部门可以用如下两个关系模式表示：

职工（职工号，职工名，部门号，工资级别）

部门（部门号，部门名）

其中，职工关系模式的“部门号”是引用部门关系模式的“部门号”的外码，如果某新来职工还没有被分配到具体的部门，则其“部门号”就为空值；如果职工已经被分配到了某个部门，则其部门号就有了确定的值（非空值）。

另外，外码不一定要与被引用列同名，只要它们的语义相同即可。例如，对例 1 所示的学生关系模式，如果将该关系模式中的“专业号”改为“所学专业”也是可以的，只要“所学专业”属性的语义与专业关系模式中的“专业号”语义相同，且取值域相同即可。

3. 用户定义的完整性

用户定义的完整性也称为域完整性或语义完整性。任何关系数据库管理系统都应该支持实体完整性和参照完整性。除此之外，不同的数据库应用系统根据其应用环境的不同，往往还需要一些特殊的约束条件，用户定义的完整性就是针对某一具体应用领域定义的数据约束条件。它反映某一具体应用涉及的数据必须满足应用语义的要求。

用户定义的完整性实际上就是指明关系中属性的取值范围，也就是属性的域，这样可以限制关系中属性的取值类型及取值范围，防止属性的值与应用语义矛盾。例如，学生考试成绩的取值范围为 0~100，或取优、良、中、及格、不及格。

2.4 数据库系统的结构

考察数据库系统的结构可以有多种不同的层次或不同的角度。

- 从数据库管理角度看，数据库系统通常采用三级模式结构，这是数据库系统内部的结构。
- 从数据库最终用户角度看，数据库系统的结构分为集中式应用结构、文件服务器结构、客户/服务器结构等。这是数据库系统外部的结构。

在第 1 章我们介绍了数据库系统的外部结构，本节讨论数据库系统内部的结构。

数据库系统的结构是一个框架结构。这个框架用于描述一般数据库系统的概念，但并不是说所有的数据库系统都一定使用这个框架，这个框架结构在数据库中并不是唯一的，特别是一些“小”的数据库系统将难以支持这个体系结构的所有方面。我们这里介绍的数据库系统的结构基本上能很好地适应大多数系统，它基本上和 ANSI/SPARC DBMS 研究组提出的数据库系统的体系结构（称作 ANSI/SPARC 体系结构）是相同的。

2.4.1 模式的基本概念

数据库中的数据是按一定的结构组织起来的，这种结构在数据库中就是数据模型，这个数据模型就是我们前边介绍的组织层模型，它是描述数据的一种形式。模式是用给定的数据模型对具体数据的描述（就像用某一种编程语言编写具体应用程序一样）。

模式是数据库中全体数据的逻辑结构和特征的描述，它仅仅涉及“型”的描述，不涉及具体的值。关系模式是关系的“型”或元组的结构共性的描述，它实际上对应的是关系表的表头，如图 2-5 所示。

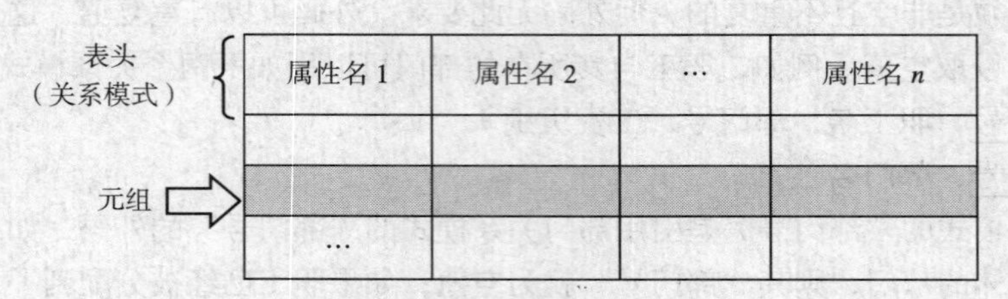

图 2-5　关系模式、元组与关系

关系模式一般表示为：关系名（属性 1，属性 2，…，属性 n）

模式的一个具体值称为模式的一个实例，在关系数据库中就是一个元组。例如表 2-1 中的每一行数据就是其表头结构（模式）的一个具体实例，这类似于：int 是型，而 100 是 int 型下的一个具体值。一个模式可以有多个实例。模式是相对稳定的（结构不会经常变动），而实例是相对变动的（具体的数据值可以经常变化）。模式描述一类事物的结构、属性、类型和约束，实质上是用数据模型对一类事物进行模拟，而实例是反映某类事物在某一时刻的当前状态。

虽然实际的数据库管理系统产品种类很多，支持的数据模型和数据操作语言也不尽相同，而且是建立在不同的操作系统之上，数据的存储结构也各不相同，但它们在体系结构上通常都具有相同的特征，即采用三级模式结构并提供两级映像功能。

2.4.2　三级模式结构

ANSI/SPARC 将数据库系统内部的结构划分为：外模式、模式和内模式 3 个抽象模式结构，同时在 3 个模式中间有二级映像功能。这些结构的划分反映了看待数据库的 3 个角度。图 2-6 说明了这 3 种模式以及模式之间的映像关系。

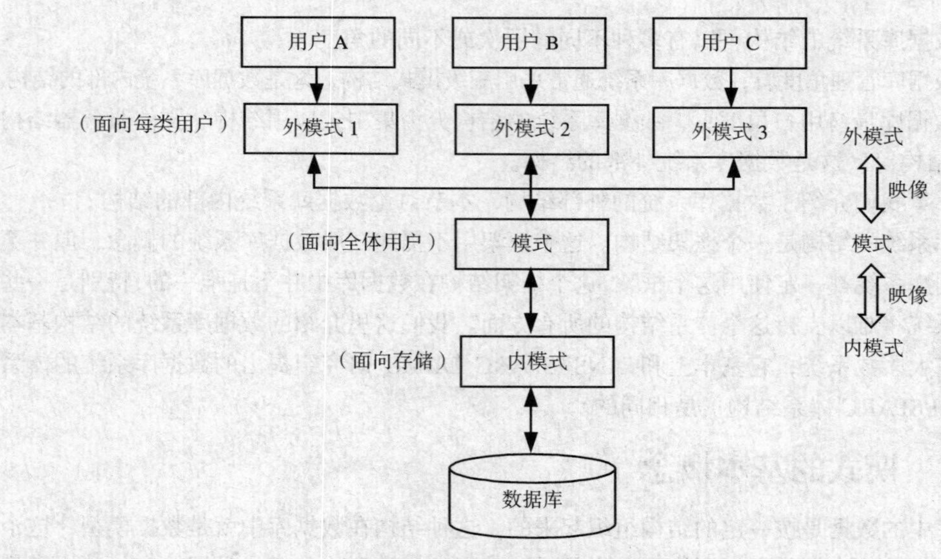

图 2-6　数据库系统的三级模式结构

广义地讲：

- 内模式：是最接近物理存储的，也就是数据的物理存储方式；
- 外模式：是最接近用户的，也就是用户所看到的数据视图；
- 模式：是介于内模式和外模式之间的中间层次。

在图 2-6 中我们可以注意到，外模式是面向每一类用户的信息需求而设计，是数据的外部视图，外模式可以有多个。模式是面向全体用户的信息需求而设计的，在一个数据库应用中，所有的信息作为一个整体考虑，因此模式只有一个，它是数据在概念层的视图。内模式描述的是数据的物理存储，它是数据的内部视图。

我们这里所讨论的内容与系统是不是关系的差别不大。但简单说明一下关系系统中的三级体系结构，有助于对这些概念的理解。

首先，关系系统中的模式一定是关系的，在该层可见的实体是关系的表和关系的操作符。

其次，外模式也是关系的或接近关系的，它们的内容来自模式。例如我们可以定义两个外模式，一个记录学生的姓名、性别（表示为：学生基本信息 1（姓名，性别）），另一个记录学生的姓名和所在系（表示为：学生基本信息 2（姓名，所在系）），这两个外模式的内容均来自“学生基本信息”这个模式。外模式对应到关系数据库中就是“外部视图”或简称为“视图”，它在关系数据库中有特定的含义，我们将在第 5 章详细讨论视图的概念。

再次，内模式不是关系的，因为该层的实体不是关系表的原样照搬。其实，不管是什么系统，其内模式都是一样的，都是存储记录、指针、索引、哈希表等。事实上，关系模型与内模式无关，它关心的是用户的数据视图。

下面我们从外模式开始进一步详细讨论这三层结构。整个讨论过程都以图 2-6 为基础。该图显示了体系结构的主要组成部分和它们之间的联系。

1. 外模式

外模式也称为用户模式或子模式，它是对现实系统中用户感兴趣的整体数据结构的局部描述，用于满足不同数据库用户需求的数据视图，是数据库用户能够看见和使用的局部数据的逻辑结构和特征的描述，是数据库整体数据结构的子集或局部重构。

外模式通常是模式的子集。一个数据库可以有多个外模式。由于它是各个用户的数据视图，如果不同的用户在应用需求、看待数据的方式、对数据保密要求等方面存在差异，则其外模式描述就是不相同的。即使对模式中同样的数据，在外模式中的结构、类型、长度等都可以不同。

外模式是保证数据库安全的一个措施。每个用户只能看到和访问其所对应的外模式中的数据，并将其不需要的数据屏蔽起来，因此保证不会出现由于用户的误操作和有意破坏而造成数据损失。

外模式就是特定用户所看到的其感兴趣的数据库内容，对那些用户来说，外模式就是数据库。例如，学校人事部门的用户可能把各系教师数据的集合作为其外模式，而不考虑各个系的用户所看见的课程和学生的信息。

2. 模式

模式也称为逻辑模式或概念模式，是数据库中全体数据的逻辑结构和特征的描述，是所有用户的公共数据视图。概念模式表示数据库中的全部信息，其形式要比数据的物理存储方式抽象。它是数据库系统结构的中间层，既不涉及数据的物理存储细节和硬件环境，也与具体的应用程序、与所使用的应用开发工具和环境（比如，Visual Basic、PowerBuilder 等）无关。

概念模式由许多概念记录类型的值构成。例如，可以包含学生记录值的集合，课程记录值的集合，选课记录值的集合等。概念记录既不等同于外部记录，也不等同于存储记录。

概念模式实际上是数据库数据在逻辑级上的视图。一个数据库只有一种模式。数据库模式以某种数据模型为基础，统一综合地考虑了所有用户的需求，并将这些需求有机地结合成一个逻辑整体。定义数据库模式时不仅要定义数据的逻辑结构，如数据记录由哪些数据项组成，数据项的名字、类型、取值范围等，而且还要定义数据之间的联系，定义与数据有关的安全性、完整性要求。

概念模式不涉及存储字段的表示、存储记录对列、索引、指针或其他存储的访问细节。如果概念模式以这种方式真正地实现了数据独立性，那么根据这些概念模式定义的外模式也会有很强的独立性。

数据库管理系统提供了模式定义语言（DDL）来定义数据库的模式。

有些权威人士认为概念模式的根本目的是描述整个企业的情况——不只是数据本身，而且还应包括数据的使用情况：即数据在企业中的流动情况，在每个部门的用途，以及对数据的审计和其他控制等。但是目前的系统实际上还不能支持这种程度的概念模式。

3. 内模式

内模式也称为存储模式。内模式是对整个数据库的底层表示，它描述了数据的存储结构。例如数据的组织与存储方式，是顺序存储、B 树存储还是 Hash 存储？索引按什么方式组织，是否加密等。注意内模式与物理层是不一样的，内模式不涉及物理记录的形式（即物理块或页，输入/输出单位），也不考虑具体设备的柱面或磁道大小。换句话说，内模式假定了一个无限大的线性地址空间，地址空间到物理存储的映射细节是与特定系统有关的，这些并不反映在体系结构中。

2.4.3 数据库的模式映像功能与数据独立性

数据库系统的三级模式是对数据的 3 个抽象级别，它把数据的具体组织留给 DBMS 管理，使用户能逻辑地、抽象地处理数据，而不必关心数据在计算机中的具体表示方式与存储方式。为了能够在内部实现这 3 个抽象层次的联系和转换，数据库管理系统在 3 个模式之间提供了两层映像（如图 2-6 所示）：

- 外模式/模式映像；
- 模式/内模式映像。

正是这两层映像保证了数据库系统中的数据能够具有较高的逻辑独立性和物理独立性，使数据库应用程序不随数据库数据的逻辑或存储结构的变动而变动。

1. 外模式/模式映像

模式描述的是数据的全局逻辑结构，外模式描述的是数据的局部逻辑结构。对应于同一个模式可以有任意多个外模式。对于每个外模式，数据库系统都有一个外模式/模式映像，它定义了该外模式与模式之间的对应关系。这些映像定义通常包含在各自的外模式描述中。

当模式改变时（如增加新的关系模式、新的属性、改变属性的数据类型等），可由数据库管理员用外模式/模式定义语句，调整外模式/模式映像定义，从而保持外模式不变。由于应用程序是依据数据的外模式编写的，因此应用程序也不必修改，保证了数据与程序的逻辑独立性，简称为数据的逻辑独立性。

2. 模式/内模式映像

模式/内模式映像定义了数据库的逻辑结构与物理存储之间的对应关系，该映像关系通常被保存在数据库的系统表（由数据库管理系统自动创建和维护，用于存放维护系统正常运行的表）中。当数据库的物理存储改变了，如选择了另一个存储位置，只需要对模式/内模式映像做相应的调整，就可以保持模式不变，从而也不必改变应用程序。因此，保证了数据与程序的物理独立性。

在数据库的三级模式结构中，模式（即全局逻辑结构）是数据库的中心与关键，它独立于数据库的其他层次。设计数据库时也是首先设计数据库的逻辑模式。

数据库的内模式依赖于数据库的全局逻辑结构，但独立于数据库的用户视图，也就是外模式，也独立于具体的存储结构。内模式将全局逻辑结构中所定义的数据结构及其联系按照一定的物理存储策略进行组织，以达到较好的时间与空间效率。

数据库的外模式面向具体的应用程序，它定义在逻辑模式之上，但独立于存储模式和存储设备。当应用需求发生较大变化，相应的外模式不能满足用户的要求时，该外模式就需要做相应的改动，所以设计外模式时应充分考虑到应用的扩充性。

原则上，应用程序都是在外模式描述的数据结构上编写的，而且它应该只依赖于数据库的外模式，并与数据库的模式和存储结构独立（但目前很多应用程序都是直接针对模式进行编写的）。不同的应用程序有时可以共用同一个外模式。数据库管理系统提供的两级映像功能保证了数据库外模式的稳定性，从而从底层保证了应用程序的稳定性，除非应用需求本身发生变化，否则应用程序一般不需要修改。

数据与程序之间的独立性，使得数据的定义和描述可以从应用程序中分离出来。另外，由于数据的存取由 DBMS 负责管理和实施，因此，用户不必考虑存取路径等细节，从而简化了应用程序的编制，减少了对应用程序的维护和修改工作。

小　结

本章首先介绍了数据库中数据模型的概念。数据模型根据其应用的对象分为两个层次：概念层数据模型和组织层数据模型。概念层数据模型是对现实世界信息的第一次抽象，它与具体的数据库管理系统无关，是用户与数据库设计人员的交流工具。因此概念层数据模型一般采用比较直观的模型，本章主要介绍的是应用范围很广泛的实体–联系模型。

组织层数据模型是对现实世界信息的第二次抽象，它与具体的数据库管理系统有关，也就是与数据库管理系统采用的数据组织方式有关。从概念层数据模型到组织层数据模型的转换一般是很方便的。本章主要介绍了目前应用范围最广、技术发展非常成熟的关系数据模型。

最后本章从体系结构角度分析了数据库系统，介绍了三个模式和两个映像。三个模式分别为：外模式、模式和内模式。外模式最接近用户，它主要考虑单个用户看待数据的方式；模式介于内模式和外模式之间，它提供数据的公共视图；内模式最接近物理存储，它考虑数据的物理存储方式。两个映像分别是外模式到模式的映像和模式到内模式的映像，这两个映像是提供数据的逻辑独立性和物理独立性的关键。

习　题

一、选择题

1．数据库三级模式结构的划分，有利于（　　）。

A．数据的独立性　　B．管理数据库文件

C．建立数据库　　D．操作系统管理数据库

2．在数据库的三级模式中，描述数据库中全体数据的逻辑结构和特征的是（　　）。

A．内模式　　B．模式　　C．外模式　　D．其他

3．数据库系统将数据分为 3 个模式，从而提供了数据的独立性。下列关于数据逻辑独立性的说法，正确的是（　　）。

A．当内模式发生变化时，模式可以不变

B．当内模式发生变化时，应用程序可以不变

C．当模式发生变化时，应用程序可以不变

D．当模式发生变化时，内模式可以不变

4．为最大限度地保证数据库数据的正确性，关系数据库实现了 3 个完整性约束。下列用于保证实体完整性的是（　　）。

A．外码　　B．主码　　C．取值范围约束　　D．取值不空约束

5．下列关于关系中主属性的描述，错误的是（　　）。

A．主码所包含的属性一定是主属性

B．外码所引用的属性一定是主属性

C．候选码所包含的属性都是主属性

D．任何一个主属性都可以唯一地标识表中的一行数据

6．设有关系模式销售（顾客号，商品号，销售时间，销售数量），若允许一个顾客在不同时间对同一个产品购买多次，同一顾客在同一时间可购买多种商品，则此关系模式的主码是（　　）。

A．顾客号　　B．产品号

C．（顾客号，商品号）　　D．（顾客号、商品号、销售时间）

7．关系数据库用二维表来组织数据。下列关于关系表中记录的说法，正确的是（　　）。

A．顺序很重要，不能交换　　B．顺序不重要

C．按输入数据的顺序排列　　D．一定是有序的

8．下列模式中，用于描述单个用户数据视图的是（　　）。

A．内模式　　B．概念模式　　C．外模式　　D．存储模式

9．在利用概念层数据模型描述数据时，一般要求模型满足 3 个要求。下列描述中，不属于概念层数据模型应满足的要求的是（　　）。

A．能够描述并发数据　　B．能够真实地模拟现实世界

C．容易被业务人员理解　　D．能够方便地在计算机上实现

10．数据模型三要素是指（　　）。

A．数据结构、数据对象和数据共享

B．数据结构、数据操作和数据完整性约束

C．数据结构、数据操作和数据的安全控制

D．数据结构、数据操作和数据的可靠性

11．下列关于实体联系模型中联系的说法，错误的是（　　）。

A．一个联系可以只与一个实体有关

B．一个联系可以与两个实体有关

C．一个联系可以与多个实体有关

D．一个联系也可以不与任何实体有关

12．数据库系统中的三级模式以及模式间的映像提供了数据的独立性。下列关于两级映像的说法，正确的是（　　）。

A．外模式到模式的映像是由应用程序实现的，模式到内模式的映像是由 DBMS 实现的

B．外模式到模式的映像是由 DBMS 实现的，模式到内模式的映像是由应用程序实现的

C．外模式到模式的映像以及模式到内模式的映像都是由 DBMS 实现的

D．外模式到模式的映像以及模式到内模式的映像都是由应用程序实现的

13．下列不属于数据完整性约束的是（　　）。

A．实体完整性　　B．参照完整性

C．域完整性　　D．数据操作完整性

14．下列关于关系操作的说法，正确的是（　　）。

A．关系操作是基于集合的操作

B．在进行关系操作时，用户需要知道数据的存储位置

C．在进行关系操作时，用户需要知道数据的存储结构

D．用户可以在关系上直接进行行定位操作

15．下列关于概念层数据模型的说法，错误的是（　　）。

A．概念层数据模型应该采用易于用户理解的表达方式

B．概念层数据模型应该比较易于转换成组织层数据模型

C．在进行概念层数据模型设计时，需要考虑具体的 DBMS 的特点

D．在进行概念层数据模型设计时，重点考虑的内容是用户的业务逻辑

16．下列关于外码的说法，正确的是（　　）。

A．外码必须与其所引用的主码同名

B．外码列不允许有空值

C．外码和所引用的主码名字可以不同，但语义必须相同

D．外码的取值必须与所引用关系中主码的某个值相同

17．下列关于关系的说法，错误的是（　　）。

A．关系中的每个属性都是不可再分的基本属性

B．关系中不允许出现值完全相同的元组

C．关系中不需要考虑元组的先后顺序

D．关系中属性顺序的不同，关系所表达的语义也不同

二、填空题

1．数据库可以最大限度地保证数据的正确性，这在数据库中被称为________。

2．实体-联系模型主要包含________、________和________三部分内容。

3．如果实体 A 与实体 B 是一对多联系，则实体 B 中的一个实例最多可对应实体 A 中的________实例。

4．数据完整性约束包括________完整性、________完整性和________完整性。

5．关系数据模型的组织形式是________。

6．数据库系统的________和________之间的映像，提供了数据的物理独立性。

7．数据的逻辑独立性是指当________变化时可以保持________不变。

8．数据模型三要素包括________、________和________。

9．实体-联系模型属于________层数据模型，它与具体的 DBMS________。

10．关系操作的特点是基于________的操作。

11．当数据的物理存储位置发生变化时，通过调整________映像，可以保证________不变化，从而保证数据的物理独立性。

12．参照完整性约束是通过________保证的。

三、简答题

1．解释数据模型的概念，为什么要将数据模型分成概念层和组织层两个层次？

2．概念层数据模型和组织层数据模型分别是针对什么进行的抽象？

3．实体之间的联系有哪几种？请为每一种联系举出一个例子。

4．说明实体-联系模型中的实体、属性和联系的概念。

5．指明下列实体间联系的种类：

（1）教研室和教师（假设一个教师只属于一个教研室，一个教研室可有多名教师）。

（2）商店和顾客。

（3）国家和首都。

6．解释关系模型中的主码、外码的概念，并说明主码、外码的作用。

7．指出教师授课关系模式的主码：教师授课（教师号，课程号，学年，授课时数）。假设一个教师可以在同一个学年讲授多门课程，一门课程也可以在同一个学年由多名教师讲授，但一个教师在一个学年对一门课程只讲授一次，每一次讲授有唯一的授课时数。

8．设有如下两个关系模式，试指出每个关系模式的主码、外码，并说明外码的引用关系。

产品（产品号，产品名称，产品价格），其中产品名称可能有重复。

销售（产品号，销售时间，销售数量），假设可同时销售多种产品，一个产品可被销售多次，但同一产品在同一时间只销售一次。

9．关系模型的数据完整性包含哪些内容？分别说明每一种完整性的作用。

10．数据库系统包含哪三级模式？试分别说明每一级模式的作用？

11．数据库系统的两级映像是什么？它带来了哪些好处？

12．数据库三级模式划分的优点是什么？它能带来哪些数据独立性？

第 3 章 SQL 语言基础及数据定义功能

用户使用数据库时需要对数据库进行各种各样的操作，如查询数据，添加、删除和修改数据，定义、修改数据模式等。DBMS 必须为用户提供相应的命令或语言，这就构成了用户和数据库的接口。接口的好坏会直接影响用户对数据库的接受程度。

数据库提供的语言一般局限于对数据库的操作，它不是完备的程序设计语言，也不能独立地用来编写应用程序。

SQL（Structured Query Language，结构化查询语言）是用户操作关系数据库的通用语言。SQL 虽然叫结构化查询语言，而且查询操作确实是数据库中的主要操作，但并不是说 SQL 只支持查询操作，它实际上包含数据定义、数据操作和数据控制等与数据库有关的全部功能。

SQL 已经成为关系数据库的标准语言，现在所有的关系数据库管理系统都支持 SQL。本章主要介绍 SQL 语言支持的数据类型以及定义数据库和基本表的功能，同时介绍在 SQL Server 2008 环境中如何实现这些操作。

3.1 SQL 语言概述

SQL 语言是操作关系数据库的标准语言，本节介绍 SQL 语言的发展过程、特点以及主要功能。

3.1.1 SQL 语言的发展

最早的 SQL 原型是 IBM 的研究人员在 20 世纪 70 年代开发的，该原型被命名为 SEQUEL（由 Structured English QUEry Language 的首字母缩写组成）。现在许多人仍将在这个原型之后推出的 SQL 语言发音为“sequel”，但根据 ANSI SQL 委员会的规定，其正式发音应该是“ess cue ell”。随着 SQL 语言的颁布，各数据库厂商纷纷在他们的产品中引入并支持 SQL 语言，但尽管绝大多数产品对 SQL 语言的支持大部分是相似的，但它们之间也存在着一定的差异，这些差异不利于初学者的学习。因此，我们在本章介绍 SQL 时主要介绍标准的 SQL 语言，我们将其称为基本 SQL。

从 20 世纪 80 年代以来，SQL 就一直是关系数据库管理系统（RDBMS）的标准语言。最早的 SQL 标准是 1986 年 10 月由美国 ANSI（American National Standards Institute）颁布的。随后，ISO（International Standards Organization）于 1987 年 6 月也正式采纳它为国际标准，并在此基础上进行了补充，到 1989 年 4 月，ISO 提出了具有完整性特征的 SQL，并称之为 SQL-89。SQL-89 标准的颁布，对数据库技术的发展和数据库的应用都起了很大的推动作用。尽管如此，SQL-89 仍有许多不足或不能满足应用需求的地方。为此，在 SQL-89 的基础上，经过 3 年多的研究和修改，ISO 和 ANSI 共同于 1992 年 8 月又颁布了 SQL 的新标准，即 SQL-92（或称为 SQL2）。SQL-92 标准也不是非常完备的，1999 年又颁布了新的 SQL 标准，称为 SQL-99 或 SQL3。

不同数据库厂商的数据库管理系统提供的 SQL 语言略有差别，本书主要以 Microsoft SQL Server 使用的 SQL 语言（称为 Transact-SQL，简称 T-SQL）为主介绍 SQL 语言的功能。

3.1.2 SQL 语言的特点

SQL 之所以能够被用户和业界接受并成为国际标准，是因为它是一个综合的、功能强大的且又比较简捷易学的语言。SQL 语言集数据查询、数据操作、数据定义和数据控制功能于一身，其主要特点如下。

1. 一体化

SQL 语言风格统一，可以完成数据库活动中的全部工作，包括创建数据库、定义模式、更改和查询数据以及安全控制和维护数据库等。这为数据库应用系统的开发提供了良好的基础。用户在数据库系统投入使用之后，还可以根据需要随时修改模式结构，并且可以不影响数据库的运行，从而使系统具有良好的可扩展性。

2. 高度非过程化

在使用 SQL 语言访问数据库时，用户没有必要告诉计算机“如何”一步步地实现操作，而只需要描述清楚要“做什么”，并将要求提交给数据库管理系统，然后由数据库管理系统自动完成全部工作。

3. 简洁

虽然 SQL 语言功能很强，但它只有为数不多的几条命令，另外，SQL 的语法也比较简单，比较接近自然语言（英语），因此容易学习、掌握。

4. 以多种方式使用

SQL 语言可以直接以命令方式交互使用，也可以嵌入到程序设计语言中使用。现在很多数据库应用开发工具都将 SQL 语言直接融入到自身的语言当中，使用起来非常方便。这些使用方式为用户提供了灵活的选择余地。而且不管是哪种使用方式，SQL 语言的语法基本都是一样的。

3.1.3 SQL 语言功能概述

SQL 按其功能可分为四大部分：数据定义功能、数据控制功能、数据查询功能和数据操作功能。表 3-1 列出了实现这四部分功能的动词。

表 3-1　SQL 包含的动词

SQL 功能	动　词
数据定义	CREATE、DROP、ALTER
数据查询	SELECT
数据操作	INSERT、UPDATE、DELETE
数据控制	GRANT、REVOKE、DENY

数据定义功能用于定义、删除和修改数据库中的对象；数据查询功能用于实现数据的查询，查询数据是数据库中使用最多的操作；数据操作功能用于增加、删除和修改数据；数据控制功能用于控制用户对数据库的操作权限。

本章介绍数据定义功能中的定义数据库和关系表的功能，同时介绍如何定义数据的完整性约束。在第 4 章介绍实现数据查询和数据操作功能的语句，在第 10 章介绍实现数据控制功能的语句。在介绍这些功能之前，我们先介绍一下 SQL 语言所支持的数据类型。

3.2 数据类型

每个数据库产品支持的数据类型并不完全相同，而且与标准的 SQL 也有差异，这里主要介绍 SQL Server 2008 支持的常用数据类型。

SQL Server 2008 提供 36 种数据类型，这些数据类型可分为数值数据类型、字符串数据类型、二进制数据类型、日期时间数据类型以及其他一些数据类型。下面我们分别介绍这些数据类型。

3.2.1 数值类型

数值类型分为精确数值类型和近似数值类型两种。

1. 精确数值数据类型

精确数值类型指在计算机中能够精确存储的数据，比如整型数、定点小数等都是精确数值类型。表 3-2 列出了 SQL Server 2008 支持的精确数值类型。

表 3-2　精确数值类型

精确数值类型	说　明	存储空间
bigint	存储从 -2^{63}（–9 223 372 036 854 775 808）~ $2^{63}-1$（9 223 372 036 854 775 807）范围的整数	8 字节
int	存储从 -2^{31}（–2 147 483 648）~ $2^{31}-1$（2 147 483 647）范围的整数	4 字节
smallint	存储从 -2^{15}（–32 768）~ $2^{15}-1$（32 767）范围的整数	2 字节
tinyint	存储从 0 ~ 255 之间的整数	1 字节
bit	存储 1 或 0	1 字节
numeric(p,s) 或 decimal(p,s)	定点精度和小数位数。使用最大精度时，有效值从 $-10^{38}+1$ ~ $10^{38}-1$。其中，p 为精度，指定小数点左边和右边可以存储的十进制数字的最大个数。精度必须是从 1 到最大精度之间的值。最大精度为 38。s 为小数位数，指定小数点右边可以存储的十进制数字的最大个数，0 <= s <= p。s 的默认值为 0	最多 17 字节

2. 近似数值类型

近似数值类型用于表示浮点型数据。由于它们是近似的，因此不能精确地表示所有值。表 3-3 列出了 SQL Server 2008 支持的近似数值类型。

表 3-3　近似数值类型

近似数值类型	说　明	存储空间
float[(n)]	存储从–1.79E + 308 至–2.23E –308、0 以及 2.23E–308 至 1.79E + 308 范围的浮点数。n 有两个值，如果指定的 n 在 1~24 之间，则使用 24，占用 4 字节空间；如果指定的 n 在 25~53 之间，则使用 53，占用 8 字节空间。若省略(n)，则默认为 53	4 字节或 8 字节
real	存储从–3.40E + 38 到 3.40E + 38 范围的浮点型数	4 字节

3.2.2 字符串类型

字符串类型用于存储字符数据，字符可以是各种字母、数字符号、汉字以及各种符号。在 SQL Server 中使用字符数据时，需要将字符数据用英文的单引号或双引号括起来，例如，'Me'。

字符的编码有两种方式：普通字符编码和统一字符编码（Unicode 编码）。Unicode 编码的字符可以处理国际性的 Unicode 字符。

普通字符编码指不同国家或地区的字符编码长度不一样。比如，英文字母的编码是 1 字节（8 bit），中文汉字的编码是 2 字节（16bit）。统一字符编码是指不管对哪个地区、哪种语言均采用双字节（16bit）编码。

1. 普通编码字符串类型

表 3-4 列出了 SQL Server 2008 支持的普通编码字符串类型。

表 3-4　　普遍编码字符串类型

普通编码字符串类型	说　明	存储空间
char(n)	固定长度的普通编码字符串类型，n 表示字符串的最大长度，取值范围为 1～8000	n 个字节。当实际字符串所需空间小于 n 时，系统自动在后边补空格
varchar(n)	可变长度的字符串类型，n 表示字符串的最大长度，取值范围为 1～8000	字符数+2 字节额外开销
text	最多可存储 $2^{31}-1$（2 147 483 647）个字符	每个字符占用 1 字节
varchar(max)	最多可存储 $2^{31}-1$ 个字符	字符数+2 字节额外开销

说明：如果在使用 char(n)或 varchar(n)类型时未指定 n，则默认长度为 1。如果在使用 CAST 和 CONVERT 函数时未指定 n，则默认长度为 30。

选择 char 还是 varchar 类型的一些考虑：假设某列的数据类型为 varchar(20)，如果将“Jone”存储到该列中，则只需占用 4 字节。但如果数据类型为 char(20)，则存储“Jone”时，系统将为其分配 20 字节的空间，在未占满的空间中，系统自动在尾部插入空格来填满 20 字节。从该例可以看出，varchar 类型比 char 类型节省空间，但 varchar 类型的系统开销比 char 类型大一些，处理速度也慢一些。因此，如果 n 的值比较小（比如小于 4），则用 char 类型会更好些。

2. 统一编码字符串类型

SQL Server 2008 支持统一字符编码标准：Unicode 编码。采用 Unicode 编码的字符，每个字符均占用两字节的存储空间。

表 3-5 列出了 SQL Server 2008 支持的统一编码的字符串类型。

表 3-5　　统一编码字符串类型

统一编码字符串类型	说　明	存储空间
nchar(n)	固定长度的统一编码字符串类型，n 表示字符串的最大长度，取值范围为 1～4000	2n 字节。当实际字符串所需空间小于 2n 时，系统自动在后边补空格
nvarchar(n)	可变长度的统一编码字符串类型，n 表示字符串的最大长度，取值范围为 1～4000	2*字符数+2 字节额外开销

续表

统一编码字符串类型	说　明	存储空间
ntext	最多可存储 2^{30}–1（1 073 741 823）个统一字符编码的字符	每个字符 2 个字节
nvarchar(max)	最多可存储 2^{30}–1 个统一字符编码的字符	2*字符数+2 字节额外开销

说明：如果在使用 nchar(n)或 nvarchar(n)类型时未指定 n，则默认长度为 1。如果在使用 CAST 和 CONVERT 函数时未指定 n，则默认长度为 30。

3. 二进制字符串类型

二进制字符串一般用十六进制表示，若使用十六进制格式，可在字符前加 0x 前缀。

表 3-6 列出了 SQL Server 支持的二进制字符串类型。

表 3-6　　二进制编码字符串类型

二进制字符串类型	说　明	存储空间
binary(n)	固定长度的二进制数据，n 的取值范围为 1 ~ 8000	n 字节
varbinary(n)	可变长度的二进制数据，n 的取值范围为 1 ~ 8000	字符数+2 字节额外开销
image	可变长度的二进制数据，最多为 2^{31}–1（2 147 483 647）个十六进制数字	每个字符占用 1 字节
varbinary(max)	可变长度的二进制数据，最多为 2^{31}–1（2 147 483 647）个十六进制数字	字符数+2 字节额外开销

说明：在 SQL Server 的未来版本中将删除 ntext、text 和 image 数据类型，因此在新的开发工作中应避免使用这些数据类型，而是使用新的 nvarchar(max)、varchar(max)和 varbinary(max)数据类型。

3.2.3　日期时间类型

SQL Server 2008 比之前的 SQL Server 版本增加了很多新的日期和时间数据类型，以便更好地与 ISO 兼容。表 3-7 列出了 SQL Server 2008 支持的日期时间类型。

表 3-7　　日期时间类型

日期时间类型	说　明	存储空间
date	SQL Server 2008 新增加的数据类型。定义一个日期，范围为 0001-01-01 到 9999-12-31。字符长度 10 位，默认格式为：YYYY-MM-DD。YYYY 表示 4 位年份数字，范围从 0001 到 9999；MM 表示 2 位月份数字，范围从 01 到 12；DD 表示 2 位日期的数字，范围从 01 到 31（最大值取决于具体月份）	3 字节
time[(n)]	SQL Server 2008 新增加的数据类型。定义一天中的某个时间，该时间基于 24 小时制。默认格式为：hh:mm:ss[.nnnnnnn]，范围为 00:00:00.0000000 到 23:59:59.9999999。精确到 100 纳秒。 n 为秒的小数位数，取值范围是 0 到 7 的整数。默认秒的小数位数是 7（100ns）	3~5 字节

续表

日期时间类型	说　明	存储空间
datetime	定义一个采用24小时制并带有秒的小数部分的日期和时间，范围为1753-1-1到9999-12-31，时间范围是00:00:00到23:59:59.997。默认格式为：YYYY-MM-DD hh:mm:ss.nnn，n为数字，表示秒的小数部分（精确到0.00333秒）	8字节
smalldatetime	定义一个采用24小时制并且秒始终为零（:00）的日期和时间，范围为1900-1-1到2079-6-6。默认格式为：YYYY-MM-DD hh:mm:00。精确到1分钟	4字节
datetime2	SQL Server 2008新增加的数据类型。定义一个结合了24小时制时间的日期。可将该类型看成是datetime类型的扩展，其数据范围更大，默认的小数精度更高，并具有可选的用户定义的精度。默认格式是：YYYY-MM-DD hh:mm:ss[.nnnnnnn]，n为数字，表示秒的小数位数（最多精确到100纳秒），默认精度是7位小数。该类型的字符串长度最少19位（YYYY-MM-DD hh:mm:ss），最多27位（YYYY-MM-DD hh:mm:ss.0000000）	6~8字节
datetimeoffset	SQL Server 2008新增加的数据类型。定义一个与采用24小时制并与可识别时区的一日内时间相组合的日期，该数据类型使用户存储的日期和时间（24小时制）是时区一致的。语法格式为：datetimeoffset [(n)]，n为秒的精度，最大为7。默认格式为：YYYY-MM-DD hh:mm:ss[.nnnnnnn] [{+|–}hh1:mm1]，其中hh1的取值范围为–14到+14，mm1的取值范围为00到59。该类型的日期范围为0001-01-01到9999-12-31，时间范围为00:00:00到23:59:59.9999999。时区偏移量范围为–14:00到+14:00。该类型的字符串长度为：最少26位(YYYY-MM-DD hh:mm:ss {+|–}hh:mm)，最多34位(YYYY-MM-DD hh:mm:ss.nnnnnnn {+|–}hh:mm)	8~10字节

说明：对于新的开发工作，应使用time、date、datetime2和datetimeoffset数据类型，因为这些类型符合SQL标准，而且提供了更高精度的秒数。datetimeoffset为全局部署的应用程序提供时区支持。datetime用4字节存储从1900年1月1日之前或之后的天数（以1990年1月1日为分界点，1900年1月1日之前的日期的天数小于0，1900年1月1日之前的日期的天数大于0），用另外4字节存储从午夜（00:00:00）后代表每天时间的毫秒数。

Smalldatetime与datetime类似，它用2字节存储从1900年1月1日之后的日期的天数，用另外2字节存储从午夜（00:00:00）后代表每天时间的分钟数。

注意，在使用日期时间类型的数据时也要用单引号括起来，比如：'2011-4-6 12:00:00'。

3.2.4 货币类型

货币类型是SQL Server特有的数据类型，它实际上是精确数值类型，但它的小数点后固定为4位精度。货币类型的数据前可以有货币符号，例如输入美元时加上$符号。

表3-8列出了SQL Server 2008支持的货币类型。

表3-8　货币类型

货币类型	说　明	存储空间
money	存储–922 337 203 685 477.5808到922 337 203 685 477.5807范围的数值，精确到小数点后4位	8字节
smallmoney	存储–214 748.3648 到214 748.3647范围的数值，精确到小数点后4位	4字节

3.3　创建数据库

3.3.1　SQL Server 数据库分类

从数据库的应用和管理角度来看，SQL Server 数据库分为两大类，即系统数据库和用户数据库。系统数据库是 SQL Server 数据库管理系统自带和自动维护的，这类数据库主要用于存放维护系统正常运行的信息，如：服务器上共建有多少个数据库，每个数据库的属性以及其所包含的对象，每个数据库的用户以及用户的权限等。用户数据库存放的是与用户业务有关的数据，用户数据库中的数据由用户来维护。我们通常所说的建立数据库都是指创建用户数据库，对数据库的维护也指的是对用户数据库的维护。一般用户对系统数据库没有操作权。

安装完 SQL Server 2008 后（SQL Server 2008 的版本及安装方法可参见附录 A），系统将自动创建 4 个用于维护系统正常运行的系统数据库，分别是：master、msdb、model 和 tempdb。在关系数据库管理系统中，系统的正常运行要靠系统数据库支持，关系数据库管理系统是一个自维护的系统，它用系统表来维护用户以及系统的信息。根据作用的不同，SQL Server 建立了几个系统数据库，每个系统数据库用于存放不同的信息。

- master：是最重要的数据库，用于记录数据库管理系统中的所有系统级信息，如果该数据库损坏，则 SQL Server 将无法正常工作。
- msdb：是另一个非常重要的数据库。供 SQL Server 代理服务调度报警和作业以及记录操作员时使用，保存关于调度报警、作业、操作员等信息，作业是在 SQL Server 中定义的自动执行的一系列操作的集合，作业的执行不需要任何人工干预。
- model：是用户数据库的模板，其中包含所有用户数据库的共享信息。当用户创建数据库时，系统自动将 model 数据库中的全部内容复制到新建数据库中。因此，用户创建的数据库不能小于 model 数据库的大小。
- tempdb：是临时数据库，用于存储用户创建的临时表、用户声明的变量以及用户定义的游标数据等，并为数据的排序等操作提供一个临时工作空间。

3.3.2　数据库基本概念

1. SQL Server 数据库的组成

SQL Server 将数据库映射为一组操作系统文件，这些文件被划分为两类：数据文件和日志文件。数据文件包含数据和对象，例如表、索引、存储过程和视图等。日志文件包含恢复数据库中的所有事务需要的信息。数据和日志信息绝不混合在同一个文件中，而且一个文件只由一个数据库使用。

（1）数据文件用于存放数据库数据。数据文件又分为：主要数据文件和次要数据文件。

- 主要数据文件：主要数据文件的推荐扩展名是.mdf，它包含数据库的系统信息，也可存放用户数据。每个数据库都有且只能有一个主要数据文件。主要数据文件是为数据库创建的第一个数据文件。SQL Server 2008 要求主要数据文件的大小不能小于 3MB。
- 次要数据文件：次要数据文件的推荐扩展名是.ndf。一个数据库可以不包含次要数据文件，也可以包含多个次要数据文件。次要数据文件可以建立在一个磁盘上，也可以分别建立在不同的磁盘上。

次要数据文件和主要数据文件的使用对用户来说是没有区别的，而且对用户也是透明的，用户不需要关心自己的数据被放在哪个数据文件上。

注意：让一个数据库包含多个数据文件，并且让这些数据文件分别建立在不同的磁盘上，不仅有利于充分利用多个磁盘上的存储空间，还可以提高数据的存取效率。

（2）事务日志文件的推荐扩展名为.ldf，用于存放恢复数据库的所有日志信息。每个数据库必须至少有一个日志文件，也可以有多个日志文件。

说明：

SQL Server 2008 不强制使用.mdf、.ndf 和 .ldf 扩展名，但建议使用这些扩展名以利于标识文件的用途。

2．关于数据的存储分配

在 SQL Server 中创建数据库时，了解 SQL Server 如何分配存储空间是很有必要的，这样可以比较准确地估算出数据库需占用空间的大小，同时可以比较准确地为数据文件和日志文件申请磁盘空间。

在考虑数据库的空间分配时，需了解如下规则。

（1）所有数据库都包含一个主要数据文件与一个或多个事务日志文件，此外，还可以包含零个或多个次要数据文件。实际的文件都有两个名称：操作系统管理的物理文件名和数据库管理系统管理的逻辑文件名（在数据库管理系统中使用的、用在 T-SQL 语句中的名字）。SQL Server 2008 数据文件和日志文件的默认存放位置为：\Program Files\Microsoft SQL Server\MSSQL.1\MSSQL\Data 文件夹。

（2）在创建用户数据库时，model 数据库自动被复制到新建用户数据库中，而且是复制到主要数据文件中。

（3）数据库中数据的存储分配单位是数据页（Page，也简称为页）。一页是一块 8KB（8 × 1024 字节，其中用 8060 字节存放数据，另外的 132 字节存放系统信息）的连续磁盘空间。页是存储数据的最小空间分配单位，页的大小决定了数据库表中一行数据的最大大小。

（4）在 SQL Server 中，不允许表中的一行数据存储在不同页上（varchar(max)、nvarchar(max)、text、ntext、varbinary(max)和 image 数据类型除外），即行不能跨页存储。因此表中一行数据的大小（即各列所占空间之和）不能超过 8060 字节。

一般的大型数据库管理系统都不允许行跨页存储，当一页中剩余的空间不够存储一行数据时，系统将舍弃页内的这块空间，并分配一个新的数据页，将这行数据完整地存储在新的数据页上。根据一行数据不能跨页存储的规则，再根据一个表中包含的数据行数以及每行占用的字节数，就可以估算出一个数据表所需占用的大致空间。例如，假设一个数据表有 10000 行数据，每行 3000 字节，则每个数据页可存放两行数据（如图 3-1 所示），此表需要的空间就为：（10000/2）× 8KB = 40MB。其中，每页中有 6000 字节用于存储数据，有 2060 字节是浪费的，所以该数据表的空间浪费情况大约为 25%。

因此，在设计数据库表时应考虑表中每行数据的大小，使一个数据页尽可能存储更多的数据行，以减少空间浪费。

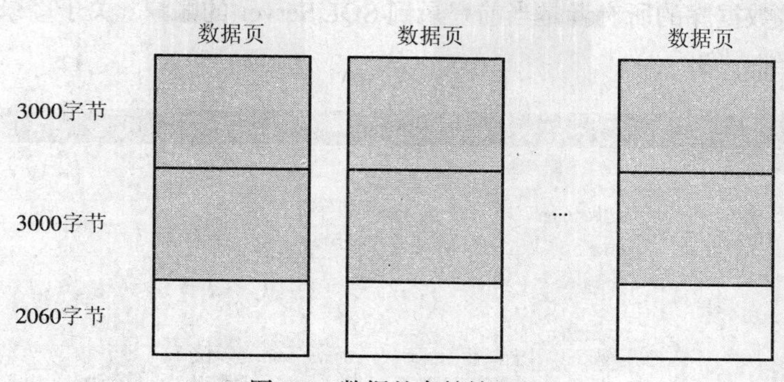

图 3-1　数据的存储情况

3. 数据库文件的属性

在定义数据库时，除了指定数据库的名字之外，余下工作就是定义数据库的数据文件和日志文件，定义这些文件需要指定的信息包括：

（1）文件名及其位置。数据库的每个数据文件和日志文件都具有一个逻辑文件名（引用文件时，在 SQL Server 中使用的文件名称）和物理存储位置（包括物理文件名，即操作系统管理的文件名）。一般情况下，如果有多个数据文件的话，为了获得更好的性能，建议将文件分散存储在多个物理磁盘上。

（2）初始大小。可以指定每个数据文件和日志文件的初始大小。在指定主要数据文件的初始大小时，其大小不能小于 model 数据库主要数据文件的大小，因为系统是将 model 数据库主要数据文件的内容拷贝到用户数据库的主要数据文件上。

（3）增长方式。如果需要的话，可以指定文件是否自动增长。该选项的默认配置为自动增长，即当数据库的空间用完后，系统自动扩大数据库的空间，这样可以防止由于数据库空间用完而造成的不能插入新数据或不能进行数据操作的错误。

（4）最大大小。文件的最大大小是指文件增长的最大空间限制。默认情况是无限制。建议用户设定允许文件增长的最大空间大小，因为，如果用户不设定最大空间大小，但设置了文件自动增长方式，则文件将会无限制增长直到磁盘空间用完为止。

3.3.3　用图形化方法创建数据库

创建数据库可以在 SSMS（SQL Server Management Studio，是 SQL Server 2008 的一个工具，该工具的功能和使用方法请参见附录 A）工具中用图形化的方式实现，也可以通过 T-SQL 语句实现。本节我们介绍用图形化的方法创建数据库，下一节介绍使用 T-SQL 语句创建数据库。

（1）启动 SSMS 工具，并连接到 SQL Server 数据库服务器的一个实例上。在“对象资源管理器”中，在“数据库”节点上右击鼠标，在弹出的快捷菜单中选择“新建数据库”命令，弹出如图 3-2 所示“新建数据库”窗口。

（2）在图 3-2 所示窗口的“数据库名称”文本框中输入数据库名，本例输入：Students。

当输入数据库名时，下面的数据库文件逻辑名称也有了相应的名字，这只是辅助用户命名逻辑文件名，用户可以修改这些名字。

（3）“数据库名称”下面是“所有者”，数据库的所有者可以是任何具有创建数据库权限的登录账户，数据库所有者对其拥有的数据库具有全部的操作权限。默认时，数据库的拥有者是“<

默认值>”，表示该数据库的所有者是当前登录到 SQL Server 的账户。关于登录账户及数据库安全性将在第 11 章详细介绍。

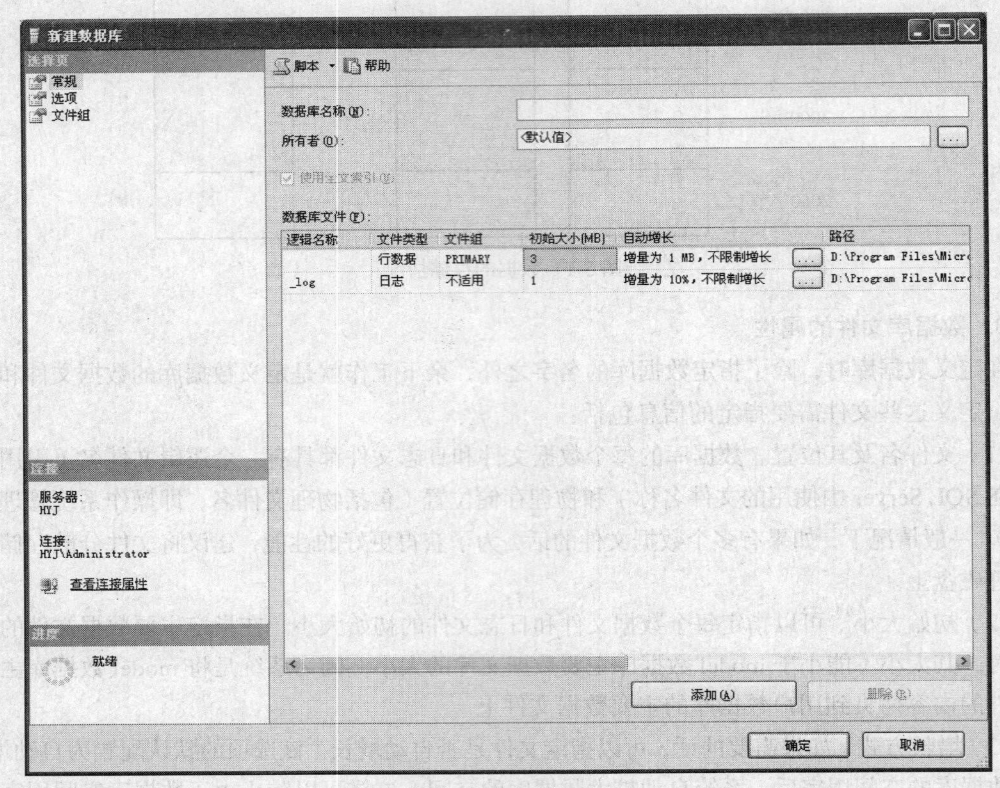

图 3-2 “新建数据库”窗口

（4）在图 3-2 的“数据库文件”网格中，可以定义数据库包含的数据文件和日志文件。

• 在“逻辑名称”处可以指定文件的逻辑文件名。默认情况下，主要数据文件的逻辑文件名同数据库名，第一个日志文件的逻辑文件名为：“数据库名”+“_log”。

• “文件类型”框显示了该文件的类型是数据文件还是日志文件，用户新建文件时，可通过此框指定文件的类型，初始时，数据库必须至少有一个主要数据文件和一个日志文件，因此这两个文件的类型是不能修改的。

• “文件组”框显示了数据文件所在的文件组（日志文件没有文件组概念），文件组是由一组文件组成的逻辑组织。默认情况下，所有的数据文件都属于 PRIMARY 主文件组。主文件组是系统预定义好的，每个数据库都必须有一个主文件组，而且主要数据文件必须存放在主文件组中。用户可以根据自己的需要添加辅助文件组，辅助文件组用于组织次要数据文件，目的是为了提高数据访问性能。

• 在“初始大小”部分可以指定文件创建后的初始大小，默认情况下，主要数据文件的初始大小是 3MB，日志文件的初始大小是 1MB。这里假设将 Students_log 日志文件的初始大小设置为 2MB，主要数据文件初始大小不变。

• 在“自动增长”部分可以指定文件的增长方式。默认情况下，主要数据文件是每次增加 1MB，最大大小没有限制，日志文件是每次增加 10%，最大大小也没有限制。单击某个文件对应的[...]按钮，可以更改文件的增长方式和最大大小限制，如图 3-3 所示。

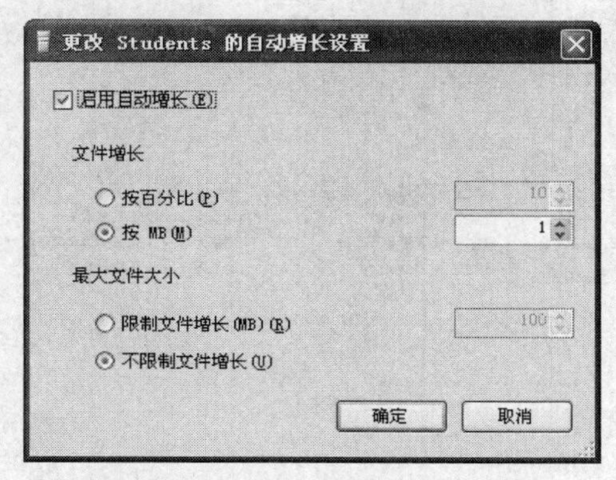

图 3-3　更改文件增长方式和最大大小窗口

- “路径”部分显示了文件的物理存储位置，默认的存储位置是 SQL Server 2008 安装盘下的：Program Files\Microsoft SQL Server\MSSQL.1\MSSQL\Data 文件夹。单击此项对应的[...]按钮，可以更改文件的存储位置。这里将主要数据文件和日志文件均放置在 F:\Data 文件夹下（假设此文件夹已建好）。
- 在“文件名”部分可以指定文件的物理文件名，也可以不指定文件名，而采用系统自动赋予的文件名。系统自动创建的物理文件名为：逻辑文件名+文件类型的扩展名。比如，如果是主要数据文件，且逻辑名为 Students，则物理文件名为：Students.mdf；如果是次要数据文件，且逻辑名为 Students_Data1，则其物理文件名为：Students_Data1.ndf。

（5）在图 3-3 中，若取消选中“启用自动增长”复选框，表示文件不自动增长，文件能够存放的数据量以文件的初始空间大小为限。若选中“启用自动增长”复选框，则可进一步设置每次文件增加的大小以及文件的最大大小限制。设置文件自动增长的好处是可以不必随时担心数据库的空间维护。

- 文件增长：可以按 MB 或百分比增长。如果是按百分比增长，则增量大小为发生增长时文件大小的指定百分比。
- 最大文件大小：有两种方式，即限制文件增长和不限制文件增长。其中，限制文件增长指定文件可增长到的最大空间；不限制文件增长以磁盘空间容量为限制，在有磁盘空间的情况下，可以一直增长。选择“不限制文件增长”选项是有风险的，如果因为某种原因造成数据恶性增长，则会将整个磁盘空间占满。清理一块彻底被占满的磁盘空间是非常麻烦的事情。

这里假设将 Students_log 日志文件设置为限制增长，且最大大小为 6MB。

（6）单击图 3-2 上的“添加”按钮，可以增加该数据库的次要数据文件和日志文件。图 3-4 所示为单击“添加”按钮后的情形。

（7）我们这里添加一个次要数据文件。在图 3-4 所示窗口中，对该新文件进行如下设置：

- 在“逻辑名称”部分输入：Students_data1。
- 在“文件类型”下拉列表框中选择“行数据”。
- 将初始大小改为：5。
- 单击“自动增长”对应的[...]按钮，设置文件自动增长，每次增加 1MB，最多增加到 10MB。
- 将“路径”改为：D:\Data。

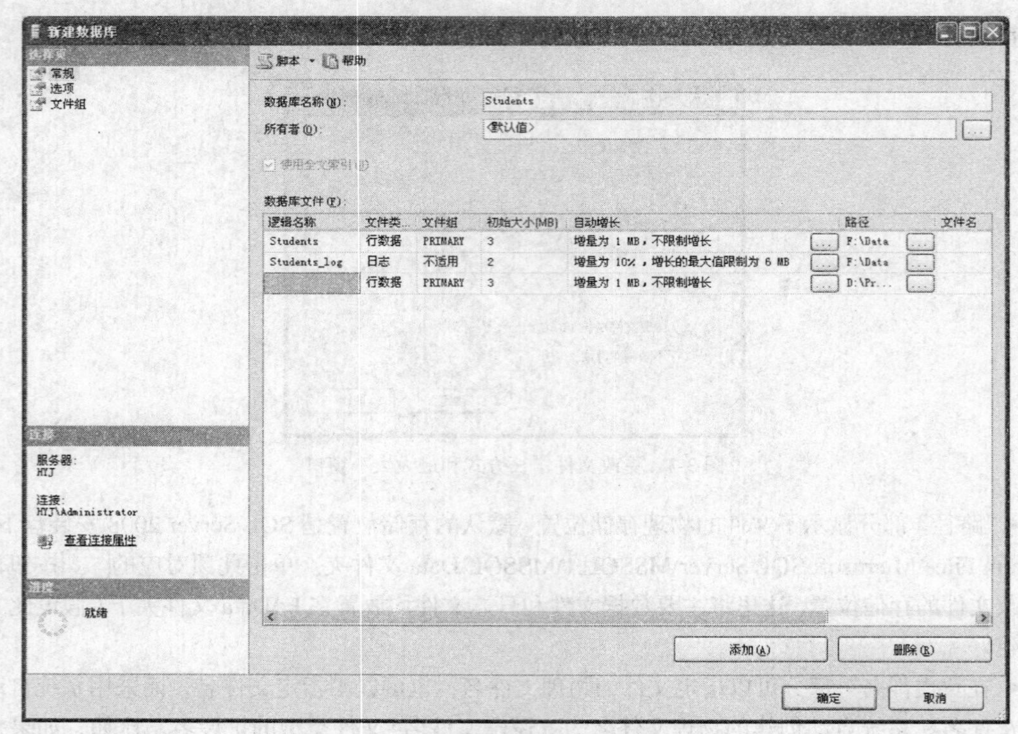

图 3-4　添加数据库文件的窗口

设置好后的形式如图 3-5 所示。

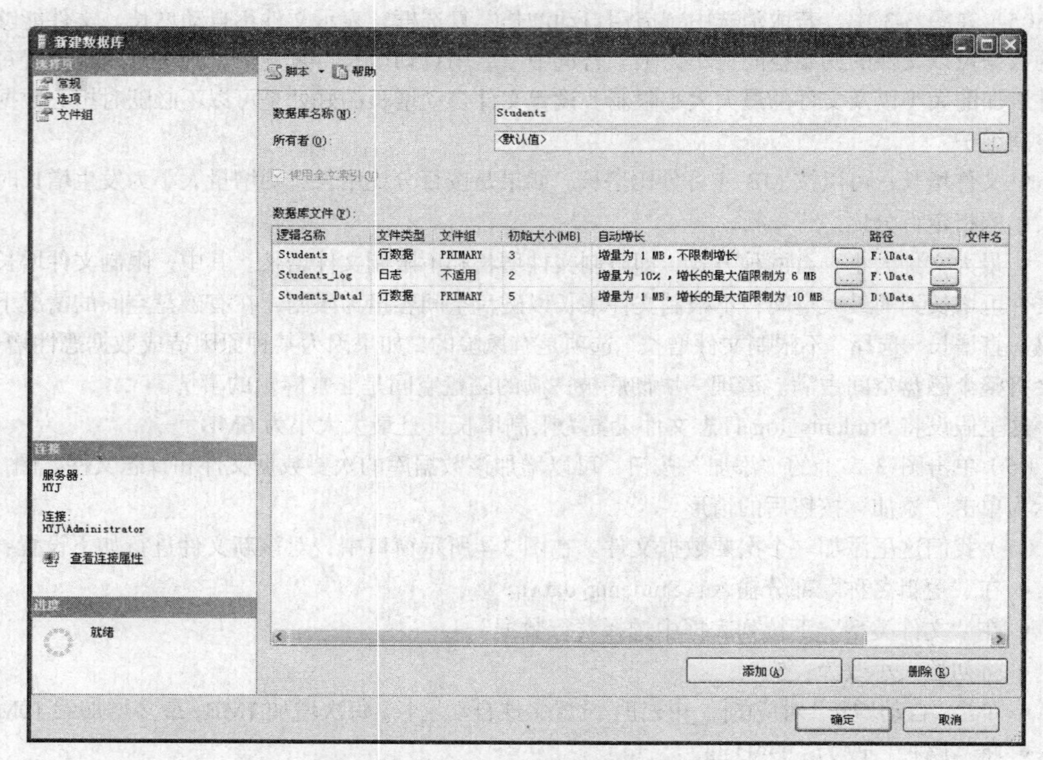

图 3-5　增加一个次要数据文件后的界面

（8）选中某个文件后，单击图 3-5 所示的“删除”按钮，可删除选中的文件。这里不进行任何删除。

（9）单击“确定”按钮，完成数据库的创建。

创建成功后，在 SSMS 的“对象资源管理器”中，通过刷新对象资源管理器中的内容，可以看到新建立的数据库。

3.3.4　用 T-SQL 语句创建数据库

创建数据库的 T-SQL 语句为：CREATE DATABASE，此语句的简化语法格式为：

```
CREATE DATABASE database_name
    [ ON
        [ PRIMARY ] [ <filespec> [ ,...n ]
    [ LOG ON { <filespec> [ ,...n ] } ]
    ]
]

<filespec> ::=
{
(   NAME = logical_file_name ,
    FILENAME = { 'os_file_name' | 'filestream_path' }
    [ , SIZE = size [ KB | MB | GB | TB ] ]
    [ , MAXSIZE = { max_size [ KB | MB | GB | TB ] | UNLIMITED } ]
    [ , FILEGROWTH = growth_increment [ KB | MB | GB | TB | % ] ]
) [ ,...n ]
}
```

上述语法中用到了一些特殊的符号，比如[ ]，这些符号是文法描述的常用符号，而不是 SQL 语句的部分。我们简单介绍一下这些符号的含义（在后边的语法介绍中也要用到这些符号），有些符号在上述这个语法中可能没有用到。

方括号（[ ]）中的内容表示是可选的（即可出现 0 次或 1 次），比如[列级完整性约束定义]代表可以有也可以没有列级完整性约束定义。花括号（{ }）与省略号（…）一起，表示其中的内容可以出现 0 次或多次。竖杠（ | ）表示在多个短语中选择一个，比如 term1 | term2 | term3，表示在 3 个选项中任选一项。竖杠也能用在方括号中，表示可以选择由竖杠分隔的子句中的一个，但整个句子又是可选的（也就是可以没有子句出现）。

创建数据库语句中，各参数含义如下：

- database_name：新数据库的名称。数据库名在 SQL Server 实例中必须是唯一的。

如果在创建数据库时未指定日志文件的逻辑名，则 SQL Server 用 database_name 后加“_log”作为日志文件的逻辑名和物理名；如果未指定数据文件名，则 SQL Server 用 database_name 作为数据文件的逻辑名和物理名。

- ON：指定用来存储数据库中数据部分的磁盘文件（数据文件）。其后面是用逗号分隔的，用以定义数据文件的 <filespec> 项列表。

- PRIMARY：指定关联数据文件的主文件组。带有 PRIMARY 的<filespec>部分定义的第一个文件将成为主要数据文件。

如果没有指定 PRIMARY，则 CREATE DATABASE 语句中列出的第一个文件将成为主要数据文件。

- LOG ON：指定用来存储数据库中日志部分的磁盘文件（日志文件）。其后面跟以逗号分隔的用以定义日志文件的 <filespec> 项列表。如果没有指定 LOG ON，系统将自动创建一个日志文件，其大小为该数据库的所有数据文件大小总和的 25% 或 512 KB，取两者之中的较大者。

- <filespec> ：定义文件的属性。各参数含义如下：
  - NAME=logical_file_name：指定文件的逻辑名称。
  - FILENAME= 'os_file_name'：指定操作系统（物理）文件名称。'os_file_name'是创建文件时由操作系统使用的路径和文件名。
  - SIZE=size：指定文件的初始大小。 如果没有为主要数据文件提供 size，则数据库引擎将使用 model 数据库中的主要数据文件的大小。如果指定了次要数据文件或日志文件，但未指定该文件的 size，则数据库引擎将以 1MB 作为日志文件的初始大小，以 3MB 作为次要数据文件的初始大小。为主要数据文件指定的大小应不小于 model 数据库的主要数据文件的大小。
  - MAXSIZE=max_size：指定文件可增大到的最大大小。可以使用 KB、MB、GB 和 TB 后缀。默认为 MB。max_size 为一个整数值，不能包含小数位。如果未指定 max_size，则表示文件大小无限制，文件将一直增大，直至磁盘空间满。
  - UNLIMITED：指定文件的增长无限制。在 SQL Server 2008 中，指定为不限制增长的日志文件的最大大小为 2TB，而数据文件的最大大小为 16TB。
  - FILEGROWTH=growth_increment：指定文件的自动增量。FILEGROWTH 的大小不能超过 MAXSIZE 的大小。growth_increment 为每次需要新空间时为文件添加的空间量。该值可以使用 MB、KB、GB、TB 或百分比 (%) 为单位指定。如果未在数字后面指定单位，则默认为 MB。如果指定了“%”，则增量大小为发生增长时文件大小的指定百分比。FILEGROWTH=0 表明将不允许文件自动增加空间。如果未指定 FILEGROWTH，则数据文件的默认增长值为 1MB，日志文件的默认增长比例为 10%，并且最小值为 64KB。

在使用 T-SQL 语句创建数据库时，最简单的情况是省略所有的参数，只提供一个数据库名即可，这时系统会按各参数的默认值创建数据库。

下面举例说明如何使用 T-SQL 语句创建数据库。

例 1 创建一个名为“学生管理数据库”的数据库，其他选项均采用默认设置。

```
CREATE  DATABASE 学生管理数据库
```

例 2 创建一个名为“RShDB”的数据库，该数据库由一个数据文件和一个事务日志文件组成。数据文件只有主要数据文件，其逻辑文件名为“RShDB”，其物理文件名为“RShDB.mdf”，存放在“D:\ RShDB_Data”文件夹下，初始大小为 10MB，最大大小为 30MB，自动增长时的递增量为 5MB。事务日志文件的逻辑文件名为“RShDB_log”，物理文件名为“RShDB_log.ldf”，也存放在“D:\ RShDB_Data”文件夹下，初始大小为 3MB，最大大小为 12MB，自动增长时的递增量为 2MB。

创建此数据库的 SQL 语句为：

```
CREATE DATABASE RShDB
ON
 ( NAME = RShDB,
   FILENAME = 'D:\RShDB_Data\RShDB.mdf ',
   SIZE = 10,
   MAXSIZE = 30,
```

```
FILEGROWTH = 5 )
LOG ON
( NAME = RShDB_log,
 FILENAME = ' D:\RShDB_Data\RShDB_log.ldf ',
 SIZE = 3,
 MAXSIZE = 12,
 FILEGROWTH = 2 )
```

例 3　用 CREATE DATABASE 语句创建 3.3.3 节中用图形化方法创建的 Students 数据库。即：

- 主要数据文件的逻辑名为：Students，初始大小为 3MB，每次按默认方式增长，最大大小无限制，物理存储位置为：F:\Data 文件夹，物理文件名为：Students.mdf。
- 次要数据文件的逻辑名为：Students_data1，初始大小为 5MB，自动增长，每次增加 1MB，最多增加到 10MB，物理存储位置为：D:\Data 文件夹，物理文件名为：Students_data1.ndf。
- 日志文件的逻辑名为：Students_log，初始大小为 2MB，每次增加 10%，最多增加到 6MB，物理存储位置为：F:\Data 文件夹，物理文件名为：Students_log.ldf。

创建此数据库的 SQL 语句为：

```
CREATE DATABASE Students
ON PRIMARY
  ( NAME = Students,
    FILENAME = 'F:\Data\Students.mdf',
    SIZE = 3MB,
    MAXSIZE = UNLIMITED
  ),
  ( NAME = Students_data1,
    FILENAME = 'D:\Data\Students_data1.ndf',
    SIZE = 5MB,
    MAXSIZE = 10MB,
    FILEGROWTH = 1MB
  )
LOG ON
  ( NAME = Students_log,
    FILENAME = 'F:\Data\students_log.ldf',
    SIZE = 2MB,
    MAXSIZE = 6MB,
    FILEGROWTH = 10%
  )
```

3.4　创建与维护关系表

表是数据库中非常重要的对象，它用于存储用户的数据。在有了数据类型的基础知识后，我们就可以开始创建数据表。关系数据库的表是二维表，包含行和列，创建表就是定义表所包含的列的结构，其中包括：列的名称、数据类型、约束等。列的名称是人们为列取的名字，一般为了便于记忆，最好取有意义的名字，比如学号或 Sno，而不要取无意义的名字，比如 a1；列的数据类型说明了列的可取值范围；列的约束更进一步限制了列的取值范围，这些约束包括：列取值是否允许为空、主码约束、外码约束、列取值范围约束等。

本节我们介绍创建、删除以及修改表结构的方法。

3.4.1 用 T-SQL 语句实现

1. 创建表

定义关系表使用 SQL 语言数据定义功能中的 CREATE TABLE 语句实现，其一般格式为：

```
CREATE  TABLE  <表名>（
    <列名>  <数据类型>  [列级完整性约束定义]
    {，  <列名>  <数据类型>  [列级完整性约束定义]  … }
    [，表级完整性约束定义 ] ）
```

注意：默认时 SQL 语言不区分大小写。

其中：

• <表名>是所要定义的基本表的名字，同样，这个名字最好能表达表的应用语义，比如，“学生表”或“Student”。

• <列名>是表中所包含的属性列的名字，<数据类型>指明列的数据类型，一个表包含多少个列，就包含多少个列定义。

• 在定义表的同时还可以定义与表有关的完整性约束条件，大部分完整性约束都既可以在“列级完整性约束定义”处定义，也可以在“表级完整性约束定义”处定义；但有些涉及多个列的完整性约束则必须在“表级完整性约束定义”处定义。

在定义关系表时可以同时定义表的完整性约束。定义完整性约束可以在定义列的同时定义，也可以作为表定义中独立的项定义。在列定义同时定义的约束我们称为列级完整性约束，作为表中独立一项定义的完整性约束称为表级完整性约束。可定义的完整性约束包括：

• NOT NULL：限制列取值非空。

• DEFAULT：指定列的默认值。

• UNIQUE：定义列取值不能重复。

• CHECK：定义列的取值范围。

• PRIMARY KEY：定义主码约束。

• FOREIGN KEY：定义外码约束。

在上述约束中，除了 NOT NULL 和 DEFAULT 不能在“表级完整性约束定义”处定义之外，其他约束均可在“表级完整性约束定义”处定义，但如果 CHECK 约束是定义多列之间的取值约束，则只能在“表级完整性约束定义”处定义。

2. 定义完整性约束

（1）主码约束。定义主码的语法格式为：

```
PRIMARY KEY  [(<列名> [, … n] )]
```

如果是在列级完整性约束处定义单列的主码，则可省略方括号部分。

（2）外码约束。一般情况下外码都是单列的，它可以定义在列级完整性约束处，也可以定义在表级完整性约束处。定义外码的语法格式为：

```
[FOREIGN KEY （<列名>）] REFERENCES <外表名>（<外表列名>）
```

如果是列级完整性约束定义外码，则可省略方括号部分。

（3）UNIQUE 约束。UNIQUE 约束用于限制在一个列中不能有重复的值。这个约束用在事实上具有唯一性的属性列上，比如每个人的身份证号码、驾驶证号码等均不能有重复值。

定义 UNIQUE 约束的语法格式为：

```
<列名> 数据类型 UNIQUE [(<列名> [, … n] )]
```

如果是在列级完整性约束处定义单列的 UNIQUE 约束，则可以省略方括号部分。

（4）DEFAULT 约束。DEFAULT 约束用于提供列的默认值，一个列只能有一个默认值约束，而且一个默认值约束只能用在一个列上。

DEFAULT 约束只能定义在列级完整性约束处，语法格式如下：

```
<列名> DEFAULT 默认值
```

（5）CHECK 约束。CHECK 约束用于限制列的输入值在指定的范围内，即限制列的取值符合应用语义。

定义 CHECK 约束的语法格式如下：

```
CHECK （逻辑表达式）
```

注意：逻辑表达式中不能包含来自多个表的列。

例 4　用 SQL 语句创建如下 3 张表：学生（Student）表、课程（Course）表和学生修课（SC）表，这 3 张表的结构如表 3-9 到表 3-11 所示。

表 3-9　Student 表结构

列　名	含　义	数据类型	约　束
Sno	学号	CHAR(7)	主码
Sname	姓名	NCHAR(5)	非空
SID	身份证号	CHAR(18)	取值不重
Ssex	性别	NCHAR(1)	默认值为“男”
Sage	年龄	TINYINT	取值范围为 15~45
Sdept	所在系	NVARCHAR(20)	

表 3-10　Course 表结构

列　名	含　义	数据类型	约　束
Cno	课程号	CHAR(6)	主码
Cname	课程名	NVARCHAR(20)	非空
Credit	学分	NUMERIC(3，1)	大于 0
Semester	学期	TINYINT	

表 3-11　SC 表结构

列　名	含　义	数据类型	约　束
Sno	学号	CHAR(7)	主码，引用 Student 的外码
Cno	课程名	CHAR(6)	主码，引用 Course 的外码
Grade	成绩	TINYINT	

创建满足约束条件的上述 3 张表的 SQL 语句如下：

```
CREATE TABLE Student (
  Sno    CHAR(7)      PRIMARY KEY,
  Sname  NCHAR(5)     NOT NULL,
```

```
  SID     CHAR(18)      UNIQUE,
  Ssex    NCHAR(1)      DEFAULT '男',
  Sage    TINYINT       CHECK(Sage>=15 AND Sage<=45),
  Sdept   NVARCHAR(20) )

CREATE TABLE Course (
  Cno      CHAR(6)          PRIMARY KEY,
  Cname    NVARCHAR(20)     NOT NULL,
  Credit   NUMERIC(3,1)     CHECK(Credit>0),
  Semester  TINYINT )

CREATE TABLE SC (
  Sno    CHAR(7)  NOT NULL,
  Cno    CHAR(6)  NOT NULL,
  Grade  TINYINT,
  PRIMARY KEY (Sno, Cno),
  FOREIGN KEY (Sno) REFERENCES Student(Sno),
  FOREIGN KEY (Cno) REFERENCES Course(Cno) )
```

3. 修改表结构

在定义完关系表后，如果表结构有变化，比如添加列、删除列或修改列定义等，则可以使用ALTER TABLE语句实现。不同DBMS的ALTER TABLE语句的格式略有不同，我们这里给出T-SQL支持的ALTER TABLE语句的部分格式。其他的数据库管理系统，可参考它们的语言参考手册。

```
ALTER TABLE <表名>
[ ALTER COLUMN <列名> <新数据类型>]                -- 修改列定义
| [ADD  <列名> <数据类型> <约束>]                  -- 添加新列
| [DROP COLUMN <列名>]                             -- 删除列
| [ADD  约束定义]                                  -- 添加约束
| [DROP <约束名>]                                  -- 删除约束
```

注：‘--’为SQL语句的单行注释符。

例5　为SC表添加“修课类别”列，此列的定义为：Type　NCHAR(1)，允许空。

```
ALTER TABLE SC  ADD Type  NCHAR(1) NULL
```

例6　将新添加的Type列的数据类型改为NCHAR(2)。

```
ALTER TABLE SC  ALTER COLUMN Type NCHAR(2)
```

例7　为Type列添加限定取值范围为{必修、重修、选修}的约束。

```
ALTER TABLE SC
  ADD CHECK(Type IN ('必修', '重修', '选修') )
```

例8　删除SC表的“Type”列。

```
ALTER TABLE SC DROP COLUMN Type
```

删除表

当确信不再需要某个表时，可以将其删除。删除表的语句格式为：

```
DROP  TABLE  <表名>  { [, <表名> ] … }
```

例9　删除test表。

```
DROP TABLE test
```

注意：如果被删除的表中有其他表对它的外码引用约束，则必须先删除外码所在的表，然后再删除被引用码所在的表。

3.4.2 用 SSMS 工具实现

本节以表 3-9 ~ 表 3-11 所示的表为例，说明如何用 SSMS 工具图形化地创建及维护关系表。

1. 创建表

在 SSMS 中，图形化地创建表的步骤如下：

（1）展开要创建表的数据库，假设这里是在 Students 数据库中创建表，然后在“表”节点上右击鼠标，在弹出的单中选择“新建表”命令，在窗口右边将出现表设计器窗格，如图 3-6 所示。

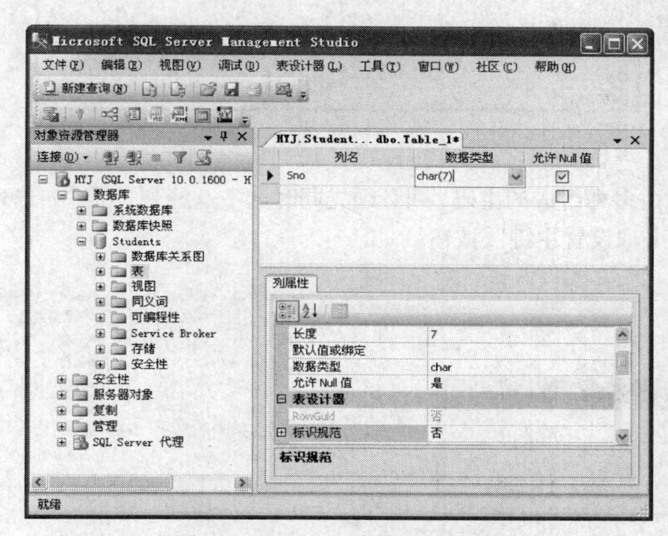

图 3-6　包含定义表窗格的 SSMS

（2）在表设计器窗格中定义表的结构，针对每个字段进行如下设置：

- 在“列名”框中输入字段的名称，如图 3-6 中输入的是 Sno。
- 在“数据类型”框中选择字段的数据类型，如图 3-6 中选择的是 Char 类型并指定长度为 7。也可以在下边的“列属性”部分的“数据类型”框中指定列的数据类型，在“长度”框中输入字符类型的长度。
- 在“允许 Null 值”部分指定字段是否允许为空，如果不允许有空值，则不选中“允许 Null 值”列中的复选框，这相当于 NOT NULL 约束。

定义好 Student 表后的形式如图 3-7 所示。

（3）保存表的定义。单击工具栏上的按钮，或者是“文件”菜单下的“保存”命令，将弹出如图 3-8 所示的保存表的窗口，在“输入表名称”文本框中输入表的名称（这里输入 Student），单击“确定”按钮保存表的定义。

2. 定义完整性约束

（1）主码约束。我们以定义 Student 表的主码为例说明用图形化方法如何定义主码。首先选中要定义主码的列（这里是 Sno），然后单击工具栏上的“设置主键”按钮，或者是在要定义主码的列上右击鼠标，在弹出的菜单中选择“设置主键”命令。设置好主码后，会在主码列名的左边出现一把钥匙标识，如图 3-9 所示。

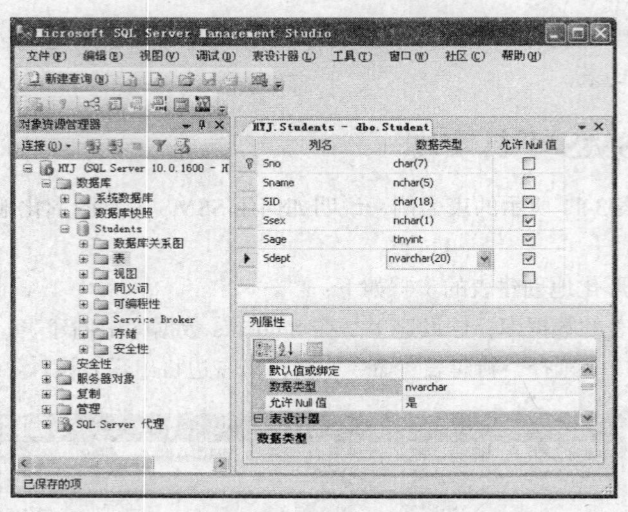

图 3-7　定义好的 Student 表结构

说明：如果定义由多列组成的主码，则必须先同时选中这些列（通过在选列的过程中按住 Ctrl 键实现），然后再单击“设置主键”按钮。

图 3-8　定义好的 Student 表结构

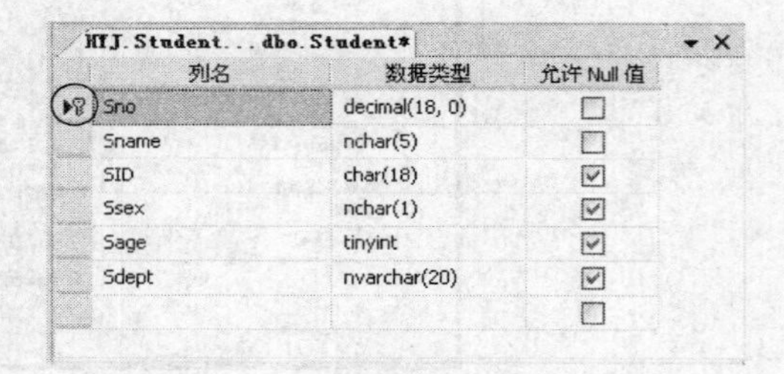

图 3-9　定义好 Student 表的主码

（2）外码约束。按照上述步骤定义好 Course 表和 SC 表。在 SC 表中，除了要定义主码外，还需要定义外码。定义好的 SC 表结构如图 3-10 所示。现在开始定义外码。

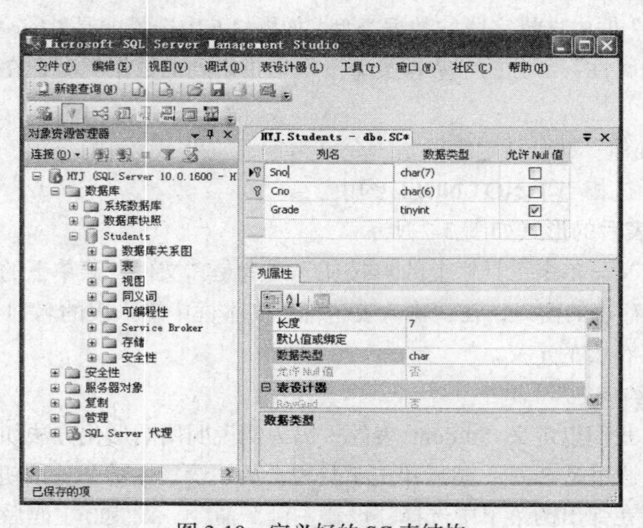

图 3-10　定义好的 SC 表结构

① 在图 3-10 所示窗口中，单击工具栏上的“关系”按钮，弹出图 3-11 所示的“外键关系”对话框，在此对话框中单击“添加”按钮，对话框形式成为图 3-12 所示形式。

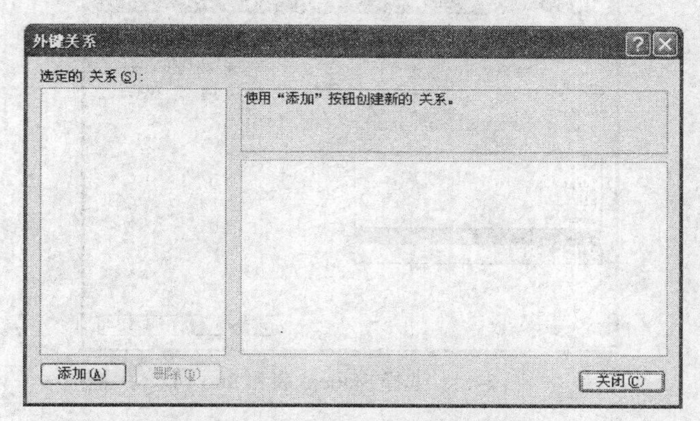

图 3-11 “外键关系”对话框

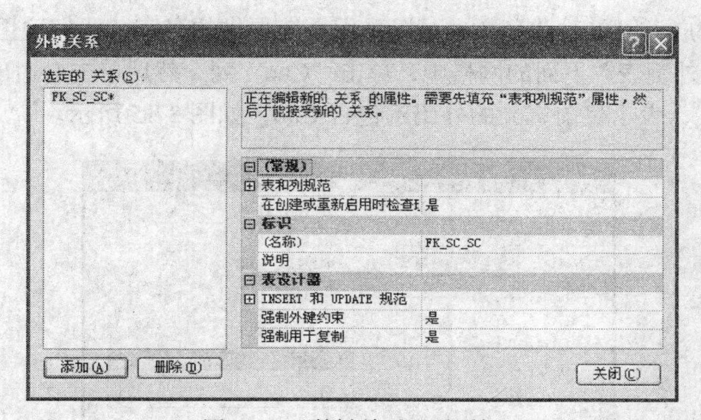

图 3-12 “外键关系”对话框

② 在图 3-12 对话框中，单击“表和列规范”左边的加号，然后单击右边出现的按钮，进入图 3-13 所示的“表和列”对话框。

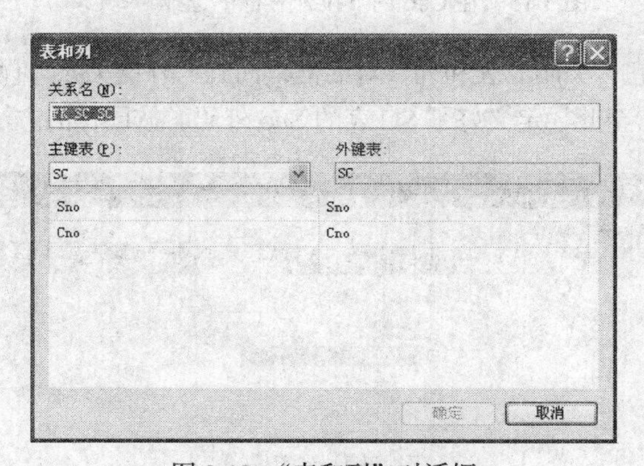

图 3-13 “表和列”对话框

③ 在图 3-13 所示对话框中，在“关系名”文本框中可以输入外码约束的名字，也可以采用系统提供的默认名。我们先定义 Sno 外码列。从“主键表”下拉列表中选择外码所引用的主码所在的表，这里选中“Student”表。在“主键表”下边的网格中，单击第一行，然后单击右边出现

的按钮，从列表框中选择外码所引用的主码列，这里选择“Sno”，如图 3-14 所示。

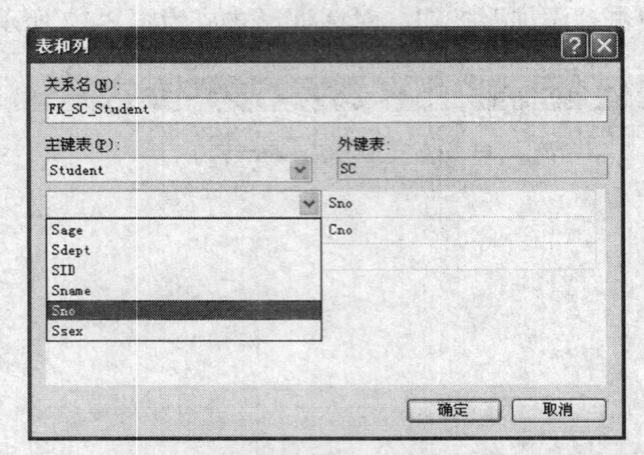

图 3-14　选择 Student 表和 Sno 列

④ 在指定好外码之后，在“关系名”部分系统自动对名字进行了更改，如这里是 FK_SC_Student。用户可以更改此名，也可以采用系统提供的名字。我们这里不做修改。

⑤ 在右边的“外键表”下面的网格中，单击“Cno”列，然后单击右边出现的按钮，从列表框中选择“<无>”，表示目前定义的外码不包含 Cno，如图 3-15 所示。

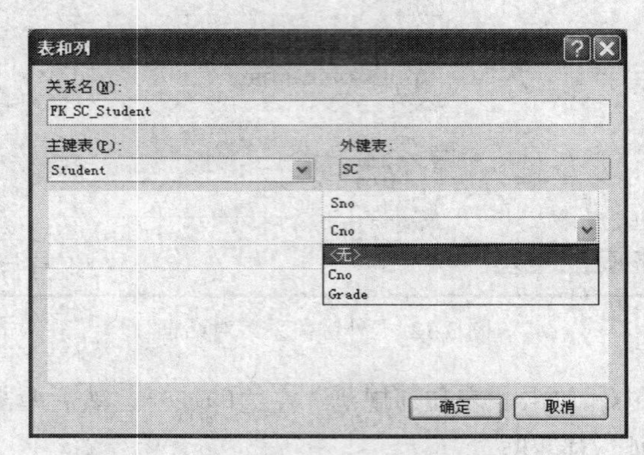

图 3-15　在 Cno 的下拉列表框中选择“<无>”

⑥ 单击“确定”按钮，关闭“表和列”对话框，回到“外键关系”设计器对话框，此时该对话框的形式如图 3-16 所示。至此，定义好了 SC 表的 Sno 外码。按同样的方法定义 SC 表的 Cno 外码。

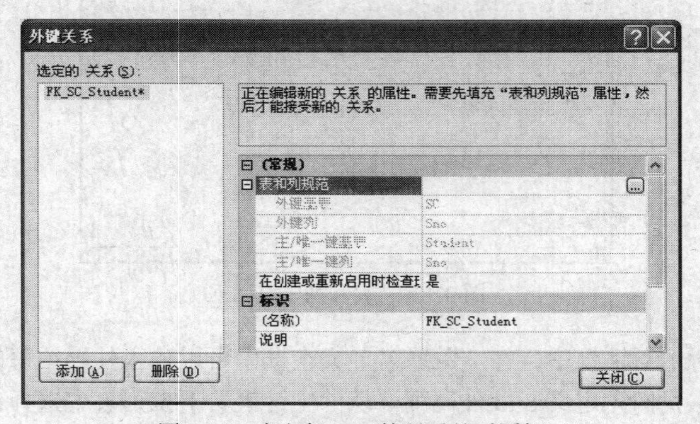

图 3-16　定义好 Sno 外码后的对话框

单击“关闭”按钮，关闭“外键关系”设计器，回到 SQL Server Management Studio。

注意关闭“外键关系”对话框并不会保存对外码的定义。

定义完外码之后，单击工具栏上的保存按钮，系统会弹出图 3-17 所示的是否保存所作修改的提示，单击“是”按钮保存修改。

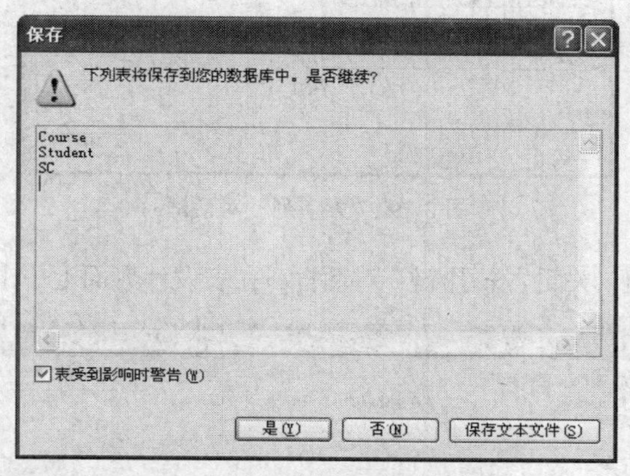

图 3-17　定义好 Sno 外码后的对话框

（3）UNIQUE 约束。我们以在 Student 表的 SID 列上定义 UNIQUE 约束为例，说明用 SSMS 工具图形化地定义 UNIQUE 约束的方法，步骤如下。

① 在 Student 表的设计器界面中（可参见图 3-7。如果没有该界面，可在左边的对象资源管理器中，展开 Students 数据库及该数据库下的“表”节点，然后在 Student 表上右击鼠标，在弹出的菜单中选择“设计”命令即可），单击工具栏上的“管理索引和键”按钮，或者是在 Student 表的设计窗格上右击鼠标，在弹出的菜单中单击“索引/键”命令，均弹出“索引/键”对话框，在该对话框中单击“添加”按钮，对话框形式如图 3-18 所示。

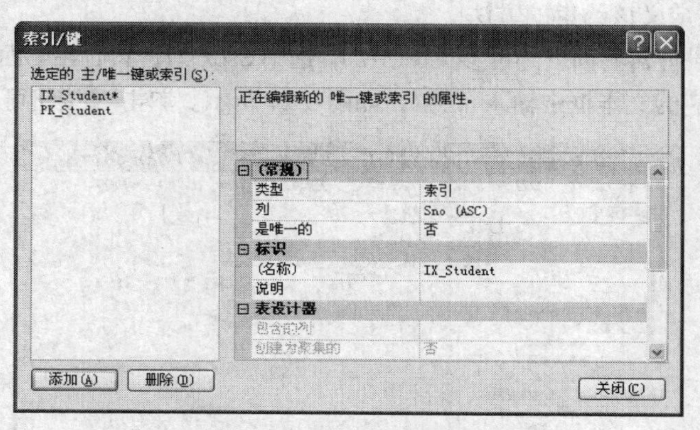

图 3-18　“索引/键”对话框

② 在“索引/键”对话框中，单击“类型”右边的“索引”项，然后单击右边出现的按钮，在下拉列表框中选择“唯一键”。单击“索引”下面的“Sno（ASC）”项，然后单击右边出现的按钮，弹出“索引列”对话框。

③ 在“索引列”对话框中，从“列名”下拉列表框中选择要建立唯一值约束的列，这里选择 SID（如图 3-19 所示），然后单击“确定”按钮，关闭“索引列”对话框，回到“索引/键”对话框，此时该对话框的形式如图 3-20 所示。

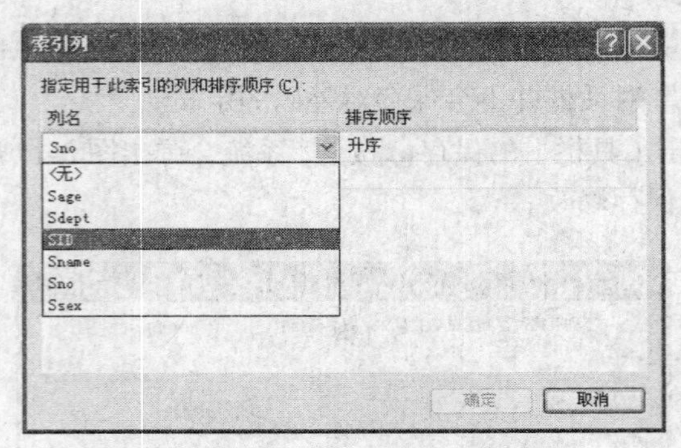

图 3-19 “索引列”对话框

④ 单击“关闭”按钮，关闭“索引/键”对话框，在表设计界面上单击按钮保存对表的修改。

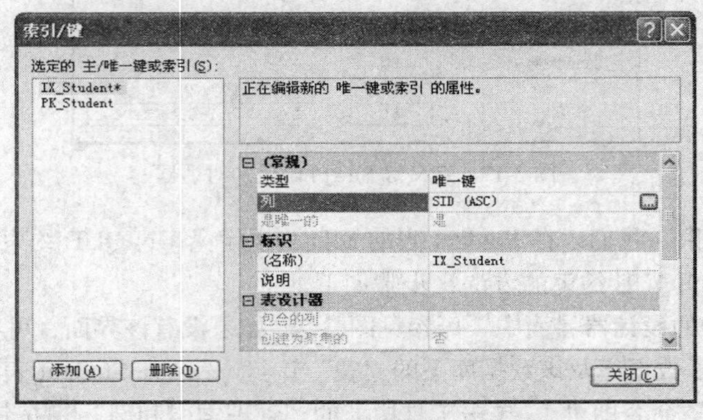

图 3-20 定义好唯一值约束后的对话框

（4）DEFAULT 约束。我们以在 Student 表的 Ssex 列上定义 DEFAULT 约束为例，说明用 SSMS 工具图形化地定义该约束的方法。

在 Student 表的设计器界面上（可参见图 3-7），选中 Ssex 列，然后在下面的“列属性”部分的“默认值或绑定”对应的文本框中输入“男”，如图 3-21 所示。单击按钮可保存所定义的约束。

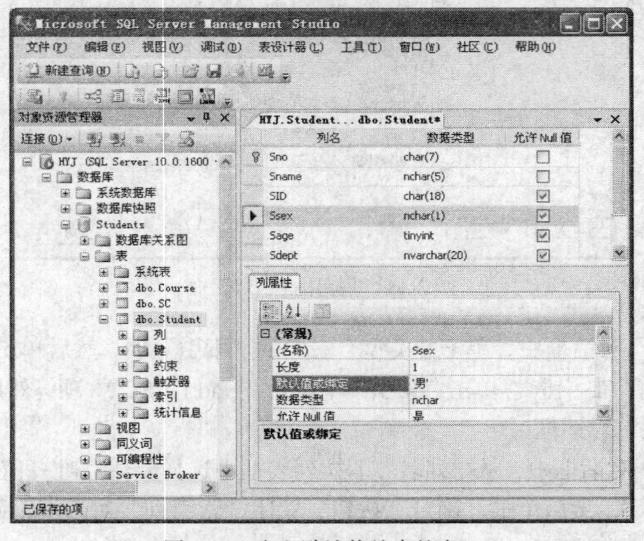

图 3-21 定义默认值约束的窗口

（5）定义 CHECK 约束。我们以在 Student 表的 Sage 列上定义取值范围在 15~45 的约束为例，说明在 SSMS 中图形化地定义 CHECK 约束的方法，步骤如下。

① 在 Student 表的设计界面上（可参见图 3-7），单击工具栏上的"管理 Check 约束"按钮，或者在 Student 表的设计窗格上右击鼠标，在弹出的菜单中选择"Check 约束"命令，均可弹出"CHECK 约束"对话框，在此对话框上单击"添加"按钮，对话框形式如图 3-22 所示。

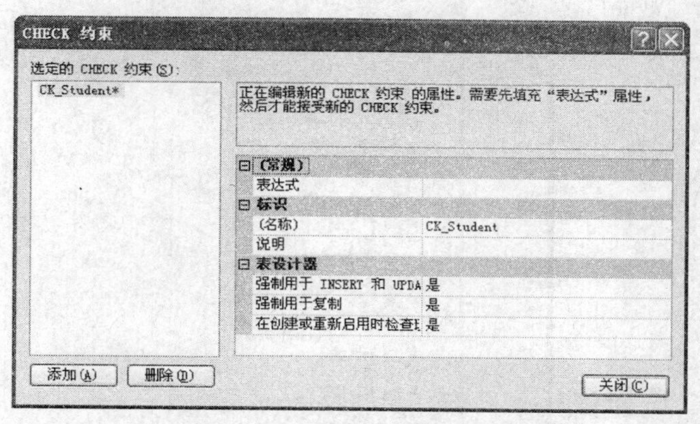

图 3-22　"CHECK 约束"对话框

② 在图 3-22 所示对话框中的"表达式"右边的空白框上单击鼠标，然后单击右边出现的按钮，弹出"CHECK 约束表达式"对话框，在此对话框的"表达式"框中输入 Sage 列的取值范围约束，如图 3-23 所示。

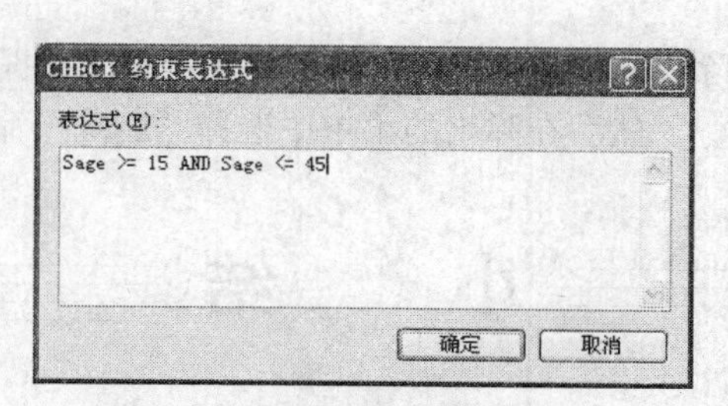

图 3-23　定义 CHECK 约束表达式

③ 单击"确定"按钮回到"CHECK 约束"对话框，此时该对话框中"表达式"右边的文本框将列出所定义的表达式。单击"关闭"按钮，关闭"CHECK 约束"对话框，然后单击按钮保存新定义的约束。

3. 修改表结构

定义好表之后，还可以对表的结构进行修改。我们以修改 SC 表结构为例，说明在 SSMS 中图形化地修改表结构的方法。

在 SC 表的设计器窗格中（如果在 SSMS 中没有 SC 的表设计器，则可在对象资源管理器中，展开 Students 数据库及"表"节点，在 SC 表上右击鼠标，从弹出的菜单中选择"设计"命令，可以完成下列修改操作。

① 添加新列：只要在空白处定义新的列即可。

② 修改列的数据类型：在列对应的数据类型上指定新的类型即可。

③ 删除列：在要删除的列上右击鼠标，然后在弹出的菜单中选择"删除列"命令即可。

④ 添加约束：上节已介绍，这里不再赘述。

⑤ 删除约束：在对象资源管理器中，展开要删除约束的表，如果是删除 CHECK、DEFAULT 约束，则展开表下的“约束”节点；如果是删除主码、外码和唯一值约束，则展开表下的“键”节点，然后在要删除的约束上右击鼠标，在弹出的菜单中选择“删除”命令即可。图 3-24 所示为展开 Student 表的约束的情况。

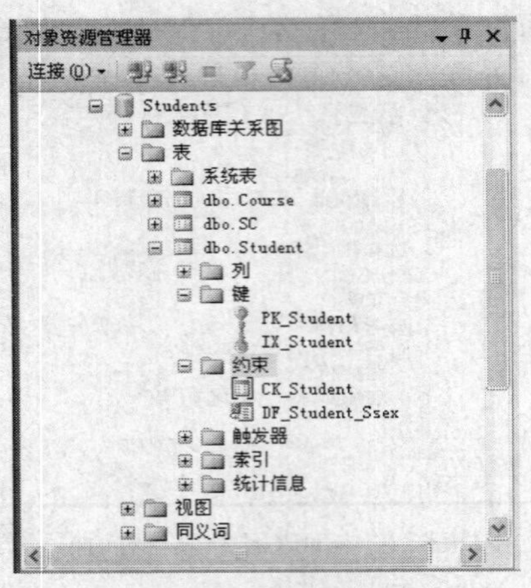

图 3-24　展开表的约束

注意：如果被删除的主码约束有外码的引用，则必须先删除相应的外码，然后再删除主码。

4．删除表

在 SSMS 中图形化地删除表的操作为：展开要删除表所在的数据库，并展开其下的“表”节点，在要删除的表上右击鼠标，然后在弹出的菜单中选择“删除”命令，即可删除表。

小　　结

本章首先介绍 SQL 语言的发展、特点以及所支持的数据类型。SQL 支持的数据类型有数值型、字符串型、日期时间类型和货币类型，而货币类型是 SQL Server 所特有的，它实际就是能够带货币符号的定点小数类型。

然后本章介绍了数据库的一些概念。SQL Server 将数据库分为系统数据库和用户数据库两类，而数据库是由文件组成的。文件被分为两大类，一类是数据文件，用于存放数据库数据；另一类是日志文件，用于记录对数据库的修改操作。每个数据库至少包含一个主要数据文件和一个日志文件，根据实际需要还可以包含多个次要数据文件和多个日志文件。出于效率的考虑，一般建议将数据文件和日志文件分别存储在不同的物理磁盘上。本章同时介绍使用 T-SQL 语句和 SSMS 工具图形化地创建数据库的方法。

最后本章介绍了基本表的定义与维护方法，包括数据完整性约束的含义和实现方法。对数据完整性约束，介绍了实现实体完整性的 PRIMARY KEY 约束，实现参照完整性的 FOREIGN KEY 约束，限制列取值范围的 CHECK 约束，提供列的默认值的 DEFAULT 约束以及限制列取值不重的 UNIQUE 约束。对所有这些功能都同时介绍了用 T-SQL 语句实现和用 SSMS 工具图形化地实现的方法。

习　题

一、选择题

1．下列关于 SQL 语言特点的叙述，错误的是（　　）。

A．使用 SQL 语言访问数据库，用户只需提出做什么，而无需描述如何实现

B．SQL 语言比较复杂，因此在使用上比较难

C．SQL 语言可以在数据库管理系统提供的应用程序中执行，也可以在命令行方式下执行

D．使用 SQL 语言可以完成任何数据库操作

2．下列所述功能中，不属于 SQL 语言功能的是（　　）。

A．数据库和表的定义功能　　B．数据查询功能

C．数据增、删、改功能　　D．提供方便的用户操作界面功能

3．设某职工表中有用于存放年龄（整数）的列，下列类型中最合适年龄列的是（　　）。

A．int　　B．smallint

C．tinyint　　D．bit

4．SQL Server 数据库是由文件组成的。下列关于数据库所包含的文件的说法，正确的是（　　）。

A．一个数据库可包含多个主要数据文件和多个日志文件

B．一个数据库只能包含一个主要数据文件和一个日志文件

C．一个数据库可包含多个次要数据文件，但只能包含一个日志文件

D．一个数据库可包含多个次要数据文件和多个日志文件

5．在 SQL Server 中创建用户数据库，其主要数据文件的大小必须大于（　　）。

A．master 数据库的大小　　B．model 数据库的大小

C．msdb 数据库的大小　　D．3MB

6．在 SQL Server 系统数据库中，存放用户数据库公共信息的是（　　）。

A．master　　B．model

C．msdb 数据库的大小　　D．tempdb

7．在 SQL Server 中创建用户数据库实际就是定义数据库所包含的文件以及文件的属性。下列不属于数据库文件属性的是（　　）。

A．初始大小　　B．物理文件名　　C．文件结构　　D．最大大小

8．下列约束中用于限制列的取值范围的约束是（　　）。

A．PRIMARY KEY　　B．CHECK

C．DEFAULT　　D．UNIQUE

9．下列约束中用于限制列取值不重的约束是（　　）。

A．PRIMARY KEY　　B．CHECK

C．DEFAULT　　D．UNIQUE

10．下列约束中用于实现实体完整性的是（　　）。

A．PRIMARY KEY　　B．CHECK

C．DEFAULT　　D．UNIQUE

11．下列关于 DEFAULT 约束的说法，错误的是（　　）。

A．一个 DEFAULT 约束只能约束表中的一个列

B．在一个表上可以定义多个 DEFAULT 约束

C．DEFAULT 只能定义在列级完整性约束处

D．在列级完整性约束和表级完整性约束处都可以定义 DEFAULT 约束

二、填空题

1．用 char(8)类型的列存放“数据库”，系统将为其分配________字节空间。

2．整数部分 3 位，小数部分 2 位的定点小数定义是________。

3．设某数据表有 10000 行数据，每行占用 5000 字节，则存放该表大约需要________ MB 空间。

4．数据库中数据的存储分配单位是________。

5．SQL Server 中一个数据页的大小是________ KB，数据页的大小决定了表中________的最大大小。

6．SQL Server 数据库中，主要数据文件的推荐扩展名是________，日志文件的推荐扩展名是________。

7．一个 SQL Server 数据库中可以包含________个次要数据文件。

8．限制性别列的取值只能是“男”和“女”的 CHECK 约束表达式是________。

9．Smalldatetime 数据类型精确到________时间单位。

10．Nchar(6)类型将占用________字节空间。

11．货币类型精确到小数点后________位。

三、简答题

1．简述 SQL 语言的特点。

2．简述 SQL 语言的功能，每个功能的作用是什么？

3．Transact-SQL 支持哪几种数据类型？

4．Tinyint 数据类型定义的数据的取值范围是多少？

5．Char(10)、nchar(10)的区别是什么？它们各能存放多少个字符？占用多少字节的空间？

6．Char(n)和 varchar(n)的区别是什么？其中 n 的含义是什么？取值范围是多少？

7．数据完整性的含义是什么？

8．写出创建如下 3 张表的 SQL 语句，要求在定义表的同时定义数据的完整性约束。

（1）“图书表”结构如下。

书号：统一字符编码定长类型，长度为 6，主码；

书名：统一字符编码可变长类型，长度为 30，非空；

第一作者：普通编码定长字符类型，长度为 10，非空；

出版日期：日期型；

价格：定点小数，小数部分 1 位，整数部分 3 位，默认值为 20。

（2）“书店表”结构如下。

书店编号：统一字符编码定长类型，长度为 6，主码；

店名：统一字符编码可变长类型，长度为 30，非空；

电话：普通编码定长字符类型，长度为 8，取值不重；

地址：普通编码可变长字符类型，长度为 40；

邮政编码：普通编码定长字符类型，长度为 6。

（3）“图书销售表”结构如下。

书号：统一字符编码定长类型，长度为 6，非空；

书店编号：统一字符编码定长类型，长度为 6，非空；

销售日期：小日期时间型，非空；

销售数量：小整型，大于等于 1；

主码为（书号，书店编号，销售日期）。

其中“书号”为引用“图书表”的“书号”的外码，

“书店编号”为引用“书店表”的“书店编号”的外码。

9．为第 6 题的图书表添加“印刷数量”列，类型为整数。

10．为“印刷数量”列添加约束，要求此列的取值大于等于 1000。

11．将第 6 题书店表中的“邮政编码”列删除。

12．将第 6 题图书销售表中的“销售数量”列的数据类型改为整型。

上机练习

1．分别用图形化方法和 CREATE DATABASE 语句创建符合如下条件的数据库。

数据库的名字为：students

数据文件的逻辑文件名为：students_dat，物理文件名为：students.mdf，存放在 D:\Test 文件夹下（若 D:中无此文件夹，可先建立此文件夹，然后再创建数据库）；

- 文件的初始大小为：5MB；
- 增长方式为自动增长，每次增加 1MB。

日志文件的逻辑文件名字为：students_log，物理文件名为：students.ldf，也存放在 D:\Test 文件夹下；

- 日志文件的初始大小为：2MB；
- 日志文件的增长方式为自动增长，每次增加 10%。

2．分别用图形化方法和 CREATE DATABASE 语句创建符合如下条件的数据库，此数据库包含两个数据文件和两个事务日志文件。

数据库的名字为：财务数据库；

数据文件 1 的逻辑文件名为：财务数据 1，物理文件名为：财务数据 1.mdf，存放在“D:\财务数据”文件夹下（若 D:中无此文件夹，可先建立此文件夹，然后再创建数据库）；

- 文件的初始大小为：2MB；
- 增长方式为自动增长，每次增加 1MB。

数据文件 2 的逻辑文件名为：财务数据 2，物理文件名为：财务数据 2.ndf，存放在与主要数据文件相同的文件夹下；

- 文件的初始大小为：3MB；
- 增长方式为自动增长，每次增加 10%。

日志文件为：

日志文件 1 的逻辑文件名为：财务日志 1，物理文件名为：财务日志 1_log.ldf，存放在 D:\

财务日志文件夹下；

- 初始大小为：1MB；
- 增长方式为自动增长，每次增加 10%

日志文件 2 的逻辑文件名为：财务日志 2，物理文件名为：财务日志 2_log.ldf，存放在 D:\财务日志文件夹下；

- 文件的初始大小为：2MB；
- 增长方式为不自动增长。

以下各题均在 SSMS 工具中用图形化方法实现。

3．在已建好的 Students 数据库中，创建表 3-12~表 3-14 所示的 Student、Course 和 SC 表。

表 3-12　　Student 表结构

列　名	含　义	数据类型	约　束
Sno	学号	CHAR(7)	主码
Sname	姓名	NCHAR(5)	非空
Ssex	性别	NCHAR(1)	默认值为“男”
Sage	年龄	TINYINT	取值范围为 15 ~ 45
Sdept	所在系	NVARCHAR(20)	

表 3-13　　Course 表结构

列　名	含　义	数据类型	约　束
Cno	课程号	CHAR(6)	主码
Cname	课程名	NVARCHAR(20)	非空
Credit	学分	TINYINT	
Semster	学期	TINYINT	

表 3-14　　SC 表结构

列　名	含　义	数据类型	约　束
Sno	学号	CHAR(7)	主码，引用 Student 的外码
Cno	课程名	CHAR(6)	主码，引用 Course 的外码
Grade	成绩	TINYINT	

4．为第 3 题创建的表实现如下操作：

（1）为 Student 表添加专业列，列名为 spec，类型为 char(8)。

（2）将 spec 列的数据类型改为 nchar(8)。

（3）为 Student 表的 Sdept 列添加约束，限制该列取值范围为{计算机系，信息管理系，通信工程系}。

（4）为 SC 表的 Grade 列添加约束，要求此列的取值范围为 0~100。

（5）删除 Student 表中新添加的 spec 列。

第 4 章 数据操作语句

数据存储到数据库中之后，如果不对其进行分析和处理，数据就是没有价值的。最终用户对数据库中数据进行的操作大多是查询和修改，修改包括增加新数据、删除旧数据和更改已有的数据。SQL 语言提供了功能强大的数据查询和修改的功能。

本章将详细介绍数据的查询、插入、删除以及更改操作的实现。

4.1 数据查询功能

查询功能是 SQL 语言的核心功能，是数据库中使用得最多的操作，查询语句也是 SQL 语句中比较复杂的一个语句。

如果没有特别说明，本章所有的查询均在 Student（学生）、Course（课程）和 SC（选课）表上进行，这 3 张表的结构如表 4-1 至表 4-3 所示。

表 4-1 Student 表结构

列　名	含　义	数据类型	约　束
Sno	学号	CHAR(7)	主码
Sname	姓名	NCHAR(5)	非空
Ssex	性别	NCHAR(1)	
Sage	年龄	TINYINT	
Sdept	所在系	NVARCHAR(20)	

表 4-2 Course 表结构

列　名	含　义	数据类型	约　束
Cno	课程号	CHAR(6)	主码
Cname	课程名	NVARCHAR(20)	非空
Credit	学分	TINYINT	
Semster	学期	TINYINT	

表 4-3　　SC 表结构

列　名	含　义	数据类型	约　束
Sno	学号	CHAR(7)	主码，引用 Student 的外码
Cno	课程名	CHAR(6)	主码，引用 Course 的外码
Grade	成绩	TINYINT	

假设这 3 张表中已有如表 4-4～表 4-6 所示的数据。

表 4-4　　Student 表数据

Sno	Sname	Ssex	Sage	Sdept
0611101	李勇	男	21	计算机系
0611102	刘晨	男	20	计算机系
0611103	王敏	女	20	计算机系
0611104	张小红	女	19	计算机系
0621101	张立	男	20	信息管理系
0621102	吴宾	女	19	信息管理系
0621103	张海	男	20	信息管理系
0631101	钱小平	女	21	通信工程系
0631102	王大力	男	20	通信工程系
0631103	张姗姗	女	19	通信工程系

表 4-5　　Course 表数据

Cno	Cname	Credit	Semester
C001	高等数学	4	1
C002	大学英语	3	1
C003	大学英语	3	2
C004	计算机文化学	2	2
C005	VB	2	3
C006	数据库基础	4	5
C007	数据结构	4	4
C008	计算机网络	4	4

表 4-6　　SC 表数据

Sno	Cno	Grade
0611101	C001	96
0611101	C002	80
0611101	C003	84
0611101	C005	62
0611102	C001	92
0611102	C002	90
0611102	C004	84
0621102	C001	76
0621102	C004	85

续表

Sno	Cno	Grade
0621102	C005	73
0621102	C007	NULL
0621103	C001	50
0621103	C004	80
0631101	C001	50
0631101	C004	80
0631102	C007	NULL
0631103	C004	78
0631103	C005	65
0631103	C007	NULL

4.1.1　查询语句的基本结构

查询语句是数据库操作中最基本和最重要的语句之一，其功能是从数据库中检索满足条件的数据。查询的数据源可以来自一张表，也可以来自多张表甚至可以来自视图，查询的结果是由 0 行（没有满足条件的数据）或多行记录组成的一个记录集合，并允许选择一个或多个字段作为输出字段。SELECT 语句还可以对查询的结果进行排序、汇总等。

查询语句的基本结构可描述为：

```
SELECT <目标列名序列>          -- 需要哪些列
 FROM <表名>                   -- 来自于哪些表
[WHERE <行选择条件>]           -- 根据什么条件
[GROUP BY <分组依据列>]
[HAVING <组选择条件>]
[ORDER BY <排序依据列>]
```

在上述结构中，SELECT 子句用于指定输出的字段；FROM 子句用于指定数据的来源；WHERE 子句用于指定数据的选择条件；GROUP BY 子句用于对检索到的记录进行分组；HAVING 子句用于指定组的选择条件；ORDER BY 子句用于对查询的结果进行排序。在这些子句中，SELECT 子句和 FROM 子句是必须的，其他子句都是可选的。

4.1.2　简单查询

本节介绍单表查询，即数据源只涉及一张表的查询。所有的查询结果按 SQL Server 2008 数据库管理系统的形式显示。

1．选择表中若干列

（1）查询指定的列。在很多情况下，用户可能只对表中的一部分属性列感兴趣，这时可通过在 SELECT 子句的〈目标列名序列〉中指定要查询的列来实现。

例 1　查询全体学生的学号与姓名。

```
SELECT Sno, Sname FROM Student
```

	Sno	Sname
1	0611101	李勇
2	0611102	刘晨
3	0611103	王敏
4	0611104	张小红
5	0621101	张立
6	0621102	吴宾
7	0621103	张海
8	0631101	钱小平
9	0631102	王大力
10	0631103	张姗姗

图 4-1　例 1 的查询结果

查询结果如图 4-1 所示。

例 2　查询全体学生的姓名、学号和所在系。

```
SELECT Sname, Sno, Sdept  FROM Student
```

查询结果如图 4-2 所示。

注意：目标列的选择顺序可以与表中定义的字段顺序不一致。

（2）查询全部列。如果要查询表中的全部列，可以使用两种方法：一种是在<目标列名序列>中列出所有的列名；另一种是如果列的显示顺序与其在表中定义的顺序相同，则可以简单地在<目标列名序列>中写星号‘*’。

例 3 查询全体学生的详细记录。

```
SELECT Sno, Sname, Ssex, Sage, Sdept FROM Student
```

等价于

```
SELECT  *  FROM Student
```

查询结果如图 4-3 所示。

（3）查询经过计算的列。SELECT 子句中的<目标列名序列>可以是表中存在的属性列，也可以是表达式、常量或者函数。

例 4 含表达式的列：查询全体学生的姓名及其出生年份。

在 Student 表中只记录了学生的年龄，而没有记录学生的出生年份，但我们可以经过计算得到出生年份，即用当前年（2011 年）减去年龄，得到出生年份。因此实现此功能的查询语句为：

```
SELECT Sname, 2011 - Sage  FROM Student
```

查询结果如图 4-4 所示。

	Sname	Sno	Sdept
1	李勇	0611101	计算机系
2	刘晨	0611102	计算机系
3	王敏	0611103	计算机系
4	张小红	0611104	计算机系
5	张立	0621101	信息管理系
6	吴宾	0621102	信息管理系
7	张海	0621103	信息管理系
8	钱小平	0631101	通信工程系
9	王大力	0631102	通信工程系
10	张姗姗	0631103	通信工程系

图 4-2　例 2 的查询结果

	Sno	Sname	Ssex	Sage	Sdept
1	0611101	李勇	男	21	计算机系
2	0611102	刘晨	男	20	计算机系
3	0611103	王敏	女	20	计算机系
4	0611104	张小红	女	19	计算机系
5	0621101	张立	男	20	信息管理系
6	0621102	吴宾	女	19	信息管理系
7	0621103	张海	男	20	信息管理系
8	0631101	钱小平	女	21	通信工程系
9	0631102	王大力	男	20	通信工程系
10	0631103	张姗姗	女	19	通信工程系

图 4-3　例 3 的查询结果

	Sname	(无列名)
1	李勇	1990
2	刘晨	1991
3	王敏	1991
4	张小红	1992
5	张立	1991
6	吴宾	1992
7	张海	1991
8	钱小平	1990
9	王大力	1991
10	张姗姗	1992

图 4-4　例 4 的查询结果

例 5 含字符串常量的列：查询全体学生的姓名和出生年份、所在系，并在出生年份列前加入一个列，此列的每行数据均为“出生年份”常量值。

```
SELECT Sname, '出生年份', 2011 - Sage  FROM Student
```

查询结果如图 4-5 所示。

	Sname	(无列名)	(无列名)
1	李勇	出生年份	1990
2	刘晨	出生年份	1991
3	王敏	出生年份	1991
4	张小红	出生年份	1992
5	张立	出生年份	1991
6	吴宾	出生年份	1992
7	张海	出生年份	1991
8	钱小平	出生年份	1990
9	王大力	出生年份	1991
10	张姗姗	出生年份	1992

图 4-5　例 5 的查询结果

注意：选择列表中的常量和计算是对表中的每行数据进行的。

从查询结果的图中可以看到，经过计算的表达式列、常量列的显示结果都没有列标题，通过指定列的别名的方法可以改变查询结果显示的列标题，这对于含算术表达式、常量、函数名的目标列尤为有用。

改变显示的列标题的语法格式为：

```
[ 列名 | 表达式 ] [ AS ] 列标题
```

或

```
列标题 = [ 列名 | 表达式 ]
```

例如，例 4 的代码可写成：

```
SELECT Sname 姓名, 2011 - Sage 年份
  FROM Student
```

查询结果如图 4-6 所示。

	姓名	年份
1	李勇	1990
2	刘晨	1991
3	王敏	1991
4	张小红	1992
5	张立	1991
6	吴宾	1992
7	张海	1991
8	钱小平	1990
9	王大力	1991
10	张姗姗	1992

图 4-6　取列别名的查询结果

2. 选择表中的若干元组

前面介绍的例子都是选择表中的全部记录，而没有对表中的数据行进行任何有条件的筛选。实际上，在查询过程中，除了可以选择列之外，还可以对行进行选择，使查询的结果更加满足用户的要求。

（1）消除取值相同的行。本来在数据库表中不存在取值全都相同的元组，但如果对列进行选择，就有可能在查询结果中出现取值完全相同的行。取值相同的行在结果中是没有意义的，因此应删除这些行。

例 6　查询选修了课程的学生学号。

```
SELECT  Sno  FROM  SC
```

查询结果如图 4-7（a）所示。

在这个结果中有许多重复的行（实际上一个学生选修多少门课程，其学号就在结果中重复多少次）。

SQL 中的 DISTINCT 关键字可以去掉结果中的重复行。DISTINCT 关键字放在 SELECT 词的后边、目标列名序列的前边。

去掉上述查询结果中重复行的语句为：

```
SELECT  DISTINCT  Sno  FROM  SC
```

其查询结果如图 4-7（b）所示。

	Sno
1	0611101
2	0611101
3	0611101
4	0611101
5	0611102
6	0611102
7	0611102
8	0621102
9	0621102
10	0621102
11	0621102
12	0621103
13	0621103
14	0631101
15	0631101
16	0631102
17	0631103
18	0631103
19	0631103

（a）去掉重复值前

	Sno
1	0611101
2	0611102
3	0621102
4	0621103
5	0631101
6	0631102
7	0631103

（b）去掉重复值后

图 4-7　DISTINCT 的作用

（2）查询满足条件的元组。查询满足条件的元组是通过 WHERE 子句实现的。WHERE 子句常用的查询条件及谓词如表 4-7 所示。

表 4-7　常用的查询条件及谓词

查询条件	谓　词
比较（比较运算符）	=, >, >=, <=, <, <>, !=, !>, !<
确定范围	BETWEEN AND, NOT BETWEEN AND
确定集合	IN, NOT IN
字符匹配	LIKE, NOT LIKE
空值	IS NULL, IS NOT NULL
多重条件（逻辑谓词）	AND, OR

① 比较大小。比较大小的谓词有：=（等于）、>（大于）、>=（大于等于）、<=（小于等于）、<（小于）、<>（不等于）、!=（不等于）、!>（不大于）、!<（不小于）。

例 7　查询计算机系全体学生的姓名。

```
SELECT Sname FROM Student
  WHERE Sdept = '计算机系'
```

查询结果如图 4-8 所示。

例 8 查询所有年龄在 20 岁以下的学生的姓名及年龄。

```
SELECT Sname, Sage  FROM Student
  WHERE Sage < 20
```

查询结果如图 4-9 所示。

例 9 查询考试成绩有不及格的学生的学号。

```
SELECT DISTINCT Sno  FROM SC
  WHERE Grade < 60
```

查询结果如图 4-10 所示。

注意：（1）当某学生有多门课程不及格时，只需列出一次该学生的学号。

（2）考试成绩为 NULL 的记录（即还未考试的课程）并不满足“Grade < 60”条件，因为 NULL 值不能和确定的值进行比较运算。在下边的“涉及空值的查询”部分可以看到这点。

	Sname
1	李勇
2	刘晨
3	王敏
4	张小红

图 4-8 例 7 查询结果

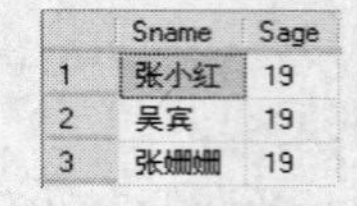

	Sname	Sage
1	张小红	19
2	吴宾	19
3	张姗姗	19

图 4-9 例 8 查询结果

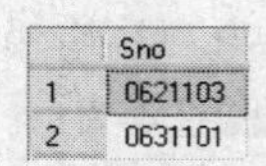

	Sno
1	0621103
2	0631101

图 4-10 例 9 查询结果

（2）确定范围。BETWEEN … AND 和 NOT BETWEEN … AND 是一个逻辑运算符，可以用来查找属性值在（或不在）指定范围内的元组，其中 BETWEEN 后边指定范围的下限，AND 后边指定范围的上限。BETWEEN … AND 的使用格式为：

列名 | 表达式 [NOT] BETWEEN 下限值 AND 上限值

BETWEEN … AND 中列名或表达式的类型要与下限值或上限值的类型相同。

“BETWEEN 下限值 AND 上限值”的含义是：如果列或表达式的值在下限值和上限值范围内（包括边界值），则结果为 True，表明此记录符合查询条件。

“NOT BETWEEN 下限值 AND 上限值”的含义正好相反：如果列或表达式的值在下限值和上限值范围内（不包括边界值），则结果为 False，表明此记录不符合查询条件。

例 10 查询年龄在 20～23 岁的学生的姓名、所在系和年龄。

```
SELECT Sname, Sdept, Sage  FROM Student
  WHERE Sage BETWEEN 20 AND 23
```

此句等价于

```
SELECT Sname, Sdept, Sage  FROM Student
  WHERE Sage >= 20 AND Sage <= 23
```

查询结果如图 4-11 所示。

	Sname	Sdept	Sage
1	李勇	计算机系	21
2	刘晨	计算机系	20
3	王敏	计算机系	20
4	张立	信息管理系	20
5	张海	信息管理系	20
6	钱小平	通信工程系	21
7	王大力	通信工程系	20

图 4-11 例 10 的查询结果

例 11 查询年龄不在 20～23 岁的学生姓名、所在系和年龄。

```
SELECT Sname, Sdept, Sage  FROM Student
  WHERE Sage NOT BETWEEN 20 AND 23
```

此句等价于

```
SELECT Sname, Sdept, Sage  FROM Student
  WHERE Sage < 20 OR Sage > 23
```

查询结果如图 4-12 所示。

	Sname	Sdept	Sage
1	张小红	计算机系	19
2	吴宾	信息管理系	19
3	张姗姗	通信工程系	19

图 4-12 例 11 的查询结果

例 12　对于日期类型的数据也可以使用基于范围的查找。例如，假设有教师表（Teachers），其中包含工号（Tid）、姓名（Tname）和出生日期（BirthDate）列，若查询 1970 年 1 月 1 日至 1979 年 12 月 31 日出生的教师信息，则语句如下：

```
SELECT Tid, Tname, BirthDate from Teachers
 WHERE  BirthDate between '1970/1/1' and '1979/12/31'
```

（3）确定集合。IN 是一个逻辑运算符，可以用来查找属性值属于指定集合的元组。IN 的使用格式为：

```
列名 [ NOT ] IN （常量 1, 常量 2, … 常量 n）
```

“IN”运算符的含义为：当列中的某值与 IN 中的某常量值相等时，则该行结果为 True，表明此记录为符合查询条件的记录。

“NOT IN”运算符的含义正好相反：当列中的值与某个常量值相等时，结果为 False，表明此记录为不符合查询条件的记录。

例 13　查询信息管理系、通信工程系和计算机系学生的姓名和性别。

```
SELECT Sname, Ssex  FROM Student
 WHERE Sdept IN ('信息管理系', '通信工程系', '计算机系')
```

此句等价于

```
SELECT Sname, Ssex  FROM Student
 WHERE Sdept = '信息管理系' OR Sdept = '通信工程系' OR Sdept = '计算机系'
```

例 14　查询不在第 2、4、6 学期开设的课程的课程名和开课学期。

```
SELECT Cname, Semester  FROM Course
 WHERE Semester NOT IN ( 2, 4, 6 )
```

此句等价于

```
SELECT Cname, Semester  FROM Course
 WHERE Semester != 2 AND Semester != 4 AND Semester != 6
```

查询结果如图 4-13 所示。

	Cname	Semester
1	高等数学	1
2	大学英语	1
3	VB	3
4	数据库基础	5

图 4-13　例 14 的查询结果

（4）字符匹配。LIKE 用于查找指定列中与匹配串匹配的元组。匹配串是一种特殊的字符串，其特殊之处在于它不仅可以包含普通字符，还可以包含通配符。通配符用于表示任意的字符或字符串。在实际应用中，如果需要从数据库中检索记录，但又不能给出精确的字符查询条件，就可以使用 LIKE 运算符和通配符来实现模糊查询。在 LIKE 运算符前边也可以使用 NOT 运算符，表示对结果取反。

LIKE 运算符的一般使用形式为：

```
列名  [NOT ]  LIKE  <匹配串>
```

匹配串中可包含如下 4 种通配符。

- _（下划线）：匹配任意一个字符。
- %（百分号）：匹配 0 个或多个字符。
- [ ]：匹配[ ]中的任意一个字符。如[acdg]表示匹配 a、c、d、g 中的任何一个。若要比较的字符是连续的，则可以用连字符“-”表达，例如，若要匹配 b、c、d、e 中的任何一个字符，则可以表达为：

```
[b-e]
```

● [^]：不匹配[ ]中的全部字符。如[^acdg]表示不匹配 a、c、d、g。同样，若要比较的字符是连续的，也可以用连字符“-”表达，例如，若不匹配 b、c、d、e 中的全部字符，则可以表达为：[^b-e]

例 15　查询全部姓“王”的学生的详细信息。

```
SELECT * FROM Student WHERE Sname LIKE  '王%'
```

查询结果如图 4-14 所示。

	Sno	Sname	Ssex	Sage	Sdept
1	0611103	王敏	女	20	计算机系
2	0631102	王大力	男	20	通信工程系

图 4-14　例 15 的查询结果

例 16　查询姓“王”且名字是 3 个字的学生姓名。

```
SELECT * FROM Student WHERE Sname LIKE  '王__'
```

这个查询语句在 SQL Server 2008 中执行没有结果。原因是 Student 表中 Sname 列的类型是 Nchar(5)，而在 Student 表中学生的姓名都是 2 个汉字和 3 个汉字的，因此系统在存储这些数据时自动在后边补空格，比如“王大力”实际存储的字符是“王大力　”。空格作为一个字符存在，也参加 LIKE 的比较，因此不满足这里的比较条件（'王__'）。

注意：在 SQL Server 之前的版本中，在进行 LIKE 运算时，对空格的处理与 SQL Server 2008 略有不同。在之前的版本中，在进行字符比较时有时会忽略掉尾随空格。比如，对例 16 的查询，在之前版本中会返回“王敏”和“王大力”两个学生。

例 17　查询姓“张”、姓“李”和姓“刘”的学生详细信息。

```
SELECT * FROM Student WHERE Sname LIKE  '[张李刘]%'
```

查询结果如图 4-15 所示。

	Sno	Sname	Ssex	Sage	Sdept
1	0611101	李勇	男	21	计算机系
2	0611102	刘晨	男	20	计算机系
3	0611104	张小红	女	19	计算机系
4	0621101	张立	男	20	信息管理系
5	0621103	张海	男	20	信息管理系
6	0631103	张姗姗	女	19	通信工程系

图 4-15　例 17 的查询结果

例 18　查询名字中第 2 个字为“小”或“大”字的学生的姓名和学号。

```
SELECT Sname, Sno FROM Student WHERE Sname LIKE '_[小大]%'
```

查询结果如图 4-16 所示。

	Sname	Sno
1	张小红	0611104
2	钱小平	0631101
3	王大力	0631102

图 4-16　例 18 的查询结果

例 19　查询所有不姓“刘”的学生。

```
SELECT Sname FROM Student WHERE Sname NOT LIKE '刘%'
```

例 20　从学生表中查询学号的最后一位不是 2、3、5 的学生信息。

```
SELECT * FROM Student WHERE Sno LIKE '%[^235]'
```

查询结果如图 4-17 所示。

	Sno	Sname	Ssex	Sage	Sdept
1	0611101	李勇	男	21	计算机系
2	0611104	张小红	女	19	计算机系
3	0621101	张立	男	20	信息管理系
4	0631101	钱小平	女	21	通信工程系

图 4-17　例 20 的查询结果

如果要查找的字符串正好含有通配符的符号，比如下划线或百分号，就需要使用一个特殊子句来告诉 SQL Server 这里的下划线或百分号是一个普通的字符，而不是一个通配符，这个特殊的子句就是：ESCAPE。ESCAPE 的语法格式为：

```
ESCAPE 转义字符
```

其中“转义字符”是任何一个有效的字符，匹配串中也包含这个字符，表明位于该字符后面的那个字符将被视为普通字符，而不是通配符。

例如，为查找 field1 字段中包含字符串“30%”的记录，可在 WHERE 子句中指定：

```
WHERE  field1 LIKE  '%30!%%'  ESCAPE  '!'
```

又如，为查找 field1 字段中包含下划线（_）的记录，可在 WHERE 子句中指定：

```
WHERE field1 LIKE '%!_%' ESCAPE '!'
```

（5）涉及空值的查询。空值（NULL）在数据库中有特殊的含义，它表示不确定的值。例如，某些学生选修课程后还没有参加考试，所以这些学生虽有选课记录，但没有考试成绩，因此考试成绩为空值。判断某个值是否为 NULL 值，不能使用普通的比较运算符（=、!=等），而只能使用专门的判断 NULL 值的子句来完成。

判断取值为空的语句格式为：

```
列名 IS NULL
```

判断取值不为空的语句格式为：

```
列名 IS NOT NULL
```

例 21　查询没有考试成绩的学生的学号和相应的课程号。

```
SELECT Sno, Cno FROM SC WHERE Grade IS NULL
```

查询结果如图 4-18 所示。

	Sno	Cno
1	0621102	C007
2	0631102	C007
3	0631103	C007

图 4-18　例 21 的查询结果

例 22　查询所有有考试成绩的学生的学号、课程号和成绩。

```
SELECT Sno, Cno,Grade FROM SC WHERE Grade IS NOT NULL
```

（6）多重条件查询。在 WHERE 子句中可以使用逻辑运算符 AND 和 OR 来组成多条件查询。

使用 AND 谓词的语法格式为：

```
布尔表达式 1 AND 布尔表达式 2 AND … AND 布尔表达式 n
```

用 AND 连接的条件表示只有当全部的布尔表达式均为 True 时，整个表达式的结果才为 True，只要有一个布尔表达式的结果为 False，则整个表达式结果即为 False。

使用 OR 谓词的语法格式为：

```
布尔表达式 1 OR 布尔表达式 2 OR … OR 布尔表达式 n
```

用 OR 连接的条件表示只要其中一个布尔表达式为 True，则整个表达式的结果即为 True，只有当全部布尔表达式的结果均为 False 时，整个表达式结果才为 False。

例 23　查询计算机系年龄在 20 岁以下的学生姓名和年龄。

```
SELECT Sname,Sage FROM Student
  WHERE Sdept = '计算机系' AND Sage < 20
```

查询结果如图 4-19 所示。

	Sname	Sage
1	张小红	19

图 4-19　例 23 的查询结果

例 24　查询计算机系和信息管理系学生中年龄在 18～20 岁的学生的学号、姓名、所在系和年龄。

```
SELECT Sno, Sname, Sdept, Sage FROM Student
  WHERE (Sdept = '计算机系' OR Sdept = '信息管理系')
  AND Sage between 18 and 20
```

查询结果如图 4-20 所示。

	Sno	Sname	Sdept	Sage
1	0611102	刘晨	计算机系	20
2	0611103	王敏	计算机系	20
3	0611104	张小红	计算机系	19
4	0621101	张立	信息管理系	20
5	0621102	吴宾	信息管理系	19
6	0621103	张海	信息管理系	20

图 4-20　例 24 的查询结果

注意：OR 运算符的优先级小于 AND，要改变运算的顺序可以通过加括号的方式实现。

例 24 的查询也可以写为：

```
SELECT Sno, Sname, Sdept, Sage FROM Student
```

```
WHERE Sdept in ( '计算机系', '信息管理系')
AND Sage between 18 and 20
```

3. 对查询结果进行排序

有时，我们希望查询的结果能按一定的顺序显示出来，比如按考试成绩从高到低排列学生的考试情况。SQL 语句具有按用户指定的列进行排序的功能，而且查询结果可以按一个列排序，也可以按多个列进行排序，排序可以是从小到大（升序），也可以是从大到小（降序）。排序子句的格式为：

```
ORDER BY <列名> [ASC | DESC ] [ , … n ]
```

其中<列名>为排序的依据列，可以是列名或列的别名。ASC 表示对列进行升序排序，DESC 表示对列进行降序排序。如果没有指定排序方式，则默认的排序方式为升序排序。

如果在 ORDER BY 子句中使用多个列进行排序，则这些列在该子句中出现的顺序决定了对结果集进行排序的方式。当指定多个排序依据列时，首先按最前面的列进行排序，如果排序后存在两个或两个以上列值相同的记录，则将值相同的记录再依据列在第二位的列进行排序，依此类推。

例 25 将学生按年龄升序排序。

```
SELECT * FROM Student ORDER BY Sage
```

查询结果如图 4-21 所示。

	Sno	Sname	Ssex	Sage	Sdept
1	0611104	张小红	女	19	计算机系
2	0621102	吴宾	女	19	信息管理系
3	0631103	张姗姗	女	19	通信工程系
4	0621103	张海	男	20	信息管理系
5	0631102	王大力	男	20	通信工程系
6	0621101	张立	男	20	信息管理系
7	0611102	刘晨	男	20	计算机系
8	0611103	王敏	女	20	计算机系
9	0611101	李勇	男	21	计算机系
10	0631101	钱小平	女	21	通信工程系

图 4-21 例 25 的查询结果

例 26 查询选修“C002”号课程的学生的学号及其成绩，查询结果按成绩降序排列。

```
SELECT Sno, Grade FROM SC
 WHERE Cno='C002' ORDER BY Grade DESC
```

查询结果如图 4-22 所示。

	Sno	Grade
1	0611102	90
2	0611101	80

图 4-22 例 26 的查询结果

例 27 查询全体学生的信息，查询结果按所在系的系名升序排列，同一系的学生按年龄降序排列。

```
SELECT * FROM Student ORDER BY Sdept, Sage DESC
```

查询结果如图 4-23 所示。

	Sno	Sname	Ssex	Sage	Sdept
1	0611101	李勇	男	21	计算机系
2	0611102	刘晨	男	20	计算机系
3	0611103	王敏	女	20	计算机系
4	0611104	张小红	女	19	计算机系
5	0631101	钱小平	女	21	通信工程系
6	0631102	王大力	男	20	通信工程系
7	0631103	张姗姗	女	19	通信工程系
8	0621103	张海	男	20	信息管理系
9	0621101	张立	男	20	信息管理系
10	0621102	吴宾	女	19	信息管理系

图 4-23 例 27 的查询结果

4. 使用聚合函数汇总数据

聚合函数也称为集合函数或统计函数、聚集函数，其作用是对一组值进行计算并返回一个单值。SQL 提供的聚合函数有：

- COUNT（*）：统计表中元组的个数。

- COUNT（[DISTINCT] <列名>）：统计本列非空列值个数，DISTINCT 选项表示去掉列的重复值后再统计。
- SUM（<列名>）：计算列值总和（必须是数值型列）。
- AVG（<列名>）：计算列值平均值（必须是数值型列）。
- MAX（<列名>）：求列值最大值。
- MIN（<列名>）：求列值最小值。

上述函数中除 COUNT（*）外，其他函数在计算过程中均忽略 NULL 值。

聚合函数的计算范围可以是满足 WHERE 子句条件的记录（如果是对整个表进行计算的话），也可以对满足条件的组进行计算（关于分组我们将在后边介绍）。

例 28　统计学生总人数。

```
SELECT COUNT(*) FROM Student
```

例 29　统计选修了课程的学生的人数。

```
SELECT COUNT (DISTINCT Sno) FROM SC
```

由于一个学生可选多门课程，为避免重复计算这样的学生，加 DISTINCT 去掉重复值。

例 30　计算“0611101”学生的考试总成绩。

```
SELECT SUM(Grade) FROM SC WHERE Sno = '0611101'
```

例 31　计算“C001”号课程的考试平均成绩。

```
SELECT AVG(Grade) FROM SC WHERE Cno='C001'
```

例 32　查询选修“C001”号课程的考试最高分和最低分。

```
SELECT MAX(Grade) 最高分, MIN(Grade) 最低分
  FROM SC WHERE Cno='C001'
```

查询结果如图 4-24 所示。

	最高分	最低分
1	96	50

图 4-24　例 32 的查询结果

注意：聚合函数不能出现在 WHERE 子句中。

例如，查询年龄最大的学生的姓名，如下写法是错误的：

```
SELECT Sname FROM Student WHERE Sage = MAX(Sage)
```

怎样写出这个查询的正确语句我们在子查询部分介绍。

5．对查询结果进行分组计算

有时需要对数据进行分组，然后再针对每个组进行统计计算，而不是针对全表进行计算。比如：统计每个学生的平均成绩、每个系的学生人数时就需要将数据分组。这种查询就需要用到分组子句：GROUP BY 。GROUP BY 可将计算控制在组一级。分组的目的是细化聚合函数的作用对象。在一个查询语句中，可以使用多个列进行分组。需要注意的是，如果使用了分组子句，则查询列表中的每个列必须要么是分组依据列（在 GROUP BY 后边的列），要么是聚合函数。

使用 GROUP BY 子句时，如果在 SELECT 的查询列表中包含聚合函数，则是针对每个组计算出一个汇总值，从而实现对查询结果的分组统计。

分组语句跟在 WHERE 子句的后边，它的一般形式为：

```
GROUP BY <分组依据列> [, … n ]
[ HAVING 组筛选条件 ]
```

注意：（1）分组依据列不能是 text、ntext、image 和 bit 类型的列。

（2）有分组时，查询列表中的列只能取自分组依据列（聚合函数中的列除外）。

使用 GROUP BY 子句

例 33 统计每门课程的选课人数，列出课程号和人数。

```
SELECT Cno as 课程号, COUNT(Sno) as 选课人数 FROM SC
  GROUP BY Cno
```

该语句首先对查询结果按 Cno 的值分组，所有具有相同 Cno 值的元组归为一组，然后再对每一组使用 COUNT 函数进行计算，求得每组的学生人数。查询结果如图 4-25 所示。

例 34 查询每个学生的选课门数和平均成绩。

```
SELECT Sno 学号, COUNT(*) 选课门数, AVG(Grade) 平均成绩
  FROM SC GROUP BY Sno
```

查询结果如图 4-26 所示。

	课程号	选课人数
1	C001	5
2	C002	2
3	C003	1
4	C004	5
5	C005	3
6	C007	3

图 4-25 例 33 的查询结果

	学号	选课门数	平均成绩
1	0611101	4	80
2	0611102	3	88
3	0621102	4	78
4	0621103	2	65
5	0631101	2	65
6	0631102	1	NULL
7	0631103	3	71

图 4-26 例 34 的查询结果

注意：GROUP BY 子句中的分组依据列必须是表中存在的列名，不能使用 AS 子句指派的列别名。例如，例 34 中，不能将 GROU BY Sno 写成：GROUP BY 学号。

例 35 统计每个系的学生人数和平均年龄。

```
SELECT Sdept, COUNT(*) AS 学生人数, AVG(Sage) AS 平均年龄
  FROM Student GROUP BY Sdept
```

查询结果如图 4-27 所示。

例 36 带 WHERE 子句的分组。统计每个系的女生人数。

```
SELECT Sdept, COUNT(*) 女生人数 FROM Student
  WHERE Ssex = '女'  GROUP BY Sdept
```

查询结果如图 4-28 所示。

	Sdept	学生人数	平均年龄
1	计算机系	4	20
2	通信工程系	3	20
3	信息管理系	3	19

图 4-27 例 35 的查询结果

	Sdept	女生人数
1	计算机系	2
2	通信工程系	2
3	信息管理系	1

图 4-28 例 36 的查询结果

例 37 按多列分组。统计每个系的男生人数和女生人数以及男生的最大年龄和女生的最大年龄。结果按系名升序排序。

```
SELECT Sdept, Ssex, COUNT(*) 人数, Max(Sage) 最大年龄
  FROM Student GROUP BY Sdept, Ssex
  ORDER BY Sdept
```

查询结果如图 4-29 所示。

使用 HAVING 子句

HAVING 子句用于对分组后的结果再进行过滤，它的功能有点像 WHERE 子句，但它用于组而不是对单个记录。在 HAVING 子句中可以使用聚合函数，但在 WHERE 子句中则不能。HAVING 通常与 GROUP BY 子句一起使用。

	Sdept	Ssex	人数	最大年龄
1	计算机系	男	2	21
2	计算机系	女	2	20
3	通信工程系	男	1	20
4	通信工程系	女	2	21
5	信息管理系	男	2	20
6	信息管理系	女	1	19

图 4-29　例 37 的查询结果

例 38　查询选课门数超过 3 门的学生的学号和选课门数。

```
SELECT Sno, COUNT(*) 选课门数 FROM SC
  GROUP BY Sno HAVING COUNT(*) > 3
```

查询结果如图 4-30 所示。

	Sno	选课门数
1	0611101	4
2	0621102	4

图 4-30　例 38 的查询结果

此语句的处理过程为：先用 GROUP BY 按 Sno 进行分组，然后再用统计函数 COUNT 分别对每一组进行统计，最后挑选出统计结果满足大于 3 的组的 Sno。

例 39　查询平均成绩大于等于 80 的学生的学号、选课门数和平均成绩。

```
SELECT Sno, COUNT(*) 选课门数, AVG(Grade) 平均成绩 FROM SC
  GROUP BY Sno HAVING AVG(Grade) >= 80
```

查询结果如图 4-31 所示。

	Sno	选课门数	平均成绩
1	0611101	4	80
2	0611102	3	88

图 4-31　例 39 的查询结果

正确理解 WHERE、GROUP BY 和 HAVING 子句的作用和执行顺序，对编写正确、高效的查询语句很有帮助：

（1）WHERE 子句用于筛选 FROM 子句中指定的数据源所产生的行数据。

（2）GROUP BY 子句用于对经 WHERE 子句筛选后的结果数据进行分组。

（3）HAVING 子句用于对分组后的统计数据再进行筛选。

对可以在分组操作之前应用的筛选条件，在 WHERE 子句中指定它们会更有效，这样可以减少参与分组的数据行。应当在 HAVING 子句中指定的筛选条件应该是那些必须在执行分组操作之后应用的条件。

一般的数据库管理系统的查询优化器可以处理这些条件中的大多数。如果查询优化器确定 HAVING 筛选条件可以在分组操作之前应用，那么它就会在分组之前应用。查询优化器可能无法识别所有可以在分组操作之前应用的 HAVING 筛选条件。因此建议将所有这些筛选条件放在 WHERE 子句中而不是 HAVING 子句中。

例如，统计计算机系和信息管理系的学生人数，可以有如下两种写法。

第 1 种：

```
SELECT Sdept, COUNT(*)  FROM Student
  GROUP BY Sdept
  HAVING Sdept in ('计算机系', '信息管理系')
```

第 2 种：

```
SELECT sdept, COUNT(*)  FROM Student
  WHERE Sdept in ('计算机系', '信息管理系')
  GROUP BY Sdept
```

这两种写法中第 2 种写法比第 1 种写法效率要高，因为第 2 种方法中参与分组的数据比较少。

4.1.3　多表连接查询

前面介绍的查询都是针对一个表进行的，但在实际查询中很多时候都需要从多个表中获取信息，这时，查询就会涉及多张表。若一个查询同时涉及两个或两个以上的表，则称之为连接查询。连接查询是关系数据库中最主要的查询，主要包括内连接、外连接和交叉连接等。本书只介绍内连接和外连接，交叉连接使用的很少，因此，本书不做介绍。

1. 内连接

内连接是一种最常用的连接类型。使用内连接时，如果两个表的相关字段满足连接条件，则从这两个表中提取数据并组合成新的记录。

在非ANSI标准的实现中，连接条件写在WHERE子句中，在ANSI SQL-92中，连接条件写在JOIN子句中。这些连接方式分别被称为theta连接方式和ANSI连接方式。这里介绍ANSI连接方式。

内连接的格式为：

```
FROM 表1 [ INNER ] JOIN 表2 ON <连接条件>
```

在连接条件中指明两个表按什么条件进行连接，连接条件中的比较运算符称为连接谓词。连接条件的一般格式为：

```
[<表名1.>]<列名1> <比较运算符> [<表名2.>]<列名2>
```

注意：进行比较运算的两列必须是语义相同的列。

当比较运算符为等号（=）时，称为等值连接，使用其他运算符的连接称为非等值连接。

从概念上讲，DBMS执行连接操作的过程是：首先取表1中的第1个元组，然后从头开始扫描表2，逐一查找满足连接条件的元组，找到后就将表1中的第1个元组与该元组拼接起来，形成结果表中的一个元组。表2全部查找完毕后，再取表1中的第2个元组，然后再从头开始扫描表2，逐一查找满足连接条件的元组，找到后就将表1中的第2个元组与该元组拼接起来，形成结果表中的另一个元组。重复这个过程，直到表1中的全部元组都处理完毕为止。

例40 查询每个学生及其选课的详细信息。

由于学生基本信息存放在Student表中，学生选课信息存放在SC表中，因此这个查询实际涉及两个表，这两个表之间进行连接的连接条件是两个表中的Sno相等。

```
SELECT * FROM Student INNER JOIN SC
  ON Student.Sno = SC.Sno        -- 将 Student 与 SC 连接起来
```

查询结果如图4-32所示。

	Sno	Sname	Ssex	Sage	Sdept	Sno	Cno	Grade
1	0611101	李勇	男	21	计算机系	0611101	C001	96
2	0611101	李勇	男	21	计算机系	0611101	C002	80
3	0611101	李勇	男	21	计算机系	0611101	C003	84
4	0611101	李勇	男	21	计算机系	0611101	C005	62
5	0611102	刘晨	男	20	计算机系	0611102	C001	92
6	0611102	刘晨	男	20	计算机系	0611102	C002	90
7	0611102	刘晨	男	20	计算机系	0611102	C004	84
8	0621102	吴宾	女	19	信息管理系	0621102	C001	76
9	0621102	吴宾	女	19	信息管理系	0621102	C004	85
10	0621102	吴宾	女	19	信息管理系	0621102	C005	73
11	0621102	吴宾	女	19	信息管理系	0621102	C007	NULL
12	0621103	张海	男	20	信息管理系	0621103	C001	50
13	0621103	张海	男	20	信息管理系	0621103	C004	80
14	0631101	钱小平	女	21	通信工程系	0631101	C001	50
15	0631101	钱小平	女	21	通信工程系	0631101	C004	80
16	0631102	王大力	男	20	通信工程系	0631102	C007	NULL
17	0631103	张姗姗	女	19	通信工程系	0631103	C004	78
18	0631103	张姗姗	女	19	通信工程系	0631103	C005	65
19	0631103	张姗姗	女	19	通信工程系	0631103	C007	NULL

图4-32 例40的查询结果

从图 4-32 可以看到，两个表的连接结果中包含了两个表的全部列。Sno 列有两个，一个来自 Student 表，一个来自 SC 表（不同表中的列可以重名），这两个列的值是完全相同的（因为这里的连接条件是：Student.Sno = SC.Sno）。因此，在写多表连接查询语句时应当将这些重复的列去掉，方法是在 SELECT 子句中直接写所需要的列名，而不是写*。又由于在进行了多表连接之后，在连接生成的表中有可能存在列名相同的列，因此，为了能够确定需要的是哪个列，可以在列名前添加表名前缀限制，以表明需要的是哪个列。在列名前添加表名前缀的格式为：

```
表名.列名
```

比如在上例中，在 ON 子句中对 Sno 列就加上了表名前缀限制。

从上述结果还可以看到，在 SELECT 子句中列出的选择列表来自两个表的连接结果中的列，而且在 WHERE 子句中所涉及的列也是在连接结果中的列。因此，根据要查询的列以及数据的选择条件所涉及的列就可以决定要对哪些表进行连接操作。

例 41　去掉例 40 中的重复列。

```
SELECT Student.Sno, Sname, Ssex, Sage, Sdept, Cno, Grade
 FROM Student  JOIN  SC  ON  Student.Sno = SC.Sno
```

查询结果如图 4-33 所示。

例 42　查询计算机系学生的修课情况，要求列出学生的名字、所修的课程号和成绩。

```
SELECT Sname, Cno, Grade
  FROM Student JOIN SC
  ON Student.Sno = SC.Sno
  WHERE Sdept = '计算机系'
```

	Sno	Sname	Ssex	Sage	Sdept	Cno	Grade
1	0611101	李勇	男	21	计算机系	C001	96
2	0611101	李勇	男	21	计算机系	C002	80
3	0611101	李勇	男	21	计算机系	C003	84
4	0611101	李勇	男	21	计算机系	C005	62
5	0611102	刘晨	男	20	计算机系	C001	92
6	0611102	刘晨	男	20	计算机系	C002	90
7	0611102	刘晨	男	20	计算机系	C004	84
8	0621102	吴宾	女	19	信息管理系	C001	76
9	0621102	吴宾	女	19	信息管理系	C004	85
10	0621102	吴宾	女	19	信息管理系	C005	73
11	0621102	吴宾	女	19	信息管理系	C007	NULL
12	0621103	张海	男	20	信息管理系	C001	50
13	0621103	张海	男	20	信息管理系	C004	80
14	0631101	钱小平	女	21	通信工程系	C001	50
15	0631101	钱小平	女	21	通信工程系	C004	80
16	0631102	王大力	男	20	通信工程系	C007	NULL
17	0631103	张姗姗	女	19	通信工程系	C004	78
18	0631103	张姗姗	女	19	通信工程系	C005	65
19	0631103	张姗姗	女	19	通信工程系	C007	NULL

图 4-33　例 41 的查询结果

查询结果如图 4-34 所示。

可以为表提供别名。为表取别名是在 FROM 子句中实现的，其格式为：

```
<源表名>  [ AS ] <表别名>
```

为表指定别名可以简化表的书写，而且在有些连接查询（后面介绍的自连接）中要求必须指定别名。

例如，使用别名时例 42 可写为：

```
SELECT Sname, Cno, Grade
```

```
   FROM Student  S  JOIN  SC  ON S.Sno = SC.Sno
   WHERE Sdept = '计算机系'
```

注意：当为表指定了别名时，在查询语句中的其他地方，所有用到表名的地方都要使用别名，而不能再使用原表名。

	Sname	Cno	Grade
1	李勇	C001	96
2	李勇	C002	80
3	李勇	C003	84
4	李勇	C005	62
5	刘晨	C001	92
6	刘晨	C002	90
7	刘晨	C004	84

图 4-34　例 42 的查询结果

例 43　查询“信息管理系”选修“计算机文化学”课程的信息，要求列出学生姓名、课程名和成绩。

```
SELECT Sname, Cname, Grade
  FROM  Student  s  JOIN  SC ON s.Sno = SC. Sno
  JOIN  Course c ON c.Cno = SC.Cno
  WHERE Sdept = '信息管理系' AND Cname = '计算机文化学'
```

注意：此查询涉及了 3 张表（系信息“信息管理系”在 Student 表中，课程信息“计算机文化学”在 Course 表中，“成绩”信息在 SC 表中）。每连接一张表，就需要加一个 JOIN 子句。

查询结果如图 4-35 所示。

例 44　查询选修 VB 课程的学生姓名和所在系。

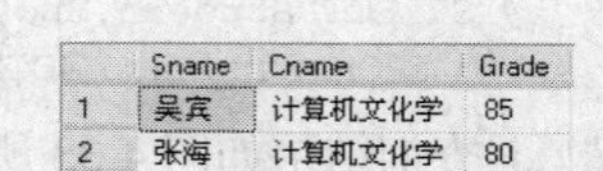

	Sname	Cname	Grade
1	吴宾	计算机文化学	85
2	张海	计算机文化学	80

图 4-35　例 43 的查询结果

```
SELECT Sname, Sdept FROM Student S JOIN SC ON S.Sno = SC. Sno
  JOIN Course C ON C.Cno = SC.cno
  WHERE Cname = 'VB'
```

查询结果如图 4-36 所示。

	Sname	Sdept
1	李勇	计算机系
2	吴宾	信息管理系
3	张姗姗	通信工程系

图 4-36　例 44 的查询结果

注意：在这个查询语句中，虽然所要查询的列和元组的选择条件均与 SC 表无关，但这里还是用了三张表进行连接，原因是 Student 表和 Course 表没有可以进行连接的列（语义相同的列），因此，这两张表的连接必须借助于第三张表：SC 表。

例 45　有分组的多表连接查询。查询每个系的学生的考试平均成绩。

```
SELECT Sdept, AVG(grade) as AverageGrade
  FROM student S JOIN SC ON S.Sno = SC.Sno
  GROUP BY Sdept
```

查询结果如图 4-37 所示。

	Sdept	AverageGrade
1	计算机系	84
2	通信工程系	68
3	信息管理系	72

图 4-37　例 45 的查询结果

例 46　有分组和行筛选的多表连接查询。查询计算机系每门课程的选课人数、平均成绩、最高成绩和最低成绩。

```
SELECT  Cno,  COUNT(*)  AS  Total,  AVG(Grade)  as
AvgGrade,
  MAX(Grade) as MaxGrade, MIN(Grade) as MinGrade
  FROM Student S JOIN SC ON S.Sno = SC.Sno
  WHERE Sdept = '计算机系' GROUP BY Cno
```

	Cno	Total	AvgGrade	MaxGrade	MinGrade
1	C001	2	94	96	92
2	C002	2	85	90	80
3	C003	1	84	84	84
4	C004	1	84	84	84
5	C005	1	62	62	62

图 4-38　例 46 的查询结果

查询结果如图 4-38 所示。

2. 自连接

自连接是一种特殊的内连接，它是指相互连接的表在物理上为同一张表，但可以通过为表取别名的方法将其在逻辑上分为两张表。

使用自连接时必须为表取不同的别名，使之在逻辑上成为两张表。

例 47　查询与刘晨在同一个系学习的学生姓名和所在系。

分析此查询的实现过程：首先应该找到刘晨在哪个系学习（在 Student 表中，不妨将这个表称为 S1 表），然后再找出此系的所有其他学生（在 Student 表中，不妨将这个表称为 S2 表），S1 表和 S2 表的连接条件是两个表的系（Sdept）相同。因此，实现此查询的 SQL 语句为：

```
SELECT S2.Sname, S2.Sdept
  FROM Student S1 JOIN Student S2
  ON S1.Sdept = S2.Sdept              -- 是同一个系的学生
  WHERE S1.Sname = '刘晨'             -- S1 表作为查询条件表
  AND S2.Sname != '刘晨'              -- S2 表作为结果表，并从中去掉“刘晨”本人
```

查询结果如图 4-39 所示。

	Sname	Sdept
1	李勇	计算机系
2	王敏	计算机系
3	张小红	计算机系

图 4-39　例 47 的查询结果

例 48　查询与“数据结构”在同一个学期开设的课程的课程名和开课学期。

这个例子与例 47 类似，只要将 Course 表想象成两张表，一张表作为查询条件的表，另一张表作为结果的表即可。

```
SELECT C1.Cname, C1.Semester
  FROM Course C1 JOIN Course C2
  ON C1.Semester = C2.Semester          -- 是同一个学期开设的课程
  WHERE C2.Cname = '数据结构'           -- C2 表作为查询条件表
```

查询结果如图 4-40 所示。

	Cname	Semester
1	数据结构	4
2	计算机网络	4

图 4-40　例 48 的查询结果

观察例 47 和例 48 可以看到，在自连接查询中，一定要注意区分好查询条件表和查询结果表。在例 47 中，用 S1 表作为查询条件表（WHERE S1.Sname = '刘晨'），S2 表作为查询结果表，因此在查询列表中写的就是：SELECT S2.Sname, …。在例 48 中，用 C2 表作为查询条件表（C2.Cname = '数据结构'），C1 表作为查询结果表，因此在查询列表中写的就是：SELECT C1.Cname, …。

例 47 和例 48 的另一个区别是，在例 47 的查询结果中去掉了与查询条件相同的数据（S2.Sname != '刘晨'），而在例 48 的查询结果中保留了这个数据。具体是否要保留，由用户的查询要求决定。

3. 外连接

在内连接操作中，只有满足连接条件的元组才能作为结果输出，但有时我们也希望输出那些不满足连接条件的元组信息，比如查看全部课程的被选课情况，包括有学生选的课程和没有学生选的课程。如果用内连接实现（通过 SC 表和 Course 表的内连接），则只能找到有学生选的课程，因为内连接的结果首先是要满足连接条件：SC.Cno = Course.Cno。对于在 Course 表中有，但在 SC 表中没有的课程（没有人选），由于不满足 SC.Cno = Course.Cno 条件，因此是查找不出来的。这种情况就需要使用外连接来实现。

外连接是只限制一张表中的数据必须满足连接条件，而另一张表中的数据可以不满足连接条件。ANSI 方式的外连接的语法格式为：

```
FROM 表1 LEFT | RIGHT [OUTER] JOIN 表2 ON <连接条件>
```

LEFT [OUTER] JOIN 称为左外连接，RIGHT [OUTER] JOIN 称为右外连接。左外连接的含义是限制表 2 中的数据必须满足连接条件，而不管表 1 中的数据是否满足连接条件，均输出表 1 中的数据；右外连接的含义是限制表 1 中的数据必须满足连接条件，而不管表 2 中的数据是否满足连接条件，均输出表 2 中的数据。

theta 方式的外连接的语法格式为：

```
左外连接：FROM 表1, 表2 WHERE [表1.]列名(+) = [表2.]列名
```

右外连接：FROM 表 1，表 2 WHERE [表 1.]列名 = [表 2.]列名(+)

SQL Server 支持 ANSI 方式的外连接，Oracle 支持 theta 方式的外连接。这里采用 ANSI 方式的外连接格式。

例 49 查询全体学生的选课情况，包括选课的学生和没有选课的学生。

```
SELECT Student.Sno, Sname, Cno, Grade
  FROM Student LEFT OUTER JOIN SC
  ON Student.Sno = SC.Sno
```

查询结果如图 4-41 所示。

	Sno	Sname	Cno	Grade
1	0611101	李勇	C001	96
2	0611101	李勇	C002	80
3	0611101	李勇	C003	84
4	0611101	李勇	C005	62
5	0611102	刘晨	C001	92
6	0611102	刘晨	C002	90
7	0611102	刘晨	C004	84
8	0611103	王敏	NULL	NULL
9	0611104	张小红	NULL	NULL
10	0621101	张立	NULL	NULL
11	0621102	吴宾	C001	76
12	0621102	吴宾	C004	85
13	0621102	吴宾	C005	73
14	0621102	吴宾	C007	NULL
15	0621103	张海	C001	50
16	0621103	张海	C004	80
17	0631101	钱小平	C001	50
18	0631101	钱小平	C004	80
19	0631102	王大力	C007	NULL
20	0631103	张姗姗	C004	78
21	0631103	张姗姗	C005	65
22	0631103	张姗姗	C007	NULL

图 4-41 例 49 的查询结果

注意：结果中学号为“0611103”、“0611104”和“0621101”三行数据，这三行数据的 Cno 和 Grade 列的值均为 NULL，表明这三个学生没有选课，即他们不满足表连接条件，但进行左外连接时也将他们显示出来，并将不满足连接条件的结果在相应的列上放置 NULL。

此查询也可以用右外连接实现，如下所示：

```
SELECT Student.Sno, Sname, Cno, Grade
  FROM SC RIGHT OUTER JOIN Student
  ON Student.Sno = SC.Sno
```

此句的查询结果同左外连接一样。

例 50 查询没人选的课程，列出课程名。

分析：如果某门课程没有人选，则必定是在 Course 表中有，在 SC 表中没有的课程，即在进行外连接时，没有人选的课程记录在 SC 表相应的 Sno、Cno 或 Grade 列上必定都是空值。因此在查询时只要在连接后的结果中选出 SC 表中 Sno 为空或者 Cno 为空的行即可。（不选 Grade 为空作为筛选条件的原因是，Grade 本身就允许有 NULL 值，因此，当以 Grade 是否为空来判断时，可能将有人选但还没有考试的课程列出来，而这些记录是不符合本查询要求的。）

完成此功能的查询语句为：

```
SELECT Cname FROM Course C LEFT JOIN SC
  ON C.Cno = SC.Cno
  WHERE SC.Cno is NULL
```

查询结果如图 4-42 所示。

	Cname
1	数据库基础
2	计算机网络

图 4-42　例 50 的查询结果

在外连接操作中同样可以使用WHERE子句、GROUP BY子句等。

例 51　查询计算机系没有选课的学生，列出学生姓名和性别。

```
SELECT Sname,Ssex
  FROM Student S LEFT JOIN SC ON S.Sno = SC.Sno
  WHERE Sdept = '计算机系'
   AND SC.Sno IS NULL
```

	Sname	Ssex
1	王敏	女
2	张小红	女

图 4-43　例 51 的查询结果

查询结果如图 4-43 所示。

例 52　统计计算机系每个学生的选课门数，包括没有选课的学生。

```
SELECT S.Sno AS 学号,COUNT(SC.Cno) AS 选课门数
  FROM Student S LEFT JOIN SC ON S.Sno = SC.Sno
  WHERE Sdept = '计算机系'
GROUP BY S.Sno
```

这个语句的逻辑执行顺序是：首先进行连接操作，然后对连接的结果执行 WHERE 子句进行行筛选，然后再对筛选后的结果执行 GROUP BY 子句进行分组，并对每个分组进行统计。

该语句的查询结果如图 4-44 所示。

	学号	选课门数
1	0611101	4
2	0611102	3
3	0611103	0
4	0611104	0

图 4-44　例 52 的查询结果

注意：在对外连接的结果进行分组、统计等操作时，一定要注意分组依据列和统计列的选择。例如，对于例 52，如果按 SC 表的 Sno 进行分组，则对没选课的学生，在连接结果中 SC 表对应的 Sno 是 NULL，因此，按 SC 表的 Sno 进行分组，就会产生一个 NULL 组。

同样对于 COUNT 统计函数也是一样，如果写成 COUNT（Student.Sno）或者是 COUNT(*)，则对没选课的学生都将返回 1，因为在外连接结果中，Student.Sno 不会是 NULL，而 COUNT(*) 函数本身也不考虑 NULL，它是直接对元组个数进行计数。

外连接通常是在两个表中进行的，但也支持对多张表进行外连接操作。如果是多个表进行外连接，则数据库管理系统是按连接书写的顺序，从左至右进行连接。

4.1.4　使用 TOP 限制结果集

在使用SELECT语句进行查询时，有时我们只希望列出结果集中的前几个结果，而不是全部结果。例如，竞赛时，可能只需取成绩最高的前三名，这时就可以使用TOP谓词来限制输出的结果行数。

使用 TOP 谓词的格式为：

```
TOP n [ percent ] [WITH TIES ]
```

其中：

- n 为非负整数。
- TOP n：表示取查询结果的前 n 行结果；
- TOP n percnet：表示取查询结果的前 n%行结果；
- WITH TIES：表示包括并列的结果。

TOP 谓词写在 SELECT 单词的后边（如果有 DISTINCT 的话，则 TOP 写在 DISTINCT 的后边），查询列表的前边。

例 53 查询年龄最大的三个学生的姓名、年龄及所在系。

```
SELECT TOP 3 Sname, Sage, Sdept FROM Student
 ORDER BY Sage desc
```

	Sname	Sage	Sdept
1	李勇	21	计算机系
2	钱小平	21	通信工程系
3	王敏	20	计算机系

图 4-45 例 53 的查询结果

查询结果如图 4-45 所示。

若要包括年龄并列第三名的学生，则此句可写为：

```
SELECT TOP 3 with ties Sname, Sage, Sdept
 FROM Student ORDER BY Sage desc
```

	Sname	Sage	Sdept
1	李勇	21	计算机系
2	钱小平	21	通信工程系
3	王大力	20	通信工程系
4	张立	20	信息管理系
5	刘晨	20	计算机系
6	王敏	20	计算机系
7	张海	20	信息管理系

图 4-46 包括并列情况的查询结果

查询结果如图 4-46 所示。

注意：如果在 TOP 子句中使用了“WITH TIES”谓词，则必须要使用 ORDER BY 子句对查询结果进行排序，否则语法会出错。但如果没有使用“WITH TIES”谓词，则可以不写 ORDER BY 子句，但此时要注意这样取的前若干名结果可能与希望的不一样。例如，对于例 53，若写成：

```
SELECT TOP 3 Sname, Sage, Sdept FROM Student
```

	Sname	Sage	Sdept
1	李勇	21	计算机系
2	刘晨	20	计算机系
3	王敏	20	计算机系

图 4-47 不使用 ORDER BY 子句的查询结果

则结果如图 4-47 所示。

显然这里显示的结果并不是年龄最大的前三名学生。造成这种错误的原因是系统对数据的默认排序方式不一定是我们希望的按年龄进行的，因此，当我们要求系统返回前三行结果时，系统是按它的默认排序方式（通常是按主码进行排序）产生的结果来提取前若干名的。因此，在使用没有“WITH TIES”谓词的 TOP 子句时，尽管语法上没有要求一定要写 ORDER BY 子句，但为了使结果满足要求，一般都要加上 ORDER BY 子句，让结果集按要求排序。

例 54 查询 VB 课程考试成绩前三名的学生的姓名和成绩。

```
SELECT TOP 3 WITH TIES Sname, Grade
 FROM Student S JOIN SC on S.Sno = SC.Sno
 JOIN Course C ON C.Cno = SC.Cno
 WHERE Cname = 'VB'
 ORDER BY Grade DESC
```

查询结果如图 4-48 所示。

例 55 查询选课人数最少的两门课程（不包括没有人选的课程），列出课程号和选课人数。

```
SELECT TOP 2 WITH TIES Cno, COUNT(*) 选课人数
 FROM SC
 GROUP BY Cno
 ORDER BY COUNT(Cno) ASC
```

查询结果如图 4-49 所示。

例 56 查询计算机系选课门数超过 2 门的学生中，考试平均成绩最高的前 2 名（包括并列的情况）学生的学号，选课门数和平均成绩。

```
SELECT TOP 2 WITH TIES S.Sno, COUNT(*) 选课门数,AVG(Grade) 平均成绩
 FROM Student S JOIN SC ON S.Sno = SC.Sno
 WHERE Sdept = '计算机系'
 GROUP BY S.sno
 HAVING COUNT(*) > 2
 ORDER BY AVG(Grade) DESC
```

查询结果如图 4-50 所示。

	Sname	Grade
1	吴宾	73
2	张姗姗	65
3	李勇	62

图 4-48 例 54 的查询结果

	Cno	选课人数
1	C003	1
2	C002	2

图 4-49 例 55 的查询结果

	Sno	选课门数	平均成绩
1	0611102	3	88
2	0611101	4	80

图 4-50 例 56 的查询结果

4.1.5 CASE 函数

CASE 函数是一种多分支的函数，它可以根据条件列表的值返回多个可能的结果表达式中的一个。

CASE 函数可用在任何允许使用表达式的地方，但它不是一个完整的 T-SQL 语句，因此不能单独执行，只能作为一个可以单独执行的语句的一部分来使用。

CASE 函数分为简单 CASE 函数和搜索 CASE 函数两种类型。

1. 简单 CASE 函数

简单 CASE 函数将一个测试表达式和一组简单表达式进行比较，如果某个简单表达式与测试表达式的值相等，则返回相应的结果表达式的值。

简单 CASE 函数的语法格式为：

```
CASE 测试表达式
    WHEN 简单表达式 1 THEN 结果表达式 1
    WHEN 简单表达式 2 THEN 结果表达式 2
    …
    WHEN 简单表达式 n THEN 结果表达式 n
    [ ELSE 结果表达式 n+1 ]
END
```

其中：

- 测试表达式可以是一个变量名、字段名、函数或子查询。
- 简单表达式中不能包含比较运算符，它们给出被比较的表达式或值，其数据类型必须与测试表达式的数据类型相同，或者可以隐式转换为测试表达式的数据类型。

CASE 函数的执行过程为：

- 计算测试表达式，然后按从上到下的书写顺序将测试表达式的值与每个 WHEN 子句的简单表达式进行比较。
- 如果某个简单表达式的值与测试表达式的值匹配（即相等），则返回第一个与之匹配的 WHEN 子句所对应的结果表达式的值。
- 如果所有简单表达式的值与测试表达式的值都不匹配，若指定了 ELSE 子句，则返回 ELSE 子句中指定的结果表达式的值；若没有指定 ELSE 子句，则返回 NULL。

CASE 函数经常被应用在 SELECT 语句中，作为不同数据的不同返回值。

例 57 查询选修 VB 课程的学生的学号、姓名、所在系和成绩，并对所在系进行如下处理：

当所在系为“计算机系”时，在查询结果中显示“CS”；

当所在系为“信息管理系”时，在查询结果中显示“IM”；

当所在系为“通信工程系”时，在查询结果中显示“COM”。

分析：这个查询需要对学生所在系做分情况处理，并根据不同的系返回不同的值，因此需要用 CASE 函数对“所在系”列进行测试。其语句如下：

```
SELECT s.Sno 学号,Sname 姓名,
```

```
CASE sdept
   WHEN '计算机系' THEN 'CS'
   WHEN '信息管理系' THEN 'IM'
   WHEN '通信工程系' THEN 'COM'
END AS 所在系,Grade 成绩
FROM Student s join SC ON s.Sno = SC.Sno
JOIN Course c ON c.Cno = SC.Cno
WHERE Cname = 'VB'
```

查询结果如图 4-51 所示。

	学号	姓名	所在系	成绩
1	0611101	李勇	CS	62
2	0621102	吴宾	IM	73
3	0631103	张姗姗	COM	65

图 4-51　例 57 的查询结果

2. 搜索 CASE 函数

简单 CASE 函数只能将测试表达式与一个单值进行相等的比较，如果需要将测试表达式与一个范围内的值进行多条件比较，比如，比较成绩在 80 到 90 之间，则简单 CASE 函数就实现不了，这时就需要使用搜索 CASE 函数。

搜索 CASE 函数的语法格式为：

```
CASE
  WHEN 布尔表达式 1 THEN 结果表达式 1
  WHEN 布尔表达式 2 THEN 结果表达式 2
  …
  WHEN 布尔表达式 n THEN 结果表达式 n
  [ ELSE 结果表达式 n+1 ]
END
```

与简单 CASE 函数比较，搜索 CASE 函数有如下两个区别：

- 在 CASE 关键字的后面没有任何表达式；
- WHEN 关键字后面是布尔表达式。

搜索 CASE 函数中的各个 WHEN 子句的布尔表达式可以是由比较运算符、逻辑运算符组合起来的复杂的布尔表达式。

搜索 CASE 函数的执行过程为：

- 按从上到下的书写顺序计算每个 WHEN 子句的布尔表达式。
- 返回第一个取值为 TRUE 的布尔表达式所对应的结果表达式的值。
- 如果没有取值为 TRUE 的布尔表达式，则当指定了 ELSE 子句时，返回 ELSE 子句中指定的结果；如果没有指定 ELSE 子句，则返回 NULL。

用搜索 CASE 函数，例 57 的查询可写为：

```
SELECT s.Sno 学号,Sname 姓名,
  CASE
    WHEN sdept = '计算机系' THEN 'CS'
    WHEN sdept = '信息管理系' THEN 'IM'
    WHEN sdept = '通信工程系' THEN 'COM'
  END AS 所在系, Grade 成绩
  FROM Student s join SC ON s.Sno = SC.Sno
  JOIN Course c ON c.Cno = SC.Cno
  WHERE Cname = 'VB'
```

3. CASE 函数应用示例

例 58　查询“C001”号课程的考试情况，列出学号和成绩，同时对成绩进行如下处理：

如果成绩大于等于 90，则在查询结果中显示“优”；

如果成绩在 80 到 89 分之间，则在查询结果中显示“良”；

如果成绩在 70 到 79 分之间，则在查询结果中显示“中”；

如果成绩在 60 到 69 分之间，则在查询结果中显示“及格”；

如果成绩小于 60 分，则在查询结果中显示“不及格”。

这个查询需要对成绩进行分情况判断，而且是将成绩与一个范围的数值进行比较，因此，需要使用搜索 CASE 函数实现。具体如下：

```
SELECT Sno,
  CASE
    WHEN Grade >= 90 THEN '优'
    WHEN Grade between 80 and 89 THEN '良'
    WHEN Grade between 70 and 79 THEN '中'
    WHEN Grade between 60 and 69 THEN '及格'
    WHEN Grade <60 THEN '不及格'
  END AS 成绩
  FROM SC
  WHERE Cno = 'C001'
```

	Sno	成绩
1	0611101	优
2	0611102	优
3	0621102	中
4	0621103	不及格
5	0631101	不及格

图 4-52　例 58 的查询结果

查询结果如图 4-52 所示。

例 59　统计每个学生的考试平均成绩，列出学号、考试平均成绩和考试情况，其中考试情况的处理为：

如果平均成绩大于等于 90，则考试情况为“好”；

如果平均成绩在 80～89，则考试情况为“比较好”；

如果平均成绩在 70～79，则考试情况为“一般”；

如果平均成绩在 60～69，则考试情况为“不太好”；

如果平均成绩低于 60，则考试情况为“比较差”。

这个查询是对考试平均成绩进行分情况处理，而且只能使用搜索 CASE 函数。

```
SELECT Sno 学号, AVG(Grade) 平均成绩,
  CASE
    WHEN AVG(Grade) >= 90 THEN '好'
    WHEN AVG(Grade) BETWEEN 80 AND 89 THEN '比较好'
    WHEN AVG(Grade) BETWEEN 70 AND 79 THEN '一般'
    WHEN AVG(Grade) BETWEEN 60 AND 69 THEN '不太好'
    WHEN AVG(Grade) < 60 THEN '比较差'
  END AS 考试情况
  FROM SC
  GROUP BY Sno
```

	学号	平均成绩	考试情况
1	0611101	80	比较好
2	0611102	88	比较好
3	0621102	78	一般
4	0621103	65	不太好
5	0631101	65	不太好
6	0631102	NULL	NULL
7	0631103	71	一般

图 4-53　例 59 的查询结果

查询结果如图 4-53 所示。

4.1.6　合并多个结果集

每个查询语句均产生一个结果集，但有时我们需要将两个或多个查询语句的结果集合并为一个结果集，这就是合并多个结果集的含义。使用 UNION 可以实现合并多个查询结果集的目的。

使用 UNION 的格式为：

```
SELECT 语句 1
UNION [ ALL ]
SELECT 语句 2
UNION [ ALL ]
… …
SELECT 语句 n
```

其中：ALL 表示在结果集中包含所有查询语句产生的全部记录，包括重复的记录。如果没有指定 ALL，则系统自动删除合并后结果集中的重复记录。

使用 UNION 的两个基本规则是：

（1）所有查询语句中列的个数和列的顺序必须相同。

（2）所有查询语句中对应列的数据类型必须兼容。

例 60 将对计算机系学生的查询结果与信息管理系学生的查询结果合并为一个结果集。

```
SELECT Sno, Sname, Sage, Sdept FROM Student WHERE Sdept = '计算机系'
UNION
SELECT Sno, Sname, Sage, Sdept FROM Student WHERE Sdept = '信息管理系'
```

查询结果如图 4-54 所示。

	Sno	Sname	Sage	Sdept
1	0611101	李勇	21	计算机系
2	0611102	刘晨	20	计算机系
3	0611103	王敏	20	计算机系
4	0611104	张小红	19	计算机系
5	0621101	张立	20	信息管理系
6	0621102	吴宾	19	信息管理系
7	0621103	张海	20	信息管理系

图 4-54 例 60 的查询结果

例 61 查询要求同上，但将查询结果按年龄从大到小排序。

```
SELECT Sno, Sname, Sage, Sdept FROM Student WHERE Sdept =
'计算机系'
UNION
SELECT Sno, Sname, Sage, Sdept FROM Student WHERE Sdept =
'信息管理系'
ORDER BY Sage DESC
```

查询结果如图 4-55 所示。

	Sno	Sname	Sage	Sdept
1	0611101	李勇	21	计算机系
2	0611102	刘晨	20	计算机系
3	0611103	王敏	20	计算机系
4	0621101	张立	20	信息管理系
5	0621103	张海	20	信息管理系
6	0611104	张小红	19	计算机系
7	0621102	吴宾	19	信息管理系

图 4-55 例 61 的查询结果

注意：ORDER BY 语句要放在最后一个查询语句的后边，因为只有当查询结果集生成后才能对结果集进行排序。

4.1.7 将查询结果保存到新表中

当使用 SELECT 语句查询数据时，产生的结果是保存在内存中的。如果我们希望将查询结果保存起来（比如保存在一个表中）则可以通过在 SELECT 语句中使用 INTO 子句实现。

包含 INTO 子句的 SELECT 语句的语法格式为：

```
SELECT 查询列表序列 INTO <新表名>
 FROM 数据源
 …                       -- 其他行选择、分组等语句
```

其中<新表名>是要存放查询结果的表名。这个语句将查询的结果保存到一个新表中。实际上这个语句包含两个功能：

（1）根据查询语句创建一个新表；

（2）执行查询语句并将查询的结果保存到该新表中。

用 INTO 子句创建的新表可以是永久表（存储在磁盘上的表，前边我们用 CREATE TABLE 语句创建的表都是永久表），也可以是临时表（存储在内存中的表）。临时表又根据其使用范围分

为两种，即局部临时表和全局临时表。

- 局部临时表通过在表名前加一个“#”来标识，比如：#T1，表示#T1 为一个局部临时表。局部临时表的生存期为创建此局部临时表的连接的生存期，它只能在创建此局部临时表的当前连接中使用；
- 全局临时表通过在表名前加两个“#”来标识，比如：##T1，表示##T1 为一个全局临时表。全局临时表的生存期为创建全局临时表的连接的生存期，并且在生存期内可以被所有的连接使用。

可以对局部临时表和全局临时表中的数据进行查询，它们的使用方法同永久表一样。

例 62　查询计算机系学生的姓名、选修的课程名和成绩，并将查询结果保存到永久表 S_C_G 中

```
SELECT Sname, Cname , Grade  INTO S_C_G
FROM Student s JOIN SC ON s.Sno = SC.Sno
JOIN Course c ON c.Cno = SC.Cno
WHERE Sdept = '计算机系'
```

4.1.8　子查询

在 SQL 语言中，一个 SELECT－FROM－WHERE 语句称为一个查询块。

如果一个 SELECT 语句嵌套在一个 SELECT、INSERT、UPDATE 或 DELETE 语句中，则称之为子查询或内层查询；而包含子查询的语句则称为主查询或外层查询。一个子查询也可以嵌套在另外一个子查询中。为了与外层查询有所区别，总是把子查询写在圆括号中。与外层查询类似，子查询语句中也必须至少包含 SELECT 子句和 FROM 子句，并根据需要选择使用 WHERE 子句、GROUP BY 子句和 HAVING 子句。

子查询语句可以出现在任何能够使用表达式的地方，但通常情况下，子查询语句用在外层查询的 WHERE 子句或 HAVING 子句中，与比较运算符或逻辑运算符一起构成查询条件。

1．使用子查询进行基于集合的测试

使用子查询进行基于集合的测试时，通过运算符 IN 或 NOT IN，将一个表达式的值与子查询返回的结果集进行比较。其形式为：

```
WHERE 表达式 [ NOT ] IN ( 子查询 )
```

这与前边在 WHERE 子句中使用的 IN 作用完全相同。使用 IN 运算符时，如果该表达式的值与集合中的某个值相等，则返回 True。如果该表达式与集合中所有的值均不相等，则返回 False。

带这种子查询形式的 SELECT 语句是分步骤实现的，即先执行子查询，然后在子查询的结果基础上再执行外层查询。子查询返回的结果实际上就是一个集合，外层查询就是在这个集合上使用 IN 运算符进行比较。

注意，使用子查询进行基于集合的测试时，由该子查询返回的结果集中列的个数、数据类型以及语义必须与外层中列的个数、数据类型以及语义相同。当子查询返回结果之后，外层查询将使用这些结果。

例 63　查询与刘晨在同一个系学习的学生，列出学号、姓名和所在系。

```
SELECT Sno, Sname, Sdept FROM Student
  WHERE Sdept IN
      ( SELECT Sdept FROM Student WHERE Sname = '刘晨' )
```

实际的查询过程为：

（1）确定“刘晨”所在的系（执行子查询）：

```
SELECT Sdept FROM Student WHERE Sname = '刘晨'
```

查询结果为“计算机系”。

（2）利用子查询的结果查找所有在此系学习的学生：

```
SELECT Sno, Sname, Sdept FROM Student
  WHERE Sdept IN ( '计算机系' )
```

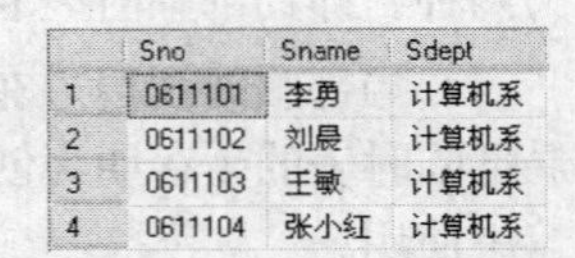

	Sno	Sname	Sdept
1	0611101	李勇	计算机系
2	0611102	刘晨	计算机系
3	0611103	王敏	计算机系
4	0611104	张小红	计算机系

图 4-56　例 63 的查询结果

查询结果如图 4-56 所示。

从查询结果中可以看到其中也包含刘晨，如果不希望刘晨出现在查询结果中，可对上述查询语句添加一个条件，如下所示：

```
SELECT Sno, Sname, Sdept FROM Student
  WHERE Sdept IN
      (SELECT Sdept FROM Student WHERE Sname = '刘晨')
  AND Sname != '刘晨'
```

注意，这里的“Sname != '刘晨'”不需要使用表名前缀，因为对于外层查询来说，其表名是没有二义的。

之前曾用自连接实现过此查询，从这个例子可以看出，SQL 语言的使用是很灵活的，同样的查询要求可以用多种形式实现。随着学习的深入，我们会对这一点有更多的体会。

例 64　查询考试成绩大于 90 的学生的学号和姓名。

```
SELECT Sno, Sname FROM Student
  WHERE Sno IN
    ( SELECT Sno FROM SC
        WHERE Grade > 90 )
```

	Sno	Sname
1	0611101	李勇
2	0611102	刘晨

图 4-57　例 64 的查询结果

查询结果如图 4-57 所示。

此查询也可以用多表连接实现：

```
SELECT Sno, Sname FROM Student
  WHERE Student.Sno = SC.Sno AND Grade > 90
```

例 65　查询选修“VB”课程的学生的学号和姓名。

分析：这个查询可以分为以下 3 个步骤来实现：

（1）在 Course 表中，找出“VB”课程名对应的课程号；

（2）根据找到的“VB”课程号，在 SC 表中找出选修该课程的学生学号；

（3）根据得到的学号，在 Student 表中找出对应的学生学号和姓名。

因此，该查询语句需要用到两个子查询语句，具体如下：

```
SELECT Sno, Sname FROM Student
  WHERE Sno IN
    ( SELECT Sno FROM SC
        WHERE Cno IN
          ( SELECT Cno FROM Course
              WHERE Cname = 'VB') )
```

	Sno	Sname
1	0611101	李勇
2	0621102	吴宾
3	0631103	张姗姗

图 4-58　例 65 的查询结果

查询结果如图 4-58 所示。

此查询也可以用多表连接实现：

```
SELECT Student.Sno, Sname FROM Student
  JOIN SC ON Student.Sno = SC.Sno
  JOIN Course ON Course.Cno = SC.Cno
  WHERE Cname = 'VB'
```

多表连接查询与子查询可以混合使用。

例 66　在选修 VB 课程的这些学生中，统计他们的选课门数和平均成绩。

分析：这个查询应该分如下两个步骤实现：

（1）找出选修 VB 课程的学生，这可通过如下两种形式实现：

① 用连接查询：

```
SELECT Sno FROM SC JOIN Course C
  ON C.Cno = SC.Cno
  WHERE Cname = 'VB'
```

② 用子查询：

```
SELECT Sno FROM SC
  WHERE Cno IN (SELECT Cno FROM Course
     WHERE Cname = 'VB')
```

（2）统计这些学生的选课门数和平均成绩，这个查询与步骤（1）之间只能通过子查询形式关联。具体代码如下：

```
SELECT Sno 学号, COUNT(*) 选课门数, AVG(Grade) 平均成绩
  FROM SC WHERE Sno in (
    SELECT Sno from SC join Course C
      on C.Cno = SC.Cno
      WHERE Cname = 'VB')
  GROUP BY Sno
```

	学号	选课门数	平均成绩
1	0611101	4	80
2	0621102	4	78
3	0631103	3	71

图 4-59　例 66 的查询结果

查询结果如图 4-59 所示。

注意：这个查询不能纯粹用连接形式的查询实现，因为这个查询的语义是要先找出选修 VB 课程的学生，然后再计算这些学生的选课门数和平均成绩。如果完全用连接查询实现：

```
SELECT Sno 学号, COUNT(*) 选课门数, AVG(Grade) 平均成绩
  FROM SC JOIN Course C ON C.Cno = SC.Cno
  WHERE Cname = 'VB'
  GROUP BY Sno
```

则其执行结果如图 4-60 所示。从这个结果可以看出，每个学生的选课门数均为 1，实际上这个 1 指的是 VB 这一门课程，其平均成绩也是 VB 课程的考试成绩。之所以产生这个结果，是因为在执行连接操作的查询时，系统首先将所有被连接的表连接成一张大表（逻辑上的），这个大表中的行数据为全部满足连接条件的数据，列为全部参加连接操作的表所包含的列。之后再在这个连接后的大表上执行 WHERE 子句，然后执行 GROUP BY 子句。显然执行“WHERE Cname = 'VB'”子句后，连接后的大表中的数据就只剩下 VB 这一门课程的情况了。这种处理模式显然不符合该查询要求。

从上述例子可以看出子查询和连接查询并不是总能相互替换的。

	学号	选课门数	平均成绩
1	0611101	1	62
2	0621102	1	73
3	0631103	1	65

图 4-60　用连接查询实现例 66 的查询结果

例 67　查询选修“VB”课程的学生的学号、姓名和 VB 成绩。

这个查询就只能用多表连接查询形式实现：

```
SELECT Student.Sno, Sname, Grade FROM Student
  JOIN SC ON Student.Sno = SC.Sno
  JOIN Course ON Course.Cno = SC.Cno
  WHERE Cname = 'VB'
```

因为该查询的查询列表中的列来自多张表，这种形式的查询用子查询是无法实现的，必须通

过连接的形式，将多张表连接成一张表（逻辑上的），然后从这些表中再选取需要的列。

从例 66 和例 67 可以看到，子查询和多表连接查询有时是不能等价的，基于集合的子查询的特点是分步骤实现，先内（子查询）后外（外层查询），而多表连接查询是对称的，它是先执行连接操作，其他的 WHERE、GROUP BY 等子句均是在连接的结果-上进行的。

2. 使用子查询进行比较测试

使用子查询进行比较测试时，通过比较运算符（=、<>、<、>、<=、<=），将一个表达式的值与子查询返回的值进行比较。如果比较运算的结果为 True，则比较测试也返回 True。

使用子查询进行比较测试的形式为：

```
WHERE 表达式 比较运算符 （子查询）
```

注意：*使用子查询进行比较测试时，要求子查询语句必须是返回单值的查询语句。*

在之前，我们曾经说过聚合函数不能出现在 WHERE 子句中，对于要与聚合函数进行比较的查询，就应该使用进行比较测试的子查询实现。

同基于集合的子查询一样，用子查询进行比较测试时，也是先执行子查询，然后再根据子查询的结果执行外层查询。

例 68 查询 C004 课程考试成绩高于此课程的考试平均成绩的学生的学号和 C004 课程成绩。

分析：首先计算 C004 课程的平均成绩：

```
SELECT AVG(Grade) FROM SC
  WHERE Cno = 'C004'
```

这里的执行结果为：81。

然后，再查找所有 C004 课程中考试成绩高于 81 的学生的学号和成绩。

```
SELECT Sno , Grade  FROM SC
 WHERE Cno = 'C004'
  AND Grade > 81
```

将两个查询语句合起来即为满足要求的查询语句：

```
SELECT Sno , Grade FROM SC
 WHERE Cno = 'C004' and Grade > (
  SELECT AVG(Grade) from SC
   WHERE Cno = 'C004')
```

查询结果如图 4-61 所示。

	Sno	Grade
1	0611102	84
2	0621102	85

图 4-61 例 68 的查询结果

例 69 查询计算机系年龄最大的学生的姓名和年龄。

分析：首先应在 Student 表中找出计算机系的最大年龄（在子查询中实现），然后再在 Student 表中找出计算机系年龄等于该最大年龄的学生（在外层查询实现）。具体语句为：

```
SELECT Sname, Sage FROM Student
 WHERE Sdept = '计算机系'
  AND Sage = (
   SELECT MAX(Sage) FROM Student
    WHERE Sdept = '计算机系')
```

	Sname	Sage
1	李勇	21

图 4-62 例 69 的查询结果

查询结果如图 4-62 所示。

例 70 查询信息管理系学生中年龄大于该系学生平均年龄的学生的姓名和年龄。

```
SELECT Sname, Sage FROM Student
```

```
  WHERE Sdept = '信息管理系'
    AND Sage > (
       SELECT AVG(Sage) FROM Student
    WHERE Sdept = '信息管理系')
```

	Sname	Sage
1	张立	20
2	张海	20

图 4-63　例 70 的查询结果

查询结果如图 4-63 所示。

注意在例 70 的查询中，子查询和外层查询的“WHERE Sdept = '信息管理系'”子句都不能省。如果在子查询中省略了这个子句，则计算的平均年龄就是全体学生的平均年龄，而不是信息管理系学生的平均年龄。如果在外层查询中省略了此子句，则查询的结果就是全体学生中年龄大于信息管理系学生平均年龄的这些学生。

从上边的例子我们可以看到，用子查询进行比较测试和进行基于集合的测试时，都是先执行子查询，然后再在子查询的结果基础之上执行外层查询。子查询都只执行一次，子查询的查询条件不依赖于外层查询，我们将这样的子查询称为不相关子查询或嵌套子查询。

3. 使用子查询进行存在性测试

使用子查询进行存在性测试时，通常使用 EXISTS 谓词，其形式为：

```
WHERE [NOT] EXISTS (子查询)
```

带 EXISTS 谓词的子查询不返回查询的数据，只产生逻辑真值和逻辑假值。

- EXISTS 的含义：当子查询中有满足条件的数据时，EXISTS 返回真值，否则返回假值。
- NOT EXISTS 的含义：当子查询中有满足条件的数据时，NOT EXISTS 返回假值，当子查询中不存在满足条件的数据时，NOT EXISTS 返回真值。

例 71　查询选修“C002”号课程的学生姓名。

```
SELECT Sname FROM Student
  WHERE EXISTS
    ( SELECT * FROM SC
        WHERE Sno = Student.Sno AND Cno = 'C002')
```

	Sname
1	李勇
2	刘晨

图 4-64　例 71 的查询结果

查询结果如图 4-64 所示。

使用子查询进行存在性测试时需注意以下问题。

（1）带 EXISTS 谓词的查询是先执行外层查询，然后再执行内层查询。由外层查询的值决定内层查询的结果；内层查询的执行次数由外层查询的结果决定。

上述查询语句的处理过程为：

① 无条件执行外层查询语句，在外层查询的结果集中取第 1 行结果，得到 Sno 的一个当前值，然后根据此 Sno 值处理内层查询。

② 将外层的 Sno 值作为已知值执行内层查询，如果在内层查询中有满足其 WHERE 子句条件的记录，则 EXISTS 返回一个真值（True），表示在外层查询结果集中的当前行数据为满足要求的一个结果。如果内层查询中不存在满足 WHERE 子句条件的记录，则 EXISTS 返回一个假值（False），表示在外层查询结果集中的当前行数据不是满足要求的结果。

③ 顺序处理外层表 Student 表中的第 2、3、… 行数据，直到处理完所有行。

（2）由于 EXISTS 的子查询只能返回真或假值，因此在子查询中指定列名是没有意义的。所以在有 EXISTS 的子查询中，其目标列名序列通常都用“*”。

带 EXISTS 的子查询由于在子查询中要涉及与外层表数据的关联，因此经常将这种形式的子查询称为相关子查询。

例 71 的查询等价于：

```
SELECT Sname FROM Student JOIN  SC
  ON SC.Sno = Student.Sno WHERE Cno =  'C002'
```

和

```
SELECT Sname FROM Student
  WHERE Sno IN (
     SELECT Sno FROM SC WHERE Cno = 'C002' )
```

由此也可以看到，同一个查询可以用不同的方式来实现。

在子查询语句的前边也可以使用 NOT。NOT IN（子查询语句）的含义与前面介绍的基于集合的 NOT IN 运算的含义相同，NOT EXISTS 的含义是当子查询中存在至少一个满足条件的记录时，NOT EXISTS 返回假值，当子查询中不存在满足条件的记录时，NOT EXISTS 返回真值。

例 72　查询没有选修“C001”课程的学生姓名和所在系。

这是一个带否定条件的查询，如果利用多表连接和子查询分别实现这个查询，则可以写出如下几种形式：

（1）用多表连接实现，代码如下：

```
SELECT DISTINCT Sname, Sdept
  FROM Student S JOIN SC
  ON S.Sno = SC.Sno
  WHERE Cno != 'C001'
```

执行结果如图 4-65（a）所示。

（2）用嵌套子查询实现。

① 在子查询中否定，代码如下：

```
SELECT Sname, Sdept FROM Student
  WHERE Sno IN (
     SELECT Sno FROM SC
       WHERE Cno != 'C001' )
```

执行结果如图 4-65（a）所示。

② 在外层查询中否定，代码如下：

```
SELECT Sname, Sdept FROM Student
  WHERE Sno NOT IN (
     SELECT Sno FROM SC
       WHERE Cno = 'C001' )
```

执行结果如图 4-65（b）所示。

（3）用相关子查询实现。

① 在子查询中否定，代码如下：

```
SELECT Sname, Sdept FROM Student
  WHERE EXISTS (
     SELECT * FROM SC
        WHERE Sno = Student.Sno
          AND Cno != 'C001' )
```

执行结果如图 4-65（a）所示。

② 在外层查询中否定，代码如下：

```
SELECT Sname, Sdept FROM Student
```

	Sname	Sdept
1	李勇	计算机系
2	刘晨	计算机系
3	钱小平	通信工程系
4	王大力	通信工程系
5	吴宾	信息管理系
6	张海	信息管理系
7	张姗姗	通信工程系

（a）例 72 查询结果 1

	Sname	Sdept
1	王敏	计算机系
2	张小红	计算机系
3	张立	信息管理系
4	王大力	通信工程系
5	张姗姗	通信工程系

（b）例 72 查询结果 2

图 4-65　例 72 的两个查询结果

```
WHERE NOT EXISTS (
   SELECT * FROM SC
      WHERE Sno = Student.Sno
        AND Cno = 'C001' )
```

执行结果如图 4-65（b）所示。

观察上述 5 种实现方式的执行结果，可以看到，多表连接查询与在子查询中否定的嵌套子查询和在子查询中否定的相关子查询所产生的结果是一样的，在外层查询中否定的嵌套子查询与在外层查询中否定的相关子查询产生的结果是一样的。通过对数据库中的数据进行分析，发现（1）、（2）中的①和（3）中①的结果均是错误的。（2）中的②和（3）中②的结果是正确的，即将否定放置在外层查询中时其结果是正确的。其原因就是不同的查询执行的机制是不同的。

- 对多表连接查询，所有的条件都是在连接之后的结果表上进行的，而且是逐行进行判断，一旦发现满足要求的数据（Cno!='C001'），则此行即作为结果产生。因此，由多表连接产生的结果必然包含没有选修“C001”课程的学生，也包含选修“C001”同时又选修其他课程的学生。
- 对含有嵌套子查询的查询来说，是先执行子查询，然后在子查询的结果基础之上再执行外层查询，而在子查询中也是逐行进行判断，当发现有满足条件的数据时，即将此行数据作为外层查询的一个比较条件。分析这个查询，要查的数据是在某个学生所选的全部课程中不包含“C001”课程，如果将否定放在子查询中，则查出的结果是既包含没有选“C001”课程的学生，也包含选修“C001”课程同时也选修其他课程的学生。显然，这个否定的范围不够。
- 对相关子查询，情况同嵌套子查询类似，这里不再详细分析。

通常情况下，对于否定条件的查询都应该使用子查询来实现，而且应该将否定放在外层。

例 73　查询计算机系没有选修“VB”课程的学生姓名和性别。

分析：对于这个查询，首先应该在子查询中查询出全部选修“VB”课程的学生，然后再在外层查询中去掉这些学生（即为没有选修“VB”课程的学生），最后再从这个结果中筛选出计算机系的学生。语句如下：

```
SELECT sname, ssex FROM Student
  WHERE sno NOT IN (
    SELECT sno FROM SC JOIN Course
      ON SC.cno = Course.cno
      WHERE cname = 'VB' )
  AND sdept = '计算机系'
```

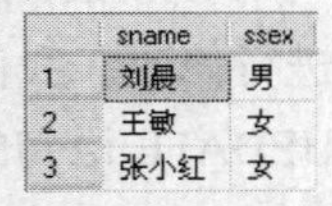

	sname	ssex
1	刘晨	男
2	王敏	女
3	张小红	女

图 4-66　例 73 的查询结果

查询结果如图 4-66 所示。

4.2　数据更改功能

4.1 节讨论如何检索数据库中的数据，通过 SELECT 语句将返回由行和列组成的结果，但查询操作不会使数据库中的数据发生任何变化。如果要对数据进行各种更改操作，包括添加新数据、修改数据和删除数据，则需要使用 INSERT、UPDATE 和 DELETE 语句来完成，这些语句能够修改数据库中的数据，但不返回结果集。

4.2.1　插入数据

在创建完表之后，就可以使用 INSERT 语句在表中添加新数据。

插入数据的 INSERT 语句的格式为：

```
INSERT [INTO] <表名> [(<列名表>)] VALUES (值列表)
```

其中，<列名表>中的列名必须是表定义中有的列名，值列表中的值可以是常量也可以是 NULL，各值之间用逗号分隔。

INSERT 语句用来新增一个符合表结构的数据行，将值列表中的数据按表中列定义顺序（或<列名表>中指定的顺序）逐一赋给对应的列名。

使用插入语句时应注意：

（1）值列表中的值与列名表中的列按位置顺序对应，它们的数据类型必须一致。

（2）如果<表名>后边没有指明列名，则值列表中各数值的顺序必须与表中列的定义顺序一致，且每一个列均有值（可以为空）。

例 74 将一个新生插入到 Student 表中。其中学号为：0621105；姓名为：陈冬；性别为：男；年龄 18 岁；信息管理系学生。

```
INSERT INTO Student VALUES ('0621105','陈冬','男',18,'信息管理系')
```

例 75 在 SC 表中插入一条新记录，学号为“0621105”，选修课程的课程号为“C001”，成绩暂缺。

```
INSERT INTO SC(Sno, Cno) VALUES('0621105','C001')
```

注意：对于例 75，由于提供的值个数与表中的列个数不一致，因此必须列出列名。而且 SC 中的 Grade 列必须允许为 NULL。

此句实际插入的值为：('0621105','C001',NULL)

4.2.2 更新数据

当用 INSERT 语句向表中添加记录之后，如果某些数据发生变化，那么就需要对表中已有的数据进行修改。我们可以使用 UPDATE 语句对数据进行修改。

UPDATE 语句的语法格式为：

```
UPDATE <表名> SET <列名> = 表达式[,<列名> = 表达式 [,… n]]
    [WHERE <更新条件>]
```

其中：

- <表名>给出了需要修改数据的表的名称。
- SET 子句指定要修改的列，表达式指定要修改后的新值。
- WHERE 子句用于指定只修改表中满足 WHERE 子句条件的记录的相应列值。如果省略 WHERE 子句，则是无条件更新表中的全部记录的某列值。UPDATE 语句中 WHERE 子句的作用和写法同 SELECT 语句中的 WHERE 子句一样。

1. 无条件更新

例 76 将所有学生的年龄加 1。

```
UPDATE Student SET Sage = Sage + 1
```

2. 有条件更新

当用 WHERE 子句指定更改数据的条件时，可以分两种情况。一种是基于本表条件的更新，即要更新的记录和更新记录的条件在同一张表中。例如：将计算机系全体学生的年龄加 1，要修改的表是 Student 表，而更改条件“学生所在的系”（这里是计算机系）也在 Student 表中；另一种是基于其他表条件的更新，即要更新的记录在一张表中，而更新的条件来自于另一张表，如将计算机系全体学生的成绩加 5 分，要更新的是 SC 表的 Grade 列，而更新条件“学生所在的系”（计算机系）在 Student 表中。基于其他表条件的更新可以用两种方法实现：一种是使用多表连接方法；另一种是使用子查询方法。

（1）基于本表条件的更新。

例 77 将学号为“0611104”学生的年龄改为 18 岁。

```
UPDATE Student SET Sage = 18
  WHERE Sno = '0611104'
```

（2）基于其他表条件的更新。

例 78 将计算机系全体学生的成绩加 5 分。

- 用子查询实现，代码如下。

```
UPDATE SC SET Grade = Grade + 5
  WHERE Sno IN
    ( SELECT Sno FROM Student
        WHERE Sdept = '计算机系' )
```

- 用多表连接实现，代码如下。

```
UPDATE SC SET Grade = Grade + 5
  FROM SC JOIN Student ON SC.Sno = Student.Sno
  WHERE Sdept = '计算机系'
```

例 79 将学分最低的课程的学分加 2 分。

```
UPDATE Course SET Ccredit = Ccredit + 2
  WHERE Ccredit = (
    SELECT MIN(Ccredit) FROM Course)
```

用户也可以将 CASE 函数应用在数据更新语句中，以实现分情况更新，这在实际情况中也有比较广泛的应用。比如，涨工资时，经常根据职称、职务的不同，增长的幅度也不同。

例 80 修改全体学生的 VB 考试成绩，修改规则如下：

- 对通信工程系学生，成绩加 10 分；
- 对信息管理系学生，成绩加 5 分；
- 对其他系学生，成绩不变。

```
UPDATE SC SET Grade = Grade +
  CASE Sdept
    WHEN '通信工程系' THEN 10
    WHEN '信息管理系' THEN 5
    ELSE 0
  END
  FROM Student S JOIN SC ON S.Sno = SC.Sno
  JOIN Course C ON C.Cno = SC.Cno
  WHERE Cname = 'VB'
```

4.2.3 删除数据

当确定不再需要某些记录时，可以使用删除语句，即 DELETE 语句，将这些记录删掉。DELETE

语句的语法格式为：

```
DELETE [ FROM ] <表名> [ WHERE <删除条件> ]
```

其中：

- <表名>说明要删除哪个表中的数据。
- WHERE 子句说明只删除表中满足 WHERE 子句条件的记录。如果省略 WHERE 子句，则表示要删除表中的全部记录。DELETE 语句中的 WHERE 子句的作用和写法与 SELECT 语句中的 WHERE 子句一样。

1. 无条件删除

无条件删除指删除表中全部数据，但保留表的结构。

例 81 删除所有学生的选课记录。

```
DELETE FROM SC                    -- SC 成空表
```

2. 有条件删除

当用 WHERE 子句指定要删除记录的条件时，同 UPDATE 语句一样，也分为两种情况，一种是基于本表条件的删除。例如，删除所有不及格学生的选课记录，要删除的记录与删除的条件都在 SC 表中。另一种是基于其他表条件的删除，如删除计算机系不及格学生的选课记录，要删除的记录在 SC 表中，而删除的条件（计算机系）在 Student 表中。基于其他表条件的删除同样可以用两种方法实现，一种是使用多表连接，另一种是使用子查询。

（1）基于本表条件的删除。

例 82 删除所有不及格学生的选课记录。

```
DELETE FROM SC WHERE Grade < 60
```

（2）基于其他表条件的删除。

例 83 删除计算机系不及格学生的选课记录。

- 用子查询实现，程序如下：

```
DELETE FROM SC
  WHERE Grade < 60 AND Sno IN (
    SELECT Sno FROM Student
      WHERE Sdept = '计算机系' )
```

- 用多表连接实现，程序如下：

```
DELETE FROM SC
  FROM SC JOIN Student ON SC.Sno = Student.Sno
    WHERE Sdept = '计算机系' AND Grade < 60
```

小 结

本章主要介绍 SQL 中的数据操作功能：数据的增、删、改、查功能。数据的增、删、改、查，中的查询操作是数据库中使用最多的操作。

首先介绍查询语句，介绍单表查询和多表连接查询，包括无条件查询、有条件查询、分组、排序、选择结果集中的前若干行等功能。多表连接查询介绍内连接、自连接、左外连接和右外连接。对条件查询介绍多种实现方法，包括用子查询实现和用连接查询实现。

在综合运用这些方法实现数据查询时，需要注意如下一些事项。

- 当查询语句的目标列中包含聚合函数时，若没有分组子句，则目标列中只能写聚合函数，而不能再写其他列名。若包含分组子句，则在查询的目标列中除了可以写聚合函数外，只能写分组依据列。
- 对行的筛选一般用 WHERE 子句实现，对分组后统计结果的筛选用 HAVING 子句实现，而不能用 WHERE 子句实现。

例如，查询平均年龄大于 20 的系，若将条件写成：

```
WHERE AVG(Sage)  >  20
```

则是错误的，应该是：

```
HAVING AVG(Sage) > 20
```

- 不能将列值与统计结果值进行比较的条件写在 WHERE 子句中，这种条件一般都用子查询来实现。

例如，查询年龄大于平均年龄的学生，若将条件写成：

```
WHERE Sage > AVG(Sage)
```

则是错的，应该是：

```
WHERE Sage > ( SELECT AVG(Sage) FROM Student )
```

- 当查询目标列来自多个表时，必须用多表连接实现。子查询语句中的列不能用在外层查询中。
- 使用自连接时，必须为表取别名，使其在逻辑上成为两张表。
- 带否定条件的查询一般用子查询实现（NOT IN 或 NOT EIXSTS），不用多表连接实现。
- 当使用 TOP 子句限制选取结果集中的前若干行数据时，一般情况下都要有 ORDER BY 子句。

对数据的更改操作，介绍了数据的插入、修改和删除。对删除和更新操作，介绍了无条件的操作和有条件的操作，对有条件的删除和更新操作又介绍了用多表连接实现和用子查询实现两种方法。

在进行数据的增、删、改操作时，数据库管理系统自动检查数据的完整性约束，而且这些检查是在对数据进行操作之前进行的，只有当数据完全满足完整性约束条件时才进行数据更改操作。

习　题

一、选择题

1. 当关系 R 和 S 进行连接操作时，如果 R 中的元组不满足连接条件，在连接结果中也会将这些记录保留下来的操作是（　　）。

   A．左外连接　　　　B．右外连接

   C．内连接　　　　　D．自连接

2. 设在某 SELECT 语句的 WHERE 子句中，需要对 Grade 列的空值进行处理。下列关于空值的操作，错误的是（　　）。

   A．`Grade IS NOT NULL`　　　　B．`Grade IS NULL`

   C．`Grade = NULL`　　　　D．`NOT (Grade IS NULL)`

3. 下列聚合函数中，不忽略空值的是（　　）。

A. SUM(列名)　　B. MAX(列名)　　C. AVG(列名)　　D. COUNT(*)

4. SELECT…INTO…FROM 语句的功能是（　　）。

A. 将查询结果插入到一个新表中

B. 将查询结果插入到一个已建好的表中

C. 合并查询的结果

D. 向已存在的表中添加数据

5. 下列查询语句中，错误的是（　　）。

A. `SELECT Sno, COUNT(*) FROM SC GROUP BY Sno`

B. `SELECT Sno FROM SC GROUP BY Sno WHERE COUNT(*) > 3`

C. `SELECT Sno FROM SC GROUP BY Sno HAVING COUNT(*) > 3`

D. `SELECT Sno FROM SC GROUP BY Sno`

6. 现要利用 Student 表查询年龄最小的学生姓名和年龄。下列实现此功能的查询语句中，正确的是（　　）。

A. `SELECT Sname, MIN(Sage) FROM Student`

B. `SELECT Sname, Sage FROM Student WHERE Sage = MIN(Sage)`

C. `SELECT TOP 1 Sname, Sage FROM Student`

D. `SELECT TOP 1 Sname, Sage FROM Student ORDER BY Sage`

7. 设 SC 表中记录成绩的列为：Grade，类型为 int。若在查询成绩时，希望将成绩按‘优’、‘良’、‘中’、‘及格’和‘不及格’形式显示，正确的 Case 函数是（　　）。

A.
```
CASE Grade
  WHEN 90~100  THEN  '优'
  WHEN 80~89  THEN  '良'
  WHEN 70~79  THEN  '中'
  WHEN 60~69  THEN  '及格'
  ElSE  '不及格'
END
```

B.
```
CASE
  WHEN Grade  between 90 and 100  THEN Grade = '优'
  WHEN Grade  between 80 and 89  THEN  Grade = '良'
  WHEN Grade  between 70 and 79  THEN  Grade = '中'
  WHEN Grade  between 60 and 69  THEN  Grade = '及格'
  ELSE  Grade = '不及格'
END
```

C.
```
CASE
  WHEN Grade  between 90 and 100  THEN  '优'
  WHEN Grade  between 80 and 89  THEN  '良'
  WHEN Grade  between 70 and 79  THEN  '中'
  WHEN Grade  between 60 and 69  THEN  '及格'
  ELSE  '不及格'
END
```

D.
```
CASE Grade
  WHEN 90~100  THEN Grade = '优'
  WHEN 80~89  THEN Grade = '良'
  WHEN 70~79  THEN Grade = '中'
  WHEN 60~69  THEN Grade = '及格'
```

```
  ELSE  Grade = '不及格'
END
```

8. 下述语句的功能是将两个查询结果合并为一个结果，其中正确的是（　　）。

A.
```
select sno,sname,sage from student where sdept = 'cs'
Order by sage
Union
select sno,sname,sage from student where sdept = 'is'
Order by sage
```

B.
```
select sno,sname,sage from student where sdept = 'cs'
Union
select sno,sname,sage from student where sdept = 'is'
Order by sage
```

C.
```
select sno,sname,sage from student where sdept = 'cs'
Union
select sno,sname  from student where sdept = 'is'
Order by sage
```

D.
```
select sno,sname,sage from student where sdept = 'cs'
Order by sage
Union
select sno,sname,sage from student where sdept = 'is'
```

9. 下列 SQL 语句中，用于修改表数据的语句是（　　）。

A. ALTER　　B. SELECT　　C. UPDATE　　D. INSERT

10. 设有 Teachers 表，该表的定义如下：

```
CREATE TABLE Teachers(
  Tno CHAR(8) PRIMARY KEY,
  Tname VARCHAR(10) NOT NULL,
  Age TINYINT CHECK(Age BETWEEN 25 AND 65) )
```

下列插入语句中，不能正确执行的是（　　）。

A. `INSERT INTO Teachers VALUES('T100','张鸿',NULL)`

B. `INSERT INTO Teachers(Tno,Tname,Age) VALUES('T100','张鸿',30)`

C. `INSERT INTO Teachers(Tno,Tname) VALUES('T100','张鸿')`

D. `INSERT INTO TeachersVALUES('T100','张鸿')`

11. 设数据库中已有表 4-1 ~ 表 4-3 所示的 Student、Course 和 SC 表。现要查询学生选修第 2 学期开设课程的情况，只需列出学号、姓名、所在系和所选的课程号。该查询涉及的表是（　　）。

A. 仅 Student 表　　B. 仅 Student 和 SC 表

C. 仅 Student 和 Course 表　　D. Student、SC 和 Course 表

12. 删除计算机系学生（在 student 表中）的修课记录（在 SC 表中）的正确语句是（　　）。

A.
```
DELETE  FROM SC JOIN Student b ON S.Sno = b.Sno
  WHERE Sdept = '计算机系'
```

B.
```
DELETE FROM SC FROM SC JOIN Student b ON SC.Sno = b.Sno
  WHERE Sdept = '计算机系'
```

C. `DELETE FROM Student  WHERE Sdept = '计算机系'`

D. `DELETE FROM SC WHERE Sdept = '计算机系'`

二、填空题

1．在相关子查询中，子查询的执行次数是由________决定的。

2．对包含基于集合测试子查询的查询语句，是先执行________层查询，再执行________层查询。

3．对包含相关子查询的查询语句，是先执行________层查询，再执行________层查询。

4．聚合函数 COUNT(*)是按________统计数据个数。

5．设 Grade 列目前有 3 个值：90、80 和 NULL，则 AVG(Grade)的值是________，MIN(Grade)的值是________。

6．设有学生表（学号，姓名，所在系）和选课表（学号，课程号，成绩），现要统计每个系的选课人数。请补全下列语句：

```
SELECT 所在系, _______ FROM 选课表
  JOIN 学生表 ON 选课表.学号 = 学生表.学号
    GROUP BY 所在系
```

7．设有选课表（学号，课程号，成绩），现要查询考试成绩最高的 3 个学生的学号、课程号和成绩，包括并列情况。请补全下列语句：

```
SELECT _______学号, 课程号, 成绩 FROM 选课表
_______
```

8．UNION 操作用于合并多个查询语句的结果，如果在合并结果时不希望去掉重复的数据，则在用 UNION 操作时应使用________关键字。

9．进行自连接操作的两个表在物理上为一张表。通过________方法可将物理上的一张表在逻辑上成为两张表。

10．FROM A LEFT JOIN B ON …语句表示在连接结果中不限制________表数据必须满足连接条件。

11．对分组后的统计结果再进行筛选使用的子句是________。

12．若 SELECT 语句中同时包含 WHERE 子句和 GROUP 子句，则先执行的是________子句。

三、简答题

1．在聚合函数中，哪个函数在统计时不考虑 NULL。

2．在 LIKE 运算符中“%”的作用是什么？

3．WHERE Age BETWEEN 20 AND 30 子句，查找的 Age 范围是多少？

4．WHERE Sdept NOT IN ('CS','IS','MA')，查找的数据是什么？

5．自连接与普通内连接的主要区别是什么？

6．外连接与内连接的主要区别是什么？

7．在使用 UNION 合并多个查询语句的结果时，对各个查询语句的要求是什么？

8．相关子查询与嵌套子查询在执行方面的主要区别是什么？

9．执行 SELECT…INOT 表名 FROM…语句时，对表名的要求是什么？

10．对统计结果的筛选应该使用哪个子句完成？

11．在排序子句中，排序依据列的前后顺序是否重要？ORDER BY C1，C2 子句对数据的排序顺序是什么？

12．TOP 子句的作用是什么？

上机练习

准备工作：在第 3 章上机练习创建好的 Student、Course 和 SC 表中，插入表 4-4~表 4-6 所示的数据。快捷的插入数据方法为：在 SSMS 工具中，展开 Students 数据库及其下的“表”节点，在要插入数据的表上右击鼠标，在弹出的菜单中选择“编辑前 200 行”，然后会出现接收输入数据的表格，如图 4-67 所示，在此表格中直接插入数据即可。插入完数据或在插入过程中可单击工具栏上的“执行 SQL” ! 按钮，保存插入的数据。

注意： 应先插入 Student 和 Course 表的数据，然后再插入 SC 表数据，以符合参照完整性约束。

	Sno	Sname	Ssex	Sage	Sdept
*	NULL	NULL	NULL	NULL	NULL

图 4-67

在 SSMS 工具中编写下述语句，查看执行结果，并将 SQL 语句保存到一个文件中。

1．查询学生选课表中的全部数据。

2．查询计算机系的学生姓名及年龄。

3．查询成绩在 70 ~ 80 分的学生的学号、课程号和成绩。

4．查询计算机系年龄在 18 ~ 20 且性别为“男”的学生的姓名、年龄。

5．查询“C001”号课程的最高分。

6．查询计算机系学生的最大年龄和最小年龄。

7．统计每个系的学生人数。

8．统计每门课程的选课人数和考试最高分。

9．统计每个学生的选课门数和考试总成绩，并按选课门数升序显示结果。

10．查询总成绩超过 200 分的学生，要求列出学号和总成绩。

11．查询选课门数超过 2 门的学生的学号、平均成绩和选课门数。

12．查询选修“C002”课程的学生的姓名和所在系。

13．查询成绩 80 分以上的学生的姓名、课程号和成绩，并按成绩降序排列结果。

14．查询计算机系男生选修“数据库基础”的学生的姓名、性别和成绩。

15．查询学生的选课情况，要求列出每位学生的选课情况（包括未选课的学生），并列出学生的学号、姓名、课程号和考试成绩。

16．查询哪些课程没有人选，要求列出课程号和课程名。

17．查询计算机系没有选课的学生，列出学生姓名。

18．列出“数据库基础”课程考试成绩前三名的学生的学号、姓名、所在系和考试成绩。

19．查询 VB 考试成绩最低的学生的姓名、所在系和 VB 成绩。

20．查询有考试成绩的所有学生的姓名、修课名称及考试成绩，要求将查询结果保存到一张新的永久表中，假设新表名为 new_sc。

21．分别查询信息管理系和计算机系的学生的姓名、性别、修课名称、修课成绩，并要求将这两个查询结果合并成一个结果集，并以系名、姓名、性别、修课名称、修课成绩的顺序显示各列。

22．查询选修 VB 的学生学号、姓名、所在系和成绩，并对所在系进行如下处理：

当所在系为“计算机系”时，显示“CS”；

当所在系为“信息管理系”时，显示“IS”；

当所在系为“通信工程系”时，显示“CO”；

对其他系，均显示“OTHER”。

23．用子查询实现如下查询：

（1）查询选修“C001”课程的学生姓名和所在系。

（2）查询通信工程系成绩 80 分以上的学生学号和姓名。

（3）查询计算机系考试成绩最高的学生姓名。

（4）查询年龄最大的男生的姓名和年龄。

（5）查询“C001”课程的考试成绩高于“C001”课程的平均成绩的学生的学号和“C001”课程成绩。

24．创建一个新表，表名为 test_t，其结构为：（COL1，COL 2，COL 3），其中：

COL1：整型，允许空值。

COL2：字符型，长度为 10 ，不允许空值。

COL3：字符型，长度为 10 ，允许空值。

试写出按行插入如下数据的语句（空白处表示空值）。

COL1	COL2	COL3
	B1	
1	B2	C2
2	B3	

25．将“C001”课程的考试成绩加 10 分。

26．将计算机系所有选修“计算机文化学”课程的学生成绩加 10 分，分别用子查询和多表连接形式实现。

27．删除考试成绩小于 50 分的学生的选课记录。

28．删除信息管理系考试成绩小于 50 分的学生的该门课程的修课记录，分别用子查询和多表连接形式实现。

29．删除 VB 考试成绩最低的学生的 VB 修课记录。

第5章 视图和索引

本章介绍数据库中的两个重要对象：视图和索引。视图是为了满足不同用户对数据的需求；索引的作用是加快数据的查询效率。索引通过对数据建立方便查询的搜索结构来达到加快数据查询效率的目的；视图是从基本表中抽取满足用户所需的数据，这些数据可以只来自一张表，也可以来自多张表。

5.1 视　图

在第2章介绍数据库的三级模式时，可以看到模式（对应到基本表）是数据库中全体数据的逻辑结构，这些数据也是物理存储的，当不同的用户需要基本表中不同的数据时，可以为每类这样的用户建立外模式。外模式中的内容来自于模式，这些内容可以是某个模式的部分数据或多个模式组合的数据。外模式对应到数据库中的概念就是视图。

视图（view）是数据库中的一个对象，它是数据库管理系统提供给用户的以多种角度观察数据库中数据的一种重要机制。本节介绍视图的概念和作用。

5.1.1 基本概念

通常我们将模式所对应的表称为基本表。基本表中的数据实际上是物理存储在磁盘上的。在关系模型中有一个重要的特点——由SELECT语句得到的结果仍然是二维表，由此引出了视图的概念。视图是查询语句产生的结果，但它有自己的视图名，视图中的每个列也有自己的列名。视图在很多方面都与基本表类似。

视图是由从数据库的基本表中选取出来的数据组成的逻辑窗口，是基本表的部分行和列数据的组合。它与基本表不同的是，视图是一个虚表，数据库中只存储视图的定义，而不存储视图所包含的数据，这些数据仍存放在原来的基本表中。这种模式有如下两个好处。

（1）视图数据始终与基本表数据保持一致。当基本表中的数据发生变化时，从视图中查询出的数据也随之变化。因为每次从视图查询数据时，都是执行定义视图的查询语句，即最终都是落实到基本表中查询数据。从这个意义上讲，视图就像一个窗口，透过它可以看到数据库中用户自己感兴趣的数据。

（2）节省存储空间。当数据量非常大时，重复存储数据是非常耗费空间的。

视图可以从一个基本表中提取数据，也可以从多个基本表中提取数据，甚至还可以从其他视图中提取数据，构成新的视图。但不管怎样，对视图数据的操作最终都会转换为对基本表的操作。

图 5-1 显示了视图与基本表之间的关系。

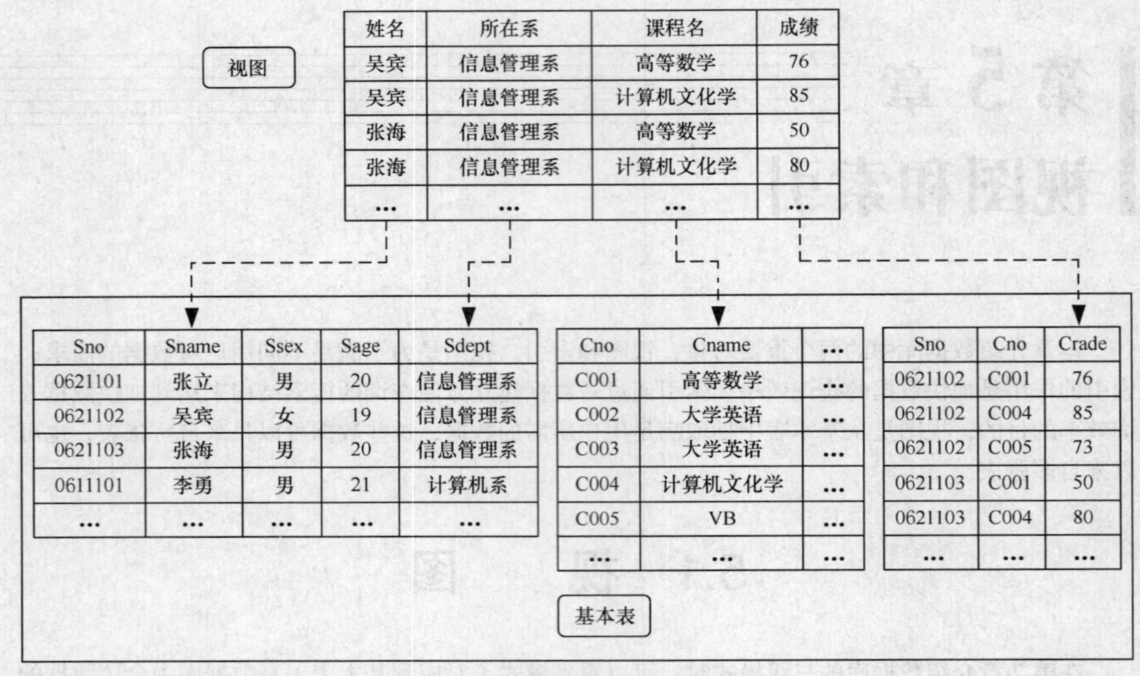

姓名	所在系	课程名	成绩
吴宾	信息管理系	高等数学	76
吴宾	信息管理系	计算机文化学	85
张海	信息管理系	高等数学	50
张海	信息管理系	计算机文化学	80
…	…	…	…

Sno	Sname	Ssex	Sage	Sdept
0621101	张立	男	20	信息管理系
0621102	吴宾	女	19	信息管理系
0621103	张海	男	20	信息管理系
0611101	李勇	男	21	计算机系
…	…	…	…	…

Cno	Cname	…
C001	高等数学	…
C002	大学英语	…
C003	大学英语	…
C004	计算机文化学	…
C005	VB	…
…	…	…

Sno	Cno	Crade
0621102	C001	76
0621102	C004	85
0621102	C005	73
0621103	C001	50
0621103	C004	80
…	…	…

图 5-1　视图与基本表的关系示意图

5.1.2　定义视图

用户可以通过 SQL 语句定义视图，也可以在 SQL Server 2008 平台中，用 SSMS 工具图形化地定义视图。本节我们分别介绍这两种定义视图的方法。

1. 用 SQL 语句实现

定义视图的 SQL 语句为 CREATE VIEW，其一般格式如下：

```
CREATE VIEW <视图名> [( 列名 [ ,...n ] )]
AS
    查询语句
```

其中，查询语句可以是任意的 SELECT 语句，但要注意以下几点。

- 查询语句中通常不包含 ORDER BY 和 DISTINCT 子句。
- 在定义视图时要么指定视图的全部列名，要么全部省略不写，不能只写视图的部分列名。

如果省略了“列名”部分，则视图的列名与查询语句中查询结果显示的列名相同。但在如下 3 种情况下必须明确指定组成视图的所有列名。

- ➢ 某个查询列不是简单的列名，而是函数或表达式，并且没有为这样的列起别名。
- ➢ 多表连接时选出了几个同名列作为视图的列。
- ➢ 需要在视图中为某个列选用新的更合适的列名。

（1）定义单源表视图。单源表的行列子集视图指视图的数据取自一个基本表的部分行和列，这样的视图行列与基本表行列对应。用这种方法定义的视图可以通过视图对数据进行查询和修改操作。

例 1　建立查询信息管理系学生的学号、姓名、性别和年龄的视图。

```
CREATE VIEW IS_Student
AS
  SELECT Sno, Sname, Ssex, Sage
    FROM Student WHERE Sdept = '信息管理系'
```

数据库管理系统执行 CREATE VIEW 语句的结果只是在数据库中保存视图的定义，并不执行其中的 SELECT 语句。只有在对视图执行查询操作时，才按视图的定义从相应基本表中检索数据。

（2）定义多源表视图。多源表视图指定义视图的查询语句涉及多张表，这样定义的视图一般只用于查询，不用于修改数据。

例 2　建立查询信息管理系选修 C001 课程的学生的学号、姓名和成绩的视图。

```
CREATE VIEW V_IS_S1(Sno, Sname, Grade)
AS
 SELECT Student.Sno, Sname, Grade
  FROM Student JOIN  SC ON Student.Sno = SC.Sno
  WHERE Sdept = '信息管理系'  AND  SC.Cno = 'C001'
```

（3）在已有视图上定义新视图。用户还可以在已有视图上再建立新的视图。

例 3　利用例 1 建立的视图，建立查询信息管理系年龄小于 20 的学生的学号、姓名和年龄的视图。

```
CREATE VIEW IS_Student_Sage
AS
 SELECT Sno, Sname, Sage
  FROM IS_Student WHERE Sage < 20
```

视图的来源不仅可以是单个的视图和基本表，而且还可以是视图和基本表的组合。

例 4　在例 1 所建的视图基础上，例 2 的视图定义可改为：

```
CREATE VIEW V_IS_S2(Sno, Sname, Grade)
AS
  SELECT SC.Sno, Sname, Grade
   FROM IS_Student JOIN SC ON IS_Student.Sno = SC.Sno
   WHERE Cno = 'C001'
```

这里的视图 V_IS_S2 就是建立在 IS_Student 视图和 SC 表之上的。

（4）定义带表达式的视图。在定义基本表时，为减少数据库中的冗余数据，表中只存放基本数据，而基本数据经过各种计算派生出的数据一般是不存储的。但由于视图中的数据并不实际存储，所以在定义视图时可以根据需要设置一些派生属性列，在这些派生属性列中保存经过计算的值。这些派生属性由于在基本表中并不实际存在，因此，也称它们为虚拟列。包含虚拟列的视图也称为带表达式的视图。

例 5　定义一个查询学生出生年份的视图，内容包括学号，姓名和出生年份。

```
CREATE VIEW BT_S(Sno, Sname, Sbirth)
AS
 SELECT Sno, Sname, 2011 - Sage
   FROM Student
```

注意，这个视图的查询列表中有一个表达式，但没有为表达式指定别名，因此，在定义视图时必须指定视图的全部列名。

（5）含分组统计信息的视图。含分组统计信息的视图是指定义视图的查询语句中含有 GROUP

BY 子句，这样的视图只能用于查询，不能用于修改数据。

例 6 定义一个查询每个学生的学号及平均成绩的视图。

```
CREATE VIEW S_G
AS
  SELECT Sno, AVG(Grade) AverageGrade FROM SC
    GROUP BY Sno
```

注意：这个查询语句为统计函数指定了列别名，因此在定义视图的语句中可以省略视图的列名。当然，也可以指定视图的列名。如果指定了视图中各列的列名，则视图用指定的列名作为视图各列的列名。

2. 用 SSMS 实现

利用 SQL Server 的 SSMS 工具，可以图形化地定义视图。下面以创建例 1 所示视图为例，说明如何在 SSMS 工具中用图形化的方法定义视图。

（1）在 SSMS 的对象资源管理器中，展开“Students”数据库，并展开其中的“视图”节点。在“视图”节点上右击鼠标，在弹出的菜单中选择“新建视图”，弹出如图 5-2 所示的“添加表”窗口。

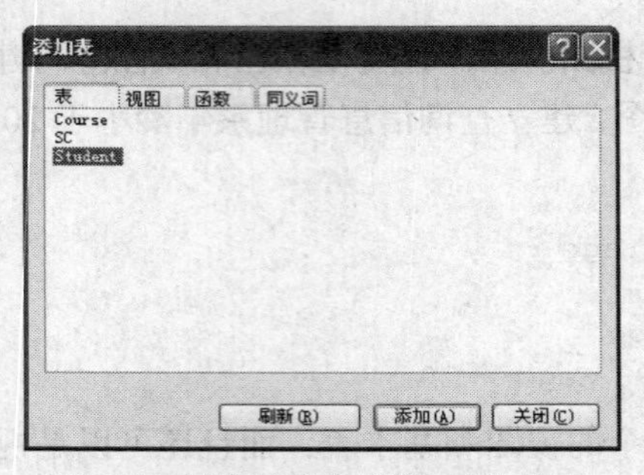

图 5-2 创建视图的“添加表”窗口

（2）由于例 1 的视图中只涉及 Student 表，因此在“添加表”窗口选中 Student，然后单击“添加”按钮，再单击“关闭”按钮关闭“添加表”窗口，进入图 5-3 所示的定义视图界面。

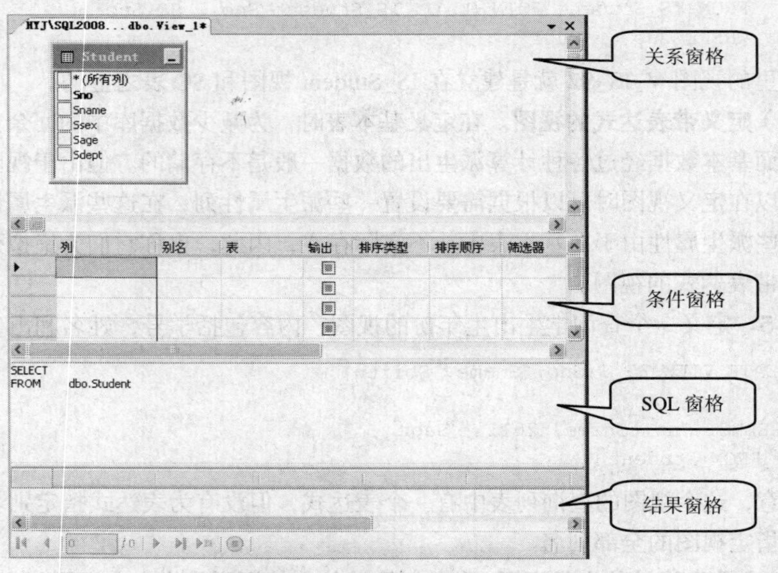

图 5-3 视图定义窗格

（3）在图 5-3 所示界面最上边的关系窗格中，选中“Student”中的 Sno、Sname、Ssex、Sage 和 Sdept 前边的复选框，在选择这些列的同时，在下边的条件窗格中将同时显示被选中的列。

（4）在条件窗格中，选中 Sdept 列，然后去掉 Sdept 列对应的“输出”复选框，再在该列对应的“筛选器”框中输入“信息管理系”，“筛选器”的作用类似于 WHERE 子句。设置好后的情形如图 5-4 所示。

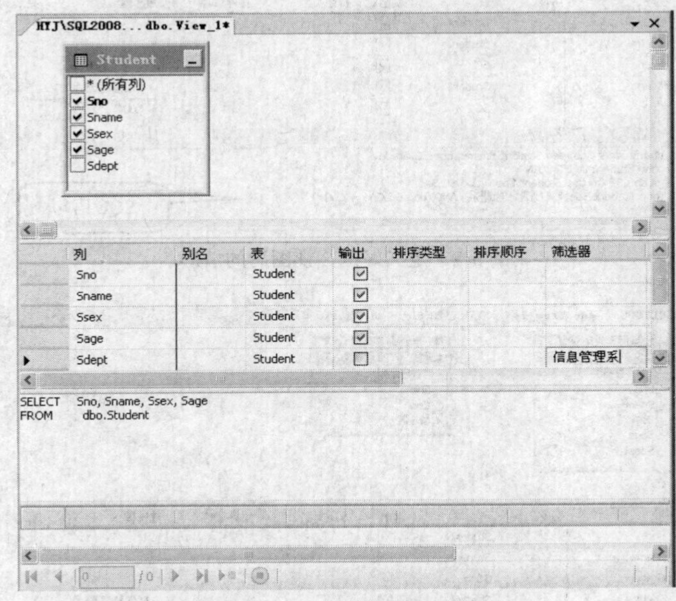

图 5-4　定义好视图后的情形

（5）单击工具栏上的“保存”图标，在弹出的“选择名称”窗口（见图 5-5）中输入新定义视图的名字，然后单击“确定”按钮即可。

在定义视图的窗格中，可以随时从该窗格中添加、删除表。例如，如果要定义例 2 所示视图（涉及 Student 表和 SC 表），可单击工具栏上的“添加表”图标，然后在弹出的添加表窗口（如图 5-2 所示）中选择要添加的表，这里选择 SC 表。这时关系窗格显示的表的形式如图 5-6 所示。其他部分的定义方法与前述类似。定义好例 2 所示视图后的情形如图 5-7 所示。

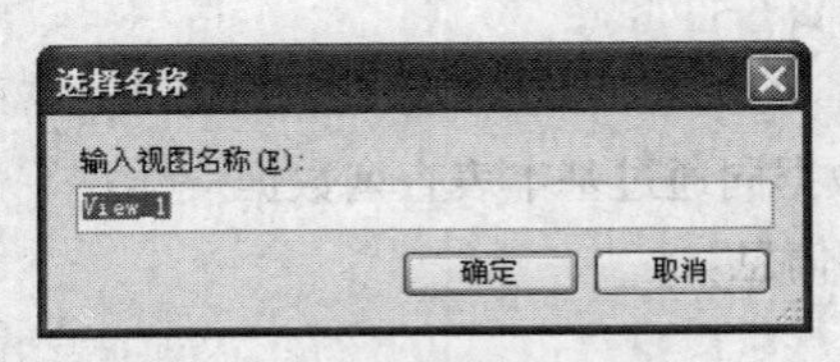

图 5-5　指定视图的名字

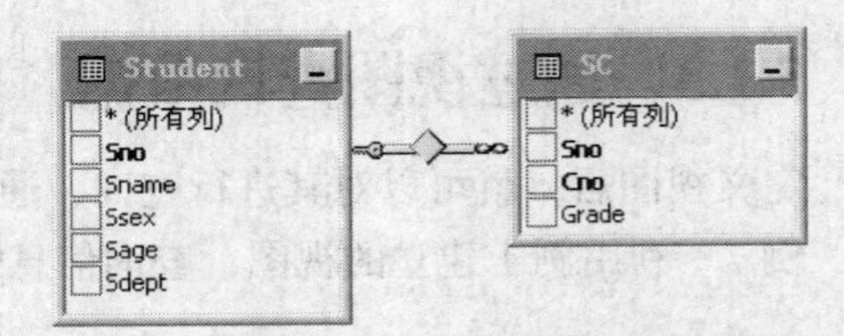

图 5-6　定义涉及多张表的视图时的关系窗格形式

在定义视图的 SQL 窗格中，SSMS 会自动显示定义视图的 SQL 语句，如图 5-7 所示。用户也可以直接修改该 SQL 语句，从而修改视图的定义。

单击工具栏上的“执行 SQL”图标，可以执行定义视图的查询语句，从而查看视图包含的数据。图 5-8 所示为执行图 5-7 中定义视图的 SQL 语句后的结果。

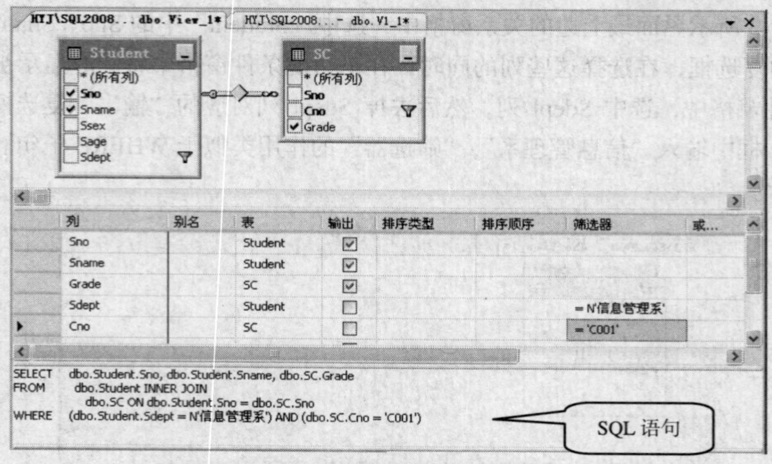

图 5-7　定义好例 2 视图后的情形

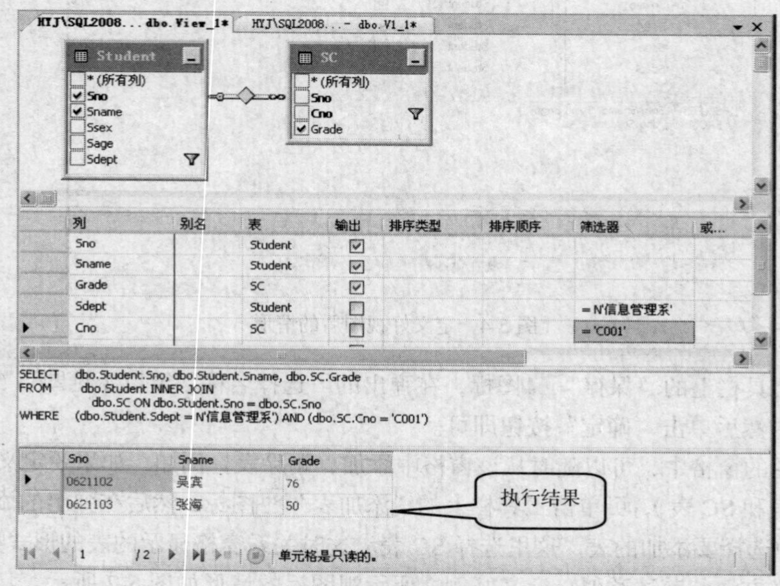

图 5-8　执行例 2 视图后的情形

5.1.3　通过视图查询数据

定义视图后，就可以对其进行查询，通过视图查询数据同通过基本表查询数据一样。

例 7　利用例 1 建立的视图，查询信息管理系男生的信息。

```
SELECT * FROM IS_Student WHERE Ssex = '男'
```

查询结果如图 5-9 所示。

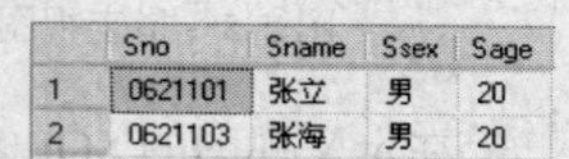

	Sno	Sname	Ssex	Sage
1	0621101	张立	男	20
2	0621103	张海	男	20

图 5-9　例 7 的查询结果

数据库管理系统在对视图进行查询时，首先检查要查询的视图是否存在。如果存在，则从数据字典中提取视图的定义，根据定义视图的查询语句转换成等价的对基本表的查询，然后再执行转换后的查询操作。

因此，例 7 的查询最终转换成的实际查询语句如下：

```
SELECT Sno, Sname, Ssex, Sage
  FROM Student
```

```
WHERE Sdept = '信息管理系'  AND  Ssex = '男'
```

例 8　查询信息管理系选修 C001 课程且成绩大于等于 60 的学生的学号、姓名和成绩。

这个查询可以利用例 2 的视图实现。

```
SELECT * FROM V_IS_S1 WHERE Grade >= 60
```

查询结果如图 5-10 所示。

	Sno	Sname	Grade
1	0621102	吴宾	76

图 5-10　例 8 的查询结果

此查询转换成的对最终基本表的查询语句如下：

```
SELECT S.Sno, Sname, Grade FROM SC
 JOIN Student S ON S.Sno = SC.Sno
 WHERE Sdept = '信息管理系'  AND  SC.Cno = 'C001'
  AND Grade >= 60
```

例 9　查询信息管理系学生的学号、姓名、所选课程的课程名。

```
SELECT v.Sno, Sname, Cname
 FROM IS_Student v JOIN SC ON v.Sno = SC.Sno
 JOIN Course C ON C.Cno = SC.Cno
```

查询结果如图 5-11 所示。

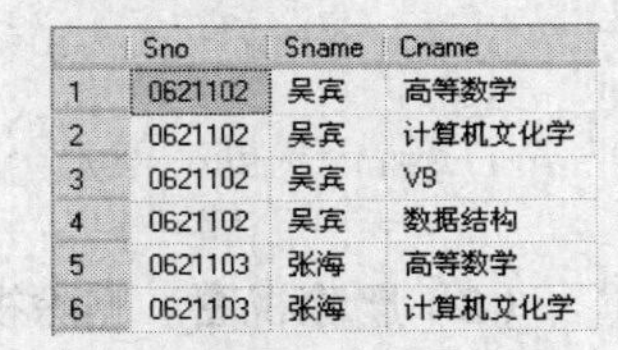

	Sno	Sname	Cname
1	0621102	吴宾	高等数学
2	0621102	吴宾	计算机文化学
3	0621102	吴宾	VB
4	0621102	吴宾	数据结构
5	0621103	张海	高等数学
6	0621103	张海	计算机文化学

图 5-11　例 9 的查询结果

此查询转换成的对最终基本表的查询如下：

```
SELECT S.Sno, Sname, Cname
 FROM Student S JOIN SC ON S.Sno = SC.Sno
 JOIN Course C ON C.Cno = SC.Cno
 WHERE Sdept = '信息管理系'
```

有时，将通过视图查询数据转换成对基本表查询是很直接的，但有些情况下，这种转换不能直接进行。

例 10　利用例 6 建立的视图，查询平均成绩大于等于 80 分的学生的学号和平均成绩。

```
SELECT * FROM S_G
 WHERE  AverageGrade >= 80
```

查询结果如图 5-12 所示。

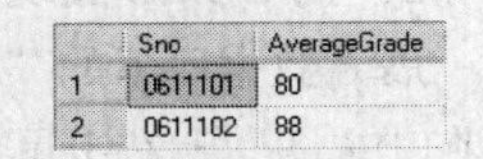

	Sno	AverageGrade
1	0611101	80
2	0611102	88

图 5-12　例 10 的查询结果

这个示例的查询语句不能直接转换为基本表的查询语句，因为若直接转换，将会产生如下语句：

```
SELECT Sno, AVG(Grade) FROM SC
 WHERE  AVG(Grade) > 80
 GROUP BY Sno
```

这个转换显然是错误的，因为在 WHERE 子句中不能包含聚合函数。正确的转换语句应该是：

```
SELECT Sno, AVG(Grade) FROM SC
  GROUP BY Sno
  HAVING AVG(Grade) >= 80
```

目前大多数关系数据库管理系统对这种含有聚合函数的视图查询均能进行正确的转换。

视图不仅可用于查询数据，也可以通过视图修改基本表中的数据，但并不是所有的视图都可以用于修改数据。比如，经过统计或表达式计算得到的视图，就不能用于修改数据的操作。能否通过视图修改数据的基本原则是：如果这个操作能够最终落实到基本表上，并成为对基本表的正确操作，则可以通过视图修改数据，否则不可以。

5.1.4 修改和删除视图

定义视图后，如果其结构不能满足用户的要求，则可以对其进行修改。如果不需要某个视图了，则可以删除此视图。

修改和删除视图可以通过SQL语句实现，也可以通过SSMS工具图形化地实现。

1. 用SQL语句实现

（1）**修改视图。**修改视图定义的SQL语句为ALTER VIEW，其语法格式如下：

```
ALTER VIEW 视图名 [ ( 列名 [ ,...n ] ) ]
AS
    查询语句
```

我们看到，修改视图的SQL语句与定义视图的语句基本是一样的，只是将CREATE VIEW改成了ALTER VIEW。

例11　修改5.1.2节例6定义的视图，使其统计每个学生的考试平均成绩和修课总门数。

```
ALTER VIEW S_G(Sno, AverageGrade,Count_Cno)
AS
  SELECT Sno, AVG(Grade), Count(*) FROM SC
    GROUP BY Sno
```

（2）**删除视图。**删除视图的SQL语句的格式如下：

```
DROP VIEW <视图名>
```

例12　删除例1定义的IS_Student视图。

```
DROP VIEW IS_Student
```

删除视图时需要注意，如果被删除的视图是其他视图的数据源，如前面的IS_Student_Sage视图就是定义在IS_Student视图之上的，那么删除该视图（如删除IS_Student），其导出视图（如IS_Student_Sage）将无法再使用。同样，如果视图引用的基本表被删除了，视图也将无法使用。因此，在删除基本表和视图时一定要注意是否存在引用被删除对象的视图，如果有应同时删除。

2. 用SSMS实现

展开数据库下的“视图”节点，在要修改的视图上右击鼠标（如果没有出现要修改的视图，可在“视图”上右击鼠标，然后单击“刷新”按钮），在弹出的菜单中选择“设计”命令，将弹出与定义视图类似的界面，在这个界面上直接修改视图定义即可。

如果要删除视图，可在要删除的视图上右击鼠标，然后在弹出的菜单中选择“删除”命令，在弹出的“删除对象”窗口中，单击“删除”按钮即可删除视图。

5.1.5 视图的作用

正如前边所讲的，使用视图可以简化和定制用户对数据的需求。虽然对视图的操作最终都转换为对基本表的操作，视图看起来似乎没什么用处，但实际上，如果合理地使用视图会带来许多好处。

1. 简化数据查询语句

采用视图机制可以使用户将注意力集中在所关心的数据上。如果这些数据来自多个基本表，或者数据一部分来自基本表，另一部分来自视图，并且所用的搜索条件又比较复杂时，需要编写的SELECT语句就会很长，这时定义视图就可以简化数据的查询语句。定义视图可以将表与表之间复杂的连接操作和搜索条件对用户隐藏起来，用户只需简单地查询一个视图即可。这在多次执行相同的数据查询操作时尤为有用。

2. 使用户能从多角度看待同一数据

采用视图机制能使不同的用户以不同的方式看待同一数据，当许多不同类型的用户共享同一个数据库时，这种灵活性是非常重要的。

3. 提高数据的安全性

使用视图可以定制用户查看哪些数据并屏蔽敏感数据。比如，不希望员工看到别人的工资，就可以建立一个不包含工资项的职工视图，然后让用户通过视图来访问表中的数据，而不授予他们直接访问基本表的权限，这样就在一定程度上提高了数据库数据的安全性。

4. 提供一定程度的逻辑独立性

视图在一定程度上提供了第 2 章介绍的数据的逻辑独立性，因为它对应的是数据库的外模式。

在关系数据库中，数据库的重构是不可避免的。重构数据库的最常见方法是将一个基本表分解成多个基本表。例如，可将学生关系表 Student（Sno, Sname, Ssex, Sage, Sdept）分解为 SX（Sno, Sname, Sage,）和 SY（Sno, Ssex, Sdept）两个关系，这时对 Student 表的操作就变成了对 SX 和 SY 的操作，则可定义视图：

```
CREATE VIEW Student (Sno, Sname, Ssex, Sage, Sdept)
AS
  SELECT SX.Sno, SX.Sname, SY.Ssex, SX.Sage, SY.Sdept
    FROM SX JOIN SY ON SX.Sno = SY.Sno
```

这样，尽管数据库的表结构变了，但应用程序可以不必修改，新建的视图保证了用户原来的关系，使用户的外模式未发生改变。

注意：视图只能在一定程度上提供数据的逻辑独立性，由于视图的更新是有条件的，因此，应用程序在修改数据时可能会因基本表结构的改变而受一些影响。

5.2 索　　引

本节介绍索引的作用以及如何创建和维护索引。

5.2.1 索引基本概念

在数据库中建立索引是为了加快数据的查询速度。数据库中的索引与书籍中的目录或书后的术语表类似。在一本书中，利用目录或术语表可以快速查找所需信息，而无须翻阅整本书。在数据库中，索引使对数据的查找不需要对整个表进行扫描，就可以在其中找到所需数据。书籍的索引表是一个词语列表，其中注明了各个词对应的页码。而数据库中的索引是一个表中某个（或某些）列的列值列表，其中注明了列值所对应的行数据所在的存储位置。可以为表中的单个列建立索引，也可以为一组列建立索引。索引一般采用 B 树结构。索引由索引项组成，索引项由来自表中每一行的一个或多个列（称为索引关键字）组成。B 树按索引关键字排序，可以对组成索引关键字的任何子词条集合进行高效搜索。例如，对于一个由 A、B、C 3 个列组成的索引，可以在 A 以及 A、B 和 A、B、C 上对其进行高效搜索。

例如，假设在 Student 表的 Sno 列上建立了一个索引（索引项为 Sno），则在索引部分就有指向每个学号所对应的学生的存储位置信息，如图 5-13 所示。

当数据库管理系统执行一个在 Student 表上根据指定的 Sno 查找该学生信息的语句时，它能够识别 Sno 列为索引列，并首先在索引部分（按学号有序存储）查找该学号，然后根据找到的学号指向的数据的存储位置，直接检索出需要的信息。如果没有索引，则数据库管理系统需要从 Student 表的第一行开始，逐行检索指定的 Sno 值。从数据结构的算法知识我们知道有序数据的查找比无序数据的查找效率要高很多。

但索引为查找所带来的性能好处是有代价的。首先索引在数据库中会占用一定的存储空间来存储索引部分。其次，在对数据进行插入、更改和删除操作时，为了使索引与数据保持一致，还需要对索引进行相应维护。对索引的维护是需要花费时间的。

因此，利用索引提高查询效率是以空间和增加了数据更改的时间为代价的。在设计和创建索引时，应确保对性能的提高程度大于在存储空间和处理资源方面的代价。

在数据库管理系统中，数据一般是按数据页存储的，数据页是一块固定大小的连续存储空间。不同的数据库管理系统数据页的大小不同，有的数据库管理系统数据页的大小是固定的，比如 SQL Server 的数据页就固定为 8KB；有些数据库管理系统的数据页大小可由用户设定，比如 DB2。在数据库管理系统中，索引项也按数据页存储，而且其数据页的大小与存放数据的数据页的大小相同。

存放数据的数据页与存放索引项的数据页均以链表的方式链接在一起，而且在页头包含指向下一页及前面页的指针，这样就可以将表中的全部数据或者索引链在一起。数据页组织方式的示意图如图 5-14 所示。

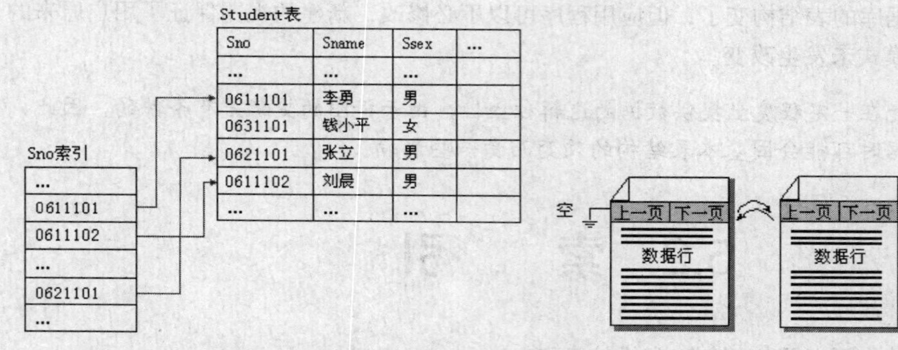

图 5-13　索引及数据间的对应关系示意图　　　图 5-14　数据页的组织方式示意图

5.2.2　索引的存储结构及分类

索引分为两大类，一类是聚集索引（Clustered Index，也称为聚簇索引），另一类是非聚集索引（Non-clustered Index，也称为非聚簇索引）。聚集索引对数据按索引关键字进行物理的排序，非聚集索引不对数据进行物理排序，图 5-13 所示的索引即为非聚集索引。聚集索引和非聚集索引一般都采用 B-树结构来存储索引项，而且都包含数据页和索引页，其中索引页存放索引项和指向下一层的指针，数据页用来存放数据。

在介绍这两类索引之前，首先简单介绍一下 B 树结构。

1. B 树结构

B 树（Balanced Tree，平衡树）的最上层节点称为根节点（Root Node），最下层节点称为叶节点（Left Node）。在根节点所在层和叶节点所在层之间的层上的节点称为中间节点（Intermediate

Node）。B 树结构从根节点开始，以左右平衡的方式存放数据，中间可根据需要分成许多层，如图 5-15 所示。

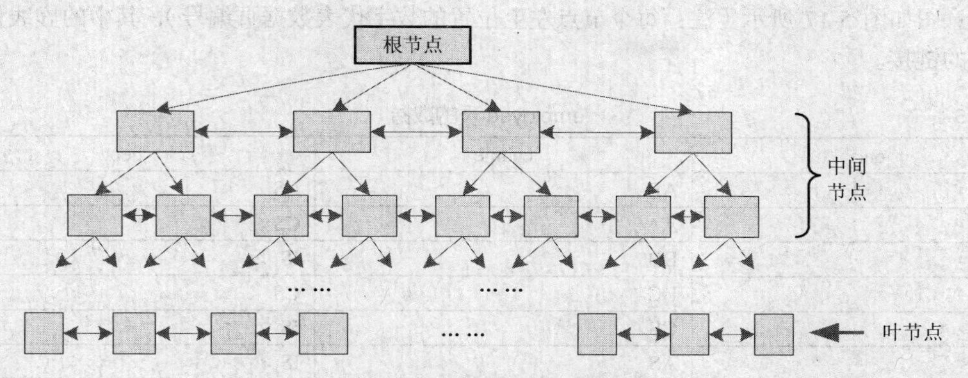

图 5-15　B 树结构示意图

2. 聚集索引

聚集索引的 B 树是自下而上建立的，最下层的叶级节点存放的是数据，因此它既是索引页，同时也是数据页。多个数据页生成一个中间层节点的索引页，然后再由数个中间层节点的索引页合成更上层的索引页，如此上推，直到生成顶层根节点的索引页。其示意图如图 5-16 所示。生成高一层节点的方法是：从叶级节点开始，高一层节点中的每个索引项的索引关键字值是其下层节点中的索引关键字的最大或最小值。

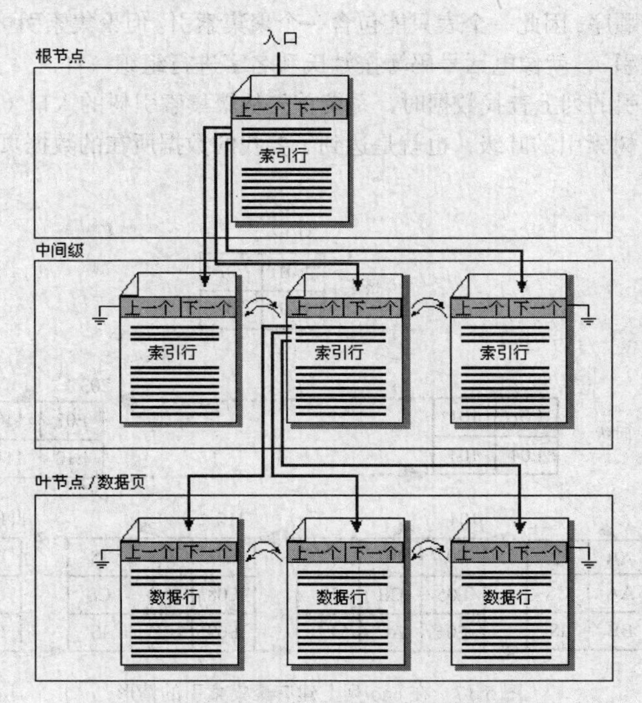

图 5-16　建有聚集索引的表的存储结构示意图

除叶级节点之外的其他层节点，每个索引行由索引项值以及这个索引项在下层节点的数据页编号组成。

例如，设有职工（employee）表，其包含的列有：职工号（eno）、职工名（ename）和所在单位（dept），数据示例如表 5-1 所示。假设在 eno 列上建有一个聚集索引（按升序排序），其 B 树结构示意图如图 5-17 所示（注：每个节点左上位置的数字代表数据页编号），其中的虚线代表数据页间的链接。

表 5-1　　employee 表的数据

eno	ename	dept
E01	AB	CS
E02	AA	CS
E03	BB	IS
E04	BC	CS
E05	CB	IS
E06	AS	IS
E07	BB	IS
E08	AD	CS
E09	BD	IS
E10	BA	IS
E11	CC	CS
E12	CA	CS

建立聚集索引后，数据将按聚集索引项的值进行物理排序。因此，聚集索引很类似于电话号码簿，在电话号码簿中数据是按姓氏排序的，这里姓氏就是聚集索引项。由于聚集索引项决定了表中数据的物理存储顺序，因此一个表只能包含一个聚集索引。但聚集索引可以由多个列组成（这样的索引称为组合索引），就像电话号码簿按姓氏和名字进行组织一样。

当在建有聚集索引的列上查找数据时，系统首先从聚集索引树的入口（根节点）开始逐层向下查找，直到达到 B 树索引的叶级，也就是达到了要找的数据所在的数据页，然后在这个数据页中查找所需数据即可。

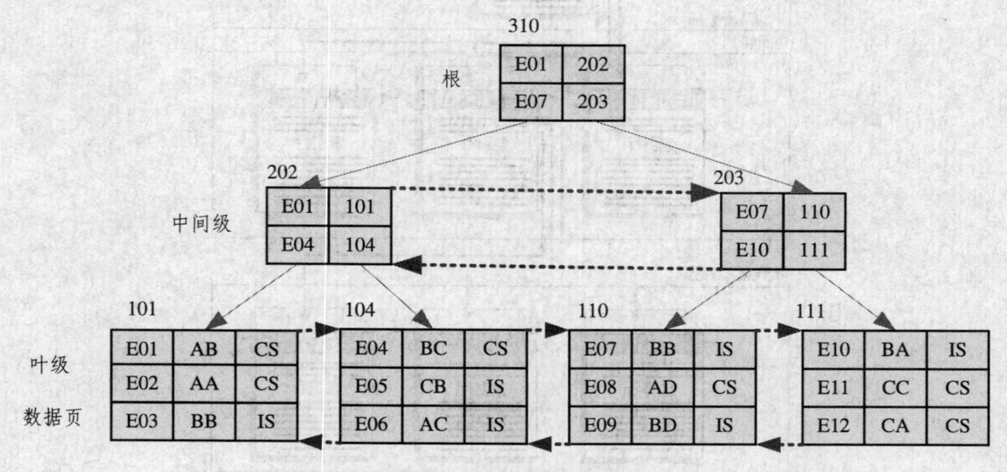

图 5-17　在 eno 列上建有聚集索引的情形

例如，若执行语句：

```
SELECT * FROM employee WHERE eno = 'E08'
```

则首先从根（310 页）开始查找，用“E08”逐项与 310 页上的每个索引项进行比较。由于“E08”

大于此页的最后一个索引项“E07”的值，因此，选“E07”索引项所在的索引页 203，再进入到 203 索引页中继续比较。由于“E08”大于 203 索引页上的“E07”而小于“E10”，因此，选“E07”索引项所在的数据页 110，再进入到 110 数据页中继续逐项比较。在 110 数据页上再进行逐项比较，这时可找到职工号等于“E08”的记录，该记录包含了职工的全部数据信息。至此查找完毕。

当增加或删除数据时，会引起索引页中索引项的增加或减少，数据库管理系统会对索引页进行分裂或合并，以保证 B 树的平衡性，因此 B 树的中间节点数量以及 B-树的层次都有可能会发生变化，这些调整是数据库管理系统自动完成的，因此，在对有索引的表进行增加和删除操作时，会影响这些操作的执行性能。

当更改建有索引的列数据时，数据库管理系统需要对数据进行重新排序，使数据永远按索引项有序排序。对数据重新排序后，还需要相应地调整索引的存储。因此，更改索引列的值会降低数据更改效率。

聚集索引对于那些经常要搜索列在连续范围内的值的查询特别有效。使用聚集索引找到包含第一个列值的行后，由于后续要查找的数据值在物理上相邻而且有序，因此只要将数据值直接与查找的终止值进行比较即可。

在创建聚集索引之前，应先了解数据是如何被访问的，因为数据的访问方式直接影响了对索引的使用。如果索引建立的不合适，则非但不能达到提高数据查询效率的目的，而且还会影响数据的插入、删除和修改操作的效率。因此，索引并不是建立的越多越好（建立索引需要占用空间，维护索引需要占用时间），而是要有一些考虑因素。

下列情况可考虑创建聚集索引：

（1）包含大量非重复值的列。

（2）使用下列运算符返回一个范围值的查询：BETWEEN AND、>、>=、< 和 <=。

（3）返回大型结果集的查询。

（4）经常被用于进行连接操作的列。

（5）ORDER BY 或 GROUP BY 子句使用的列。

下列情况不适于建立聚集索引：

（1）频繁更改的列。因为这将导致索引项的整行移动。

（2）字节长的列。因为聚集索引的索引项的值将被所有非聚集索引作为查找关键字使用，并被存储在每个非聚集索引的 B 树结构的叶级索引项中。

3. 非聚集索引

非聚集索引与图书后边的术语表类似。数据存储在一个地方，术语表存储在另一个地方。而且数据并不按术语表的顺序存放，但术语表中的每个词在书中都有确切的位置。非聚集索引就类似于术语表，而数据就类似于一本书的内容。

非聚集索引的存储结构示意图如图 5-18 所示。

非聚集索引与聚集索引一样采用 B 树结构存储，但有两个重要差别：

（1）非聚集索引的数据不按非聚集索引关键字值的顺序排序和存储；

（2）非聚集索引的叶级节点不是存放数据的数据页。

非聚集索引 B 树的叶级节点由索引行组成，索引行按索引关键字值有序排序。每个索引行由非聚集索引关键字值以及一个或多个行定位器组成，行定位器指向该关键字值对应的数据行（如果索引不唯一，则可能是多行）。

在建有非聚集索引的表上查找数据的过程与聚集索引类似，也是从根节点开始逐层向下查找，直到找到叶级节点，在叶级节点中找到匹配的索引关键字值之后，其对应的行定位器所指位置即是要查找数据的存储位置。

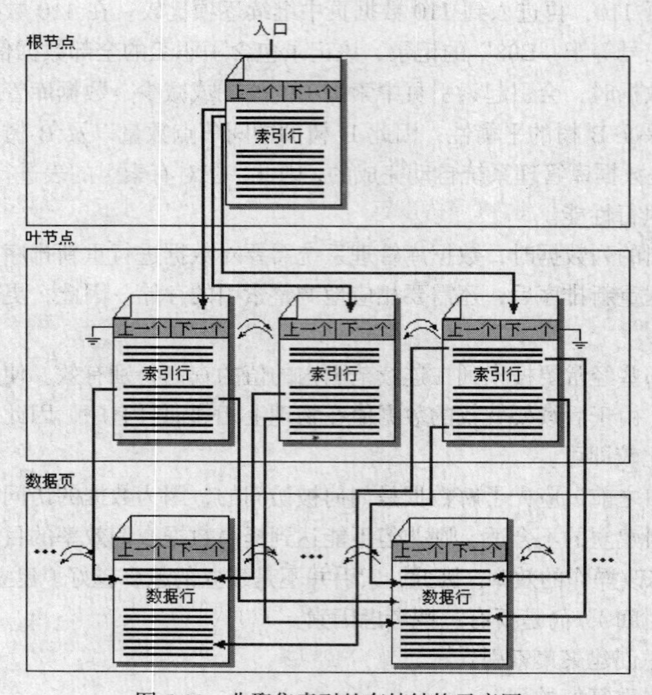

图 5-18　非聚集索引的存储结构示意图

由于非聚集索引并不改变数据的物理存储顺序，因此，可以在一个表上建立多个非聚集索引。就像一本书可以有多个术语表一样，比如一本介绍园艺的书可能会包含一个植物通俗名称的术语表和一个植物学名称的术语表，因为这是读者查找信息的两种最常用的方法。

图 5-19 所示为在表 5-1 所示数据的 eno 列上建有一个非聚集索引（按升序排序）的情形，其中每个节点左上位置的数字代表页编号，虚线代表数据页间的链接。

在创建非聚集索引之前，应先了解数据是如何被访问的，以使建立的索引科学合理。对于下述情况可考虑创建非聚集索引：

（1）包含大量非重复值的列。如果某列只有很少的非重复值，比如只有 1 和 0，则不对这些列建立非聚集索引。

（2）不返回大型结果集的查询。

（3）经常作为查询条件使用的列。

（4）经常作为连接和分组条件的列。

4. 唯一索引

唯一索引可以确保索引列不包含重复的值。在由多个列共同构成的唯一索引中，该索引可以确保索引列中每个值的组合都是唯一的。例如，如果在 LastName、FirstName 和 MiddleInitial 列的组合上创建了一个唯一索引 FullName，则该表中任何两个人都不可以具有完全相同的名字（LastName、FirstName 和 MiddleInitial 名字均相同）。

聚集索引和非聚集索引都可以是唯一的。因此，只要列中的数据是唯一的，就可以在一个表上创建一个唯一的聚集索引和多个唯一的非聚集索引。

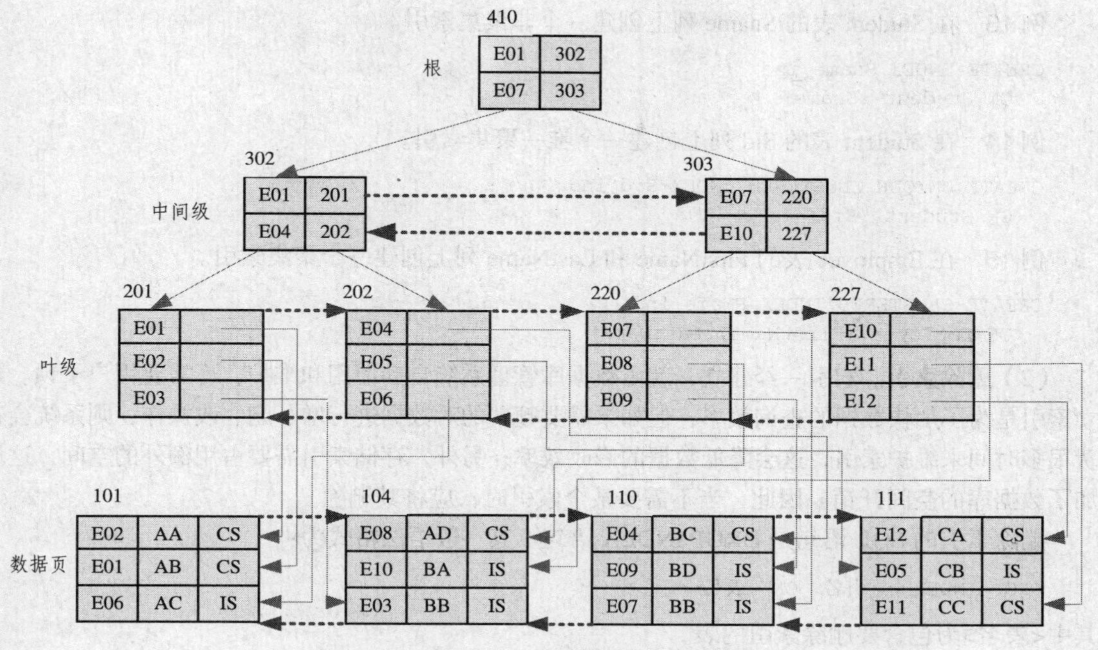

图 5-19　在 eno 列上建有非聚集索引的情形

说明：

只有当数据本身具有唯一性特征时，指定唯一索引才有意义。如果必须要实施唯一性来确保数据的完整性，则应在列上创建 UNIQUE 约束或 PRIMARY KEY 约束（关于约束的详细信息请参见本书的第 3 章），而不要创建唯一索引。例如，如果想限制学生表（主键为 Sno）中的身份证号码（sid）列（假设学生表中有此列）的取值不能有重复，则可在 sid 列上创建 UNIQUE 约束。实际上，当在表上创建 PRIMARY KEY 约束或 UNIQUE 约束时，数据库管理系统会自动在这些列上创建唯一索引。

5.2.3　创建和删除索引

用户可以使用 SQL 语句创建和删除索引，也可以在 SSMS 工具中用图形化的方法创建和删除索引。

1. 用 SQL 语句实现

（1）创建索引。确定索引列之后，用户即可在数据库的表上创建索引。创建索引使用 CREATE INDEX 语句，其一般语法格式为：

```
CREATE [UNIQUE] [CLUSTERED | NONCLUSTERED]
   INDEX 索引名 ON 表名 ( 列名[ ASC | DESC ] [,...n] )
```

其中：

- UNIQUE：表示要创建的索引是唯一索引。
- CLUSTERED：表示要创建的索引是聚集索引。
- NONCLUSTERED：表示要创建的索引是非聚集索引。
- [ASC | DESC]：指定索引列的升序或降序排序方式。默认值为 ASC。

如果没有指定索引类型，则默认创建非聚集索引。

例 13 在 Student 表的 Sname 列上创建一个非聚集索引。

```
CREATE INDEX Sname_ind
  ON Student (Sname)
```

例 14 在 Student 表的 Sid 列上创建一个唯一聚集索引。

```
CREATE UNIQUE CLUSTERED INDEX Sid_ind
  ON Student (Sid)
```

例 15 在 Employee 表的 FirstName 和 LastName 列上创建一个聚集索引。

```
CREATE CLUSTERED INDEX EName_ind
  ON Employee (FirstName, LastName)
```

（2）删除索引。索引一经建立，就由数据库管理系统自动使用和维护，不需要用户干预。建立索引是为了加快数据的查询效率，但如果需要频繁的对数据进行增、删、改操作，则系统会花费很多时间来维护索引，这会降低数据的修改效率；另外，存储索引需要占用额外的空间，这增加了数据库的空间开销。因此，当不需要某个索引时，应将其删除。

删除索引的 SQL 语句是 DROP INDEX 语句。其一般语法格式为：

```
DROP INDEX <索引名> ON <表名>
```

其中<表名>为包含要删除索引的表。

例 16 删除 Student 表中的 Sname_ind 索引。

```
DROP INDEX Sname_ind ON Student
```

2．用 SSMS 实现

（1）创建索引。我们以在 Student 表的 Sname 列上建立一个非聚集索引为例，说明在 SSMS 中创建索引的方法。

① 在 SSMS 的对象资源管理器中，展开“Students”数据库，并展开其中的“表”节点。

② 在 Student 表上右击鼠标，在弹出的菜单中选择“修改”命令，打开 Student 的表设计器。

③ 单击工具栏上的“管理索引和键”按钮，弹出如图 5-20 所示的创建索引的“索引/键”窗口。

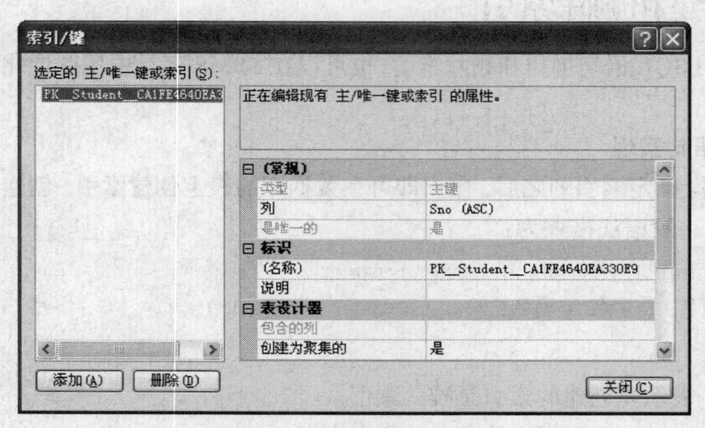

图 5-20 创建索引的窗口

④ 在“索引/键”窗口中单击“添加”按钮，然后单击窗口右边“列”右边的框，出现...按钮后单击该按钮，弹出指定索引列的窗口，如图 5-21 所示。

⑤ 在图 5-21 所示窗口中，在“列名”下拉列表框中选择要建立索引的列（这里选：Sname），在“排序顺序”部分可以指定索引项的排序顺序（升序或降序），我们这里不进行修改。如果要定义由多个列组成的索引，可继续从“列名”列表框中选择其他的列。

⑥ 单击“确定”按钮，关闭“索引列”窗口，回到“索引/键”窗口，这时在“列”右边的框中显示的是新定义索引的列，如图 5-22 所示。

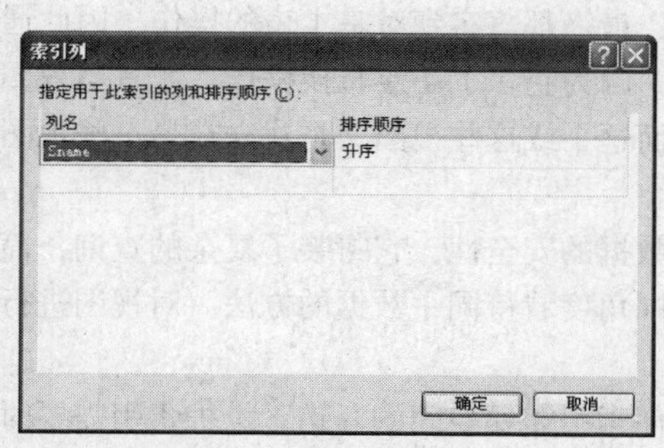

图 5-21　指定索引列的窗口

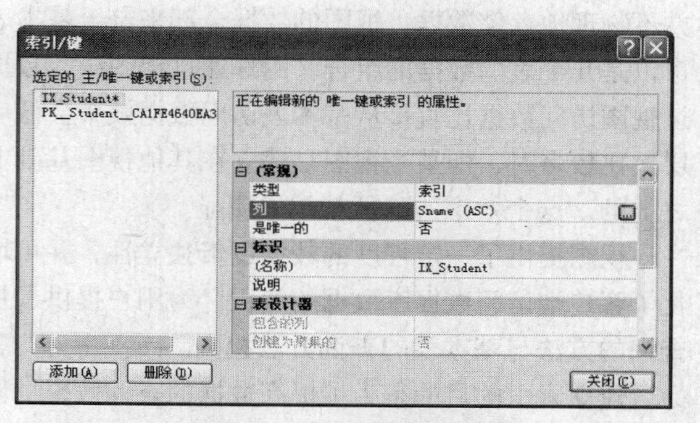

图 5-22　创建好索引后的窗口

⑦ 在图 5-22 所示窗口的“(名称)”框中可以重新命名索引的名字，也可以选用系统提供的名字（系统命名的索引名的前缀是 IX_）。比较好的命名索引的方法是让索引名能够表达出索引所涉及的表和列，一般格式为：IX_表名_索引列名，例如 IX_Student_Sname。我们这里选用系统提供的名字。在“是唯一的”对应的下拉列表框中可以指定索引是否是唯一索引，默认是非唯一索引。我们这里对此不做选择。

⑧ 设置完成后，单击“关闭”按钮关闭“索引/键”窗口，回到 SSMS。在这里单击“保存”保存所创建的索引。

（2）查看索引。创建好索引之后，用户可以在 SSMS 中查看表中已创建的全部索引，同时还可以对已创建的索引进行修改和删除。具体方法是：

在 SSMS 的对象资源管理器中，展开要查看索引的表，比如展开 Student 表，并展开 Student 表下的“索引”节点，可以看到在该表上建立的全部索引，如图 5-23 所示。

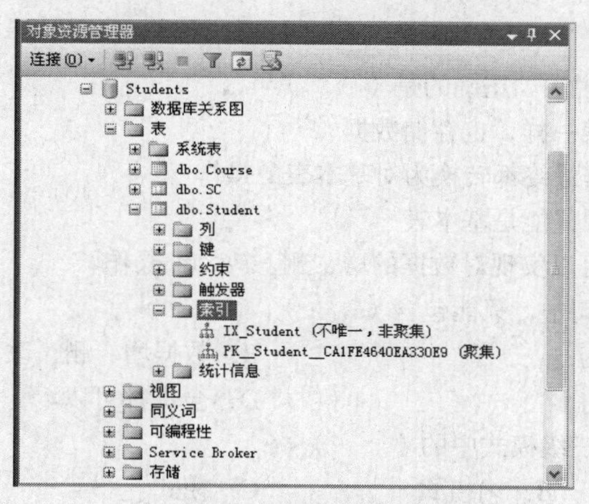

图 5-23　查看表中建立的索引

小　结

本章介绍数据库中的两个重要概念：视图和索引。视图是基于数据库基本表的虚表，其本身并不物理地存储数据，视图的数据全部来自于基本表，它的数据可以来自一个表的部分数据，也可以是几个表的数据的组合。用户通过视图访问数据时，最终都落实到对基本表的操作。因此通过视图访问数据比直接从基本表访问数据效率会低一些，因为它多了一层转换操作。尤其当视图层次比较多时，即某个视图是建立在其他视图基础上，而这个或这些视图又是建立在另一些视图之上的，这个效率的降低就越发明显。

视图提供了一定程度的数据逻辑独立性，并可增加数据的安全性，它封装了复杂的查询，简化了客户端访问数据库数据的编程，为用户提供了从不同角度看待同一数据的方法。对视图进行查询的方法与基本表的查询方法相同。

建立索引的目的是为了提高数据的查询效率，但存储索引需要空间的开销，维护索引需要时间的开销。因此，当对数据库的应用主要是查询操作时，可以适当多建立索引。如果对数据库的操作主要是增、删、改，则应尽量少建索引，以免影响数据的更改效率。

索引分为聚集索引和非聚集索引两种，它们一般都采用B-树结构存储。建立聚集索引时，数据库管理系统首先按聚集索引列的值对数据进行物理排序，然后再在此基础之上建立索引的B树。如果建立的是非聚集索引，则系统是直接在现有数据存储顺序的基础之上直接建立索引B树。不管数据是否是有序的，索引B树中的索引项一定是有序的。因此建立索引需要耗费一定的时间，特别是当数据量很大时，建立索引需要花费相当长的时间。

在一个表上只能建立一个聚集索引，但可以建立多个非聚集索引。聚集索引和非聚集索引都可以是唯一索引。唯一索引的作用是保证索引项所包含的列的取值彼此不能重复。

习　题

一、选择题

1. 下列关于视图的说法，正确的是（　　）。

   A. 视图与基本表一样，也存储数据

   B. 对视图的操作最终都转换为对基本表的操作

   C. 视图的数据源只能是基本表

   D. 所有视图都可以实现对数据的增、删、改、查操作

2. 在视图的定义语句中，只能包含（　　）。

   A. 数据查询语句　　B. 数据增、删、改语句

   C. 创建表的语句　　D. 全部都可以

3. 视图对应数据库三级模式中的（　　）。

   A. 外模式　　B. 内模式　　C. 模式　　D. 其他

4. 下列关于通过视图更改数据的说法，错误的是（　　）。

   A. 如果视图的定义涉及多张表，则对这种视图一般情况下允许进行更新操作

B．如果定义视图的查询语句中含有 GROUPBY 子句，则对这种视图不允许进行更新操作

C．如果定义视图的查询语句中含有统计函数，则对这种视图不允许进行更新操作

D．如果视图数据来自单个基本表的行、列选择结果，则一般情况下允许进行更新操作

5．下列关于视图的说法，正确的是（　　）。

A．通过视图可以提高数据查询效率

B．视图提供数据的逻辑独立性

C．视图只能建立在基本表上

D．定义视图的语句可以包含数据更改语句

6．创建视图的主要作用是（　　）。

A．提高数据查询效率

B．维护数据的完整性约束

C．维护数据的一致性

D．提供用户视角的数据

7．建立索引可以加快数据的查询效率。在数据库的三级模式结构中，索引属于（　　）。

A．内模式　　B．模式　　C．外模式　　D．概念模式

8．设有学生表（学号，姓名，所在系）。下列建立统计每个系的学生人数的视图语句中，正确的是（　　）。

A．
```
CREATE VIEW v1  AS
  SELECT 所在系, COUNT(*) FROM 学生表 GROUP BY 所在系
```

B．
```
CREATE VIEW v1  AS
  SELECT 所在系, SUM(*) FROM 学生表 GROUP BY 所在系
```

C．
```
CREATE VIEW v1(系名,人数) AS
  SELECT 所在系, SUM(*) FROM 学生表 GROUP BY 所在系
```

D．
```
CREATE VIEW v1(系名,人数) AS
  SELECT 所在系, COUNT(*) FROM 学生表 GROUP BY 所在系
```

9．设用户在某数据库中经常需要进行如下查询操作：

```
SELECT * FROM T WHERE C1='A' ORDER BY C2
```

设 T 表中已在 C1 列上建立了主码约束，且该表只建有该约束。为提高该查询的执行效率，下列方法中可行的是（　　）。

A．在 C1 列上建立一个聚集索引，在 C2 列上建立一个非聚集索引

B．在 C1 和 C2 列上分别建立一个非聚集索引

C．在 C2 列上建立一个非聚集索引

D．在 C1 和 C2 列上建立一个组合的非聚集索引

10．下列关于索引的说法，正确的是（　　）。

A．只要建立索引就可以加快数据的查询效率

B．在一个表上可以创建多个聚集索引

C．在一个表上可以建立多个唯一的非聚集索引

D．索引会影响数据插入和更新的执行效率，但不会影响删除数据的执行效率

11．下列关于 CREATE UNIQUE INDEX IDX1 ON T(C1,C2)语句作用的说法，正确的是（　　）。

A．在 C1 和 C2 列上分别建立一个唯一聚集索引

B．在 C1 和 C2 列上分别建立一个唯一非聚集索引

C．在 C1 和 C2 列的组合上建立一个唯一聚集索引

D．在 C1 和 C2 列的组合上建立一个唯一非聚集索引

二、填空题

1．对视图的操作最终都转换为对________操作。

2．视图是虚表，在数据库中只存储视图的________，不存储视图的数据。

3．修改视图定义的语句是________。

4．视图对应数据库三级模式中的________模式。

5．在一个表上最多可以建立________个聚集索引，可以建立________个非聚集索引。

6．当在 T 表的 C1 列上建立聚集索引后，数据库管理系统会将 T 表数据按________列进行________。

7．索引建立的合适，可以加快数据________操作的执行效率。

8．在 employees 表的 phone 列上建立一个非聚集索引的 SQL 语句是________。

9．设有 Student 表，结构为 Student（Sno,Sname,Sdept）。现要在该表上建立一个统计每个系的学生人数的视图，视图名为 V_dept，视图结构为（系名，人数）。请补全下列定义该视图的 SQL 语句：

```
CREATE VIEW ______
  AS
    SELECT Sdept, COUNT(*)
    ______
```

10．非聚集索引的 B 树中，叶级节点中每个索引行由索引键值和________组成。

三、简答题

1．试说明使用视图的好处。

2．试说明哪类视图可实现更新数据的操作，哪类视图不可实现更新数据的操作。

3．使用视图可以加快数据的查询速度，这句话对吗？为什么？

4．索引的作用是什么？

5．索引分为哪几种类型？分别是什么？它们的主要区别是什么？

6．聚集索引一定是唯一索引，对吗？反之呢？

7．在建立聚集索引时，数据库管理系统首先要将数据按聚集索引列进行物理排序，对吗？

8．在建立非聚集索引时，数据库管理系统并不对数据进行物理排序，对吗？

9．不管对表进行什么类型的操作，在表上建立的索引越多越能提高操作效率，对吗？

10．适合建立聚集索引的列是什么？

上机练习

本章上机练习均利用第 3、4 章上机练习建立的 Student、Course、SC 表和数据实现。

1．写出创建满足下述要求视图的 SQL 语句，并执行这些语句。将所写语句保存到一个文件中。

（1）查询学生的学号、姓名、所在系、课程号、课程名、课程学分。

（2）查询学生的学号、姓名、选的课程名和考试成绩。

（3）统计每个学生的选课门数，列出学生学号和选课门数。

（4）统计每个学生的修课总学分，列出学生学号和总学分（说明：考试成绩大于等于 60 才可获得此门课程的学分）。

2．利用第 1 题建立的视图，写出完成如下查询的 SQL 语句，并执行这些语句，查看执行结果。将查询语句保存到一个文件中。

（1）查询考试成绩大于等于 90 分的学生姓名、课程名和成绩。

（2）查询选课门数超过 3 门的学生的学号和选课门数。

（3）查询计算机系选课门数超过 3 门的学生的姓名和选课门数。

（4）查询修课总学分超过 10 分的学生的学号、姓名、所在系和修课总学分。

（5）查询年龄大于等于 20 岁的学生中，修课总学分超过 10 分的学生的姓名、年龄、所在系和修课总学分。

3．修改第 1 题（4）定义的视图，使其查询每个学生的学号、总学分以及总的选课门数。

4．写出实现下列操作的 SQL 语句，执行这些语句，并在 SSMS 工具中观察语句执行结果。

（1）在 Student 表的 Sdept 列上建立一个按降序排序的非聚集索引，索引名为：Idx_Sdept。

（2）在 Student 表的 Sname 列上建立一个唯一的非聚集索引，索引名为：Idx_Sname。

（3）在 Course 表上为 Cname 列建立一个非聚集索引，索引名为： Idx_Cname。

（4）在 SC 表上为 Sno 和 Cno 建立一个组合的非聚集索引，索引名为：Idx_SnoCno。

（5）删除在 Sname 列上建立的 Idx_Sname 索引。

第6章 关系数据库理论

数据库设计是数据库应用领域中的主要研究课题。数据库设计的任务是在给定的应用环境下，创建满足用户需求且性能良好的数据库模式、建立数据库及其应用系统，使之能有效地存储和管理数据，满足某公司或部门各类用户业务的需求。

数据库设计需要理论指导，关系数据库规范化理论就是数据库设计的一个理论指南。规范化理论研究关系模式中各属性之间的依赖关系及其对关系模式性能的影响，探讨“好”的关系模式应该具备的性质，以及达到“好”的关系模式的方法。规范化理论提供了判断关系模式好坏的理论标准，帮助我们预测可能出现的问题，是数据库设计人员的有力工具，同时也使数据库设计工作有了严格的理论基础。

本章主要讨论关系数据库规范化理论，讨论如何判断一个关系模式是否是好的关系模式，以及如何将不好的关系模式转换成好的关系模式，并能保证所得到的关系模式仍能表达原来的语义。

6.1 函数依赖

数据的语义不仅表现为完整性约束，对关系模式的设计也提出了一定的要求。针对一个问题，如何构造一个合适的关系模式，应构造几个关系模式，每个关系模式由哪些属性组成等。这都是数据库设计问题，确切地讲是关系数据库的逻辑设计问题。

首先看一下，关系模式中各属性之间的依赖关系。

6.1.1 基本概念

函数是我们非常熟悉的概念，对公式：

$$Y=f(X)$$

自然也不会陌生，但是大家熟悉的是 X 和 Y 在数量上的对应关系，即给定一个 X 值，都会有一个 Y 值和它对应。也可以说 X 函数决定 Y，或 Y 函数依赖于 X。在关系数据库中讨论函数或函数依赖注重的是语义上的关系，比如：

$$省=f(城市)$$

只要给出一个具体的城市值，就会有唯一一个省值和它对应，如“武汉市”在“湖北省”，这里“城市”是自变量 X，“省”是因变量或函数值 Y。可以把 X 函数决定 Y，或 Y 函数依赖于 X 表示为：

$$X \rightarrow Y$$

根据以上讨论可以写出较直观的函数依赖定义：对关系模式 $R(A_1, A_2, \cdots, A_n)$，X 和 Y 为$\{A_1, A_2, \cdots, A_n\}$的子集，如果对关系 R 中的任意一个 X 值，都只有一个 Y 值与之对应，则称 X 函数决定 Y，或 Y 函数依赖于 X。

例如，对学生关系模式 Student(Sno, Sname, Sdept, Sage)有以下函数依赖关系：

Sno→Sname,　　Sno→Sdept,　　Sno→Sage

对学生选课关系模式：SC(Sno, Cno, Grade)有以下函数依赖关系：

（Sno, Cno）→Grade

显然，函数依赖讨论的是属性之间的依赖关系，它是语义范畴的概念，也就是说关系模式的属性之间是否存在函数依赖只与语义有关。下面对函数依赖给出严格的形式化定义。

定义　设有关系模式 $R(A_1, A_2, \cdots, A_n)$，X 和 Y 均为$\{A_1, A_2, \cdots, A_n\}$的子集，$r$ 是 R 的任一具体关系，t_1、t_2 是 r 中的任意两个元组。如果由 $t_1[X]=t_2[X]$可以推导出 $t_1[Y]=t_2[Y]$，则称 X 函数决定 Y，或 Y 函数依赖于 X，记为 $X \to Y$。

在以上定义中特别要注意，只要

$$t_1[X]=t_2[X] \Rightarrow t_1[Y]=t_2[Y]$$

成立，就有 $X \to Y$。也就是说，只有当 $t_1[X]=t_2[X]$为真，而 $t_1[Y]=t_2[Y]$为假时，函数依赖 $X \to Y$ 不成立；而当 $t_1[X]=t_2[X]$为假时，$t_1[Y]=t_2[Y]$为真或为假。

有关函数依赖有如下几点说明。

（1）函数依赖不是关系模式 R 的某个或某些实例的约束条件，而是 R 之下的全部实例都要满足的约束条件。因此，可以通过 R 的某些实例来确定哪些函数依赖不存在，但不能通过 R 的某些实例来确定哪些函数依赖是成立的。

（2）函数依赖是语义范畴的概念。我们只能根据语义来确定函数依赖关系，而不能根据关系中已有的数据来确定。因为函数依赖实际上是对现实世界中事物之间的性质相关的一种断言。例如，对关系模式 Student(Sno, Sname, Sdept, Sage)，如果设定学生姓名不存在重复，则可得到下列依赖关系：

Sname → Sno

Sname → Sage

Sname → Sdept

但如果没有学生姓名不重复的语义约定，则即使当前 Student 关系中各元组的 Sname 均不相同，也不能断定有上述函数依赖成立。

（3）函数依赖关系的存在与时间无关。因为函数依赖指关系中所有的元组满足的条件，而不是关系中某个或某些元组所满足的条件。当在关系中增加或删除元组时，不会破坏这种函数依赖关系。因此，属性之间的函数依赖必须根据语义来确定，而不能根据某一时刻关系中的实际数据值来确定。例如，对关系模式 Student(Sno, Sname, Sdept, Sage)，即使 Student 中当前所有元组的 Sname 值均不重复，我们也不能断定存在函数依赖：

Sno → Sname

6.1.2　一些术语和符号

下面给出本章使用的一些术语和符号。设有关系模式 $R(A_1, A_2, \cdots, A_n)$，X 和 Y 均为$\{A_1, A_2, \cdots, A_n\}$的子集，则有以下结论。

（1）如果 $X \to Y$，但 Y 不包含于 X，则称 $X \to Y$ 是非平凡的函数依赖。如不作特别说明，我们总是讨论非平凡函数依赖。

（2）如果 Y 不函数依赖于 X，则记作 $X \not\rightarrow Y$。

（3）如果 $X \rightarrow Y$，则称 X 为决定因子。

（4）如果 $X \rightarrow Y$，并且 $Y \rightarrow X$，则记作 $X \leftrightarrow Y$。

（5）如果 $X \rightarrow Y$，并且对于 X 的一个任意真子集 X' 都有 $X' \not\rightarrow Y$，则称 Y 完全函数依赖于 X，记作 $X \xrightarrow{f} Y$；如果 $X' \rightarrow Y$ 成立，则称 Y 部分函数依赖于 X，记作 $X \xrightarrow{P} Y$。

（6）如果 $X \rightarrow Y$（非平凡函数依赖，并且 $Y \not\rightarrow X$）、$Y \rightarrow Z$，则称 Z 传递函数依赖于 X。

（7）设 K 为关系模式 R 的一个属性或属性组，若满足：

$$K \xrightarrow{f} A_1,\ K \xrightarrow{f} A_2,\ \cdots,\ K \xrightarrow{f} A_n$$

则称 K 为关系模式 R 的候选码。称包含在候选码中的属性为主属性，不包含在任何候选码中的属性称为非主属性。

例 1 假设有关系模式 SC(Sno, Sname, Cno, Credit, Grade)，其中各属性分别为：学号、姓名、课程号、学分、成绩，主码为(Sno, Cno)，则函数依赖关系如下。

$Sno \rightarrow Sname$	姓名函数依赖于学号
$(Sno, Cno) \xrightarrow{P} Sname$	姓名部分函数依赖于学号和课程号
$(Sno, Cno) \xrightarrow{f} Grade$	成绩完全函数依赖于学号和课程号

例 2 假设有关系模式 S(Sno, Sname, Dept, Dept_master)，其中各属性分别为：学号、姓名、所在系和系主任（假设一个系只有一个主任），主码为 Sno，则函数依赖关系如下。

$Sno \xrightarrow{f} Sname$　　姓名完全函数依赖于学号

由于

$Sno \xrightarrow{f} Dept$　　所在系完全函数依赖于学号

$Dept \xrightarrow{f} Dept\_master$　　系主任完全函数依赖于系

所以有

$Sno \xrightarrow{传递} Dept\_master$　　系主任传递函数依赖于学号

函数依赖是数据的重要性质，关系模式应能反映这些性质。

6.1.3 函数依赖的推理规则

从已知的函数依赖可以推导出另一些新的函数依赖，这需要一系列推理规则。函数依赖的推理规则最早出现在 1974 年 W.W.Armstrong 论文中，因此称这些规则为 Armstrong 公理。下面给出的推理规则是其他人于 1977 年对 Armstrong 公理体系进行改进后的形式。利用这些推理规则，可以由一组已知函数依赖推导出关系模式的其他函数依赖。

设有关系模式 $R(U, F)$，U 为关系模式 R 上的属性集，F 为 R 上成立的只涉及 U 中属性的函数依赖集，X、Y、Z、W 均是 U 的子集，函数依赖的推理规则如下。

1. Armstrong 公理

① 自反律（Reflexivity）。

若 $Y \subseteq X \subseteq U$，则 $X \rightarrow Y$ 在 R 上成立。即一组属性函数决定它的所有子集。

例如，对关系模式 SC(Sno, Sname, Cno, Credit, Grade)，有

（Sno, Cno）→ Cno

和

（Sno, Cno）→ Sno

② 增广律（Augmentation）

若 $X \to Y$ 在 R 上成立 ，且 $Z \subseteq U$，则 $XZ \to YZ$ 在 R 上也成立。

③ 传递律（Transitivity）

若 $X \to Y$ 和 $Y \to Z$ 在 R 上成立，则 $X \to Z$ 在 R 上也成立。

2．Armstrong 公理推论

① 合并规则（Union rule）

若 $X \to Y$ 和 $X \to Z$ 在 R 上成立，则 $X \to YZ$ 在 R 上也成立。

例如，对关系模式 Student(Sno, Sname, Sdept, Sage)，有 Sno→(Sname, Sdept)，Sno→Sage，则有 Sno→(Sname, Sdept, Sage)成立。

② 分解规则（Decomposition rule）

若 $X \to Y$ 和 $Z \subseteq Y$ 在 R 上成立，则 $X \to Z$ 在 R 上也成立。

从合并规则和分解规则可得到如下重要结论：

如果 $A_1 \cdots A_n$ 是关系模式 R 的属性集，那么 $X \to A_1 \cdots A_n$ 成立的充分必要条件是 $X \to A_i$（i=1,2,…,n）成立。

③ 伪传递规则（Pseudo-transitivity rule）

若 $X \to Y$ 和 $YW \to Z$ 在 R 上成立，则 $XW \to Z$ 在 R 上也成立。

④ 复合规则（Composition rule）

若 $X \to Y$ 和 $W \to Z$ 在 R 上成立，则 $XW \to YZ$ 在 R 上也成立。

例如，对关系模式 SC(Sno, Sname, Cno, Credit, Grade)，有

Sno→ Sname　和　Cno→ Credit 成立

则有

（Sno, Cno）→ (Sname, Credit)

6.1.4 属性集闭包及候选码的求解方法

对于一个关系模式 $R(U,F)$，要根据已给出的函数依赖 F，利用推理规则推导出其全部的函数依赖是比较困难的。为了能方便地判断某个属性（或属性组）决定哪些属性，引出了属性集闭包的概念。本小节将介绍属性集闭包的概念及求解方法，同时给出了确定关系模式候选码的方法。

1．属性集闭包

定义 设有关系模式 R（U,F），U 为 R 的属性集，F 是 R 上的函数依赖集，X 是 U 的一个子集（$X \subseteq U$）。用函数依赖推理规则可从 F 推出的函数依赖 $X \to A$ 中所有 A 的集合，称为属性集 X 关于 F 的闭包，记为 X^+（或 X^+_F）。即：

$X^+ = \{ A \mid X \to A$ 能够由 F 根据 Armstrong 公理导出 $\}$

对关系模式 R（U, F），求属性集 X 相对于函数依赖集 F 的闭包 X^+的算法如下：

步骤 1：初始，$X^+ = X$。

步骤 2：如果 F 中有某个函数依赖 $Y \to Z$ 满足 $Y \subseteq X^+$。

　　　　则 $X^+ = X^+ \cup Z$。

步骤 3：重复步骤 2，直到 X^+ 不再增大为止。

例 3　设有关系模式 R（U,F），其中属性集 $U=\{X, Y, Z, W\}$，函数依赖集 $F=\{X \to Y, Y \to Z, W \to Y\}$，

计算X^+、$(XW)^+$。

（1）计算X^+。

步骤1：初始：$X^+=X$。

步骤2：

① 对X^+中的X，∵ 有$X \to Y$，　∴ $X^+=X^+ \cup Y=XY$

② 对X^+中的Y，∵ 有$Y \to Z$，　∴ $X^+=X^+ \cup Z=XYZ$

在函数依赖集F中，Z不出现在任何函数依赖的左部，因此X^+将不会再扩大，所以最终$X^+=XYZ$。

（2）计算$(XW)^+$。

步骤1：初始：$(XW)^+=XW$。

步骤2：

① 对$(XW)^+$中的X，∵ 有$X \to Y$，∴ $(XW)^+=XW^+ \cup Y=XWY$

② 对$(XW)^+$中的Y，∵ 有$Y \to Z$，∴ $(XW)^+=XW^+ \cup Z=XWYZ$

③ 对$(XW)^+$中的W，有$W \to Y$，但Y已在$(XW)^+$中，因此$(XW)^+$保持不变。

④ 对$(XW)^+$中的Z，由于Z不出现在任何函数依赖的左部，因此$(XW)^+$保持不变。

最终$(XW)^+=XWYZ$。

例4　设有关系模式R（U,F），其中$U=\{A,B,C,D,E\}$，$F=\{(A,B) \to C, B \to D, C \to E, (C,E) \to B, (A,C) \to B\}$，计算$(AB)^+$。

步骤1：初始：$(AB)^+=AB$。

步骤2：

① 对$(AB)^+$中的A、B，∵ 有$(A,B) \to C$，∴ $(AB)^+=(AB)^+ \cup C=ABC$

② 对$(AB)^+$中的B，∵ 有$B \to D$，∴ $(AB)^+=(AB)^+ \cup D=ABCD$

③ 对$(AB)^+$中的C，∵ 有$C \to E$，∴ $(AB)^+=(AB)^+ \cup E=ABCDE$

至此，$(AB)^+$已包含了R中的全部属性，因此$(AB)^+$计算完毕。

最终$(AB)^+=ABCDE$。

求属性集闭包的用途：如果属性集X的闭包X^+包含了R中的全部属性，则X为R的一个候选码。

2. 候选码的求解方法

对于给定的关系模式$R(A_1, A_2, \cdots, A_n)$和函数依赖集F，现将R的属性分为如下4类：

（1）L类：仅出现在函数依赖左部的属性。

（2）R类：仅出现在函数依赖右部的属性。

（3）N类：在函数依赖的左部和右部均不出现的属性。

（4）LR类：在函数依赖的左部和右部均出现的属性。

对R中的属性X，可有以下结论：

（1）若X是L类属性，则X一定包含在关系模式R的任何一个候选码中；若X^+包含了R的全部属性，则X为关系模式R的唯一候选码。

（2）若X是R类属性，则X不包含在关系模式R的任何一个候选码中。

（3）若X是N类属性，则X一定包含在关系模式R的任何一个候选码中。

（4）若X是LR类属性，则X可能包含在关系模式R的某个候选码中。

例5　设有关系模式R（U,F），其中$U=\{A,B,C,D\}$，$F=\{D \to B, B \to D, AD \to B, AC \to D\}$，求$R$

的所有候选码。

解：观察 F 中的函数依赖，发现 A、C 两个属性是 L 类属性，因此 A、C 两个属性必定在 R 的任何一个候选码中；又由于 $(AC)^+ = ABCD$，即 $(AC)^+$ 包含了 R 的全部属性，因此，AC 是 R 的唯一候选码。

例 6　设有关系模式 $R(U,F)$，其中 $U=\{A,B,C,D,E,G\}$，$F=\{A\to D,E\to D,D\to B,BC\to D,DC\to A\}$，求 R 的所有候选码。

解：通过观察 F 中的函数依赖，发现：

C、E 两个属性是 L 类属性，因此 C、E 两个属性必定在 R 的任何一个候选码中。

由于 G 是 N 类属性，故属性 G 也必定在 R 的任何一个候选码中。

又由于 $(CEG)^+ = ABCDEG$，即 $(CEG)^+$ 包含了 R 的全部属性，因此，CEG 是 R 的唯一候选码。

例 7　设有关系模式 $R(U,F)$，其中 $U=\{A,B,C,D,E,G\}$，$F=\{AB\to E,AC\to G,AD\to B,B\to C,C\to D\}$，求 R 的所有候选码。

解：通过观察 F 中的函数依赖，发现：

A 是 L 类属性，故 A 必定在 R 的任何一个候选码中。

E、G 是两个 R 类属性，故 E、G 一定不包含在 R 的任何候选码中。

由于 $A^+ = A \neq ABCDEG$，故 A 不能单独作为候选码。

B、C、D 三个属性均是 LR 类属性，则这三个属性中必有部分或全部在某个候选码中。下面将 B、C、D 依次与 A 结合，分别求闭包：

- $(AB)^+ = ABCDEG$，因此 AB 为 R 的一个候选码；
- $(AC)^+ = ABCDEG$，因此 AC 为 R 的一个候选码；
- $(AD)^+ = ABCDEG$，因此 AD 为 R 的一个候选码。

综上所述，关系模式 R 共有三个候选码：AB、AC 和 AD。

通过本例，我们发现如果 L 类属性和 N 类属性不能作候选码，则可将 LR 类属性逐个与 L 类和 N 类属性组合做进一步的考察。有时要将 LR 类全部属性与 L 类、N 类属性组合才能作为候选码。

例 8　设有关系模式 $R(U,F)$，其中 $U=\{A,B,C,D,E\}$，$F=\{A\to BC,CD\to E,B\to D,E\to A\}$，求 R 的所有候选码。

解：通过观察 F 中的函数依赖，发现关系模式 R 中没有 L 类、R 类和 N 类属性，所有的属性都是 LR 类属性。因此，先从 A、B、C、D、E 属性中依次取出一个属性，分别求它们的闭包：

$A^+ = ABCDE$

$B^+ = BD$

$C^+ = C$

$D^+ = D$

$E^+ = ABCDE$

由于 A^+ 和 E^+ 都包含了 R 的全部属性，因此 A 和 E 分别是 R 的一个候选码。

接下来，从 R 中任意取出两个属性，分别求它们的闭包。由于 A、E 已是 R 的候选码了，因此只需在 C、D、E 中进行选取即可。

$(BC)^+ = ABCDE$

$(BD)^+ = BD$

$(CD)^+ = ABCDE$

因此，BC 和 CD 分别是 R 的一个候选码。

至此，关系模式 R 的全部候选码为：A、E、BC 和 CD。

6.1.5 极小函数依赖集

对关系模式 R（U,F），如果函数依赖集 F 满足下列条件，则称 F 为 R 的一个极小函数依赖集（或称为最小依赖集、最小覆盖），记为 F_{min}。

- F 中每个函数依赖的右部仅含有一个属性。
- F 中每个函数依赖的左部不存在多余的属性，即不存在这样的函数依赖 $X \to A$，X 有真子集 Z 使得 F 与 $(F\text{-}\{X \to A\}) \cup \{Z \to A\}$ 等价。
- F 中不存在多余的函数依赖，即不存在这样的函数依赖 $X \to A$，使得 F 与 $F\text{-}\{X \to A\}$ 等价。

计算极小函数依赖集的算法如下：

（1）使 F 中每个函数依赖的右部都只有一个属性。

逐一检查 F 中各函数依赖 $X \to Y$，若 $Y=A_1A_2\cdots A_k$（$k \geqslant 2$），则用 $\{X \to A_j | j=1,2,\cdots k\}$ 取代 $X \to Y$。

（2）去掉各函数依赖左部多余的属性。

逐一取出 F 中各函数依赖 $X \to A$，设 $X=B_1B_2\cdots B_m$，逐一检查 B_i（i=1，2，…，m），如果 $A \in (X\text{-}B_i)_F^+$，则以 $X\text{-}B_i$ 取代 X。

（3）去掉多余的函数依赖。

逐一检查 F 中各函数依赖 $X \to A$，令 $G=F\text{-}\{X \to A\}$，若 $A \in X_G^+$，则从 F 中去掉 $X \to A$ 函数依赖。

例 9　设有如下两个函数依赖集 F_1、F_2，判断它们是否是极小函数依赖集。

$$F_1 = \{AB \to CD, BE \to C, C \to G\}$$

$$F_2 = \{A \to D, B \to A, A \to C, B \to D, D \to C\}$$

解：对 F_1，由于函数依赖 $AB \to CD$ 的右部不是单个属性，因此，该函数依赖集不是极小函数依赖集。

对 F_2，由于 $A \to C$ 可由 $A \to D$ 和 $D \to C$ 导出，因此 $A \to C$ 是 F_2 中的多余函数依赖，所以也 F_2 不是极小函数依赖集。

例 10　设有关系模式 R（U,F），其中 $U=\{A,B,C\}$，$F=\{A \to BC, B \to C, AC \to B\}$，求其极小函数依赖集 F_{min}。

解：（1）让 F 中每个函数依赖的右部为单个属性。结果为：

$$G_1 = \{A \to B, A \to C, B \to C, AC \to B\}$$

（2）去掉 G_1 中每个函数依赖左部的多余属性。对于该例，只需分析 $AC \to B$ 即可。

第 1 种情况：去掉 C，计算 $A_{G1}^+ = ABC$，包含了 B，因此 C 是多余属性，$AC \to B$ 可化简为 $A \to B$。

第 2 种情况：去掉 A，计算 $C_{G1}^+ = C$，不包含 B，因此 A 不是多余属性。

去掉左部多余属性后的函数依赖集为：

$$G_2 = \{A \to B, A \to C, B \to C, A \to B\} = \{A \to B, A \to C, B \to C\}$$

（3）去掉 G_2 中多余的函数依赖。

- 对 $A \to B$，令 $G_3 = \{A \to C, B \to C\}$，$A_{G3}^+ = AC$，不包含 B，因此 $A \to B$ 不是多余的函数依赖。
- 对 $A \to C$，令 $G_4 = \{A \to B, B \to C\}$，$A_{G4}^+ = ABC$，包含了 C，因此 $A \to C$ 是多余的函数依赖，应去掉。
- 对 $B \to C$，令 $G_5 = \{A \to B, A \to C\}$，$B_{G5}^+ = B$，不包含 C，因此 $B \to C$ 不是多余的函数依赖。

最终的极小函数依赖集 $F_{min} = \{ A \to B, B \to C \}$。

例 11　设有关系模式 $R(U,F)$，其中 $U=\{A,B,C\}$，$F=\{AB \to C, A \to B, B \to A\}$，求其极小函数依赖集 F_{min}。

解：观察发现该函数依赖集中所有函数依赖的右部均为单个属性，因此只需去掉左部的多余属性和多余函数依赖即可。

（1）去掉 F 中每个函数依赖左部的多余属性，本例只需考虑 $AB \to C$ 即可。

第 1 种情况：去掉 B，计算 ${A_F}^+ = ABC$，包含 C，因此 B 是多余属性，$AB \to C$ 可化简为 $A \to C$。

故 F 简化为：$G_1 = \{ A \to C, A \to B, B \to A \}$

第 2 种情况：去掉 A，计算 ${B_F}^+ = ABC$，包含 C，因此 A 是多余属性，$AB \to C$ 可化简为 $B \to C$。

故 F 可简化为：$G_2 = \{ B \to C, A \to B, B \to A \}$

（2）去掉 G_1 和 G_2 中的多余函数依赖。

① 去掉 G_1 中的多余函数依赖。

- 对 $A \to C$，令 $G_{11} = \{ A \to B, B \to A \}$，${A_{G11}}^+ = AB$，不包含 C，因此 $A \to C$ 不是多余的函数依赖。
- 对 $A \to B$，令 $G_{12} = \{ A \to C, B \to A \}$，${A_{G12}}^+ = C$，不包含 B，因此 $A \to B$ 不是多余的函数依赖。
- 对 $B \to A$，令 $G_{13} = \{ A \to C, A \to B \}$，${B_{G13}}^+ = B$，不包含 A，因此 $B \to A$ 不是多余的函数依赖。

最终的极小函数依赖集 $F_{min1} = G_1 = \{ A \to C, A \to B, B \to A \}$。

② 去掉 G_2 中的多余函数依赖。

- 对 $B \to C$，令 $G_{21} = \{ A \to B, B \to A \}$，${B_{G21}}^+ = AB$，不包含 C，因此 $B \to C$ 不是多余的函数依赖。
- 对 $A \to B$，令 $G_{22} = \{ B \to C, B \to A \}$，${A_{G22}}^+ = A$，不包含 B，因此 $A \to B$ 不是多余的函数依赖。
- 对 $B \to A$，令 $G_{23} = \{ B \to C, A \to B \}$，${B_{G23}}^+ = BC$，不包含 A，因此 $B \to A$ 不是多余的函数依赖。

最终的极小函数依赖集 $F_{min2} = G_2 = \{ B \to C, A \to B, B \to A \}$。

6.1.6　为什么要讨论函数依赖

讨论属性之间的关系和讨论函数依赖有什么必要呢？我们通过例子来说明。

假设有描述学生选课及住宿情况的关系模式。

S-L-C (Sno, Sname, Ssex, Sdept, Sloc, Cno, Grade)

其中各属性分别为：学号、姓名、性别、学生所在系、学生所住宿舍楼、课程号和考试成绩。设每个系的学生都住在同一栋楼里，(Sno, Cno)为主码。

观察表 6-1 所示的数据，看看这个关系模式存在什么问题？

表 6-1　　S-L-C 的部分数据示例

Sno	Sname	Ssex	Sdept	Sloc	Cno	Grade
0611101	李勇	男	计算机系	2 公寓	C001	96
0611101	李勇	男	计算机系	2 公寓	C002	80
0611101	李勇	男	计算机系	2 公寓	C003	84
0611101	李勇	男	计算机系	2 公寓	C005	62
0611102	刘晨	男	计算机系	2 公寓	C001	92
0611102	刘晨	男	计算机系	2 公寓	C002	90
0611102	刘晨	男	计算机系	2 公寓	C004	84
0621102	吴宾	女	信息管理系	1 公寓	C001	76

续表

Sno	Sname	Ssex	Sdept	Sloc	Cno	Grade
0621102	吴宾	女	信息管理系	1 公寓	C004	85
0621102	吴宾	女	信息管理系	1 公寓	C005	73
0621102	吴宾	女	信息管理系	1 公寓	C007	NULL
0621103	张海	男	信息管理系	1 公寓	C001	50
0621103	张海	男	信息管理系	1 公寓	C004	80
0631103	张珊珊	女	通信工程系	1 公寓	C004	78
0631103	张珊珊	女	通信工程系	1 公寓	C005	65
0631103	张珊珊	女	通信工程系	1 公寓	C007	NULL

由此表可以发现如下问题。

- 数据冗余问题：在这个关系中，学生所在系和其所住宿舍楼的信息有冗余，因为一个系有多少个学生，这个系所对应的宿舍楼的信息就至少要重复存储多少遍。学生基本信息（包括学生学号、姓名、性别和所在系）也有重复，一个学生修了多少门课，他的基本信息就重复多少遍。
- 数据更新问题：如果某一学生从计算机系转到了信息管理系，那么不但要修改此学生的 Sdept 列的值，而且还要修改其 Sloc 列的值，从而使修改复杂化。
- 数据插入问题：虽然新成立了某个系，并且确定了该系学生的宿舍楼，即已经有了 Sdept 和 Sloc 信息，却不能将这个信息插入到 S-L-C 表中，因为这个系还没有招生，其 Sno 和 Cno 列的值均为空，而 Sno 和 Cno 是这个表的主码，因此不能为空。
- 数据删除问题：如果一个学生只选修一门课，之后又放弃了，那么应该删除此学生选修此门课程的记录。但由于这个学生只选修一门课，则删掉此学生的选课记录的同时也删掉了此学生的其他基本信息。

类似的问题统称为操作异常。为什么会出现以上种种操作异常现象呢？因为这个关系模式没有设计好，它的某些属性之间存在着“不良”的函数依赖关系。如何改造这个关系模式并克服以上种种问题是关系规范化理论要解决的问题，也是我们讨论函数依赖的原因。

解决上述种种问题的方法就是进行模式分解，即把一个关系模式分解成两个或多个关系模式，在分解的过程中消除那些“不良”的函数依赖，从而获得良好的关系模式。

6.2 关系规范化

在 6.1.4 节已经介绍了设计“不好”的关系模式会带来的问题，本节将讨论“好”的关系模式应具备的性质，即关系规范化问题。关系规范化是指导将有“不良”函数依赖的关系模式转换为良好的关系模式的理论。这里涉及范式的概念，不同的范式表示关系模式遵守的不同的规则。

关系数据库中的关系要满足一定的要求，满足不同程度要求的即为不同的范式。满足最低要求的关系称为第一范式，简称 1NF（First Normal Form）。在第一范式中进一步满足一些要求的关系称为第二范式，简称 2NF，依此类推，还有第三范式（3NF）、BC 范式（BCNF）、第四范式（4NF）和第五范式（5NF）。

“第几范式”表示关系模式满足的条件，所以经常称某一关系模式为第几范式的关系模式。这个模式也可以理解为符合某种条件的关系模式的集合，因此，*R* 为第二范式的关系模式也可以写为：*R*∈2NF。

对关系模式的属性间的函数依赖加以不同的限制，就形成了不同的范式。这些范式是递进的，如果某关系模式是 1NF 的，则它比不是 1NF 的关系模式要好；同样，2NF 的关系模式比 1NF 的关系模式好…使用这种方法的目的是从一个表或表的集合开始，逐步产生一个与初始集合等价的表的集合（指提供同样的信息）。范式越高，规范化的程度越高，关系模式就越好。

规范化的理论首先由 E. F. Codd 于 1971 年提出，目的是设计“好的”关系数据库模式。关系规范化实际上就是对有问题（操作异常）的关系模式进行分解，从而消除这些异常。

6.2.1　第一范式

定义　如果关系模式 *R* 中所有的属性都是基本属性，即每个属性都是不可再分的，则称 *R* 属于第一范式，简称 1NF，记作 *R*∈1NF。

图 6-1 所示的表就不是第一范式的关系，因为在这个表中，“高级职称人数”不是基本属性，它是由两个其他属性（“教授”和“副教授”）组成的一个复合属性。

非第一范式的关系转换成第一范式的关系非常简单，只需要将所有属性都分解为基本属性即可。我们将图 6-1 所示的“高级职称人数”分解为：“教授人数”和“副教授人数”，分解后的关系如图 6-2 所示。

系 名 称	高级职称人数	
	教　授	副教授
计算机系	6	10
信息管理系	3	5
电子与通信系	4	8

图 6-1　非第一范式的关系

系名称	教授人数	副教授人数
计算机系	6	10
信息管理系	3	5
电子与通信系	4	8

图 6-2　第一范式的关系

6.2.2　第二范式

定义　如果关系模式 *R*∈1NF，并且 *R* 中的每个非主属性都完全函数依赖于主码，则称 *R* 属于第二范式，简称 2NF，记作 *R*∈2NF。

从定义可以看出，若关系模式 *R*∈1NF，且 *R* 的主码只由一个属性组成，那么一定有 *R*∈2NF。但如果主码是由多个属性共同构成的复合主码，并且存在非主属性对主码的部分函数依赖，则 *R* 就不是 2NF 的。

例如，6.1.4 节中给出的 S-L-C（Sno, Sname, Ssex, Sdept, Sloc, Cno, Grade）就不是 2NF 的。

因为 S-L-C 的主码是(Sno, Cno)，而该关系模式中存在函数依赖：Sno→Sname，因此

$$(Sno, Cno) \xrightarrow{P} Sname$$

即存在非主属性对主码的部分函数依赖关系，所以 S-L-C 不是 2NF 的。前面已经介绍过这个关系模式中存在操作异常，而这些操作异常正是由于其存在部分函数依赖造成的。

可以通过模式分解的办法将非 2NF 的关系模式分解为多个 2NF 的关系模式。去掉部分函数依赖关系的分解步骤如下。

（1）用组成主码的属性集合的每一个子集作为主码构成一个关系模式。

（2）将依赖于这些主码的属性放置到相应的关系模式中。

（3）最后去掉只由主码的子集构成的关系模式。

例 12　将 S-L-C 关系模式分解为符合 2NF 要求的关系模式。

解：① 由于 S-L-C 关系模式的主码为(Sno, Cno)，因此首先将该关系模式分解为如下三个关系模式（下划线部分表示主码）：

S-L (Sno, …)

C (Cno, …)

S-C (Sno, Cno, …)

② 将 S-L-C 中依赖于分解后各关系模式主码的属性放置到相应的关系模式中，形成如下三个关系模式：

S-L (Sno, Sname, Ssex, Sdept, Sloc)

C (Cno)

S-C (Sno, Cno, Grade)

③ 去掉只由主码的子集构成的关系模式，这里需要去掉 C(Cno)关系模式。

S-L-C 关系模式最终被分解为：

S-L (Sno, Sname, Ssex, Sdept, Sloc)

S-C (Sno, Cno, Grade)

现在对分解后的关系模式再进行分析。

首先分析 S-L 关系模式，这个关系模式的主码是(Sno)，并且有如下函数依赖：

$Sno \xrightarrow{f} Sname$，$Sno \xrightarrow{f} Ssex$，$Sno \xrightarrow{f} Sdept$，$Sno \xrightarrow{f} Sloc$

由于只存在完全依赖关系，因此 S-L 关系模式是 2NF 的。然后分析 S-C 关系模式，这个关系模式的主码是(Sno, Cno)，并且有函数依赖：

$(Sno, Cno) \xrightarrow{f} Grade$

因此 S-C 关系模式也是 2NF 的。

下面分析分解之后的 S-L 和 S-C 关系模式是否还存在问题。首先分析 S-L 关系模式，现在这个关系包含的数据如表 6-2 所示。

表 6-2　　S-L 关系的部分数据示例

Sno	Sname	Ssex	Sdept	Sloc
0611101	李勇	男	计算机系	2 公寓
0611102	刘晨	男	计算机系	2 公寓
0621102	吴宾	女	信息管理系	1 公寓
0621103	张海	男	信息管理系	1 公寓
0631103	张珊珊	女	通信工程系	1 公寓

从表 6-2 所示的数据可以看到，一个系有多少个学生，就会重复描述每个系和其所在的宿舍楼多少遍，因此还存在数据冗余，也就存在操作异常。比如，当新组建一个系时，如果此系还没有招收学生，但已分配了宿舍楼，则还是无法将此系的信息插入到数据库中，因为这时的学号为空。

由此可以看到，第二范式的关系模式同样还可能存在操作异常情况，因此还需要对关系模式进行进一步的分解。

6.2.3　第三范式

定义　如果关系模式 R∈2NF，且每个非主属性都不传递函数依赖于主码，则称 R 属于第三范式，简称 3NF，记作 R∈3NF。

从定义可以看出，如果存在非主属性对主码的传递依赖，则相应的关系模式就不是 3NF 的。以关系模式 S-L (Sno, Sname, Ssex, Sdept, Sloc)为例，因为

Sno → Sdept，Sdept → Sloc

所以

Sno $\xrightarrow{传递}$ Sloc

从前面的分析可知，当关系模式中存在传递函数依赖时，这个关系模式仍然有操作异常，因此，还需要对其进一步分解，使其成为 3NF 的关系。

去掉传递函数依赖关系的分解过程如下。

（1）对于不是候选码的每个决定因子，从关系模式中删去依赖于它的所有属性。

（2）新建一个关系模式，新关系模式中包含在原关系模式中所有依赖于该决定因子的属性。

（3）将决定因子作为新关系模式的主码。

例 13　将 S-L (Sno, Sname, Ssex, Sdept, Sloc)分解为 3NF 的关系模式。

解：① S-L 关系模式的主码是 Sno，由于存在 Sdept → Sloc，因此 Sdept 是决定因子，但 Sdept 并不属于该关系模式的候选码，因此从 S-L 关系模式中删去 Sloc。现在的 S-L 关系模式为：

S-L (Sno, Sname, Ssex, Sdept)

② 新建一个关系模式，不妨将其命名为 S-D，该关系模式结构为：S-D (Sloc)。

③ 将决定因子 Sdept 加到新建关系模式中：S-D (Sdept, Sloc)

最终分解的结果如下，主码用下划线标识。

S-L(Sno, Sname, Ssex, Sdept)

S-D (Sdept, Sloc)

经过第二范式、第三范式两次分解后，S-L-C (Sno, Sname, Ssex, Sdept, Sloc, Cno, Grade)最终被分解为如下三个关系模式：

S-L(Sno, Sname, Ssex, Sdept)

S-D (Sdept, Sloc)

S-C (Sno, Cno, Grade)

现在分析这三个关系模式：

对 S-L，有：Sno $\xrightarrow{f}$ Sname，Sno $\xrightarrow{f}$ Ssex，Sno $\xrightarrow{f}$ Sdept，因此 S-L 是 3NF 的。

对 S-D，有：Sdept $\xrightarrow{f}$ Sloc，因此 S-D 也是 3NF 的。

对 S-C，有：(Sno, Cno) $\xrightarrow{f}$ Grade，因此 S-C 也是 3NF 的。

因此，S-L-C 这个只属于第一范式的关系模式被分解为三个符合第三范式要求的关系模式。

由于模式分解之后，使原来在一张表中表达的信息现在被分解在多张表中表达，因此，为了能够保持分解前关系模式所表达的语义，在分解完成之后除了要标识主码之外，还要标识相应的外码。

S-L(Sno, Sname, Ssex, Sdept)中的 Sdept 为引用 S-L 的外码；

S-D (Sdept, Sloc)中没有外码；

S-C(Sno, Cno, Grade)中的 Sno 为引用 S-D 的外码。

由于 3NF 关系模式中不存在非主属性对主码的部分依赖和传递依赖关系，因而在很大程度上

消除了数据冗余和操作异常，所以在通常的数据库设计中，一般要求达到 3NF 即可。

规范化的过程实际是通过把范式程度低的关系模式分解为若干个范式程度高的关系模式来实现的，分解的最终目的是使每个规范化的关系模式只描述一个主题。如果某个关系模式描述了两个或多个主题，则它就应该将其分解为多个关系模式，使每个关系模式只描述一个主题。例如，前边的 S-L-C (Sno, Sname, Ssex, Sdept, Sloc, Cno, Grade)关系模式，我们发现该关系模式实际上描述了三个主题：学生基本信息（Sno，Sname，Ssex，Sdept）、各系的住宿信息（dept，Sloc）和学生考试信息（Sno，Cno，Grade），分解到 3NF 后，恰好是三个关系模式 S-L、S-D 和 S-C，每个关系模式描述了一个主题。

规范化的过程是进行模式分解，且确保分解后产生的关系模式应与原关系模式等价，即模式分解不能破坏原来的语义，同时还要保证不丢失原来的函数依赖关系。

6.2.4 BC 范式

关系数据库设计的目的是消除部分依赖和传递依赖，因为这些依赖会导致更新异常。到目前为止，我们讨论的第二范式和第三范式都是不允许存在非主属性对主码的部分依赖和传递依赖，但这些定义并没有考虑对候选码的依赖问题。如果只考虑对主码属性的依赖关系，则在第三范式的关系中有可能存在会引起数据冗余的函数依赖。第三范式的这些不足导致了另一种更强范式的出现，即 Boyce-Codd 范式，简称 BC 范式或 BCNF（Boyce Codd Normal Form）。

BCNF 是由 Boyce 和 Codd 共同提出的，它比 3NF 更进一步，通常认为 BCNF 是修正的 3NF。它是在考虑了关系模式中对所有候选码的函数依赖的基础上建立的。

首先我们分析一下 3NF 中可能存在的问题。例如，假设有关系模式：

CSZ（City,Street,Zip）

其中各属性分别代表城市、街道和邮政编码。其语义为：城市和街道可以决定邮政编码，邮政编码可以决定城市，因此有：

（City,Street）→ Zip，　Zip → City

该关系模式的候选码为（City,Street）和（Street,Zip），此关系模式中不存在非主属性，因此，它属于 3NF。现在看下这个关系模式存在的问题。假设取（City,Street）为主码，则当插入数据时，如果没有街道信息，则一个邮政编码是哪个城市的邮政编码这样的信息就无法保存到数据库中，因为 Street 不能为空。由此可见，即使是 3NF 的关系模式，也可能存在操作异常。操作异常产生的原因是存在函数依赖：Zip→City，Zip 是决定因子，但 Zip 不是候选码。

3NF 关系模式中之所以会存在操作异常，主要是存在主属性对非候选码的函数依赖，这种情形下就产生了 BCNF。

定义　如果关系模式 $R \in 1NF$，若 $X \to Y$ 且 $Y \not\subseteq X$ 时 X 必包含候选码，则 $R \in BCNF$。

通俗地讲，当且仅当关系中的每个函数依赖的决定因子都是候选码时，该范式即为 BCNF。

或者说，如果 $R \in 3NF$，并且不存在主属性对非码属性的函数依赖，则 $R \in BCNF$。

为了验证一个关系是否符合 BCNF，首先要确定关系中所有的决定因子，然后再看它们是否都是候选码。所谓决定因子是一个属性或一组属性，其他属性完全函数依赖于它。

3NF 和 BCNF 之间的区别在于对一个函数依赖 $A \to B$，3NF 允许 B 是主属性，而 A 不是候选码。而 BCNF 则要求 A 必须是候选码。因此，BCNF 也是 3NF，只是更加规范。尽管满足 BCNF 的关系也是 3NF 关系，但 3NF 关系却不一定是 BCNF 的。

前面分解的 S-D、S-L 和 S-C 关系可以看出，这三个关系模式都是 3NF 的，同时也都是 BCNF

的，因为它们都只有一个决定因子。大多数情况下 3NF 的关系模式都是 BCNF 的，只有在非常特殊的情况下，才会发生违反 BCNF 的情况。下面是有可能违反 BCNF 的情形。

- 关系中包含两个（或更多）复合候选码。
- 候选码有重叠，通常至少有一个重叠的属性。

把 CSZ 关系模式分解为

ZC（Zip，City），SZ（Street，Zip）

就去掉了决定因子不是候选码的情况，这两个关系模式就都是 BCNF 的了。

如果一个模型中的所有关系模式都属于 BCNF，那么在函数依赖范畴内，就实现了彻底的分解，消除了操作异常。也就是说，在函数依赖范畴，BCNF 达到了最高的规范化程度。

1NF、2NF、3NF 和 BCNF 的相互关系是：1NF ⊃ 2NF ⊃ 3NF ⊃ BCNF。

6.2.5 关系规范化小结

在关系数据库中，对关系模式的基本要求是要满足第一范式。这样的关系模式就是可以实现的。但在第一范式的关系中会存在数据操作异常，因此，人们寻求解决这些问题的方法，这就是规范化引出的原因。

规范化的基本思想是逐步消除数据依赖中不合适的依赖，通过模式分解的方法使关系模式逐步消除操作异常。分解的基本思想是让一个关系模式只描述一件事情，即面向主题设计数据库的关系模式。因此，规范化的过程就是让每个关系模式概念单一化的过程。

人们对这些原则的认识是逐步深入的，从认识非主属性的部分依赖带来的问题开始，到 2NF、3NF、BCNF 等的提出，是这个认识过程逐步深化的标志，图 6-3 总结了规范化的过程。

规范化的过程实际上是通过把范式程度低的关系模式分解为若干个范式程度高的关系模式来实现的。分解的最终目的是使每个关系模式只描述一个主题。如果某个关系模式描述了两个或多个主题，则就应该将它分解为多个关系模式，使每个关系只描述一个主题。

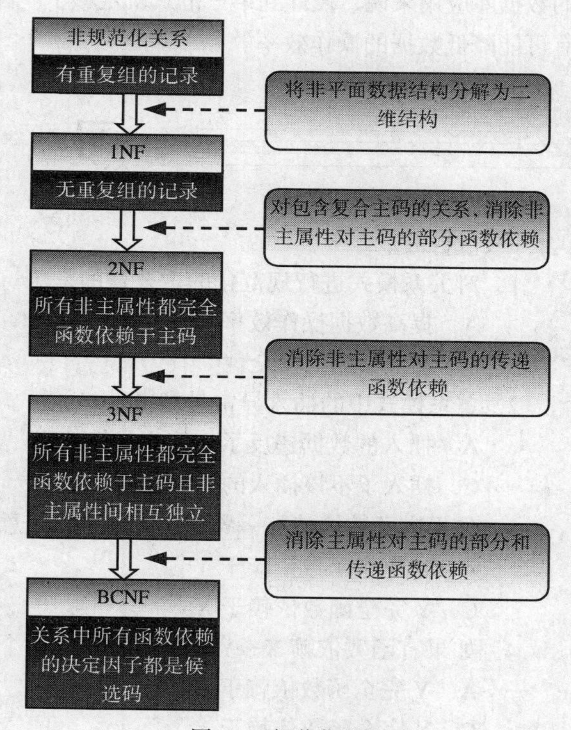

图 6-3 规范化过程

规范化的方法是进行模式分解，且确保分解后产生的模式与原模式等价，即模式分解不能破坏原来的语义（称为分解要具有无损连接性，即分解后的关系模式经过连接操作后能够还原出分解前的关系模式），同时还要保证不丢失原来的函数依赖关系（称为分解要保持函数依赖，即分解后各关系模式中存在的函数依赖，不能比分解前关系模式的函数依赖多，也不能比分解前关系模式的函数依赖少）。

小 结

关系规范化理论是设计没有操作异常的关系数据库表的基本原则，规范化理论主要是研究关系表中各属性之间的函数依赖关系，根据函数依赖关系的不同，我们介绍了从各个属性都是不能再分的原子属性的第一范式，到消除了非主属性对主码的部分依赖关系的第二范式，再到消除了非主属性对主码的传递依赖关系的第三范式，最后介绍了考虑主属性之间的函数依赖关系的 BC 范式。范式的每一次升级都是通过模式分解实现的，在进行模式分解时应注意保持分解后的关系能够具有无损连接性并能保持原有的函数依赖关系。

关系数据库的规范化理论主要包括三方面内容：函数依赖、范式和关系模式设计，其中函数依赖起着核心作用，它是模式分解和设计的基础，范式是模式分解的标准。

关系规范化理论的根本目的是指导我们设计没有数据冗余和操作异常的关系模式。对于一般的数据库应用来说，设计到第三范式就足够了。因为规范化程度越高，表的个数也就越多，也就有可能降低数据的操作效率。

习 题

一、选择题

1．对关系模式进行规范化的主要目的是（　　）。

A．提高数据操作效率　　B．维护数据的一致性

C．加强数据的安全性　　D．为用户提供更快捷的数据操作

2．关系模式中的插入异常是指（　　）。

A．插入的数据违反了实体完整性约束　　B．插入的数据违反了用户定义的完整性约束

C．插入了不该插入的数据　　D．应该被插入的数据不能被插入

3．如果有函数依赖 X→Y，并且对 X 的任意真子集 X'，都有 X' $\not\rightarrow$ Y，则称（　　）。

A．X 完全函数依赖于 Y　　B．X 部分函数依赖于 Y

C．Y 完全函数依赖于 X　　D．Y 部分函数依赖于 X

4．如果有函数依赖 X→Y，并且对 X 的某个真子集 X'，有 X'→Y 成立，则称（　　）。

A．Y 完全函数依赖于 X　　B．Y 部分函数依赖于 X

C．X 完全函数依赖于 Y　　D．X 部分函数依赖于 Y

5．若 X→Y 和 Y→Z 在关系模式 R 上成立，则 X→Z 在 R 上也成立。该推理规则称为（　　）。

A．自反规则　　B．增广规则　　C．传递规则　　D．伪传递规则

6．若关系模式 R 中属性 A 仅出现在函数依赖的左部，则 A 为（　　）。

A．L 类属性　　B．R 类属性　　C．N 类属性　　D．LR 类属性

7．若关系模式 R 中属性 A 是 N 类属性，则 A（　　）。

A．一定不包含在 R 任何候选码中

B．可能包含也可能不包含在 R 的候选码中

C．一定包含在 R 的某个候选码中

D．一定包含在 R 的任何候选码中

8．设 F 是某关系模式的极小函数依赖集。下列关于 F 的说法，错误的是（　　）。

A．F 中每个函数依赖的右部都必须是单个属性

B．F 中每个函数依赖的左部都必须是单个属性

C．F 中不能有冗余的函数依赖

D．F 中每个函数依赖的左部不能有冗余属性

9．有关系模式：学生（学号，姓名，所在系，系主任），设一个系只有一个系主任，则该关系模式至少属于（　　）。

A．第一范式　　B．第二范式　　C．第三范式　　D．BC 范式

10．设有关系模式 R(X, Y, Z)，其 F={Y→Z, Y→X, X→YZ}，则该关系模式至少属于（　　）。

A．第一范式　　B．第二范式　　C．第三范式　　D．BC 范式

11．下列关于关系模式与范式的说法，错误的是（　　）。

A．任何一个只包含两个属性的关系模式一定属于 3NF

B．任何一个只包含两个属性的关系模式一定属于 BCNF

C．任何一个只包含两个属性的关系模式一定属于 2NF

D．任何一个只包含三个属性的关系模式一定属于 3NF

12．有关系模式：借书（书号，书名，库存量，读者号，借书日期，还书日期），设一个读者可以多次借阅同一本书，但对一种书（用书号唯一标识）不能同时借多本。该关系模式的主码是（　　）。

A．（书号，读者号，借书日期）　　B．（书号，读者号）

C．（书号）　　D．（读者号）

二、填空题

1．在关系模式 R 中，若属性 A 只出现在函数依赖的右部，则 A 是________类属性。

2．若关系模式 R∈2NF，则 R 中一定不存在非主属性对主码的________函数依赖。

3．若关系模式 R∈3NF，则 R 中一定不存在非主属性对主码的________函数依赖。

4．设有关系模式 X(S, SN, D)和 Y(D, DN, M)，X 的主码是 S，Y 的主码是 D，则 D 在关系模式 X 中被称为________。

5．设有关系模式 R(U, F)，U={X, Y, Z, W}，F={XY→Z, W→X}，则$(ZW)^+$= ________，R 的候选码为________，该关系模式属于________范式。

6．在关系模式 R 中，若属性 A 不在任何函数依赖中出现，则 A 是________类属性。

7．在关系模式 R 中，若有 X→Y，且 Z⊆Y，则 X→Z 在 R 上也成立，该推理规则为 Armstrong 公理系统中的________。

8．根据 Armstrong 公理系统中的自反规则，对关系模式 R 中的属性集 X，若 Y⊆X，则一定有________。

9．关系数据库中的关系表至少都满足________范式要求。

10．关系规范化的过程是将关系模式从低范式规范化到高范式的过程，这个过程实际上是通过________实现的。

11．若关系模式 R 的主码只包含一个属性，则 R 至少属于第________范式。

12．若关系模式 R 中所有的非主属性都完全函数依赖于主码，则 R 至少属于第________范式。

三、简答题

1．关系规范化中的操作异常有哪些？它是由什么引起的？解决的办法是什么？

2．第一范式、第二范式和第三范式关系模式的定义分别是什么？

3．什么是部分函数依赖？什么是传递函数依赖？请举例说明。

4．第三范式的关系模式是否一定不包含部分函数依赖关系？

5．设有关系模式 R(A, B, C, D)，F={D→A, D→B}：

（1）求 D^+。

（2）求 R 的全部候选码。

6．设有关系模式 R(W, X, Y, Z)，F={X→Z, WX→Y}，该关系模式属于第几范式，请说明理由。

7．设有关系模式 R(A, B, C, D)，F = {A→C, C→A, B→AC, D→AC}：

（1）求 B^+，$(AD)^+$。

（2）求 R 的全部候选码，判断 R 属于第几范式。

（3）求 F 的极小函数依赖集 F_{min}。

四、设计题

1．设有关系模式：学生修课（学号，姓名，所在系，性别，课程号，课程名，学分，成绩）。设一个学生可以选多门课程，一门课程可以被多名学生选。一个学生有唯一的所在系，每门课程有唯一的课程名和学分。每个学生对每门课程有唯一的成绩。

（1）请指出此关系模式的候选码。

（2）写出该关系模式的极小函数依赖集。

（3）该关系模式属于第几范式？请简单说明理由。

（4）若不是第三范式的，请将其规范化为第三范式关系模式，并指出分解后每个关系模式的主码和外码。

2．设有关系模式：学生（学号，姓名，所在系，班号，班主任，系主任），其语义为：一个学生只在一个系的一个班学习，一个系只有一个系主任，一个班只有一名班主任，一个系可以有多个班。

（1）请指出此关系模式的候选码。

（2）写出该关系模式的极小函数依赖集。

（3）该关系模式属于第几范式？并简单说明理由。

（4）若不是第三范式的，请将其规范化为第三范式关系模式，并指出分解后每个关系模式的主码和外码。

3．设有关系模式：教师授课（课程号，课程名，学分，授课教师号，教师名，授课时数），其语义为：一门课程（由课程号决定）有确定的课程名和学分，每名教师（由教师号决定）有确定的教师名，每门课程可以由多名教师讲授，每名教师也可以讲授多门课程，每名教师对每门课程有确定的授课时数。

（1）指出此关系模式的候选码。

（2）写出该关系模式的极小函数依赖集。

（3）该关系模式属于第几范式？请简单说明理由。

（4）若不属于第三范式，请将其规范化为第三范式关系模式，并指出分解后每个关系模式的主码和外码。

第7章 数据库设计

数据库设计是指利用现有的数据库管理系统针对具体的应用对象构建适合的数据库模式，建立数据库及其应用系统，使之能有效地收集、存储、操作和管理数据、满足企业中各类用户的应用需求（信息需求和处理需求）。

从本质上讲，数据库设计是将数据库系统与现实世界进行密切的、有机的、协调一致的结合的过程。因此，数据库设计者必须非常清晰地了解数据库系统本身及其实际应用对象这两方面的知识。

本章将介绍数据库设计的全过程，从需求分析、结构设计到数据库的实施和维护。

7.1 数据库设计概述

数据库设计虽然是一项应用课题，但它涉及的内容很广泛，所以设计一个性能良好的数据库并不容易。数据库设计的质量与设计者的知识、经验和水平有密切的关系。

数据库设计中面临的主要困难和问题如下。

（1）懂得计算机与数据库的人一般都缺乏应用业务知识和实际经验，而熟悉应用业务的人又往往不懂计算机和数据库，同时具备这两方面知识的人很少。

（2）在开始时往往不能明确应用业务的数据库系统的目标。

（3）缺乏很完善的设计工具和方法。

（4）用户的要求往往不是一开始就明确的，而是在设计过程中不断提出新的要求，甚至在数据库建立之后还会要求修改数据库结构和增加新的应用。

（5）应用业务系统千差万别，很难找到一种适合所有应用业务的工具和方法，这就增加了研究数据库自动生成工具的难度。因此，研制适合一切应用业务的全自动数据库生成工具是不可能的。

在进行数据库设计时，必须确定系统的目标，这样可以确保开发工作进展顺利，并能提高工作效率，保证数据模型的准确和完整。数据库设计的最终目标是数据库必须能够满足客户对数据的存储和处理需求，同时定义系统的长期和短期目标，能够提高系统的服务以及新数据库的性能期望值——客户对数据库的期望也是非常重要的。新的数据库能在多大程度上方便最终用户？新数据库的近期和长期发展计划是什么？是否所有的手工处理过程都可以自动实现？现有的自动化处理是否可以改善？这些都只是定义一个新的数据库设计目标时所必须考虑的一部分问题或因素。

成功的数据库系统应具备如下一些特点。

- 功能强大。
- 能准确地表示业务数据。
- 使用方便，易于维护。
- 对最终用户操作的响应时间合理。
- 便于数据库结构的改进。
- 便于数据的检索和修改。
- 维护数据库的工作较少。
- 有效的安全机制可以确保数据安全。
- 冗余数据最少或不存在。
- 便于数据的备份和恢复。
- 数据库结构对最终用户透明。

7.1.1 数据库设计的特点

数据库设计的工作量大且比较复杂，是一项数据库工程也是一项软件工程。数据库设计的很多阶段都可以对应于软件工程的各阶段，软件工程的某些方法和工具同样也适合于数据库工程。但由于数据库设计是与用户的业务需求紧密相关的，因此，它还有很多自己的特点。

1. 综合性

数据库设计涉及的范围很广，包含计算机专业知识及业务系统的专业知识；同时它还要解决技术及非技术两方面的问题。

非技术问题包括组织机构的调整，经营方针的改变，管理体制的变更等。这些问题都不是设计人员所能解决的，但新的管理信息系统要求必须有与之相适应的新的组织机构、新的经营方针、新的管理体制，这就是一个较为尖锐的矛盾。另一方面，由于同时具备数据库和业务两方面知识的人很少，因此，数据库设计者一般都需要花费相当多的时间去熟悉应用业务系统知识，这一过程有时很麻烦，可能会使设计人员产生厌烦情绪，从而影响系统的最后成功。而且，由于承担部门和应用部门是一种委托雇佣关系，在客观上存在着一种对立的势态，当在某些问题上意见不一致时会使双方关系比较紧张。这在 MIS（管理信息系统）中尤为突出。

2. 结构设计与行为设计相分离

结构设计是指数据库的模式结构设计，包括概念结构、逻辑结构和存储结构；行为设计是指应用程序设计，包括功能组织、流程控制等方面的设计。在传统的软件工程中，比较注重处理过程的设计，而不太注重数据结构的设计。在一般的应用程序设计中只要可能就尽量推迟数据结构的设计，这种方法对于数据库设计就不太适用。

数据库设计与传统的软件工程的做法不完全一致。传统的数据库设计主要精力是放在数据库结构的设计上，比如数据库的表结构、视图等。但随着数据库设计方法学的成熟，现代数据库的设计特点趋向于将结构设计和行为设计结合进行，是一种“反复探寻、逐步求精”的过程。

7.1.2 数据库设计方法概述

为了使数据库设计更合理更有效，需要有效的指导原则，这种原则就称为数据库设计方法。

首先，一个好的数据库设计方法学，应该能在合理的期限内，以合理的工作量，产生一个有实用价值的数据库结构。这里的“实用价值”是指满足用户关于功能、性能、安全性、完整性及发展需求等方面的要求，同时又服从特定 DBMS 的约束，可以用简单的数据模型来表达。其次，数据库设计方法还应具有足够的灵活性和通用性，不但能够为具有不同经验的人使用，而且不受数据模型及 DBMS 的限制。最后，数据库设计方法应该是可再生的，即不同的设计者使用同一方法设计同一问题时，可以得到相同或相似的设计结果。

多年来，经过人们不断的努力和探索，提出了各种数据库设计方法。运用软件工程的思想和方法提出的各种设计准则和规程都属于规范设计方法。

新奥尔良（New Orleans）方法是一种比较著名的数据库设计方法，这种方法将数据库设计分为四个阶段：需求分析、概念结构设计、逻辑结构设计和物理结构设计，如图 7-1 所示。这种方法注重数据库的结构设计，而不太考虑数据库的行为设计。

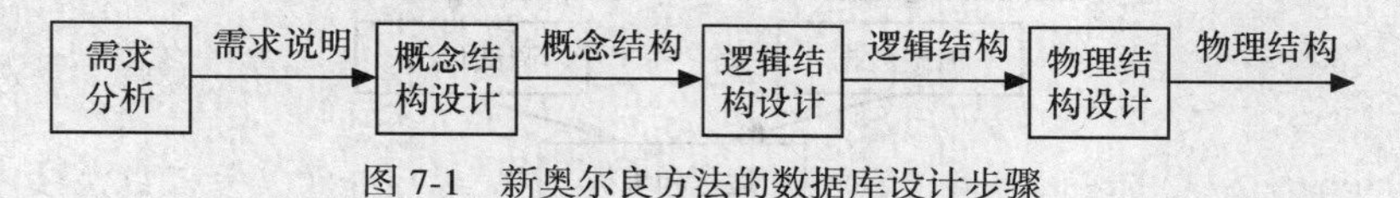

图 7-1　新奥尔良方法的数据库设计步骤

其后，S. B. Yao 等人又将数据库设计分为 5 个阶段，主张数据库设计应包括设计系统开发的全过程，并在每一阶段结束时进行评审，以便及早发现设计错误，及早纠正。各阶段也不是严格线性的，而是采取“反复探寻、逐步求精”的方法。在设计时从数据库应用系统设计和开发的全过程来考察数据库设计问题，既包括数据库模型的设计，也包括围绕数据库展开的应用处理的设计。在设计过程中努力把数据库设计和系统其他成分的设计紧密结合，把数据和处理的需求、分析、抽象、设计和实现在各个阶段同时进行，相互参照，相互补充，以完善两方面的设计。

基于 E-R 模型的数据库设计方法、基于第三范式的设计方法、基于抽象语法规范的设计方法等都是在数据库设计的不同阶段上使用的具体技术和方法。

数据库设计方法从本质上看仍然是手工设计方法，其基本思想是过程迭代和逐步求精。

7.1.3　数据库设计的基本步骤

按照规范设计的方法，同时考虑数据库及其应用系统开发的全过程，可以将数据库设计分为如下几个阶段。

- 需求分析：是整个数据库设计的基础。
- 结构设计：包括概念结构设计、逻辑结构设计和物理结构设计。
- 行为设计：包括功能设计、事务设计和程序设计。
- 数据库实施：包括加载数据库数据和调试运行应用程序。
- 数据库运行和维护阶段。

每完成一个阶段，都要进行分析和评价，对各阶段产生的文档进行评审，并与用户进行交流。如果有不符合要求的地方需进行修改，这个分析和修改的过程可能需要反复多次，以求最后实现的数据库应用系统能准确地满足用户的需求。

图 7-2 说明了数据库设计的全过程，图中左边虚线框中的内容是数据库结构设计，右边虚线框中的内容是数据库行为设计。

图 7-2 所描述的内容实际上是从数据库应用系统设计和开发的全过程来考察数据库设计问题，因此，这个过程既是数据库设计过程，也是数据库应用系统的实现过程。

需求分析阶段主要是收集信息并进行分析和整理，为后续的各个阶段提供充足的信息。这个过程是整个设计过程的基础，也是最困难、最耗时间的一个阶段，需求分析做得不好，会导致整个数据库设计重新返工。

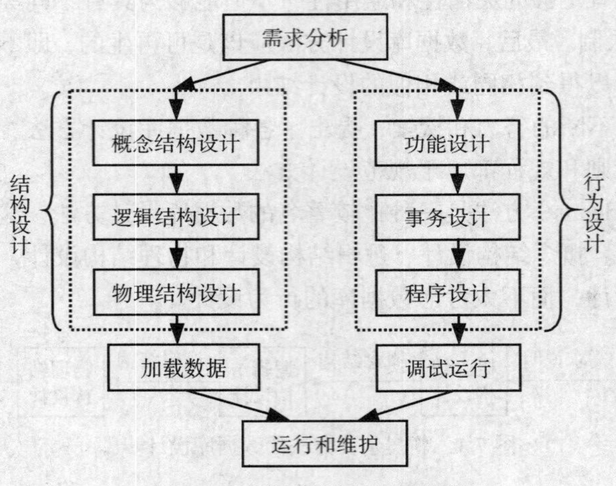

图 7-2　数据库设计的全过程

概念结构设计是整个数据库设计的关键，此过程对需求分析的结果进行综合、归纳，形成一个独立于具体的 DBMS 的概念模型。

逻辑结构设计是将概念结构设计的结果转换为某个具体的 DBMS 所支持的数据模型，并对其进行优化。

物理结构设计是为逻辑结构设计的结果选取一个最适合应用环境的数据库物理结构。数据库的行为设计是设计数据库所包含的功能、这些功能间的关联关系以及一些功能的完整性要求。

数据库实施是人们运用 DBMS 提供的数据语言以及数据库开发工具，根据结构设计和行为设计的结果建立数据库，编制应用程序，组织数据入库并进行试运行。

数据库运行和维护阶段是指将已经试运行的数据库应用系统投入正式使用，在数据库应用系统的使用过程中不断对其进行调整、修改和完善。

设计一个完善的数据库应用系统不可能一蹴而就，往往要经过上述几个阶段的不断反复才能设计成功。

7.2　数据库需求分析

简单地说，需求分析就是分析用户的要求。需求分析是数据库设计的起点，其结果将直接影响后续阶段的设计，并影响最终的数据库系统是否合理和实用。经验证明，如果需求分析不够完善，将直接导致设计的不正确，如果很多问题到系统测试阶段才被发现，这时再纠正这些错误就需要付出很大的代价。因此，必须高度重视需求分析。

7.2.1　需求分析的任务

从数据库设计的角度看，需求分析阶段的主要任务是对现实世界要处理的对象（公司，部门，企业）进行详细调查，在了解现行系统的概况、确定新系统功能的过程中，收集支持系统目标的基础数据及其处理方法。需求分析是在用户调查的基础上，通过分析，逐步明确用户对系统的需求，包括数据需求和围绕这些数据的业务处理需求。

具体地说，需求分析阶段的任务主要包括如下三项。

1. 调查分析用户活动

调查分析用户活动过程通过研究新系统的运行目标，对现行系统所存在的主要问题进行分析，明确用户的总体需求目标。

2. 调查、收集和分析需求数据，确定系统边界

对用户调查的重点是“数据”和“处理”。通过调查要从用户那里获得对新系统的下列需求：

（1）**信息需求**。定义所设计数据库系统用到的所有信息，明确用户将向数据库中输入什么样的数据，从数据库中要求获得哪些信息，将要输出哪些信息。也就是明确在数据库中需要存储哪些数据，对这些数据将做哪些处理等，同时还要描述数据间的联系等。

（2）**处理需求**。定义系统数据处理的操作功能，描述操作的先后次序、操作的执行频率和场合，操作与数据间的联系，同时还要明确用户要完成哪些处理功能，每种处理的执行频度，用户要求的响应时间以及处理的方式（比如是联机处理还是批处理），等等。

（3）**安全性与完整性要求**。安全性要求描述系统中不同用户对数据库的使用和操作情况，完整性要求描述数据之间的关联关系以及数据的取值范围要求。

在收集完各种数据后，对调查的结果进行初步分析，确定新系统的边界，确定哪些功能由计算机完成或将来准备由计算机完成，哪些活动由人工完成。需要计算机完成的功能是新系统应该实现的功能。

3. 编写系统分析报告

需求分析阶段的最后一项工作是编写系统分析报告，也称为需求规范说明书。系统分析报告是对需求分析的总结，编写系统分析报告是一个不断反复、逐步深入和逐步完善的过程，该报告应包含如下内容。

（1）系统概括：系统的目标、范围、背景、历史和现状；

（2）对原系统或现状的改善；

（3）系统总体结构和子系统结构说明；

（4）系统功能说明；

（5）数据处理概要及各处理阶段划分；

（6）系统方案及技术、经济、功能和操作上的可行性。

系统分析报告完成后，需要经过相关组织领导及技术专家的评审，审查通过后方可进行实施。

系统分析报告还应提供如下附加材料。

（1）系统软硬件支持环境的选择和规格要求，如所选择的操作系统、数据库管理系统、计算机型号和配置、网络环境等。

（2）组织机构图、组织之间的联系图以及各机构功能业务图。

（3）数据流图、功能模块图和数据字典等。

系统分析报告是数据库设计人员与用户共同确认的权威性文档，是数据库后续各阶段设计和实现的依据。

在需求分析中，通过自顶向下、逐步分解的方法分析系统，任何一个系统都可以抽象为图 7-3 所示的数据流图的形式。

数据流图是从“数据”和“处理”两方面表达数据处理的一种图形化表示方法。在需求分析阶段，不必确定数据的具体存储方式，这些问题留待进行物理结构设计时考虑。数据流图中的“处

理”抽象地表达了系统的功能需求，系统的整体功能要求可以分解为系统的若干子功能要求，通过逐步分解的方法，可以将系统的工作过程逐步细化，直至表达清楚为止。

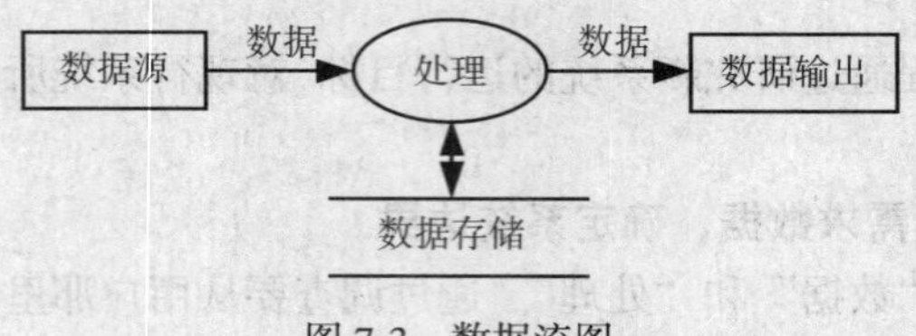

图 7-3　数据流图

需求分析是整个数据库设计（严格讲是管理信息系统设计）中最重要的一步，是其他各步骤的基础。如果把整个数据库设计当成一个系统工程看待，那么需求分析就是这个系统工程的最原始的输入信息。如果这一步做得不好，那么后续的设计即使再优化也只能前功尽弃。所以这一步特别重要。

需求分析也是最困难最麻烦的一步，其困难之处不在于技术上，而在于要了解、分析、表达客观世界并非易事，这也是数据库自动生成工具研究中最困难的部分。目前，许多自动生成工具都绕过这一步，先假定需求分析已经有结果，这些自动工具就以这一结果作为后面几步的输入。

7.2.2　需求分析的方法

需求分析首先要调查清楚用户的实际需求，与用户达成共识，然后再分析和表达这些需求。

调查用户的需求的重点是“数据”和“处理”，为达到这一目的，在调查前要拟定调查提纲。调查时要抓住两个“流”，即“信息流”和“处理流”，而且调查中要不断地将这两个“流”结合起来。调查的任务是调研现行系统的业务活动规则，并提取描述系统业务的现实系统模型。

通常情况下，调查用户的需求包括三方面内容，即系统的业务现状、信息源流及外部要求。

（1）业务现状，包括：业务方针政策，系统的组织机构，业务内容，约束条件和各种业务的全过程。

（2）信息源流，包括：各种数据的种类、类型及数据量，各种数据的源头、流向和终点，各种数据的产生、修改、查询及更新过程和频率以及各种数据与业务处理的关系。

（3）外部要求，包括：对数据保密性的要求，对数据完整性的要求，对查询响应时间的要求，对新系统使用方式的要求，对输入方式的要求，对输出报表的要求，对各种数据精度的要求，对吞吐量的要求，对未来功能、性能及应用范围扩展的要求。

在进行需求调查时，实际上就是发现现行业务系统的运作事实。常用的发现事实的方法有检查文档、面谈、观察操作中的业务、研究和问卷调查等。

（1）检查文档。当要深入了解为什么客户需要数据库应用时，检查用户的文档是非常有用的。检查文档可以发现文档中有助于提供与问题相关的业务信息（或者业务事务的信息）。如果问题与现存系统相关，则一定有与该系统相关的文档。检查与目前系统相关的文档、表格、报告和文件是一种非常好的快速理解系统的方法。

（2）面谈。面谈是最常用的，通常也是最有用的事实发现方法，通过面对面谈话获取有用信息。面谈还有其他用处，比如找出事实、确认、澄清事实、得到所有最终用户、标识需求、集中意见和观点。但是，使用面谈这种技术需要良好的交流能力，面谈的成功与否依赖于谈话者的交流技巧，而且，面谈也有它的缺点，比如非常消耗时间。为了保证谈话成功，必须选择合适的谈话人选，准备的问题涉及范围要广，要引导谈话有效地进行。

（3）观察业务的运转。观察是用来理解一个系统的最有效的事实发现方法之一。使用这个技术可以参与或者观察做事的人以了解系统。当用其他方法收集的数据的有效性值得怀疑或者系统特定方面的复杂性阻碍了最终用户做出清晰的解释时，这种技术尤其有用。

与其他事实发现技术相比，成功的观察要求做非常多的准备。为了确保成功，要尽可能多地了解要观察的人和活动。例如，所观察的活动的低谷、正常以及高峰期分别是什么时候？

（4）研究。研究是通过计算机行业的杂志、参考书和因特网来查找是否有类似的解决此问题的方法，甚至可以查找和研究是否存在解决此问题的软件包。但这种方法也有很多缺点。比如，如果存在解决此问题的方法，则可以节省很多时间，但如果没有，则可能会非常浪费时间。

（5）问卷调查。另一种事实发现方法是通过问卷来调查。问卷是一种有着特定目的的小册子，这样可以在控制答案的同时，集中一大群人的意见。当和大批用户打交道，其他的事实发现技术都不能有效的把这些事实列成表格时，就可以采用问卷调查的方式。问卷有两种格式，自由形式和固定形式。

在自由格式问卷上，答卷人提供的答案有更大的自由。问题提出后，答卷人在题目后的空白地方写答案。例如："你当前收到的是什么报表，它们有什么用？"，"这些报告是否存在问题？如果有，请说明"。自由格式问卷存在的问题是答卷人的答案可能难以列成表格，而且，有时答卷人可能答非所问。

在固定格式问卷上，包含的问题答案是特定的。给定一个问题，回答者必须从提供的答案中选择一个。因此，结果容易列表。但另一方面，答卷人不能提供一些有用的附加信息。例如，现在的业务系统报告形式非常理想，不必改动。答卷人可以选择的答案有"是"或"否"，或者一组选项，包括"非常赞同"、"同意"、"没意见"、"不同意"和"强烈反对"等。

7.2.3　数据字典

数据流图表达了数据和处理的关系，数据字典则是系统中各类数据描述的集合，是进行详细的数据收集和分析获得的主要成果。数据字典在数据库设计中占有非常重要的地位。

数据字典通常包括数据项、数据结构、数据流、数据存储和数据处理5个部分，其中数据项是数据的最小组成单位，若干个数据项可以组成一个数据结构。数据字典通过对数据项和数据结构的定义来描述数据流、数据存储的逻辑内容。

1. 数据项

数据项是不可再分的数据单位，对数据项的描述通常包括：数据项名、数据项含义说明、别名、数据类型、长度、取值范围、取值含义、与其他数据项的逻辑关系、数据项之间的联系。其中"取值范围"、"与其他数据项的逻辑关系"（比如，某数据项是其他几个数据项之和）说明了数据的完整性约束条件，是设计数据检验功能的依据。

2. 数据结构

数据结构反映了数据之间的组合关系，是有意义的数据项集合。数据结构内容包括：数据结构名、含义说明和组成结构。

3. 数据流

数据流可以是数据项，也可以是数据结构，它表示某一处理过程中数据在系统内的传输路径。对数据流的描述通常包括：数据流名、说明、数据流来源、数据流去向、数据流组成、平均流量以及高峰期流量。

其中“数据流来源”说明该数据流来自哪个过程；“数据流去向”说明数据流将到哪个过程去。

4. **数据存储**

数据存储是数据的存储场所，也是数据流的来源和去向之一。它们可以是手工文档、手工凭单，也可以是计算机文档。对数据存储的描述通常包括：数据存储名、说明、输入的数据流、输出的数据流、数据存储内容、数据量、存取频度以及存取方式。

其中“存取频度”指单位时间（每小时、每天或每周）存取几次，每次存取多少数据等信息；“存取方式”指批处理还是联机处理、是检索还是更新、是顺序检索还是随机检索等。

5. **处理过程**

处理过程的处理逻辑一般由判定树或判定表来描述，数据字典中只需描述处理过程的说明性信息。处理过程通常包括：处理过程名、说明、输入数据流、输出数据流和简要处理说明。

其中“简要处理说明”中要说明处理过程的功能和处理要求。功能是指该处理过程用来做什么（而不是怎么做），处理要求包括处理频度要求，如单位时间内处理多少事务、多少数据量、响应时间要求等。这些处理要求是后面数据库物理设计的输入及性能评价的依据。

可见，数据字典是关于数据库中数据的描述，即元数据，而不是数据本身。

数据字典是在需求分析阶段建立，在数据库设计过程中不断进行修订、充实和完善的。

明确地把需求收集和分析作为数据库设计的第一个阶段是非常重要的，这一阶段收集到的基础数据（用数据字典表达）和一组数据流图是下一步进行概念设计的基础。

7.3 数据库结构设计

数据库设计主要分为**数据库结构设计**和**数据库行为设计**。数据库结构设计包括概念结构设计、逻辑结构设计和物理结构设计。行为设计包括设计数据库的功能组织和流程控制。

数据库结构设计是在数据库需求分析的基础上，逐步形成对数据库概念、逻辑、物理结构的描述。概念结构设计的结果是形成数据库的概念层数据模型，用语义层模型描述，如E-R模型。逻辑结构设计的结果是形成数据库的模式与外模式，用结构层模型描述，如基本表、视图等。物理结构设计的结果是形成数据库的内模式，用文件级术语描述。如数据库文件或目录、索引等。

7.3.1 概念结构设计

概念结构设计的重点在于信息结构的设计，它将需求分析得到的用户需求抽象为信息结构即概念层数据模型。概念层数据模型是整个数据库系统设计的一个重要内容，它独立于逻辑结构设计和具体的数据库管理系统。

1. **概念结构设计的特点和方法**

概念结构设计的任务是产生反映企业组织信息需求的数据库概念结构，即概念层数据模型。

概念结构的特点

概念结构应具备如下特点。

• 有丰富的语义表达能力。能够表达用户的各种需求，包括描述现实世界中各种事物以及事物与事物之间的联系，能满足用户对数据的处理需求。

• 易于交流和理解。概念结构是数据库设计人员和用户之间的主要交流工具，因此必须能通过概念模型与不熟悉计算机的用户交换意见，用户的积极参与是数据库成功的关键。

• 易于修改和扩充。当应用环境和应用要求发生变化时，能方便地对概念结构进行修改和扩充，以反映这些变化。

• 易于向各种数据模型转换，易于导出与 DBMS 有关的逻辑模型。

描述概念结构的常用工具是 E-R 模型。有关 E-R 模型的概念已经在第 2 章介绍，本章在介绍概念结构设计时也采用 E-R 模型。

概念结构设计的方法

概念结构设计的方法主要有如下几种：

• 自底向上。先定义每个局部应用的概念结构，然后按一定的规则把它们集成起来，从而得到全局概念结构。

• 自顶向下。先定义全局概念结构，然后再逐步细化。

• 由里向外。先定义最重要的核心结构，然后再逐步向外扩展，以滚雪球的方式逐步形成全局概念结构。

• 混合策略。将自顶向下和自底向上方法结合起来使用。先用自顶向下设计一个概念结构的框架，然后以它为框架再用自底向上策略设计局部概念结构，最后把它们集成起来。

从这一步开始，需求分析所得到的结果将按“数据”和“处理”分开考虑。概念结构设计的重点在于信息结构的设计，而“处理”可由行为设计来考虑。这也是数据库设计的特点，即“行为”设计与“结构”设计分离进行。但由于两者原本是一个整体，因此在设计概念结构和逻辑结构时，要考虑如何有效地为“处理”服务，而设计应用模型时，也要考虑如何有效地利用结构设计提供的条件。

概念结构设计使用集合概念，抽取现实业务系统的元素及其应用语义关联，最终形成 E-R 模型。

概念结构设计最常用的方法是自底向上方法，即自顶向下进行需求分析，然后自底向上设计概念结构，其过程如图 7-4 所示。我们这里也只介绍自底向上设计概念结构的方法，它通常分为两步，第一步是抽象数据并设计局部概念模型，第二步是集成局部概念模型，得到全局概念模型，如图 7-5 所示。

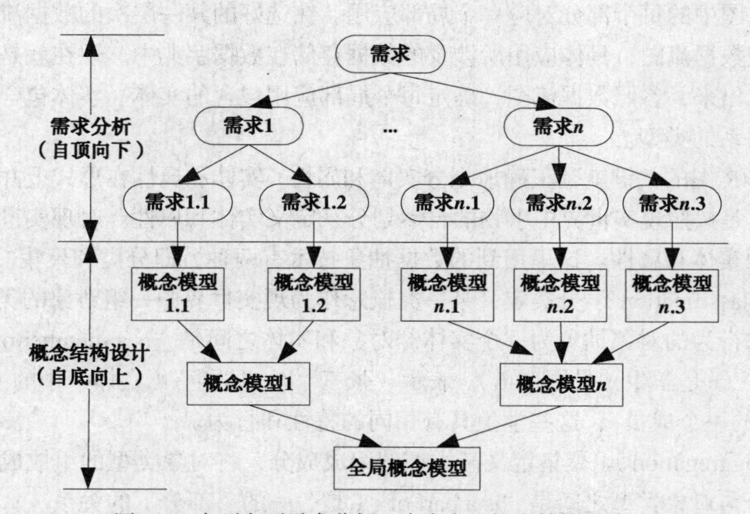

图 7-4 自顶向下需求分析、自底向上概念结构设计

2. 采用 E–R 模型的概念结构设计

设计数据库概念结构的最著名、最常用的方法是 E-R 方法。采用 E-R 方法的概念结构设计可

分为如下三步。

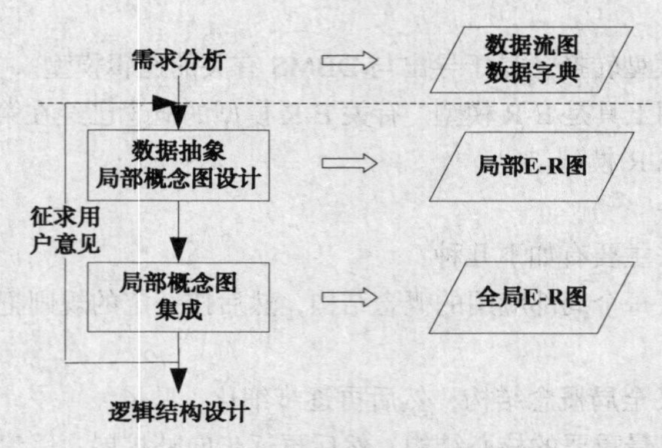

图 7-5 自底向上的概念结构设计

• 设计局部 E-R 图。局部 E-R 图的设计内容包括确定局部应用的范围、定义实体、属性及实体间的联系。

• 设计全局 E-R 图。将所有局部 E-R 图集成为一个全局 E-R 图。

• 优化全局 E-R 图。

下面分别介绍这三个步骤的内容。

（1）数据抽象与局部 E-R 图设计。概念结构是对现实世界的一种抽象。所谓抽象是对实际的人、物、事和概念进行人为处理，抽取所关心的共同特性，忽略非本质细节，并把这些特性用各种概念准确地加以描述，这些概念组成了某种模型。概念结构设计首先要根据需求分析得到的结果（数据流和数据字典等）对现实世界进行抽象，然后设计各个局部 E-R 模型。

数据抽象

在系统需求分析阶段，得到了多层数据流图、数据字典和系统分析报告。建立局部 E-R 图，就是根据系统的具体情况，在多层数据流图中选择一个适当层次的数据流图，作为 E-R 图设计的出发点，让这组图中的每个部分对应一个局部应用。在选好的某一层次的数据流图中，每个局部应用都对应一组数据流图，具体应用所涉及的数据存储在数据字典中。现在就是要将这些数据从数据字典中抽取出来，参照数据流图，确定每个局部应用包含的实体、实体包含的属性、实体之间的联系以及联系的类型。

设计局部 E-R 图的关键就是正确地划分实体和属性。实体和属性在形式上并没有可以明显区分的界限，通常是按照现实世界中事物的自然划分来定义实体和属性。对现实世界中的事物进行数据抽象，得到实体和属性。这里用到的数据抽象技术有两种，即分类和聚集。

① 分类（classification）。分类定义某一类概念作为现实世界中一组对象的类型，将一组具有某些共同特征和行为的对象抽象为一个实体。对象和实体之间是“is a member of”的关系。

例如，“张三”是学生（见图 7-6），表示“张三”是“学生”（实体）中的一员（实例），即“张三是学生中的一个成员”，这些学生具有相同的特性和行为。

② 聚集（aggregation）。聚集定义某类型的组成成分，将对象类型的组成成分抽象为实体的属性。组成成分与对象类型之间是“is a part of”（是……的一部分）的关系。

在 E-R 模型中，若干个属性的聚集就组成了一个实体的属性。例如，学号、姓名、性别等属性可聚集为学生实体的属性。聚集的示例如图 7-7 所示。

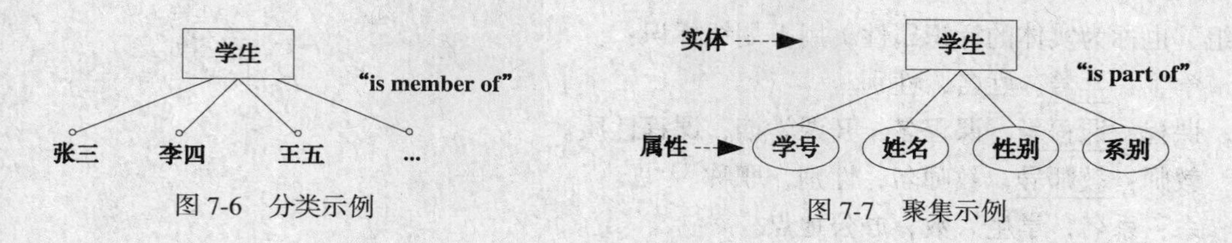

图 7-6　分类示例　　　　图 7-7　聚集示例

局部 E-R 图设计

经过数据抽象后得到了实体和属性，实体和属性是相对而言的，需要根据实际情况进行调整。对关系数据库而言，其基本原则是：实体具有描述信息，而属性没有，即属性必须是不可再分的数据项，不能包含其他属性。例如，学生是一个实体，具有属性：学号、姓名、性别、系别等，如果不需要对系再做更详细的分析，则"系别"作为一个属性存在就够了，但如果还需要对系别做更进一步的分析，比如，需要记录或分析系的教师人数、系的办公地点、办公电话等，则"系别"就需要作为一个实体存在。图 7-8 说明了"系别"升级为实体后，E-R 图的变化。

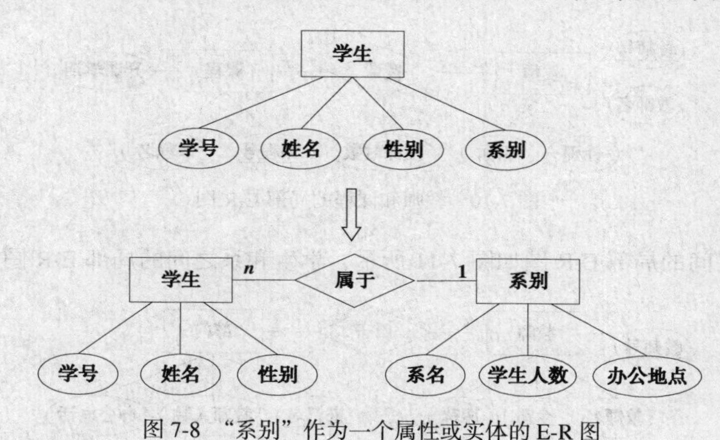

图 7-8　"系别"作为一个属性或实体的 E-R 图

下面举例说明局部 E-R 图的设计。

设在一个简单的教务管理系统中，有如下简化的语义描述。

① 一名学生可同时选修多门课程，一门课程也可同时被多名学生选修。对学生选课需要记录考试成绩信息，每个学生每门课程只能有一次考试。对每名学生需要记录学号、姓名、性别信息，对课程需要记录课程号、课程名、课程性质信息。

② 一门课程可由多名教师讲授，一名教师可讲授多门课程。对每个教师讲授的每门课程需要记录授课时数信息。对每名教师需要记录教师号、教师名、性别、职称信息。对每门课程需要记录课程号、课程名、开课学期信息。

③ 一名学生只属于一个系，一个系可有多名学生。对系需要记录系名、系学生人数和办公地点信息。

④ 一名教师只属于一个部门，一个部门可有多名教师。对部门需要记录部门名、教师人数和办公电话信息。

根据上述描述可知该系统共有 5 个实体，分别是：学生、课程、教师、系和部门。其中学生和课程之间是多对多联系；课程和教师之间也是多对多联系；系和学生之间是一对多联系；部门和教师之间也是一对多联系。

这 5 个实体的属性如下，其中的码属性（能够唯一标识实体中每个实例的一个属性或最小属性组，也称为实体的标识属性）用下划线标识：

学生：<u>学号</u>，姓名，性别。

课程：<u>课程号</u>，课程名，开课学期，课程性质。

教师：<u>教师号</u>，教师名，性别，职称。

系：<u>系名</u>，学生人数，办公地点。

部门：<u>部门名</u>、教师人数，办公电话。

学生和课程之间的局部 E-R 图如图 7-9 所示，教师和课程之间的局部 E-R 图如图 7-10 所示。

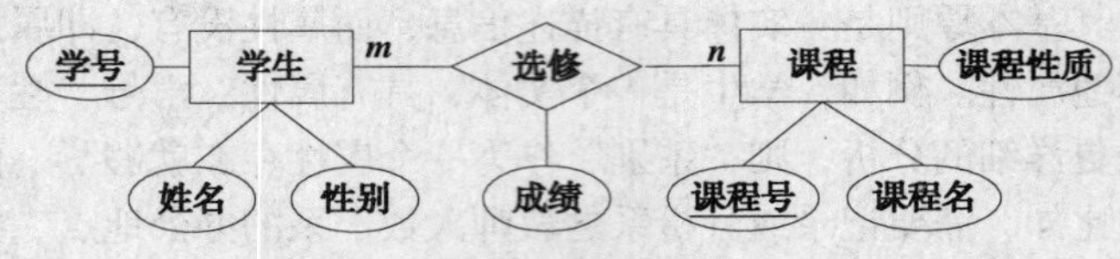

图 7-9　学生和课程的局部 E-R 图

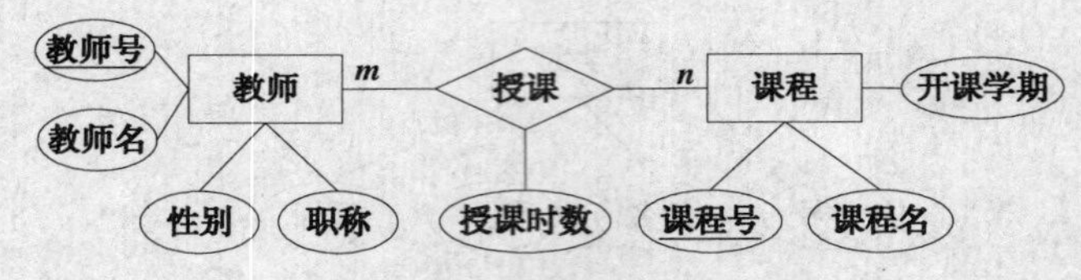

图 7-10　教师和课程的局部 E-R 图

教师和部门之间的局部 E-R 图如图 7-11 所示，学生和系之间的局部 E-R 图如图 7-12 所示。

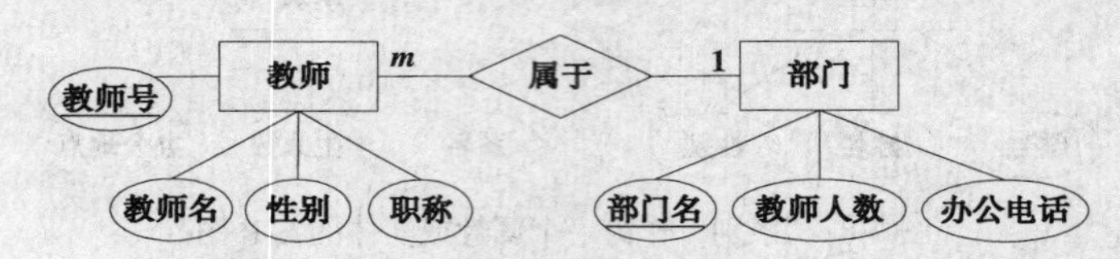

图 7-11　教师和部门的局部 E-R 图

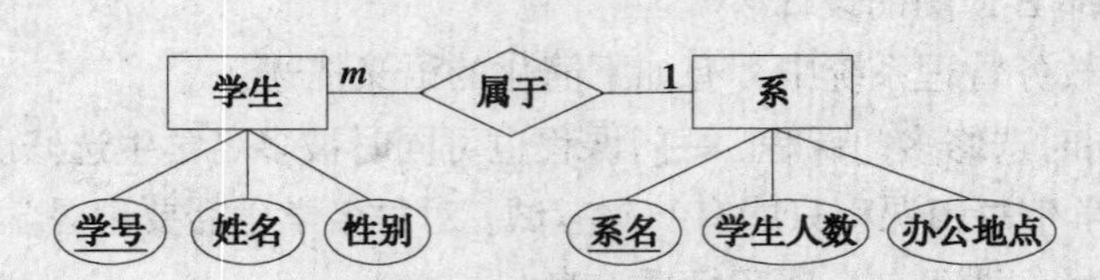

图 7-12　学生和系的局部 E-R 图

（2）全局 E-R 图设计。

把局部 E-R 图集成为全局 E-R 图时，可以采用一次将所有的 E-R 图集成在一起的方式，也可以用逐步集成、进行累加的方式，即一次只集成少量几个 E-R 图，这样实现起来比较容易。

当将局部 E-R 图集成为全局 E-R 图时，需要消除各分 E-R 图合并时产生的冲突。解决冲突是合并 E-R 图的主要工作和关键所在。

各局部 E-R 图之间的冲突主要有三类：属性冲突、命名冲突和结构冲突。

① 属性冲突。属性冲突包括如下几种情况。

• 属性域冲突。即属性的类型、取值范围和取值集合不同。例如，在有些局部应用中可能将学号定义为字符型，而在其他局部应用中可能将其定义为数值型。又如，年龄有些局部应用可能定义为出生日期，有些定义为整数。

• 属性取值单位冲突。例如，学生身高，有的用“米”为单位，有的用“厘米”为单位。

② 命名冲突。命名冲突包括同名异义和异名同义，即不同意义的实体名、联系名或属性名在不同的局部应用中具有相同的名字，或者具有相同意义的实体名、联系名和属性名在不同的局部应用中具有不同的名字。如科研项目，在财务部门称为项目，在科研处称为课题。

属性冲突和命名冲突通常可以通过讨论、协商等方法解决。

③ 结构冲突。结构冲突有如下几种情况。

• 同一数据项在不同应用中有不同的抽象，有的地方作为属性，有的地方作为实体。例如，“职称”可能在某一局部应用中作为实体，而在另一局部应用中却作为属性。

解决这种冲突必须根据实际情况而定，是把属性转换为实体还是把实体转换为属性，基本原则是保持数据项一致。一般情况下，凡能作为属性对待的，应尽可能作为属性，以简化 E-R 图。

• 同一实体在不同的局部 E-R 图中所包含的属性个数和属性次序不完全相同。

这是很常见的一类冲突，原因是不同的局部 E-R 模型关心的实体的侧面不同。解决的方法是让该实体的属性为各局部 E-R 图中属性的并集，然后再适当调整属性次序。

• 两个实体在不同的应用中呈现不同的联系，比如，E1 和 E2 两个实体在某个应用中可能是一对多联系，而在另一个应用中是多对多联系。

这种情况应该根据应用的语义对实体间的联系进行合适调整。

下面以前面叙述的简单教务管理系统为例，说明合并局部 E-R 图的过程。

过程 1：合并图 7-9 和图 7-12 所示的局部 E-R 图，这两个局部 E-R 图中不存在冲突，合并后的结果如图 7-13 所示。

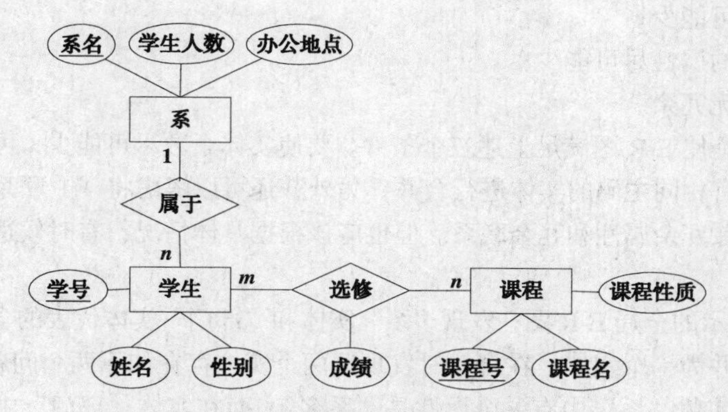

图 7-13　合并学生和课程、学生和系的局部 E-R 图

过程 2：合并图 7-10 和图 7-11 所示的局部 E-R 图，这两个局部 E-R 图也不存在冲突，合并后的结果如图 7-14 所示。

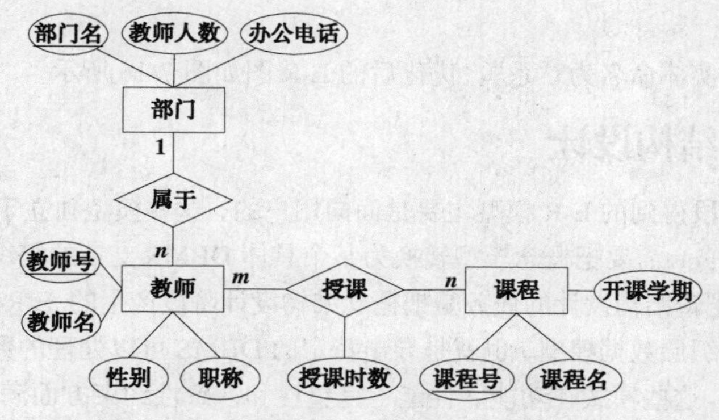

图 7-14　合并教师和课程、教师和部门的局部 E-R 图

过程 3：再将合并后的两个局部 E-R 图合并为一个全局 E-R 图，在进行这个合并操作时，发现这两个局部 E-R 图中都有“课程”实体，但该实体在两个局部 E-R 图所包含的属性不完全相同，即存在结构冲突。消除该冲突的方法是：合并后“课程”实体的属性是两个局部 E-R 图中“课程”实体属性的并集。合并后的全局 E-R 图如图 7-15 所示。

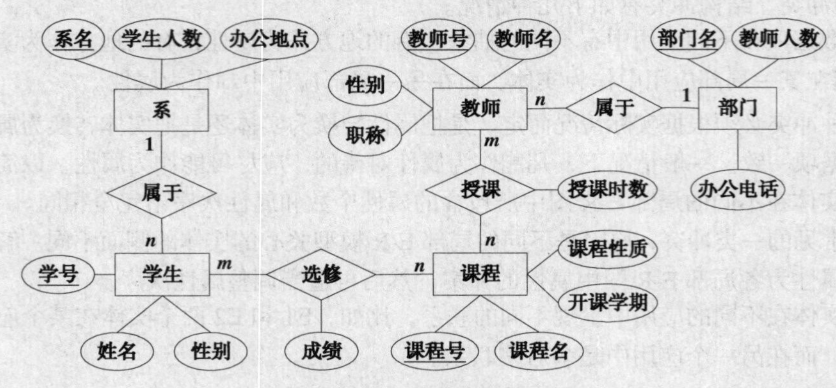

图 7-15　合并后的全局 E-R 图

（3）优化全局 E-R 模型。

一个好的全局 E-R 图除了能反映用户功能需求外，还应满足如下条件。

- 实体个数尽可能少；
- 实体所包含的属性尽可能少；
- 实体间联系无冗余。

优化的目的就是使 E-R 图满足上述三个条件。要使实体个数尽可能少，可以进行相关实体的合并，一般是把具有相同主码的实体进行合并，另外，还可以考虑将 1:1 联系的两个实体合并为一个实体，同时消除冗余属性和冗余联系。但也应该根据具体情况，有时候适当的冗余可以提高数据查询效率。

分析图 7-15 所示的全局 E-R 图，发现“系”实体和“部门”实体代表的含义基本相同，因此可将这两个实体合并为一个实体。在合并时发现这两个实体存在如下两个问题：

- 命名冲突：实体“系”中有一个属性是“系名”，而在实体“部门”中将这个含义相同的属性命名为“部门名”，即存在异名同义属性。合并后可统一为“系名”。
- 结构冲突：实体“系”包含的属性是系名、学生人数和办公地点，而实体“部门”包含的属性是部门名、教师人数和办公电话。因此在合并后的实体“系”中应包含这两个实体的全部属性。

我们将合并后的实体命名为“系”。优化后的 E-R 图如图 7-16 所示。

7.3.2　逻辑结构设计

概念结构设计阶段得到的 E-R 模型主要是面向用户的，这些模型独立于具体的 DBMS。为了实现用户所需要的业务，需要把概念模型转换为某个具体 DBMS 支持的组织层数据模型（简称为数据模型）。数据库逻辑结构设计的任务是把概念结构设计阶段产生的 E-R 图转换为具体的数据库管理系统支持的组织层数据模型，也就是导出特定的 DBMS 可以处理的数据库逻辑结构（数据库的模式和外模式），这些模式在功能、性能、完整性和一致性约束方面满足应用要求。

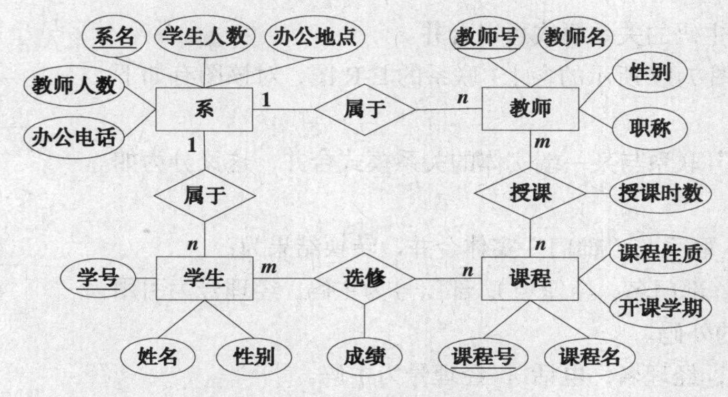

图 7-16　优化后的全局 E-R 图

特定 DBMS 可以支持的组织层数据模型包括层次模型、网状模型、关系模型和面向对象模型等。下面仅讨论从概念模型向关系数据模型的转换。

逻辑结构设计一般包含三项工作：

（1）将概念结构转换为关系数据模型。

（2）对关系数据模型进行优化。

（3）设计面向用户的外模式。

1. E–R 模型向关系模型的转换

E-R 模型向关系模型的转换要解决的问题，是如何将实体以及实体间的联系转换为关系模式，如何确定这些关系模式的属性和主码。

关系模型的逻辑结构是一组关系模式的集合。E-R 模型由实体、实体的属性以及实体之间的联系三部分组成，因此将 E-R 模型转换为关系模型实际上就是将实体、实体的属性和实体间的联系转换为关系模式，转换的一般规则如下。

一个实体转换为一个关系模式。实体的属性就是关系模式的属性，实体的码就是关系模式的主码。

对于实体间的联系有以下不同的情况。

（1）一个 1∶1 联系可以转换为一个独立的关系模式，也可以与任意一端所对应的关系模式合并。如果可以转换为一个独立的关系模式，则与该联系相连的各实体的码以及联系本身的属性均转换为此关系模式的属性，每个实体的码均是该关系模式的候选码。如果是与联系的任意一端实体所对应的关系模式合并，则需要在该关系模式的属性中加入另一个实体的码和联系本身的属性。

（2）一个 1∶n 联系可以转换为一个独立的关系模式，也可以与 n 端所对应的关系模式合并。如果转换为一个独立的关系模式，则与该联系相连的各实体的码以及联系本身的属性均转换为此关系模式的属性，且关系模式的码为 n 端实体的码。如果与 n 端对应的关系模式合并，则需要在该关系模式中加入 1 端实体的码以及联系本身的属性。

（3）一个 m∶n 联系必须转换为一个独立的关系模式。与该联系相连的各实体的码以及联系本身的属性均转换为此关系模式的属性，且关系模式的主码包含各实体的码。

（4）三个或三个以上实体间的一个多元联系可以转换为一个关系模式。与该多元联系相连的各实体的码以及联系本身的属性均转换为此关系模式的属性，而此关系模式的主码包含各实体的码。

（5）具有相同主码的关系模式可以合并。

例 1 设有如图 7-17 所示的含 1:1 联系的 E-R 图，对该图有如下两种转换方法。

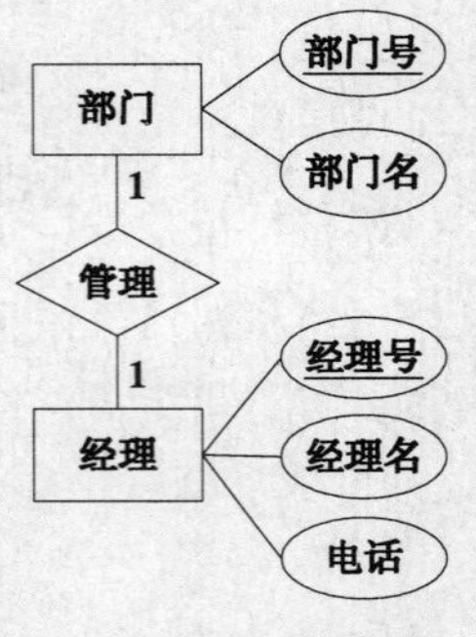

图 7-17 1∶1 联系示例

（1）将“管理”联系与某一端实体的关系模式合并，这又分为如下两种情况：

① 将“管理”联系与“部门”实体合并，转换结果为：

部门（部门号，部门名，经理号），部门号为主码，经理号为引用“经理”关系模式的外码。

经理（经理号，经理名，电话），经理号为主码。

② 将“管理”联系与“经理”实体合并，转换结果为：

部门（部门号，部门名），部门号为主码。

经理（经理号，部门号，经理名，电话），经理号为主码，部门号为引用“部门”关系模式的外码。

（2）将“管理”联系转换为一个独立的关系模式，则该 E-R 图可以转换为如下三个关系模式：

部门（部门号，部门名），部门号为主码。

经理（经理号，经理名，电话），经理号为主码。

部门_经理（经理号，部门号），经理号和部门号为候选码，同时也都为外码。

在 1∶1 联系中，一般情况下不将联系单独作为一个关系模式，因为这样转换出来的关系模式个数多，相应的关系表个数也多。查询时涉及的表个数越多，查询效率就越低。

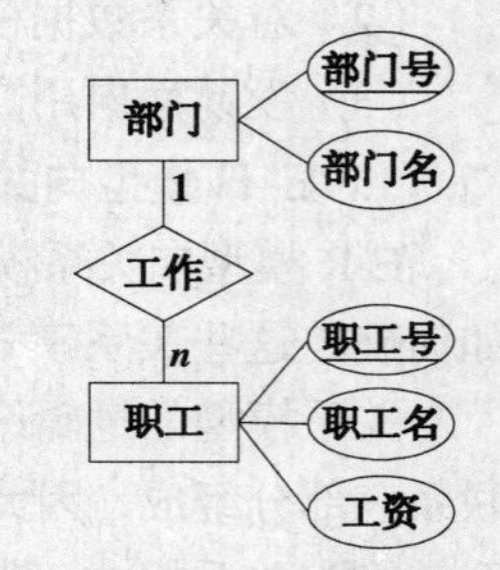

图 7-18 1∶n 联系示例

例 2 设有如图 7-18 所示的含 1∶n 联系的 E-R 图，对该图有如下两种转换方法。

（1）将联系与 n 端实体的关系模式合并，即将“工作”联系与“职工”实体合并，转换结果为：

部门（部门号，部门名），部门号为主码。

职工（职工号，职工名，部门号，工资），职工号为主码，部门号为引用“部门”关系模式的外码。

（2）将“工作”联系转换为一个独立的关系模式，则该 E-R 图可以转换为以下三个关系模式：

部门（部门号，部门名），部门号为主码。

职工（职工号，职工名，工资），职工号为主码。

部门_职工（部门号，职工号），职工号为主码，同时也为引用“职工”关系模式的外码，部门号为引用“部门”关系模式的外码。

同 1∶1 联系一样，在 1∶n 联系中，如果能与 n 端实体对应的关系模式合并，则一般情况下也不将联系转换为一个独立的关系模式。

例 3 设有如图 7-19 所示的含 m∶n 联系的 E-R 图，对 m∶n 联系，一般都将联系转换为一个独立的关系模式。转换后的结果为：

教师（教师号，教师名，职称），教师号为主码。

课程（课程号，课程名，学分），课程号为主码。

授课（教师号，课程号，授课时数），（教师号，课程号）为主码，同时教师号为引用“教师”关系模式的外码，课程号为引用“课程”关系模式的外码。

例4　设有如图7-20所示的含多个实体间联系的E-R图，这种联系一般情况下也被转换为一个独立的关系模式，而且在联系产生的关系模式，其主码至少包含其关联实体所对应的关系模式的主码。该E-R图转换后的关系模式为：

营业员（职工号，姓名，出生日期），职工号为主码。

商品（商品编号，商品名称，单价），商品编号为主码。

顾客（身份证号，姓名，性别），身份证号为主码。

销售（职工号，商品编号，顾客身份证号，销售数量，销售时间），（职工号，商品编号，身份证号，销售时间）为主码，职工号为引用“营业员”关系模式的外码，商品编号为引用“商品”关系模式的外码，顾客身份证号为引用“顾客”关系模式的外码。

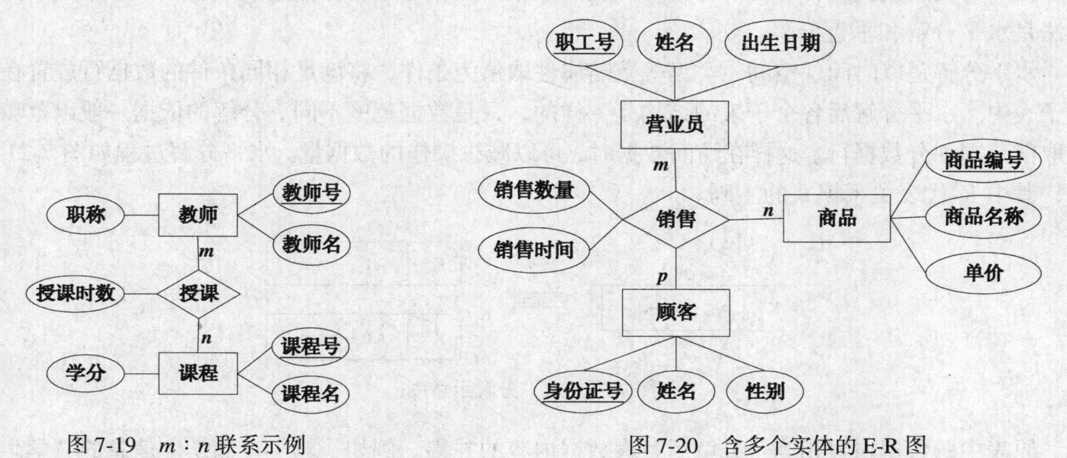

图7-19　*m*：*n*联系示例　　　　图7-20　含多个实体的E-R图

例5　将图7-16所示的教务管理系统E-R图转换为关系模式，最终的转换结果为：

系（系名，学生人数，教师人数，办公地点，办公电话），系名为主码。

学生（学号，姓名，性别，系名），学号为主码。系名为引用“系”关系模式的外码。

教师（教师号，姓名，性别，职称，系名），教师号为主码。系名为引用“系”关系模式的外码。

课程（课程号，课程名，课程性质，开课学期），课程号为主码。

选课（学号，课程号，成绩），（学号，课程号）为主码。学号为引用“学生”关系模式的外码，课程号为引用“课程”关系模式的外码。

授课（教师号，课程号，授课时数），（教师号，课程号）为主码。教师号为引用“教师”关系模式的外码，课程号为引用“课程”关系模式的外码。

2. 数据模型的优化

逻辑结构设计的结果并不是唯一的，为了进一步提高数据库应用系统的性能，还应该根据应用的需要对逻辑数据模型进行适当的修改和调整，这就是数据模型的优化。关系数据模型的优化通常以关系规范化理论为指导，并考虑系统的性能。具体方法如下。

（1）确定各属性间的函数依赖关系。根据需求分析阶段得出的语义，分别写出每个关系模式的各属性之间的函数依赖以及不同关系模式中各属性之间的数据依赖关系。

（2）对各个关系模式之间的数据依赖进行极小化处理，消除冗余的联系。

（3）判断每个关系模式的范式，根据实际需要确定最合适的范式。

（4）根据需求分析阶段得到的处理要求，分析这些关系模式对于这样的应用环境是否合适，确定是否要对某些关系模式进行分解或合并。

注意：如果系统的查询操作比较多，而且对查询响应速度的要求也比较高，则可以适当降低规范化的程度，即将几个表合并为一个表，以减少查询时表的连接个数。甚至可以在表中适当增加冗余数据列，比如把一些经过计算得到的值作为表中的一个列保存在表中。但这样做时要考虑可能引起的潜在的数据不一致问题。

对于一个具体的应用来说，到底规范化到什么程度，需要权衡响应时间和潜在问题两者的利弊，做出最佳的决定。

（5）对关系模式进行必要的分解，以提高数据的操作效率和存储空间的利用率。常用的分解方法是水平分解和垂直分解。

水平分解是以时间、空间、类型等范畴属性取值为条件，将满足相同条件的数据行放置在一个子表中。水平分解后各个子表的结构是一样的，只是数据范围不同。分解的依据一般以范畴属性取值范围划分数据行。这样在访问数据时，可以减少操作的数据量。水平分解过程如图 7-21 所示，其中 $K^{\#}$代表关系模式的主码。

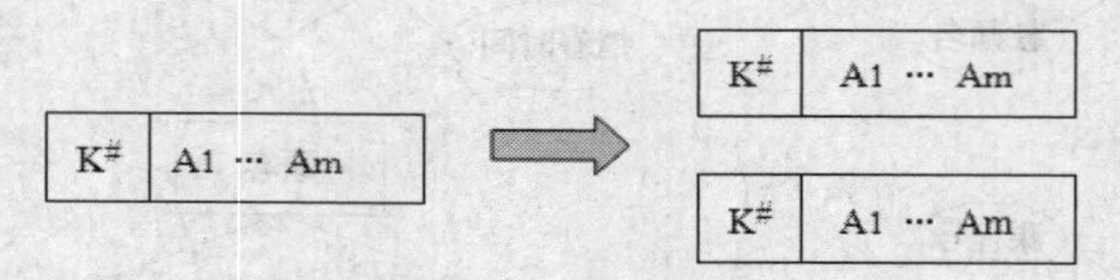

图 7-21　水平分解示意图

原表中的数据内容相当于分解后各表数据内容的并集。例如，对于存储学生信息的“学生”关系模式，可以将其分解为“历史学生”和“在册学生”两个关系模式。在“历史学生”关系模式中存放已毕业学生的数据，在“在册学生”关系模式中存放目前在校学生的数据。因为经常需要操作的是当前在校学生的数据，而对已毕业学生数据的操作要少很多，因此将历年学生的信息存放在两个关系模式中，可以提高对在校学生的处理速度。当一届学生毕业时，可将这些学生从“在册学生”表中删除，同时插入到“历史学生”表中。

垂直分解是以非主属性所描述的数据特征为条件，描述一类相同特征的属性划分在一个子表中。这样操作数据时属性范围相对集中，便于管理。垂直分解过程如图 7-22 所示，其中 $K^{\#}$代表关系模式的主码。

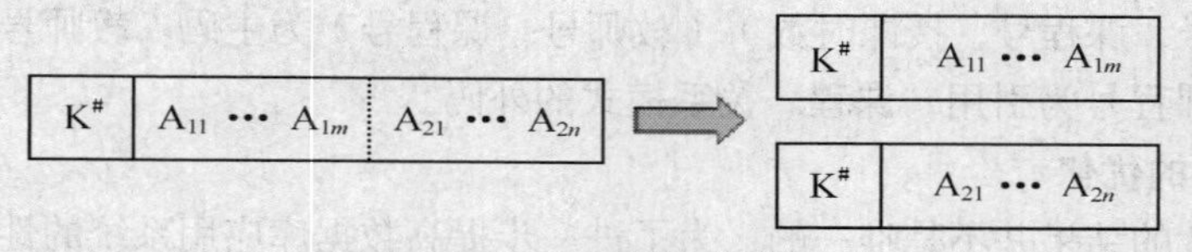

图 7-22　垂直分解示意图

垂直分解后原表中的数据内容相当于分解后各子表数据内容的连接。例如，假设“学生”关系模式的结构为：（学号，姓名，性别，年龄，所在系，专业，联系电话，家庭联系电话，家庭联系地址，邮政编码，父亲姓名，父亲工作单位，母亲姓名，母亲工作单位），可将这个关系模式垂直分解为“学生基本信息”和“学生家庭信息”两个关系模式，其中学生基本信息包括：（学号，姓名，性别，年龄，所在系，专业，联系电话），学生家庭信息包括：（学号，家庭联系电话，家庭联系地址，邮政编码，父亲姓名，父亲工作单位，母亲姓名，母亲工作单位）。

如果某表中数据行的大小（即一行中各列所占的空间总和）超过一个数据页（数据页的概念已在第 3 章介绍）的大小，则在数据库管理系统中将无法建立这样的表，因为数据库管理系统要求表中一行的大小不能超过一个数据页。这种情况下就需要用到垂直分解技术，将一个关系模式分解为多个关系模式，以解决无法创建表的问题。

3. 设计外模式

将概念模型转换为逻辑数据模型之后，还应该根据局部应用需求，并结合具体的数据库管理系统的特点，设计用户的外模式，或者叫设计用户的子模式。

外模式概念对应关系数据库的视图，设计外模式是为了更好地满足各个用户的需求。

定义数据库的模式主要是从系统的时间效率、空间效率、易维护等角度出发。由于外模式与模式是相对独立的，因此在设计用户外模式时可以从满足每类用户的需求出发，同时考虑数据的安全和用户的操作方便。在定义外模式时应考虑如下问题。

（1）使用更符合用户习惯的名字。

在概念模型设计阶段，当合并各 E-R 图时，曾进行了消除命名冲突的工作，以使数据库中的关系模式和属性具有唯一的名字。这在设计数据库的全局模式时是非常必要的。但在修改了某些属性或关系模式的名字之后，可能会不符合某些用户的习惯，因此在设计用户模式时，可以利用视图的特点，对某些属性重新命名。视图的名字也可以命名成符合用户习惯的名字，使用户的操作更方便。

（2）对不同级别的用户定义不同的视图，以保证数据的安全。

假设有关系模式：职工（职工号，姓名，工作部门，学历，专业，职称，联系电话，基本工资，业绩津贴，浮动工资）。在这个关系模式上可建立两个视图：

职工 1（职工号，姓名，工作部门，专业，联系电话）

职工 2（职工号，姓名，学历，职称，联系电话，基本工资，业绩津贴，浮动工资）

职工 1 视图中只包含一般职工可以查看的基本信息，职工 2 视图中包含只允许某些人查看的信息。这样就可以防止用户非法访问不允许他们访问的数据，从而在一定程度上保证了数据的安全。

（3）简化用户对系统的使用。

如果某些局部应用经常要使用某些很复杂的查询，为了方便用户，可将这些复杂查询定义为一个视图，这样用户每次只对定义好的视图查询，而不必再编写复杂的查询语句，从而简化用户对数据的操作。

7.3.3　物理结构设计

数据库的物理结构设计是对已经确定的数据库逻辑结构，利用数据库管理系统提供的方法、技术，以较优的存储结构、数据存取路径、合理的数据存储位置以及存储分配，设计出一个高效的、可实现的物理数据库结构。

由于不同的数据库管理系统提供的硬件环境和存储结构、存取方法不同，提供给数据库设计者的系统参数以及变化范围不同，因此，物理结构设计一般没有一个通用的准则，它只能提供一个技术和方法供参考。

数据库的物理结构设计通常分为两步：

（1）确定数据库的物理结构，在关系数据库中主要指存取方法和存储结构；

（2）对物理结构进行评价，评价的重点是时间和空间效率。

如果评价结果满足原设计要求，则可以进入到数据库实施阶段；否则，需要重新设计或修改物理结构，有时甚至要返回到逻辑设计阶段修改关系模式。

1. 物理结构设计的内容和方法

物理数据库设计得好，可以使各事务的响应时间短、存储空间利用率高、事务吞吐量大。因此，在设计数据库时首先要对经常用到的查询和对数据进行更新的事务进行详细地分析，获得物理结构设计所需的各种参数。其次，要充分了解所使用的DBMS的内部特征，特别是系统提供的存取方法和存储结构。

对于数据查询，需要得到如下信息：

- 查询所涉及的关系；
- 查询条件所涉及的属性；
- 连接条件所涉及的属性；
- 查询列表中涉及的属性。

对于更新数据的事务，需要得到如下信息：

- 更新所涉及的关系；
- 每个关系上的更新条件所涉及的属性；
- 更新操作所涉及的属性。

除此之外，还需要了解每个查询或事务在各关系上的运行频率和性能要求。例如，假设某个查询必须在1s之内完成，则数据的存储方式和存取方式就非常重要。

需要注意的是，在数据库上运行的操作和事务是不断变化的，因此需要根据这些操作的变化不断调整数据库的物理结构，以获得最佳的数据库性能。

通常关系数据库的物理结构设计主要包括如下内容：

- 确定数据的存取方法；
- 确定数据的存储结构。

（1）确定存取方法。

存取方法是快速存取数据库中数据的技术，数据库管理系统一般都提供多种存取方法。具体采取哪种存取方法由系统根据数据的存储方式决定，一般用户不能干预。

一般用户可以通过建立索引的方法来加快数据的查询效率，如果建立了索引，系统就可以利用索引查找数据。

索引方法实际上是根据应用要求确定在关系的哪个属性或哪些属性上建立索引，在哪些属性上建立组合索引以及哪些索引要设计为唯一索引，哪些索引要设计为聚集索引。

建立索引的一般原则为：

- 如果某个（或某些）属性经常作为查询条件，则考虑在这个（或这些）属性上建立索引；
- 如果某个（或某些）属性经常作为表的连接条件，则考虑在这个（或这些）属性上建立索引；
- 如果某个属性经常作为分组的依据列，则考虑在这个属性上建立索引；
- 对经常进行连接操作的表建立索引。

一个表可以建立多个非聚集索引，但只能建立一个聚集索引。

需要注意的是，索引一般可以提高数据查询性能，但会降低数据修改性能。因为在进行数据修改时，系统要同时对索引进行维护，使索引与数据保持一致。维护索引需要占用相当多的时间，而且存放索引信息也会占用空间资源。因此在决定是否建立索引时，要权衡数据库的操作。如果查询多，并且对查询的性能要求比较高，则可以考虑多建一些索引；如果数据更改多，并且对更改的效率要求比较高，则应该考虑少建一些索引。

（2）确定存储结构。

物理结构设计中一个重要的考虑就是确定数据记录的存储方式。常用的存储方式如下。

- **顺序存储**。这种存储方式的平均查找次数为表中记录数的 1/2。
- **散列存储**。这种存储方式的平均查找次数由散列算法决定。
- **聚集存储**。为了提高某个属性（或属性组）的查询速度，可以把这个或这些属性（称为聚集码）上具有相同值的元组集中存放在连续的物理块上，这样的存储方式称为聚集存储。聚集存储可以极大提高对聚集码的查询效率。

一般用户可以通过建立索引的方法来改变数据的存储方式。但其他情况下，数据是采用顺序存储还是散列存储，或其他的存储方式是由数据库管理系统根据数据的具体情况决定的，一般它都会为数据选择一种最合适的存储方式，而用户并不能对此进行干预。

2. 物理结构设计的评价

物理结构设计过程中要对时间效率、空间效率、维护代价和各种用户要求进行权衡，其结果可以产生多种方案，数据库设计者必须对这些方案进行细致的评价，从中选择一个较优的方案作为数据库的物理结构。

评价物理结构设计的方法完全依赖于具体的 DBMS，主要考虑操作开销，即为使用户获得及时、准确的数据所需的开销和计算机资源的开销。具体可分为如下几类。

（1）查询和响应时间。响应时间是从查询开始到查询结果开始显示之间所经历的时间。一个好的应用程序设计可以减少 CUP 时间和 I/O 时间。

（2）更新事务的开销。主要是修改索引、重写物理块或文件以及写校验等方面的开销。

（3）生成报告的开销。主要包括索引、重组、排序和结果显示的开销。

（4）主存储空间的开销。包括程序和数据所占用的空间。对数据库设计者来说，一般可以对缓冲区做适当的控制，如缓冲区个数和大小。

（5）辅助存储空间的开销。辅助存储空间分为数据块和索引块两种，设计者可以控制索引块的大小、索引块的充满度等。

实际上，数据库设计者只能对 I/O 和辅助空间进行有效控制。其他方面都是有限的控制或者根本就不能控制。

7.4　数据库行为设计

到目前为止，我们详细讨论了数据库的结构设计问题，这是数据库设计中最重要的任务。前面已经说过，数据库设计的特点是结构设计和行为设计是分离的。行为设计与一般的传统程序设计区别不大，软件工程中的所有工具和手段几乎都可以用到数据库行为设计中，因此，一些数据库教科书都没有讨论数据库行为设计问题。考虑到数据库应用程序设计毕竟有它特殊的地方，而且不同的数据库应用程序设计也有许多共性，因此，这里介绍一下数据库的行为设计。

数据库行为设计一般分为如下几个步骤。

（1）功能分析。

（2）功能设计。

（3）事务设计。

（4）应用程序设计与实现。

我们主要讨论前三个步骤。

7.4.1 功能分析

在进行需求分析时，我们实际上进行了两项工作，一项是“数据流”的调查分析，另一项是“事务处理”过程的调查分析，也就是应用业务处理的调查分析。数据流的调查分析为数据库的信息结构提供了最原始的依据，而事务处理的调查分析则是行为设计的基础。

对于行为特性要进行如下分析：

（1）标识所有的查询、报表、事务及动态特性，指出对数据库所要进行的各种处理。

（2）指出对每个实体所进行的操作（增、删、改、查）。

（3）给出每个操作的语义，包括结构约束和操作约束，通过下列条件，可定义下一步的操作。

- 执行操作要求的前提。
- 操作的内容。
- 操作成功后的状态。

例如，教师退休行为的操作特征如下。

- 该教师没有未讲授完的课程。
- 从当前在职教师表中删除此教师记录。
- 将此教师信息插入到退休教师表中。

（4）给出每个操作（针对某一对象）的频率。

（5）给出每个操作（针对某一应用）的响应时间。

（6）给出该系统总的目标。

功能需求分析是在需求分析之后功能设计之前的一个步骤。

7.4.2 功能设计

系统目标的实现是通过系统的各功能模块来达到的。由于每个系统功能又可以划分为若干个更具体的功能模块，因此，可以从目标开始，一层一层分解下去，直到每个子功能模块只执行一个具体的任务。子功能模块是独立的，具有明显的输入信息和输出信息。当然，也可以没有明显的输入和输出信息，只是动作产生后的一个结果。通常我们按功能关系绘制的图叫功能结构图，如图 7-23 所示。

例如，“学籍管理”的功能结构图如图 7-24 所示。

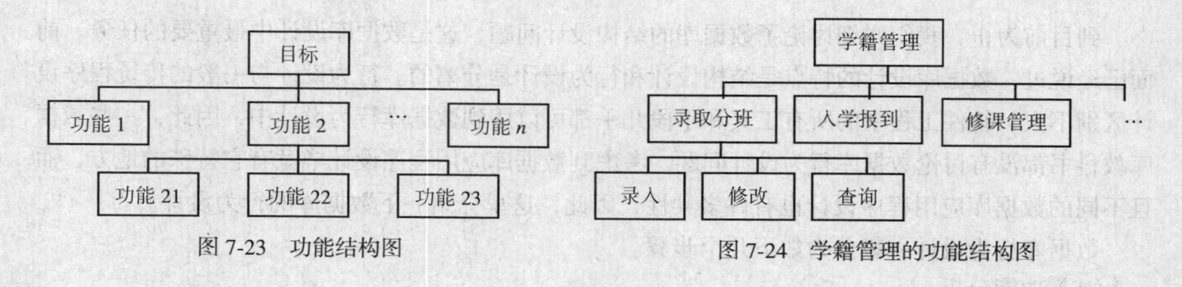

图 7-23　功能结构图　　　图 7-24　学籍管理的功能结构图

7.4.3　事务设计

事务处理是计算机模拟人处理事务的过程，它包括输入设计、输出设计等。

1. **输入设计**

系统中的很多错误都是由于输入不当引起的，因此设计好输入是减少系统错误的一个重要方面。在进行输入设计时需要完成如下几方面工作。

- 原始单据的设计格式。对于原有的单据，表格要根据新系统的要求重新设计，其设计的原则是：简单明了，便于填写，尽量标准化，便于归档，简化输入工作。
- 制成输入一览表。将全部功能所用的数据整理成表。
- 制作输入数据描述文档。包括数据的输入频率、数据的有效范围和出错校验。

2. **输出设计**

输出设计是系统设计中的重要一环。如果说用户看不出系统内部的设计是否科学、合理，那么输出报表是直接与用户见面的，而且输出格式的好坏会给用户留下深刻的印象，它甚至是衡量一个系统好坏的重要标志。因此，要精心设计好输出报表。

在输出设计时要考虑如下因素。

- 用途。区分输出结果是给客户还是用于内部或报送上级领导。
- 输出设备的选择。是仅仅显示出来，还是要打印出来或需要永久保存。
- 输出量。
- 输出格式。

7.5　数据库实施

完成了数据库的结构设计和行为设计并编写了实现用户需求的应用程序之后，就可以利用 DBMS 提供的功能实现数据库逻辑结构设计和物理结构设计的结果，也就是在具体的数据库管理系统中建立数据库、关系表、视图等，然后将一些数据加载到数据库中，并运行已编好的应用程序，以查看数据库设计以及应用程序是否存在问题。这就是数据库的实施阶段。

在数据库实施阶段除了创建数据库、关系表等之外，还包括两项重要的工作，一项是加载数据，一项是调试和运行应用程序。

1. **加载数据**

加载数据是数据库实施阶段的一项主要工作，在数据库及表结构创建好之后，就可以开始加载数据了。

在一般的数据库系统中，数据量都很大，而且数据来源于多个部门，数据的组织方式、结构和格式都与新设计的数据库系统可能有很大的差别，组织数据的录入就是将各类数据从各个局部应用中抽取出来，输入到计算机中，然后再分类转换，最后综合成符合新设计的数据库结构的形式，输入到数据库中。这样的数据转换、组织入库的工作相当耗费人力、物力和财力，特别是原来用手工处理数据的系统，各类数据分散在各种不同的原始表单、凭据和单据之中。在向新的数据库系统中输入数据时，需要处理大量的纸质数据，工作量就更大。

由于各应用环境差异很大，很难有通用的数据转换器，DBMS 也很难提供一个通用的转换工具。因此，为提高数据输入工作的效率和质量，应该针对具体的应用环境设计一个数据录入子系统，专门用来解决数据转换和输入问题。

为了保证数据库中的数据正确、无误，必须十分重视数据的校验工作。在将数据输入系统进行数据转换的过程中，应该进行多次校验。对于重要数据的校验更应该反复进行，确认无误后再输入到数据库中。

如果新建数据库的数据来自已有的文件或数据库，那么应该注意旧的数据模式结构与新的数据模式结构之间的对应关系，然后再将旧的数据导入到新的数据库中。

目前，很多 DBMS 都提供了数据导入的功能，有些 DBMS 还提供了功能强大的数据转换功能，比如 SQL Server 就提供了功能强大、方便易用的数据导入和导出功能。

2. 调试和运行应用程序

在一部分数据被加载到数据库之后，就可以开始对数据库系统进行联合调试了，这个过程又称为数据库试运行。这一阶段要实际运行数据库应用程序，执行对数据库的各种操作，测试应用程序的功能是否满足设计要求。如果不满足，则要对应用程序进行修改、调整，直到达到设计要求为止。

在数据库试运行阶段，还要对系统的性能指标进行测试，分析其是否达到设计目标。在对数据库进行物理结构设计时已经初步确定了系统的物理参数，但一般情况下，设计时的考虑在很多方面只是一个近似的估计，和实际系统的运行还有一定的差距，因此必须在试运行阶段实际测量和评价系统的性能指标。事实上，有些参数的最佳值往往是经过调试后找到的。如果测试的结果与设计目标不符，则要返回到物理结构设计阶段，重新调整物理结构，修改系统参数，某些情况下甚至要返回到逻辑结构设计阶段，对逻辑结构进行修改。

特别要强调的是，首先，由于组织数据入库的工作十分费力，如果试运行后要修改数据库的逻辑结构设计，则需要重新组织数据入库。因此在试运行时应该先输入小批量数据，试运行基本合格后，再大批量输入数据，以减少不必要的工作浪费。其次，在数据库试运行阶段，由于系统还不稳定，随时可能发生软硬件故障，而且系统的操作人员对系统也还不熟悉，误操作不可避免，因此应该首先调试运行 DBMS 的恢复功能，做好数据库的备份和恢复工作。一旦出现故障，可以尽快地恢复数据库，以减少对数据库的破坏。

7.6 数据库的运行和维护

数据库投入运行标志着开发工作的基本完成和维护工作的开始，数据库只要存在一天，就需要不断地对它进行评价、调整和维护。

在数据库运行阶段，对数据库的经常性维护工作主要由数据库系统管理员完成，其主要工作包括如下几个方面。

- 数据库的备份和恢复。要对数据库进行定期的备份，一旦出现故障，要能及时地将数据库恢复到尽可能的正确状态，以减少数据库损失。
- 数据库的安全性和完整性控制。随着数据库应用环境的变化，对数据库的安全性和完整性要求也会发生变化。比如，要收回某些用户的权限，或增加、修改某些用户的权限，增加、删除用户，或者某些数据的取值范围发生变化等，这都需要系统管理员对数据库进行适当的调整，以反映这些新的变化。
- 监视、分析、调整数据库性能。监视数据库的运行情况，并对检测数据进行分析，找出能够提高性能的可行性，并适当地对数据库进行调整。目前有些 DBMS 产品提供了性能检测工具，数据库系统管理员可以利用这些工具很方便地监视数据库运行情况。

- 数据库的重组。数据库经过一段时间的运行后，随着数据的不断添加、删除和修改，会使数据库的存取效率降低，这时数据库管理员可以改变数据库数据的组织方式，通过增加、删除或调整部分索引等方法，改善系统的性能。注意数据库的重组并不改变数据库的逻辑结构。

数据库的结构和应用程序设计的好坏只是相对的，它并不能保证数据库应用系统始终处于良好的性能状态。这是因为数据库中的数据随着数据库的使用而发生变化，随着这些变化的不断增加，系统的性能就有可能会日趋下降，所以即使在不出现故障的情况下，也要对数据库进行维护，以便数据库始终能够获得较好的性能。总之，数据库的维护工作与一台机器的维护工作类似，花的功夫越多，它服务得就越好。因此，数据库的设计工作并非一劳永逸，一个好的数据库应用系统同样需要精心的维护方能使其保持良好的性能。

小　结

本章介绍数据库设计的全部过程，数据库设计的特点是行为设计和结构设计经常是分离的，而且在需求分析的基础上一般是首先进行结构设计，然后再进行行为设计，其中结构设计是关键。结构设计又分为概念结构设计、逻辑结构设计和物理结构设计几个阶段。概念结构设计是用概念结构来描述用户的业务需求，这里介绍的是 E-R 模型，它与具体的数据库管理系统无关；逻辑结构设计是将概念结构设计的结果转换为组织层数据模型，对于关系数据库来说，是转换为关系表。一般的转换规则为：一个实体转换为一个关系模式，实体的属性就是关系模式的属性。对实体之间的联系要根据联系方式的不同采用不同的转换方法。逻辑结构设计与具体的数据库管理系统有关。物理结构设计主要是设计数据的存储方式和存储结构，一般来说，数据的存储方式和存储结构对用户是透明的，用户一般只能通过建立索引来改变数据的存储方式。

数据库的行为设计是对系统的功能的设计，一般的设计思想是将大的功能模块划分为功能相对专一的小的功能模块，逐层细分，这样便于分析和实现。

数据库设计完成后，下一步要进行的工作是数据库的实施和维护。数据库应用系统不同于一般的应用软件，它在投入运行后必须要有专人对其进行监视和调整，以保证应用系统能够保持持续的高效率。

数据库设计的成功与否与许多具体因素有关，但只要掌握了数据库设计的基本方法，就可以设计出可行的数据库系统。

习　题

一、选择题

1．在数据库设计中，将 E-R 图转换为关系数据模型是下述哪个阶段完成的工作（　　）。

A．需求分析阶段　　B．概念设计阶段

C．逻辑设计阶段　　D．物理设计阶段

2．在进行数据库逻辑结构设计时，下列不属于逻辑设计应遵守的原则的是（　　）。

A．尽可能避免插入异常　　B．尽可能避免删除异常

C．尽可能避免数据冗余　　D．尽可能避免多表连接操作

3．在进行数据库逻辑结构设计时，判断设计是否合理的常用依据是（　　）。

A．规范化理论　　B．概念数据模型

C．数据字典　　D．数据流图

4．在将 E-R 图转换为关系模型时，一般都将 $m:n$ 联系转换成一个独立的关系模式。下列关于这种联系产生的关系模式的主码的说法，正确的是　（　　）。

A．只需包含 m 端关系模式的主码即可

B．只需包含 n 端关系模式的主码即可

C．至少包含 m 端和 n 端关系模式的主码

D．必须添加新的属性作为主码

5．数据流图是从“数据”和“处理”两方面来表达数据处理的一种图形化表示方法，该方法主要用在数据库设计的　（　　）。

A．需求分析阶段　　B．概念结构设计阶段

C．逻辑结构设计阶段　　D．物理结构设计阶段

6．在将局部 E-R 图合并为全局 E-R 图时，可能会产生一些冲突。下列冲突中不属于合并 E-R 图冲突的是（　　）。

A．结构冲突　　B．语法冲突　　C．属性冲突　　D．命名冲突

7．一个银行营业所可以有多个客户，一个客户也可以在多个营业所进行存取款业务，则客户和银行营业所之间的联系是（　　）。

A．一对一　　B．一对多　　C．多对一　　D．多对多

8．在关系数据库中，二维表结构是（　　）。

A．关系数据库采用的概念层数据模型

B．关系数据库采用的组织层数据模型

C．数据库文件的组织方式

D．内模式采用的数据组织方式

9．设实体 A 与实体 B 之间是一对多联系。下列进行的逻辑结构设计方法中，最合理的是（　　）。

A．实体 A 和实体 B 分别对应一个关系模式，且外码放在实体 B 的关系模式中

B．实体 A 和实体 B 分别对应一个关系模式，且外码放在实体 A 的关系模式中

C．为实体 A 和实体 B 设计一个关系模式，该关系模式包含两个实体的全部属性

D．分别为实体 A、实体 B 和它们之间的联系设计一个关系模式，外码在联系对应的关系模式中

10．设有描述图书出版情况的关系模式：出版（书号，出版日期，印刷数量），设一本书可以被出版多次，每次出版都有一个印刷数量。该关系模式的主码是（　　）。

A．书号　　B．（书号，出版日期）

C．（书号，印刷数量）　　D．（书号，出版日期，印刷数量）

11．设有描述学生借书情况的关系模式：借书（书号，读者号，借书日期，还书日期），设一个读者可在不同日期多次借阅同一本书，但不能在同一天对同一本书借阅多次。该关系

模式的主码是（ ）。

A．书号 B．（书号，读者号）

C．（书号，读者号，借书日期） D．（书号，读者号，借书日期，还书日期）

12．设有如下两个关系模式：

职工（职工号，姓名，所在部门编号）

部门（部门编号，部门名称，联系电话，办公地点）

为表达职工与部门之间的关联关系，需定义外码。下列关于这两个关系模式中外码的说法，正确的是（ ）。

A．“职工”关系模式中的“所在部门编号”是引用“部门”的外码

B．部门关系模式中的“部门编号”是引用“职工”的外码

C．不能定义外码，因为两个关系模式中没有同名属性

D．将“职工”关系模式中的“所在部门编号”定义为外码，或者将“部门”关系模式中的“部门编号”定义为外码均可

13．在数据库设计中，进行用户子模式设计是下述哪个阶段要完成的工作（ ）。

A．需求分析阶段 B．概念结构设计阶段

C．逻辑结构设计阶段 D．物理结构设计阶段

14．下述不属于数据库物理结构设计内容的是（ ）。

A．确定数据的存储结构 B．确定数据存储位置

C．确定数据的存储分配 D．确定数据库表结构

15．数据库物理结构设计完成后就进入到数据库实施阶段。下列不属于数据库实施阶段工作的（ ）。

A．调试应用程序 B．试运行应用程序

C．加载数据 D．扩充系统功能

二、填空题

1．一般将数据库设计分为________、________、________、________几个阶段。

2．数据库结构设计包括________、________和________三个过程。

3．将局部 E-R 图合并为全局 E-R 图时，可能遇到的冲突有________、________和________。

4．在数据库实施阶段除了创建数据库、关系表等之外，还包括两项重要的工作，一项是________，另一项是________。

5．________设计是将需求分析得到的用户需求进行概括和抽象，得到概念层数据模型。

6．将 E-R 图转换为某个数据库管理系统支持的组织层数据模型是________设计阶段完成的工作。

7．数据流图表达了数据库应用系统中________和________的关系。

8．在数据库设计中，在需求分析阶段用文档来描述数据需求，包括对数据项、数据结构、数据流、数据存储和数据处理过程的描述，通常将这个文档称为________。

9．采用 E-R 方法的概念结构设计通常包括________、________和________三个步骤。

10．根据应用要求确定在哪些表的哪个或哪些属性上建立索引的工作是在数据库设计的________阶段完成的。

三、简答题

1．数据库设计分为哪几个阶段？每个阶段的主要工作是什么？

2．需求分析阶段的任务是什么？其中发现事实的方法有哪些？

3．概念结构应该具有哪些特点？

4．概念结构设计的策略有哪些？

5．什么是数据库的逻辑结构设计？简述其设计步骤。

6．把 E-R 模型转换为关系模式的转换规则有哪些？

7．数据模型的优化包含哪些方法？

8．简述数据库物理结构设计阶段的主要工作。

9．简述数据库实施阶段的主要工作。

10．简述数据库行为设计包含的内容。

四、设计题

1．将给定的 E-R 图转换为符合 3NF 的关系模式，并指出每个关系模式的主码和外码。

（1）图 7-25 所示为描述图书、读者以及读者借阅图书的 E-R 图。

（2）图 7-26 所示为描述商店从生产厂家订购商品的 E-R 图。

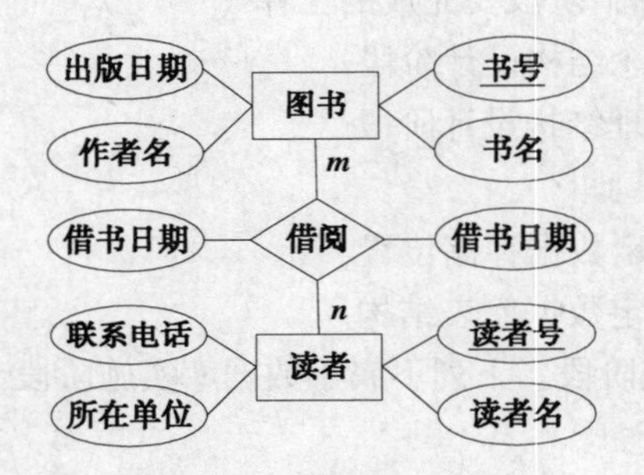

图 7-25　图书借阅 E-R 图

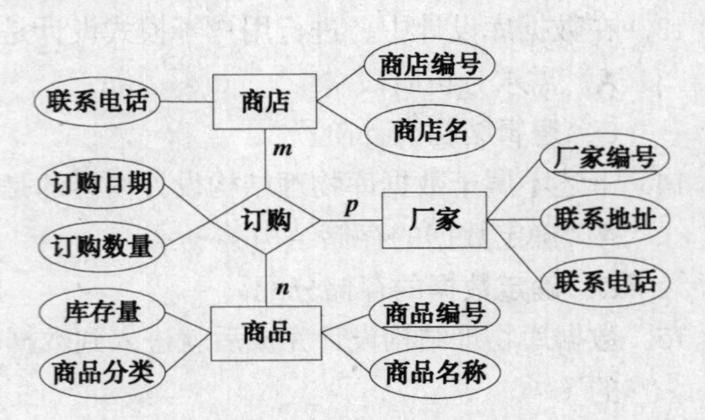

图 7-26　商品订购 E-R 图

（3）图 7-27 为描述学生参加学校社团的 E-R 图。

2．设某工厂生产若干产品，每种产品由若干零件组成，同一种零件可用在不同的产品上。零件由不同的原材料制成，不同的零件所用的原材料可以相同。零件按所属产品的不同被分别存放在不同的仓库中，一个仓库可以存放多种不同的零件。原材料按类别存放在若干仓库中，一个仓库也可以存放不同类别的材料。画出该工厂的 E-R 图（注：只画出实体和联系即可，不用标出属性）。

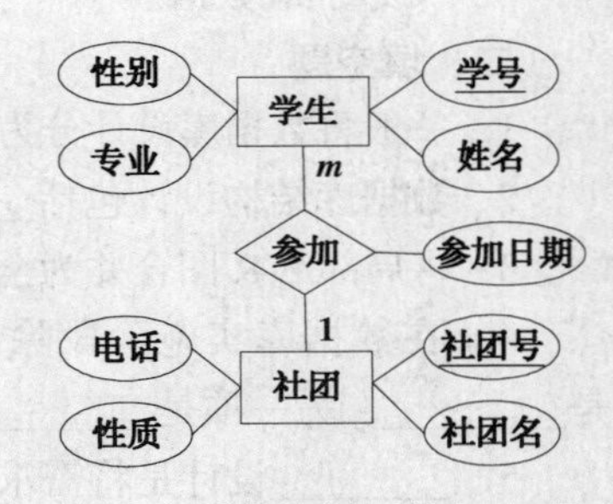

图 7-27　学生参加社团 E-R 图

3．设要建立描述顾客在商店的购物情况的数据库应用系统，该系统有如下要求：一个商店可有多名顾客购物，一个顾客可到多个商店购物，顾客每次购物有一个购物金额和购物日期。规定每个顾客每天在每个商店最多有一次购物，每次购物可购买多种商品。需要描述的“商店”信息包括：商店编号、商店名、地址、联系电话；需要描述的顾客信息包括：顾客号、姓名、住址、身份证号、性别。

请画出描述该应用系统的 E-R 图，并注明各实体的属性、标识属性以及联系的种类。

4．图 7-28（a）～（d）所示为某企业信息管理系统中的局部 E-R 图，请将这些局部 E-R 图合并为一个全局 E-R 图，并指明各实体以及联系的属性，标明联系的种类（注：为使图形简洁明了，在全局 E-R 图中可只画出实体和联系，属性单独用文字描述）。将合并后的 E-R 图转换为符合 3NF 要求的关系模式，并说明主码和外码。

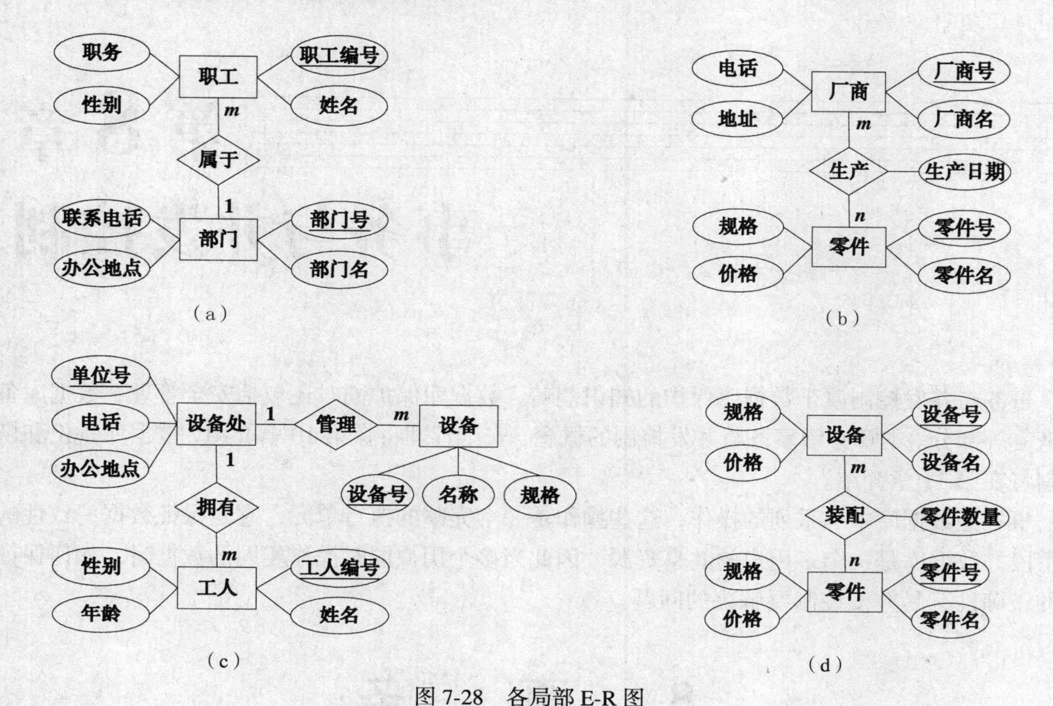

图 7-28　各局部 E-R 图

第 8 章 事务与并发控制

事务与并发控制属于数据库保护的知识范畴，数据库保护同时还包括安全管理、数据库备份与恢复等部分。本章介绍事务与并发控制的概念，安全管理将在第 10 章介绍，数据库备份和恢复机制将在第 11 章介绍。

事务是数据库中一系列的操作，这些操作是一个完整的执行单元，它是保证数据一致性的基本手段。数据库是一个多用户的共享资源，因此当多个用户同时操作相同的数据时，如何保证数据的正确性，是并发控制要解决的问题。

8.1 事 务

数据库中的数据是共享的资源，因此，允许多个用户同时访问相同的数据。当多个用户同时对同一段数据进行增、删、改操作时，如果不采取任何措施，则会造成数据异常。事务就是为防止这种情况的发生而产生的概念。

8.1.1 事务的基本概念

事务（transaction）是用户定义的数据操作系列，这些操作作为一个完整的工作单元执行。一个事务内的所有语句作为一个整体，要么全部执行，要么全部不执行。例如，A 账户转账给 B 账户 n 元钱，这个活动包含如下两个动作。

- 第一个动作：A 账户 $-n$
- 第二个动作：B 账户 $+n$

可以设想，假设第一个动作成功了，但第二个动作由于某种原因没有成功（比如突然停电等）。那么在系统恢复正常运行后，A 账户的金额是减 n 之前的值还是减 n 之后的值呢？如果 B 账户的金额没有变化（没有加上 n），则正确的情况是 A 账户的金额应该是没有做减 n 操作之前的值（如果 A 账户是减 n 之后的值，则 A 账户中的金额和 B 账户中的金额就对不上了，这显然是不正确的）。怎样保证在系统恢复之后，A 账户中的金额是减 n 前的值呢？这就需要用到事务的概念。事务可以保证在一个事务中的全部操作或者全部成功，或者全部失败。也就是说，当第二个动作没有成功完成时，系统自动撤销第一个动作，使第一个动作不做。这样当系统恢复正常时，A 账户和 B 账户中的数值就是正确的。

必须显式地告诉数据库管理系统哪几个动作属于一个事务，这可以通过标记事务的开始与结束来实现。不同的事务处理模型中，事务的开始标记不完全一样（我们将在 8.1.3 小节介绍事务处理模型），但不管是哪种事务处理模型，事务的结束标记都是一样的。事务的结束标记有两个：一个是正常结束，用 COMMIT（提交）表示，也就是事务中的所有操作都会物理地保存到数据库中，成为永久的操作；另一个是异常结束，用 ROLLBACK（回滚）表示，也就是事务中的全部操作被撤销，数据库回到事务开始之前的状态。事务中的操作一般是对数据的更新操作。

8.1.2　事务的特征

事务具有 4 个特征，即原子性（atomicity）、一致性（consistency）、隔离性（isolation）和持久性（durability）。这 4 个特征也简称为事务的 ACID 特征。

1. 原子性

事务的原子性是指事务是数据库的逻辑工作单位，事务中的操作，要么都做，要么都不做。

2. 一致性

事务的一致性是指事务执行的结果必须是使数据库从一个一致性状态转到另一个一致性状态。如前所述的转账事务。当事务成功提交时，数据库就从事务开始前的一致性状态转到了事务结束后的一致性状态。同样，如果由于某种原因，在事务尚未完成时出现了故障，那么就会出现事务中的一部分操作已经完成，而另一部分操作还没有做，这样就有可能使数据库产生不一致的状态（参考前面转账示例），因此，事务中的操作如果有一部分成功，一部分失败，为避免数据库产生不一致状态，系统会自动将事务中已完成的操作撤销，使数据库回到事务开始前的状态。因此，事务的一致性和原子性是密切相关的。

3. 隔离性

事务的隔离性是指数据库中一个事务的执行不能被其他事务干扰。即一个事务内部的操作及使用的数据对其他事务是隔离的，并发执行的各个事务不能相互干扰。

4. 持久性

事务的持久性也称为永久性（permanence），指事务一旦提交，则其对数据库中数据的改变就是永久的，以后的操作或故障不会对事务的操作结果产生任何影响。

事务是数据库并发控制和恢复的基本单位。

保证事务的 ACID 特性是事务处理的重要任务。事务的 ACID 特性可能遭到破坏的因素如下。

（1）多个事务并行运行时，不同事务的操作有交叉情况。

（2）事务在运行过程中被强迫停止。

在情况（1）下，数据库管理系统必须保证多个事务在交叉运行时不影响这些事务的原子性。在情况（2）下，数据库管理系统必须保证被强迫终止的事务对数据库和其他事务没有任何影响。

以上这些工作都由数据库管理系统中的恢复和并发控制机制完成。

8.1.3　事务处理模型

事务有两种类型：一种是显式事务，另一种是隐式事务。隐式事务是指每一条数据操作语句都自动地成为一个事务，显式事务是有显式的开始和结束标记的事务。对于显式事务，SQL Server 采用的处理模型是显式开始和显式结束，即每个事务都有显式的开始和结束标记。事务的开始标记是 BEGIN TRANSACTION（TRANSACTION 可简写为 TRAN），事务的结束标记有如下两个。

- COMMIT ［TRANSACTION | TRAN］：正常结束。
- ROLLBACK ［TRANSACTION | TRAN］：异常结束。

例如，前面转账例子的事务可描述为：

```
BEGIN TRANSACTION
  UPDATE 支付表 SET 账户总额 = 账户总额 - n
    WHERE 账户名 = 'A'
  UPDATE 支付表 SET 账户总额 = 账户总额 + n
    WHERE 账户名 = 'B'
COMMIT
```

8.2 并发控制

数据库系统一个明显的特点是多个用户共享数据库资源，尤其是多用户可以同时存取相同数据。例如，飞机订票系统的数据库、银行系统的数据库等都是典型的多用户共享的数据库。在这样的系统中，同一时刻同时运行的事务可达数百个甚至更多。若对多用户的并发操作不加控制，就会造成数据存取的错误，破坏数据的一致性和完整性。

如果事务是顺序执行的，即一个事务完成之后，再开始另一个事务，则称这种执行方式为串行执行，串行执行的示意图如图 8-1（a）所示（图中的 T_1、T_2 和 T_3 分别表示不同的事务）。如果数据库管理系统可以同时接受多个事务，并且这些事务在时间上可以重叠执行，则称这种执行方式为并发执行。在单 CPU 系统中，同一时间只能有一个事务占据 CPU，各个事务交叉地使用 CPU，这种并发方式称为交叉并发，交叉并发执行的示意图如图 8-1（b）所示。在多 CPU 系统中，多个事务可以同时占用 CPU，这种并发方式称为同时并发。本章主要讨论的是单 CPU 中的交叉并发的情况。

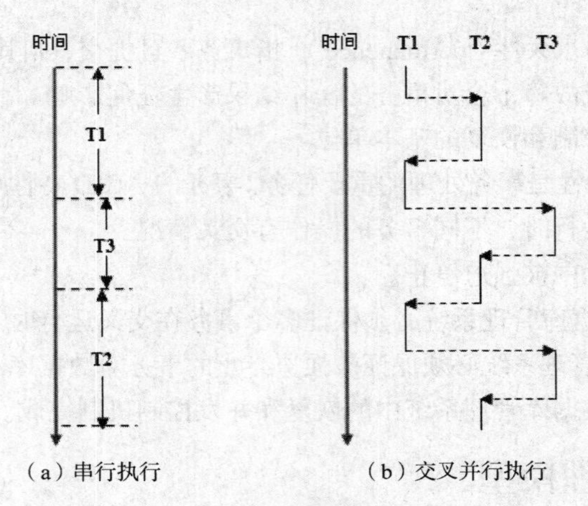

（a）串行执行　　（b）交叉并行执行

图 8-1　多个事务的执行情况

8.2.1 并发控制概述

数据库中的数据是可以共享的资源，因此会有很多用户同时使用数据库中的数据，也就是说，在多用户系统中，可能同时运行着多个事务，而事务的运行需要时间，并且事务中的操作需要在一定的数据上完成。那么当系统中同时有多个事务运行时，特别是当这些事务使用同一段数据时，彼此之间就有可能产生相互干扰的情况。

上一节提到，事务是并发控制的基本单位，保证事务的 ACID 特性是事务处理的重要任务，而事务的 ACID 特性会因多个事务对数据的并发操作而遭到破坏。为保证事务之间的隔离性和一致性，数据库管理系统应该对并发操作进行正确的调度。

下面我们看一下并发事务之间可能会出现的相互干扰情况。

假设有两个飞机订票点 A 和 B，如果 A、B 两个订票点恰巧同时办理同一架航班的飞机订票业务。其操作过程及顺序如下。

① A 订票点（事务 A）读出航班目前的机票余额数，假设为 10 张。

② B 订票点（事务 B）读出航班目前的机票余额数，也为 10 张。

③ A 订票点订出 6 张机票，修改机票余额为 10 - 6 = 4，并将 4 写回到数据库中。

④ B 订票点订出 5 张机票，修改机票余额为 10 - 5 = 5，并将 5 写回到数据库中。

由此可见，这两个事务不能反映出飞机售票的真实情况，而且 B 事务还覆盖了 A 事务对数据的修改，使数据库中的数据不正确。这种情况就称为数据不一致，这种不一致是由并发操作引起的。在并发操作情况下，产生数据不一致的原因，是因为系统对 A、B 两个事务的操作序列的调度是随机的。这种情况在现实当中是不允许发生的，因此，数据库管理系统必须想办法避免出现这种情况，这就是数据库管理系统在并发控制中要解决的核心问题。

并发操作所带来的数据不一致情况大致可以概括为 4 种：丢失数据修改、读“脏”数据、不可重复读和产生“幽灵”数据，下面分别介绍。

1. 丢失数据修改

丢失数据修改是指两个事务 T_1 和 T_2 读入同一数据并进行修改，T_2 提交的结果破坏了 T_1 提交的结果，导致 T_1 的修改被 T_2 覆盖掉了。上述飞机订票系统就属这种情况。丢失数据修改的情况如图 8-2 所示。

2. 读“脏”数据

读“脏”数据是指一个事务读了某个失败事务运行过程中的数据。即事务 T_1 修改了某一数据，并将修改结果写回到磁盘，然后事务 T_2 读取了同一数据（是 T_1 修改后的结果），但 T_1 后来由于某种原因撤销了它所做的操作，这样被 T_1 修改过的数据又恢复为原来的值，那么 T_2 读到的值就与数据库中实际的数据值不一致了。这时就说 T_2 读的数据为 T_1 的“脏”数据，或不正确的数据。读“脏”数据的情况如图 8-3 所示。

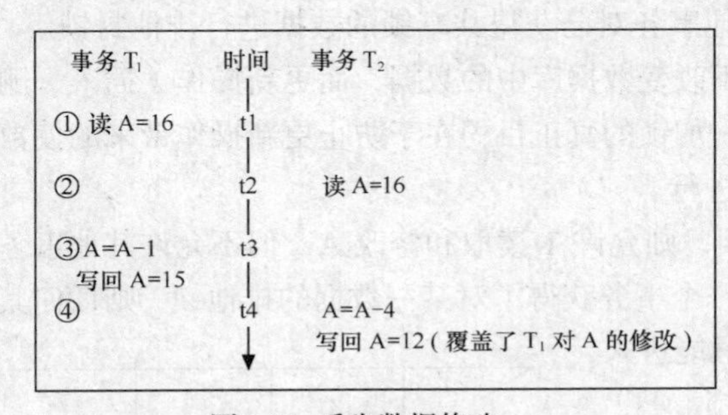

图 8-2　丢失数据修改

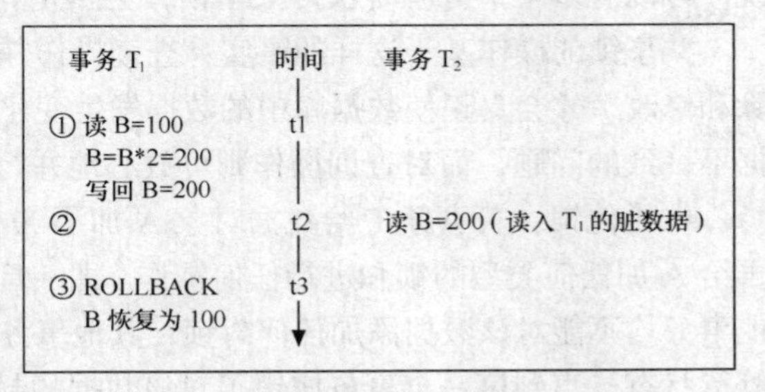

图 8-3　读“脏”数据

3. 不可重复读

不可重复读是指事务 T_1 读取数据后，事务 T_2 执行了更新操作，修改了 T_1 读取的数据，T_1 操作完数据后，又重新读取了同样的数据，但这次读完之后，当 T_1 再对这些数据进行相同操作时，得到的结果与前一次不一样。不可重复读的情况如图 8-4 所示。

4．产生“幽灵”数据

产生“幽灵”数据实际属于不可重复读的范畴。它是指当事务 T_1 按一定条件从数据库中读取了某些数据记录后，事务 T_2 删除了其中的部分记录，或者在其中添加了部分记录，那么当 T_1 再次按相同条件读取数据时，发现其中莫名其妙地少了（删除）或多了（插入）一些记录。这样的数据对 T_1 来说就是“幽灵”数据或称“幻影”数据。

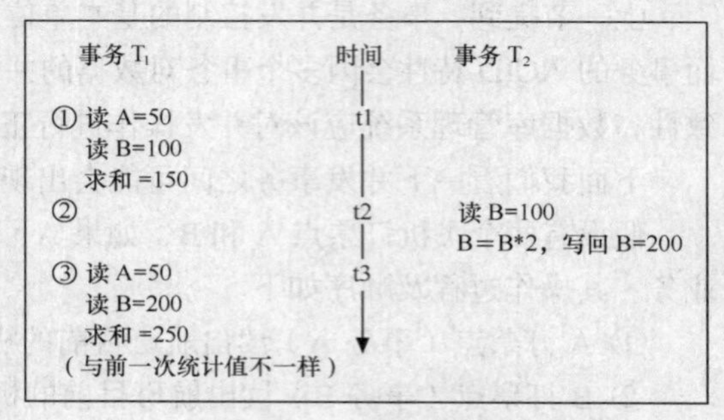

图 8-4　不可重复读

产生这 4 种数据不一致现象的主要原因是并发操作破坏了事务的隔离性。并发控制就是要用正确的方法来调度并发操作，使一个事务的执行不受其他事务的干扰，以避免造成数据的不一致情况。

8.2.2　并发控制措施

在数据库环境下，进行并发控制的主要方式是使用封锁机制，即加锁（locking）。加锁是一种并行控制技术，用来调整对共享目标（如数据库中共享记录）的并行存取。事务通过向封锁管理程序的系统组成部分发出请求而对记录加锁。

以飞机订票系统为例，当事务 T 要修改订票数时，在读取订票数之前先封锁该数据，然后再对数据进行读取和修改操作。这时其他事务就不能读取和修改订票数，直到事务 T 修改完成后将数据写回到数据库，并解除对该数据的封锁之后才能由其他事务使用这些数据。

加锁就是限制事务内和事务外对数据的操作。加锁是实现并发控制的一个非常重要的技术。所谓加锁就是事务 T 在对某个数据操作之前，先向系统发出请求，封锁其所要使用的数据。加锁后事务 T 对其要操作的数据具有了一定的控制权，在事务 T 释放它对数据的封锁之前，其他事务不能操作这些数据。

具体的控制权由锁的类型决定。基本的锁类型有两种：排他锁（exclusive lock，也称为 X 锁或写锁）和共享锁（share lock，也称 S 锁或读锁）。

- 共享锁：若事务 T 给数据对象 A 加了 S 锁，则事务 T 可以读 A，但不能修改 A，其他事务可以再给 A 加 S 锁，但不能加 X 锁，直到 T 释放了 A 上的 S 锁为止。即对于读操作（检索）来说，可以有多个事务同时获得共享锁，但阻止其他事务对已获得共享锁的数据进行排他封锁。

共享锁的操作基于这样的事实：查询操作并不改变数据库中的数据，而更新操作（插入、删除和修改）才会真正使数据库中的数据发生变化。加锁的真正目的在于防止更新操作带来的使数据不一致的问题，而对查询操作则可放心地并行进行。

- 排他锁：若事务 T 给数据对象 A 加了 X 锁，则允许 T 读取和修改 A，但不允许其他事务再给 A 加任何类型的锁和进行任何操作。即一旦一个事务获得了对某一数据的排他锁，则任何其他事务均不能对该数据添加任何封锁，其他事务只能进入等待状态，直到第一个事务撤销了对该数据的封锁。

排他锁和共享锁的控制方式可以用图 8-5 所示的相容矩阵来表示。

T_1 \ T_2	X	S	无锁
X	否	否	是
S	否	是	是
无锁	是	是	是

图 8-5　加锁类型的相容矩阵

在图 8-5 的加锁类型相容矩阵中，最左边一列表示事务 T_1 在已经获得的数据对象上添加的锁类型，最上面一行表示另一个事务 T_2 对同一数据对象发出的加锁请求。T_2 的加锁请求能否被满足在矩阵中分别用

"是"和"否"表示，"是"表示事务 T_2 的加锁请求与 T_1 已有的锁兼容，加锁请求可以满足；"否"表示事务 T_2 的加锁请求与 T_1 已有的锁冲突，加锁请求不能满足。

8.2.3 封锁协议

在运用 X 锁和 S 锁给数据对象加锁时，还需要约定一些规则，如何时申请 X 锁或 S 锁、持锁时间、何时释放锁等，称这些规则为**封锁协议或加锁协议**（locking protocel）。对封锁方式规定不同的规则，就形成了各种不同级别的封锁协议。不同级别的封锁协议所能达到的系统一致性级别是不同的。

1. 一级封锁协议

一级封锁协议：对事务 T 要修改的数据加 X 锁，直到事务结束（包括正常结束和非正常结束）时才释放。

一级封锁协议可以防止丢失修改，并保证事务 T 是可恢复的，如图 8-6 所示。事务 T_1 要对 A 进行修改，因此，它在读 A 之前先对 A 加了 X 锁，当 T_2 要对 A 进行修改时，它也申请给 A 加 X 锁，但由于 A 已经被事务 T_1 加了 X 锁，因此 T_2 的申请被拒绝，只能等待，直到 T_1 释放了对 A 加的 X 锁为止。当 T_2 能够读取 A 时，它所得到的数据已经是 T_1 更新后的值了。因此，一级封锁协议可以防止丢失修改。

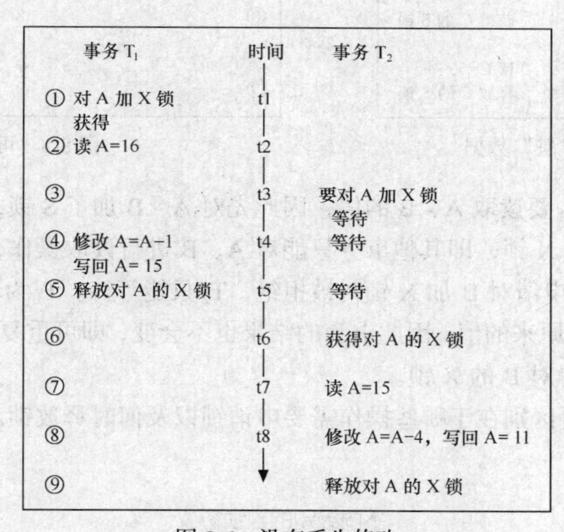

图 8-6 没有丢失修改

在一级封锁协议中，如果事务 T 只是读数据而不对其进行修改，则不需要加锁，因此，不能保证可重复读和不读"脏"数据。

2. 二级封锁协议

二级封锁协议：一级封锁协议加上事务 T 对要读取的数据加 S 锁，读完后即释放 S 锁。

二级封锁协议除了可以防止丢失修改外，还可以防止读"脏"数据。图 8-7 所示的为使用二级封锁协议防止读"脏"数据的情况。

在图 8-7 中，事务 T_1 要对 C 进行修改，因此，先对 C 加了 X 锁，修改后将值写回到数据库中。这时 T_2 要读 C 的值，因此，申请对 C 加 S 锁，由于 T_1 已在 C 上加了 X 锁，因此 T_2 只能等待。当 T_1 由于某种原因撤销了它所做的操作时，C 恢复为原来的值 50，然后 T_1 释放对 C 加的 X 锁，因而 T_2 获得了对 C 的 S 锁。当 T_2 能够读 C 时，C 的值仍然是原来的值，即 T_2 读到的值是

50。因此避免了读“脏”数据。

在二级封锁协议中，由于事务 T 读完数据即释放 S 锁，因此，不能保证可重复读数据。

3. 三级封锁协议

三级封锁协议：一级封锁协议加上事务 T 对要读取的数据加 S 锁，并直到事务结束才释放。

三级封锁协议除了可以防止丢失数据修改和不读“脏”数据之外，还进一步防止了不可重复读。图 8-8 所示为使用三级封锁协议防止不可重复读的情况。

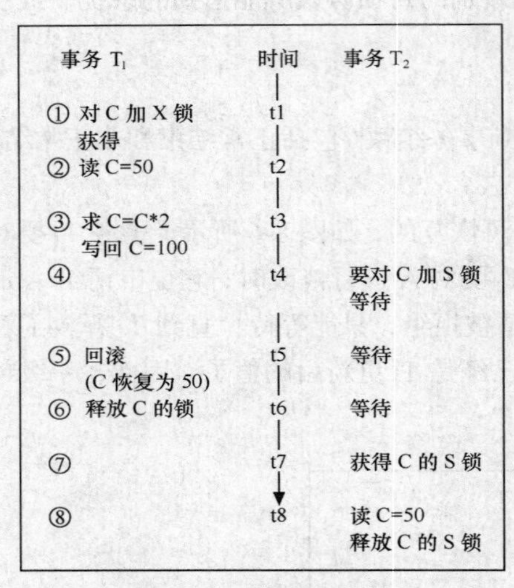

图 8-7 不读“脏”数据

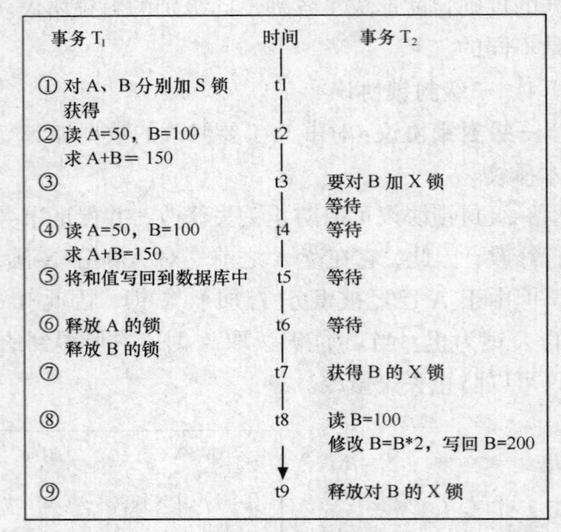

图 8-8 可重复读

在图 8-8 中，事务 T_1 要读取 A、B 的值，因此先对 A、B 加了 S 锁，这样其他事务只能再对 A、B 加 S 锁，而不能加 X 锁，即其他事务只能对 A、B 进行读取操作，而不能进行修改操作。因此，当 T_2 为修改 B 而申请对 B 加 X 锁时被拒绝，T_2 只能等待。T_1 为验算再读 A、B 的值，这时读出的值仍然是 A、B 原来的值，因此求和的结果也不会变，即可重复读。直到 T_1 释放了在 A、B 上加的锁，T_2 才能获得对 B 的 X 锁。

三个封锁协议的主要区别在于哪些操作需要申请锁以及何时释放锁。三个级别的封锁协议的总结如表 8-1 所示。

表 8-1 不同级别的封锁协议

封锁协议	X 锁（对更改的数据）	S 锁（对只读数据）	不丢失数据修改	不读脏数据	可重复读
一级	事务全程加锁	不加	√		
二级	事务全程加锁	事务开始加锁，读完即释放锁	√	√	
三级	事务全程加锁	事务全程加锁	√	√	√

8.2.4 活锁和死锁

和操作系统一样，并发控制的封锁方法可能会引起活锁和死锁等问题。

1. 活锁

如果事务 T_1 封锁了数据 R，事务 T_2 也请求封锁 R，则 T_2 等待数据 R 上的锁的释放。这时如果又有 T_3 请求封锁数据 R，则 T_3 也进入等待状态。当 T_1 释放了数据 R 上的封锁之后，若系统首先批准了 T_3 对数据 R 的请求，则 T_2 继续等待。然后又有 T_4 请求封锁数据 R。若 T_3 释放了 R 上的锁之后，系统又批准了 T_4 对数据 R 的请求……则 T_2 可能永远在等待，这就是活锁的情形，如图 8-9 所示。

避免活锁的简单方法是采用先来先服务的策略。当多个事务请求封锁同一数据对象时，数据库管理系统按先请求先满足的事务排队策略，当数据对象上的锁被释放后，让事务队列中第一个事务获得锁。

2. 死锁

如果事务 T_1 封锁了数据 R_1，T_2 封锁了数据 R_2，然后 T_1 又请求封锁 R_2，由于 T_2 已经封锁了 R_2，因此 T_1 等待 T_2 释放 R_2 上的锁。然后 T_2 又请求封锁 R_1，由于 T_1 已经封锁了 R_1，因此 T_2 也只能等待 T_1 释放 R_1 上的锁。这样就会出现 T_1 等待 T_2 先释放 R_2 上的锁，而 T_2 又等待 T_1 先释放 R_1 上的锁的局面，此时 T_1 和 T_2 都在等待对方先释放锁，因而形成死锁，如图 8-10 所示。

T_1	T_2	T_3	T_4
lock R	⋮		
	lock R	⋮	⋮
⋮			
	等待	Lock R	
Unlock	等待	等待	Lock R
	等待	Lock R	等待
	等待	⋮	等待
⋮	等待	Unlock	等待
	等待		Lock R
	等待	⋮	⋮

图 8-9 活锁示意图

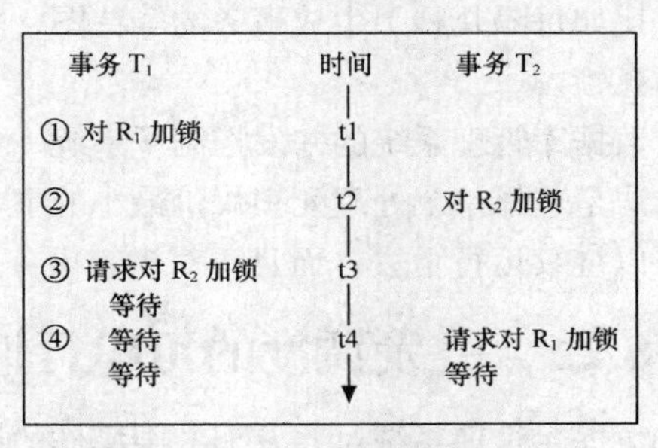

图 8-10 死锁示意图

死锁问题在操作系统和一般并行处理中已经有了深入的阐述，这里不作过多解释。目前在数据库中解决死锁问题的方法主要有两类：一类是采取一定的措施来预防死锁的发生；另一类是允许死锁的发生，但采用一定的手段定期诊断系统中有无死锁，若有则解除之。

预防死锁

在数据库中，产生死锁的原因是两个或多个事务都对一些数据进行了封锁，然后又请求为已被其他事务封锁的数据进行加锁，从而出现循环等待的情况。由此可见，预防死锁的发生就是解除产生死锁的条件，通常有如下两种方法。

（1）**一次封锁法**：每个事务一次将所有要使用的数据全部加锁，否则就不能继续执行。例如，对于图 8-10 所示的死锁例子，如果事务 T_1 将数据对象 R_1 和 R_2 一次全部加锁，则 T_2 在加锁时就只能等待，这样就不会造成 T_1 等待 T_2 释放锁的情况，从而也就不会产生死锁。

一次封锁法的问题是封锁范围过大，降低了系统的并发性。而且，由于数据库中的数据不断变化，使原来可以不加锁的数据，在执行过程中可能变成了被封锁对象，进一步扩大了封锁范围，从而更进一步降低了并发性。

（2）**顺序封锁法**：预先对数据对象规定一个封锁顺序，所有事务都按这个顺序封锁。这种方法的问题是若封锁对象很多，则随着插入、删除等操作的不断变化，使维护这些资源的封锁顺序很困难，另外事务的封锁请求可随事务的执行而动态变化，因此很难事先确定每个事务的封锁数据及其封锁顺序。

死锁的诊断和解除

数据库管理系统中诊断死锁的方法与操作系统类似，一般使用超时法和事务等待图法。

（1）超时法。如果一个事务的等待时间超过了规定的时限，则认为发生了死锁。超时法的优点是实现起来比较简单，但不足之处也很明显。一是可能产生误判的情况，比如，如果事务因某些原因造成等待时间比较长，超过了规定的等待时限，则系统会误认为发生了死锁。二是若时限设置的比较长，则不能对发生的死锁进行及时的处理。

（2）等待图法。事务等待图是一个有向图 $G=(T, U)$。T 为结点的集合，每个结点表示正在运行的事务；U 为边的集合，每条边表示事务等待的情况。若 T_1 等待 T_2，则 T_1 和 T_2 之间画一条有向边，从 T_1 指向 T_2，如图 8-11 所示。

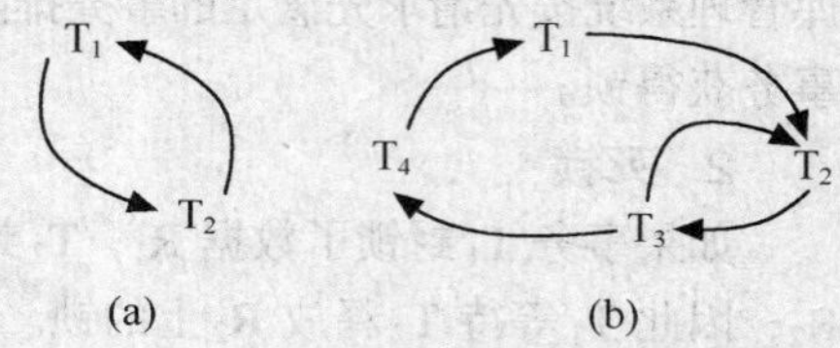

图 8-11　事务等待图法

图 8-11（a）表示事务 T_1 等待 T_2，T_2 等待 T_1，因此产生了死锁。图 8-11（b）表示事务 T_1 等待 T_2，T_2 等待 T_3，T_3 等待 T_4，T_4 又等待 T_1，因此也产生了死锁。

事务等待图动态地反映了所有事务的等待情况。数据库管理系统中的并发控制子系统周期性地（比如每隔几秒）生成事务的等待图，并进行检测。如果发现图中存在回路，则表示系统中出现了死锁。

数据库管理系统的并发控制子系统一旦检测到系统中产生了死锁，就要设法解除。通常采用的方法是选择一个处理死锁代价最小的事务，将其撤销，释放此事务所持有的全部锁，使其他事务可以继续运行下去。而且，对撤销事务所执行的数据修改操作必须加以恢复。

8.2.5　并发调度的可串行性

数据库管理系统对并发事务中操作的调度是随机的，而不同的调度会产生不同的结果，那么哪个结果是正确的，哪个是不正确的？直观地说，如果多个事务在某个调度下的执行结果与这些事务在某个串行调度下的执行结果相同，那么这个调度就一定是正确的。因为所有事务的串行调度策略一定是正确的调度策略。虽然以不同的顺序串行执行事务可能会产生不同的结果，但都不会将数据库置于不一致的状态，因此都是正确的。

多个事务的并发执行是正确的，当且仅当其结果与按某一顺序的串行执行的结果相同，称满足这种要求的并发调度为可串行化调度。

可串行性是并发事务正确性的准则，根据这个准则可知，一个给定的并发调度，当且仅当它是可串行化的调度时，才认为是正确的调度。

例如，假设有两个事务，分别包含如下操作：

事务 T_1：读 B；$A=B+1$；写回 A；

事务 T_2：读 A；$B=A+1$；写回 B；

假设 A、B 的初值均为 4，则按 $T_1 \rightarrow T_2$ 的顺序执行，其结果为 $A=5$，$B=6$；如果按 $T_2 \rightarrow T_1$ 的顺序执行，则其结果为 $A=6$，$B=5$。则当并发调度时，如果执行的结果是这两者之一，则都认为是正确的结果。

图 8-12 给出了这两个事务的几种不同的调度策略。

为了保证并发操作的正确性，数据库管理系统的并发控制机制必须提供一定的手段来保证调度是可串行化的。

从理论上讲，若在某一事务执行过程中禁止执行其他事务，则这种调度策略一定是可串行化的，但这种方法实际上是不可取的，因为这样不能让用户充分共享数据库资源，降低了事务的并发性。目前的数据库管理系统普遍采用封锁方法来实现并发操作的可串行性，从而保证调度的正确性。

T_1	T_2
B 加 S 锁	
Y=B=4	
B 释放 S 锁	
A 加 X 锁	
A=Y+1	
写回 A (5)	
A 释放 X 锁	
	A 加 S 锁
	X=A=5
	A 释放 S 锁
	B 加 X 锁
	B=X+1
	写回 B (6)
	B 释放 X 锁

(a) 串行调度

T_1	T_2
	A 加 S 锁
	X=A=4
	A 释放 S 锁
	B 加 X 锁
	B=X+1
	写回 B (5)
	B 释放 X 锁
B 加 S 锁	
Y=B=5	
B 释放 S 锁	
A 加 X 锁	
A=Y+1	
写回 A (6)	
A 释放 X 锁	

(b) 串行调度

T_1	T_2
B 加 S 锁	
Y=B=4	
	A 加 S 锁
	X=A=4
B 释放 S 锁	
	A 释放 S 锁
A 加 X 锁	
A=Y+1	
写回 A (5)	
	B 加 X 锁
	B=X+1
	写回 B (5)
A 释放 X 锁	
	B 释放 X 锁

(c) 不可串行化调度

T_1	T_2
B 加 S 锁	
Y=B=4	
B 释放 S 锁	
A 加 X 锁	
	A 加 S 锁
A=Y+1	等待
写回 A (5)	等待
A 释放 X 锁	等待
	X=A=5
	A 释放 S 锁
	B 加 X 锁
	B=X+1
	写回 B(6)
	B 释放 X 锁

(d) 可串行化调度

图 8-12　并发事务的不同调度

两段锁（Two-Phase Locking，简称 2PL）协议是保证并发调度可串行性的封锁协议。除此之外还有一些其他的方法，比如乐观方法等来保证调度的正确性。这里只介绍两段锁协议。

8.2.6　两段锁协议

两段锁协议是指所有的事务必须分为两个阶段对数据进行加锁和解锁，具体内容如下：

- 在对任何数据进行读写操作之前，首先要获得对该数据的封锁。
- 在释放一个封锁之后，事务不再申请和获得任何其他封锁。

两段锁协议是实现可串行化调度的充分条件。

两段锁的含义是，可以将每个事务分成两个时期：申请封锁期（开始对数据操作之前）和释放封锁期（结束对数据操作之后），申请期申请要加的所有封锁，释放期释放所有的封锁。在申请期不允许释放任何锁，在释放期不允许申请任何锁，这就是两段式封锁。

若某事务遵守两段锁协议，则其封锁序列如图 8-13 所示。

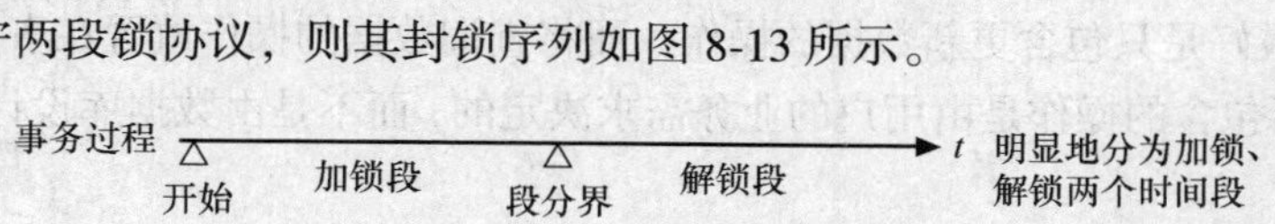

事务过程 △开始　加锁段　△段分界　解锁段 → t　明显地分为加锁、解锁两个时间段

图 8-13　两段锁协议示意图

可以证明，若并发执行的所有事务都遵守两段锁协议，则这些事务的任何并发调度策略都是可串行化的。

事务遵守两段锁协议是可串行化调度的充分条件，而不是必要条件。也就是说，如果并发事务都遵守两段锁协议，则对这些事务的任何并发调度策略都是可串行化的。但若并发事务的某个调度是可串行化的，并不意味着这些事务都遵守两段锁协议，如图 8-14 所示。在图 8-14 中，（a）

遵守了两段锁协议，（b）没有遵守两段锁协议，但它们都是可串行化调度的。

T_1	T_2	T_1	T_2
B 加 S 锁		B 加 S 锁	
Y=B=4		Y=B=4	
	A 加 S 锁	B 释放 S 锁	
	等待	A 加 X 锁	
A 加 X 锁	等待		A 加 S 锁
A=Y+1	等待	A=Y+1	等待
写回 A (5)	等待	写回 A (5)	等待
B 释放 S 锁	等待	A 释放 X 锁	等待
A 释放 X 锁	等待		X=A=5
	A 加 S 锁		A 释放 S 锁
	X=A=5		B 加 X 锁
	B 加 X 锁		B=X+1
	B=X+1		写回 B (6)
	写回 B (6)		B 释放 X 锁
	A 释放 S 锁		
	B 释放 X 锁		

(a) 遵守两段锁协议　　(b) 不遵守两段锁协议

图 8-14　可串行化调度

小　结

本章介绍事务和并发控制的概念。事务在数据库中是非常重要的一个概念，它是保证数据并发控制的基础。事务的特点是事务中的操作是作为一个完整的工作单元，这些操作，或者全部成功，或者全部不成功。并发控制指当同时执行多个事务时，为了保证一个事务的执行不受其他事务的干扰所采取的措施。并发控制的主要方法是加锁，根据对数据操作的不同，锁分为共享锁和排他锁两种，当只对数据做读取（查询）操作时，加共享锁，当需要对数据进行更新（增、删、改）操作时，需要加排他锁。在一个数据对象上可以同时存在多个共享锁，但只能同时存在一个排他锁。为了保证并发执行的事务是正确的，一般要求事务遵守两段锁协议，即在一个事务中明显地分为锁申请期和释放期，它是保证并发事务可串行化执行的充分条件。

对操作相同数据对象的事务来说，由于一个事务的执行会影响到其他事务的执行（一般是等待），因此，为尽可能保证数据操作的效率，尤其保证并发操作的效率，事务中包含的操作应该尽可能的少，而且最好是只包含更新数据的操作，而将查询数据的操作放置在事务之外。另外需要说明的是，事务所包含的操作是由用户的业务需求决定的，而不是由数据库设计人员随便设置的。

习　题

一、选择题

1．如果事务 T 获得了数据项 A 上的排他锁，则其他事务对 A（　　）。

A．只能读不能写　　B．只能写不能读

C．可以写也可以读　　D．不能读也不能写

2. 设事务 T1 和 T2 执行如图 8-15 所示的并发操作，这种并发操作存在的问题是（　　）。

时间	事务 T1	事务 T2
①	读 A=100，B=10	
②		读 A=100 A=A*2=200 写回 A=200
③	计算 A+B	
④	读 A=100，B=10 验证 A+B	

图 8-15　并发操作

A．丢失修改　　B．不能重复读　　C．读“脏”数据　　D．产生幽灵数据

3. 下列关于数据库死锁的说法，正确的是（　　）。

A．死锁是数据库中不可判断的一种现象

B．在数据库中防止死锁的方法是禁止多个用户同时操作数据库

C．只有允许并发操作时，才有可能出现死锁

D．当两个或多个用户竞争相同资源时就会产生死锁

4. 下列不属于事务特征的是（　　）。

A．完整性　　B．一致性　　C．隔离性　　D．原子性

5. 若事务 T 对数据项 D 已加了 S 锁，则其他事务对数据项 D（　　）。

A．可以加 S 锁，但不能加 X 锁　　B．可以加 X 锁，但不能加 S 锁

C．可以加 S 锁，也可以加 X 锁　　D．不能加任何锁

6. 在数据库管理系统的三级封锁协议中，二级封锁协议的加锁要求是（　　）。

A．对读数据不加锁，对写数据在事务开始时加 X 锁，事务完成后释放 X 锁

B．读数据时加 S 锁，读完即释放 S 锁；写数据时加 X 锁，写完即释放 X 锁

C．读数据时加 S 锁，读完即释放 S 锁；对写数据是在事务开始时加 X 锁，事务完成后释放 X 锁

D．在事务开始时即对要读、写的数据加锁，等事务结束后再释放全部锁

7. 在数据库管理系统的三级封锁协议中，一级封锁协议能够解决的问题是（　　）。

A．丢失修改　　B．不可重复读　　C．读“脏”数据　　D．死锁

8. 若系统中存在 4 个等待事务 T0、T1、T2 和 T3，其中 T0 正等待被 T1 锁住的数据项 A1，T1 正等待被 T2 锁住的数据项 A2，T2 正等待被 T3 锁住的数据项 A3，T3 正等待被 T0 锁住的数据项 A0。则此时系统所处的状态是（　　）。

A．活锁　　B．死锁　　C．封锁　　D．正常

9. 事务一旦提交，其对数据库中数据的修改就是永久的，以后的操作或故障不会对事务的操作结果产生任何影响。这个特性是事务的（　　）。

A．原子性　　B．一致性　　C．隔离性　　D．持久性

10. 在多个事务并发执行时，如果事务 T1 对数据项 A 的修改覆盖了事务 T2 对数据项 A 的修改，这种现象称为（　　）。

A．丢失修改　　B．读“脏”数据　　C．不可重复读　　D．数据不一致

11．在多个事务并发执行时，如果并发控制措施不好，则可能会造成事务 T1 读了事务 T2 的“脏”数据。这里的“脏”数据是指（　　）。

A．T1 回滚前的数据　　B．T1 回滚后的数据
C．T2 回滚前的数据　　D．T2 回滚后的数据

12．在判断死锁的事务等待图中，如果等待图中出现了环路，则说明系统（　　）。

A．存在活锁　　B．存在死锁　　C．事务执行成功　　D．事务执行失败

二、填空题

1. 为防止并发操作的事务产生相互干扰情况，数据库管理系统采用加锁机制来避免这种情况。锁的类型包括________和________。

2．一个事务可通过执行________语句来取消其已完成的数据修改操作。

3．事务应对要读取的数据加________锁，对要修改的数据加________锁。

4．要求事务在读数据项之前必须先对数据项加 S 锁，直到事务结束才释放该锁的封锁协议是________级封锁协议。

5．假设有两个事务 T1 和 T2，它们要读入同一数据并进行修改，如果 T2 提交的结果覆盖了 T1 提交的结果，导致 T1 修改的结果无效。这种现象称为________。

6．在数据库环境下，进行并发控制的主要方式是________。

7. 如果总是将事务为两个阶段，一个是加锁期，另一个是解锁期，在加锁期不允许解锁，在解锁期不允许加锁，则将该规定称为________。

8. 如果并发执行的所有事务都遵守两段锁协议，则这些事务的任何并发调度一定是________。

9．一个事务只要执行了________语句，其对数据库的操作就是永久的。

10．在单 CPU 系统中，如果存在多个事务，则这些事务只能交叉地使用 CPU，将这种并发方式称为________。

三、简答题

1．试说明事务的概念及 4 个特征。

2．事务处理模型有哪两种？SQL Server 采用的是哪种模型？

3．事务的提交和回滚的含义分别是什么？

4．数据库中并发操作所带来的数据不一致情况主要有几种？每种的含义是什么？

5．设有如下 3 个事务：

T1：B = A + 1；　T2：B = B * 2；　T3：A = B + 1

（1）设 A 的初值为 2，B 的初值为 1，如果这 3 个事务并发的执行，则可能正确的执行结果有哪些？

（2）给出一种遵守两段锁协议的并发调度策略。

6．设有如图 8-16 所示的两个事务的调度过程，根据此图完成下列各题。

（1）写出事务 T1 和 T2 包含的操作。

（2）事务 T1、T2 开始之前 B 的初值是多少？

（3）设 A 的初值为 20，则这两个事务所有可能的正确执行结果有哪些？

（4）该调度方式是否遵守两段锁协议？

7. 什么是死锁？预防死锁的常用方法是什么？如何诊断系统中出现了死锁？

8．两段锁协议的含义是什么？

T1	T2
B加S锁	
读B=100	
A加X锁	
	A加S锁
A=B+20=120	等待
写回 A=15	等待
B释放S锁	
A释放X锁	等待
	读A=120
	B加X锁
	B=A+30=150
	写回B=150
	B释放X锁
	A释放S锁

图 8-16　事务调度图

第9章 数据库编程

本章主要介绍数据库后台的一些编程技术，包括存储过程、触发器和游标。

存储过程是存储在数据库中的一个代码段，该代码段中可以包含数据操作语句、数据定义语句等。应用程序可以通过调用存储过程的方法来执行代码段中的语句。存储过程功能使得用户对数据库的管理和操作更加灵活和便捷。

数据完整性约束是保证数据库中的数据符合现实中的实际情况，或者说，数据库中存储的数据都有实际意义。我们在第3章介绍了在定义表时实现数据完整性约束的方法，包括 PRIMARY KEY、FOREIGN KEY、UNIQUE、DEFAULT 和 CHECK 约束，本章我们将介绍另一种功能更强的实现数据完整性约束的方法——触发器。

关系数据库的查询结果是一个集合，通常情况下，这个集合作为一个整体处理，用户不能到结果集内部进行处理。如果确实需要对结果集中的数据进行逐行、逐列处理时，就需要使用游标。游标的内容是查询的结果，但它支持用户到结果集内部处理数据。

9.1 存储过程

9.1.1 存储过程概念

在编写数据库应用程序时，SQL 语言是应用程序和数据库之间的主要编程接口。使用 SQL 语言编写访问数据库的代码时，可用两种方法存储和执行这些代码。一种是在客户端存储代码，并创建向数据库服务器发送的 SQL 命令（或 SQL 语句），比如在 C#、Java 等客户端编程语言中嵌入访问数据库的 SQL 语句；另一种是将 SQL 语句存储在数据库服务器端（实际是存储在具体的数据库中，作为数据库中的一个对象），然后由应用程序调用执行这些 SQL 语句。这些存储在数据库服务器端供客户端调用执行的 SQL 语句就是存储过程，客户端应用程序可以直接调用并执行存储过程，存储过程的执行结果可返回给客户端。

数据库中的存储过程与一般程序设计语言中的过程或函数类似，存储过程也可以：

- 接收输入参数并以输出参数的形式将多个值返回给调用者；
- 包含执行数据库操作的语句；
- 将查询语句执行结果返回到客户端内存中。

使用存储在数据库服务器端的存储过程而不使用嵌入到客户端应用程序中 SQL 语句的优点如下。

（1）允许模块化程序设计。只需创建一次存储过程并将其存储在数据库中，以后就可以在应用程序中任意调用该存储过程。存储过程可由在数据库编程方面有专长的人员创建，并可独立于程序源代码而单独修改。

（2）改善性能。如果某操作需要大量SQL语句或需要重复执行，则用存储过程的形式比每次直接执行SQL语句的速度要快。因为数据库管理系统是在创建存储过程时对SQL代码进行分析和优化，并在第一次执行时进行语法检查和编译，将编译好的可执行代码存储在内存的一个专门缓冲区中，以后再执行此存储过程时，只需直接执行内存中的可执行代码即可。

（3）减少网络流量。一个需要数百行 SQL 代码完成的操作现在只需要一条执行存储过程的代码即可实现，因此，不再需要在网络中传送大量的代码。

（4）可作为安全机制使用。对于即使没有直接执行存储过程中的语句权限的用户，也可以授予他们执行该存储过程的权限。

存储过程实际是存储在数据库服务器上的，由 SQL 语句和流程控制语句组成的预编译集合，它以一个名字存储并作为一个单元处理，可由应用程序调用执行，允许包含控制流、逻辑以及对数据的查询等操作。存储过程可以接收输入参数，并可具有输出参数，还可以返回单个或多个结果集。

9.1.2 创建和执行存储过程

创建存储过程的SQL语句为：

```
CREATE PROCEDURE
```

其语法格式为：

```
CREATE PROC[EDURE] 存储过程名
  [ { @参数名 数据类型 } [ = default ] [OUTPUT]
  ] [ , … n ]
AS
     SQL语句 [ … n ]
```

其中：

- default：表示参数的默认值。如果定义了默认值，则在调用存储过程时，可以省略该参数的值。
- OUTPUT：表明参数是输出参数。使用 OUTPUT 参数可将存储过程产生的信息返回给调用者。

执行存储过程的SQL语句是EXECUTE，其语法格式为：

```
[ EXEC [ UTE ] ] 存储过程名
 [实参 [, OUTPUT] [, … n] ]
```

本章的所有示例均在第3、4章建立的Student、Course和SC表及数据上进行。

例1 不带参数的存储过程。查询计算机系学生的考试情况，列出学生的姓名、课程名和考试成绩。

```
CREATE  PROCEDURE  p_StudentGrade1
AS
 SELECT Sname, Cname, Grade
    FROM Student s INNER JOIN SC
    ON s.Sno = SC.Sno  INNER JOIN Course c
```

```
    ON c.Cno = sc.Cno
    WHERE Sdept = '计算机系'
```

执行此存储过程：

```
EXEC p_StudentGrade1
```

执行结果如图 9-1 所示。

例 2 带输入参数的存储过程。查询某个指定系学生的考试情况，列出学生的姓名、所在系、课程名和考试成绩。

```
CREATE  PROCEDURE  p_StudentGrade2
   @dept char(20)
AS
  SELECT Sname, Sdept, Cname, Grade
    FROM Student s INNER JOIN SC
    ON s.Sno = SC.Sno  INNER JOIN Course c
    ON c.Cno = SC.Cno
    WHERE Sdept = @dept
```

如果存储过程有输入参数并且没有为输入参数指定默认值，则在调用此存储过程时，必须为输入参数指定一个常量值。

执行例 2 定义的存储过程，查询信息管理系学生的修课情况：

```
EXEC p_StudentGrade2 '信息管理系'
```

执行结果如图 9-2 所示。

	Sname	Cname	Grade
1	李勇	高等数学	96
2	李勇	大学英语	80
3	李勇	大学英语	84
4	李勇	VB	62
5	刘晨	高等数学	92
6	刘晨	大学英语	90
7	刘晨	计算机文化学	84

图 9-1 调用例 1 存储过程的执行结果

	Sname	Sdept	Cname	Grade
1	吴宾	信息管理系	高等数学	76
2	吴宾	信息管理系	计算机文化学	85
3	吴宾	信息管理系	VB	73
4	吴宾	信息管理系	数据结构	NULL
5	张海	信息管理系	高等数学	50
6	张海	信息管理系	计算机文化学	80

图 9-2 调用例 2 存储过程的执行结果

例 3 带多个输入参数并有默认值的存储过程：查询某个学生某门课程的考试成绩，课程的默认值为“VB”。

```
CREATE PROCEDURE p_StudentGrade3
  @sname char(10), @cname char(20) = 'VB'
AS
  SELECT Sname, Cname, Grade
    FROM Student s INNER JOIN SC
    ON s.Sno = SC.sno  INNER JOIN Course c
    ON c.Cno = SC.Cno
    WHERE  sname = @sname AND cname = @cname
```

执行带多个参数的存储过程时，参数的传递方式有两种。

（1）按参数位置传值。执行存储过程的 EXEC 语句中实参的排列顺序，必须与创建存储过程时参数定义的顺序一致。

例如，使用按参数位置传值方式执行例 3 所定义的存储过程，查询“吴宾”、“高等数学”课程的成绩，执行语句为：

```
EXEC p_StudentGrade3 '吴宾', '高等数学'
```

（2）按参数名传值。在执行存储过程的 EXEC 语句中，要指明定义存储过程时指定的参数的名字以及参数的值，而不必关心参数的定义顺序。

例如，使用按参数名传值方式执行例 3 所定义的存储过程，查询“吴宾”、“高等数学”课程的成绩，执行语句为：

```
EXEC p_StudentGrade3 @sname = '吴宾', @cname = '高等数学'
```

两种调用方式返回的结果均如图 9-3 所示。

如果在定义存储过程时为参数指定了默认值，则在执行存储过程时可以不为有默认值的参数提供值。例如，执行例 3 的存储过程：

```
EXEC p_StudentGrade3 '吴宾'
```

相当于执行：

```
EXEC p_StudentGrade3 '吴宾', 'VB'
```

执行结果如图 9-4 所示。

	Sname	Cname	Grade
1	吴宾	高等数学	76

图 9-3　调用例 3 存储过程并指定全部输入参数的执行结果

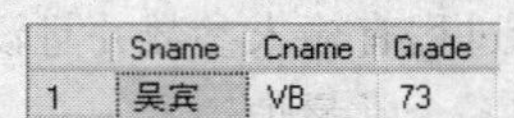

	Sname	Cname	Grade
1	吴宾	VB	73

图 9-4　调用例 3 存储过程并使用默认值的执行结果

例 4　带输出参数的存储过程。统计全体学生人数，并将统计结果用输出参数返回。

```
CREATE PROCEDURE p_Count
  @total int OUTPUT
As
  SELECT @total = COUNT(*) FROM Student
```

执行此存储过程示例：

```
DECLARE @res int
EXEC p_Count @res OUTPUT
PRINT @res
```

该语句的执行结果为：10。

说明：

- DECLARE：为 T-SQL 语言的变量声明语句，其基本语法格式为：

```
DECLARE  @局部变量名 数据类型
```

- @res：为变量名。T-SQL 语言要求在变量名前要加“@”，以标识该名字为用户定义的变量。
- PRINT：为 T-SQL 语言的输出语句，表示将后边变量的值显示在屏幕上。其语法格式为：

```
PRINT  'ASCII 文本字符串' | @局部变量名 | 字符串表达式
```

其中：

> @局部变量名：是任意有效的字符数据类型的变量，此变量必须是 char（或 nchar）或 varchar（或 nvarchar）型的变量，或者是能够隐式转换为这些数据类型的变量。

> 字符串表达式：是返回字符串的表达式。可包含串联（即字符串拼接，T-SQL 用“+”号实现）的字面值和变量。

消息字符串最多可有 8000 字节，超过 8000 字节的字符均被截断。

注意：

（1）在执行含有输出参数的存储过程时，在执行语句的变量名后边也要加上 OUTPUT 修饰符。

（2）在调用有输出参数的存储过程时，与输出参数对应的是一个变量，此变量用于保存输出参数返回的结果。

例 5　带一个输入参数和一个输出参数的存储过程。统计指定课程（课程名）的平均成绩，并将统计结果用输出参数返回。

```
CREATE PROC p_AvgGrade
  @cn char(20),
  @avg_grade int OUTPUT
AS
  SELECT @avg_grade = AVG(Grade) FROM SC
    JOIN Course C ON C.Cno = SC.Cno
    WHERE Cname = @cn
```

执行此存储过程，查询 VB 课程的平均成绩。

```
DECLARE @Avg_Grade int
EXEC p_AvgGrade 'VB', @Avg_Grade OUTPUT
PRINT @Avg_Grade
```

执行结果为：66。

例 6　带多个输入参数和多个输出参数的存储过程。统计指定系选修指定课程（课程名）的学生人数和考试平均成绩，并用输出参数返回选课人数和平均成绩。

```
CREATE PROC p_CountAvg
  @dept varchar(20), @cn varchar(20),
  @cnt int OUTPUT, @avg_grade int OUTPUT
AS
  SELECT @cnt = COUNT(*),@avg_grade = AVG(Grade)
    FROM SC JOIN Course C ON C.Cno = SC.Cno
    JOIN Student S ON S.Sno = SC.Sno
    WHERE Sdept = @dept AND Cname = @cn
```

执行此存储过程，查询计算机系修“高等数学”的学生人数和考试平均成绩。

```
DECLARE @Count int,@AvgGrade int
EXEC p_CountAvg '计算机系', '高等数学',
     @Count OUTPUT, @AvgGrade OUTPUT
SELECT @Count AS 人数, @AvgGrade AS 平均成绩
```

	人数	平均成绩
1	2	94

图 9-5　调用例 6 存储过程的执行结果

执行结果如图 9-5 所示。

利用存储过程不但可以实现数据查询操作，而且还可以实现数据的修改、删除和插入操作。

例 7　将指定课程（课程号）的学分增加指定的分数。

```
CREATE PROC p_UpdateCredit
  @cno varchar(10), @inc int
AS
  UPDATE Course SET Credit = Credit + @inc
   WHERE Cno = @cno
```

例 8　删除指定课程（课程名）中考试成绩不及格学生的此门课程的修课记录。

```
CREATE PROC p_DeleteSC
  @cn varchar(20)
AS
  DELETE FROM SC WHERE Grade < 60
    AND Cno IN (
      SELECT Cno FROM Course WHERE Cname = @cn)
```

例9 在课程表中插入一行数据，其各列数据均通过输入参数获得。

```
CREATE PROC p_InsertCourse
  @cno char(6),@cname nvarchar(20),@x tinyint, @y tinyint
AS
  INSERT INTO Course VALUES(@cno,@cname,@x,@y)
```

9.1.3 查看和维护存储过程

1. 查看已定义的存储过程

SQL Server 2008 在 SSMS 工具的“对象资源管理器”中将列出已定义好的全部存储过程。查看方法是：在 SSMS 的“对象资源管理器”中，展开要查看存储过程的数据库（这里我们展开“Students”数据库），然后依次展开该数据库下的“可编程性”→“存储过程”，即可看到该数据库下用户定义的全部存储过程，如图 9-6 所示。

在某个存储过程上右击鼠标，在弹出的菜单中选择“修改”命令，可查看定义该存储过程的代码，如图 9-7 所示（该代码为定义 p_Count 存储过程的代码）。

图 9-6 查看已定义的存储过程

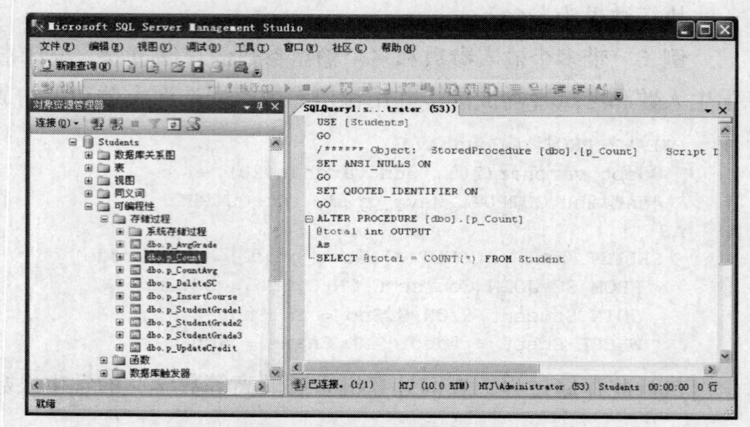

图 9-7 查看定义存储过程的代码

2. 修改存储过程

可以对已创建好的存储过程进行修改。修改存储过程的 SQL 语句为：

```
ALTER PROC [EDURE] 存储过程名
   [ { @参数名  数据类型 } [ = default ] [OUTPUT]
  ] [ , ... n ]
AS
   SQL 语句 [ ... n ]
```

可以看到，修改存储过程的语句与定义存储过程的语句基本是一样的，只是将 CREATE PROC [EDURE] 改成了 ALTER PROC [EDURE]。

例10 修改例2定义的存储过程，使其能查询指定系考试成绩大于等于80分的学生的修课情况。

```
ALTER  PROCEDURE  student_grade2
   @dept char(20)
AS
   SELECT Sname, Sdept, Cname, Grade
     FROM Student s INNER JOIN SC
```

```
    ON s.Sno = SC.Sno  INNER JOIN Course c
    ON c.Cno = SC.Cno
    WHERE Sdept = @dept AND Grade >= 80
```

用户也可以在查看定义存储过程代码时修改存储过程定义，例如，从图 9-7 所示的窗口可以看到，系统显示的代码就是修改存储过程的代码。用户可以直接在这里修改代码，修改完成后单击[执行(X)]按钮执行该代码即可使修改生效。

3. 删除存储过程

当不再需要某个存储过程时，可将其删除。删除存储过程可通过 SQL 语句实现，也可以通过 SSMS 的“对象资源管理器”实现。

删除存储过程的 SQL 语句为：

```
DROP { PROC | PROCEDURE } { 存储过程名 } [ , … n ]
```

例 11　删除 p_StudentGrade1 存储过程。

```
DROP PROC p_StudentGrade1
```

使用 SSMS 工具删除存储过程的方法为：在 SSMS 的“对象资源管理器”中，展开包含要删除存储过程的数据库→“可编程性”→“存储过程”（见图 9-6），在要删除的存储过程上右击鼠标，然后在弹出的菜单中选“删除”命令即可。

9.2　触　发　器

触发器是一段由对数据的更改操作引发的自动执行的代码，这些更改操作包括：UPDATE、INSERT 和 DELETE。触发器通常用于保证业务规则和数据完整性，其主要优点是用户可以用编程的方法来实现复杂的处理逻辑和业务规则，增强了数据完整性约束的功能。

在完整性约束方面，触发器可以实现比 CHECK 约束更复杂的数据约束。CHECK 可用于约束一个列的取值范围，也可以约束多个列之间的相互取值约束，比如“最低工资小于等于最高工资”，但这些被约束的列必须在同一个表中。如果被约束的列位于不同的表中，则 CHECK 约束就无能为力了，这种情况就需要使用触发器来实现。触发器除了可以实现复杂的完整性约束之外，还可以实现一些业务规则，比如限制一个学期开设的课程总门数不能超过 10 门等。

触发器是定义在某个表上的，用于实现该表中的某些约束条件，但在触发器中可以引用其他表中的列。例如，触发器可以使用其他表中的列来比较插入或更新的数据是否符合要求。

9.2.1　创建触发器

创建触发器时，要指定触发器的名称、触发器所作用的表、引发触发器的操作以及在触发器中要完成的功能。

创建触发器的 SQL 语句为：

```
CREATE TRIGGER 触发器名
ON 表名
{ FOR | AFTER | INSTEAD OF } { [INSERT] [, ] [DELETE] [, ] [UPDATE] }
AS
  SQL 语句
```

其中：

- 触发器名在数据库中必须是唯一的。
- ON 子句用于指定在其上执行触发器的表。
- AFTER：指定触发器只有在引发的 SQL 语句已成功执行，并且所有的约束检查也成功完成后，才执行此触发器。
- FOR：作用同 AFTER。
- INSTEAD OF：指定执行触发器而不是执行引发触发器执行的 SQL 语句，从而替代引发语句的操作。
- INSERT、DELETE 和 UPDATE 是引发触发器执行的操作，若同时指定多个操作，则各操作之间用逗号分隔。

创建触发器时，需要注意如下几个问题。

（1）在一个表上可以建立多个名称不同、类型各异的触发器，每个触发器可由一个或多个数据更改语句引发。对于 AFTER 型的触发器，可以在同一种操作上建立多个触发器；对于 INSTEAD OF 型的触发器，在同一种操作上只能建立一个触发器。

（2）大部分 SQL 语句都可用在触发器中，但也有一些限制。例如，所有的创建和更改数据库以及数据库对象的语句、所有的 DROP 语句都不允许在触发器中使用。

（3）在触发器中可以使用两个特殊的临时工作表：INSERTED 表和 DELETED 表，这两个表的结构同建立触发器的表的结构完全相同，而且这两个临时工作表只能用在触发器代码中。

- INSERTED 表保存了 INSERT 操作中新插入的数据和 UPDATE 操作中更新后的数据；
- DELETED 表保存了 DELETE 操作中删除的数据和 UPDATE 操作中更新前的数据。

在触发器中对这两个临时工作表的使用方法同一般基本表一样，可以通过对这两个临时工作表所保存的数据进行分析，来判断所执行的操作是否符合约束要求。

如果某个表上既定义了完整性约束，又定义了触发器，则先执行完整性约束检查，符合约束后才执行数据操作语句，然后才能引发触发器执行。因此完整性约束的检查总是先于触发器的执行。

9.2.2 后触发型触发器

使用 FOR 或 AFTER 选项定义的触发器为后触发型的触发器，即只有在引发触发器执行的语句中指定的操作都已成功执行，并且所有的约束检查也成功完成后，才能执行触发器。

后触发型触发器的执行过程如图 9-8 所示。

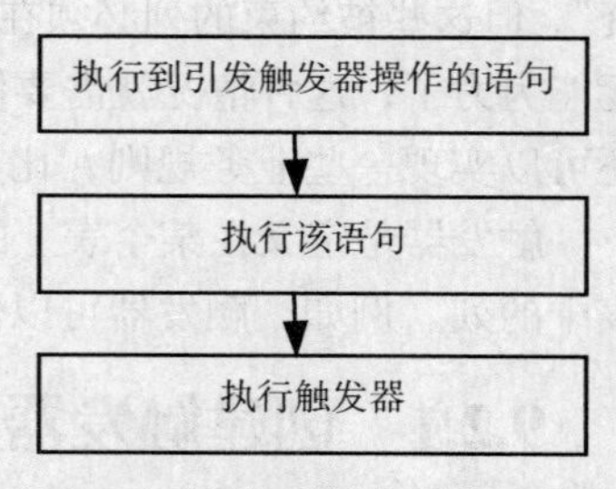

图 9-8　后触发型触发器执行过程

从图 9-8 可以看到，当后触发型触发器执行时，引发触发器执行的数据操作语句已经执行完成，因此，在编写后触发型触发器时，需要在触发器中判断所实现的操作是否违反了完整性约束，如果是则必须撤销该操作（即回滚操作）。

本节所有的示例均在第 4 章建立的 Student、Course 和 SC 表及数据上进行。

例 12　查看后触发型触发器对数据的影响。设有 t1 表，该表的定义语句为：

```
CREATE TABLE t1 (c1 int, c2 char(4))
```

假设 t1 表包含如下 2 行数据：

```
(1, 'a')
```

```
(2, 'b')
```

在 t1 表上建立如下触发器并执行：

```
CREATE Trigger tri_After
   ON t1 AFTER INSERT
AS
   SELECT * FROM t1
   SELECT * FROM INSERTED
```

现在执行下列语句：

```
INSERT INTO t1 VALUES(100,'test')
```

系统返回的结果如图 9-9 所示。从图 9-9 可以看到，当执行 INSERT 语句时，引发了触发器执行，且在触发器执行时，数据已被插入到 t1 表中。也就是当触发器执行时，引发触发器执行的操作语句已经执行完毕。

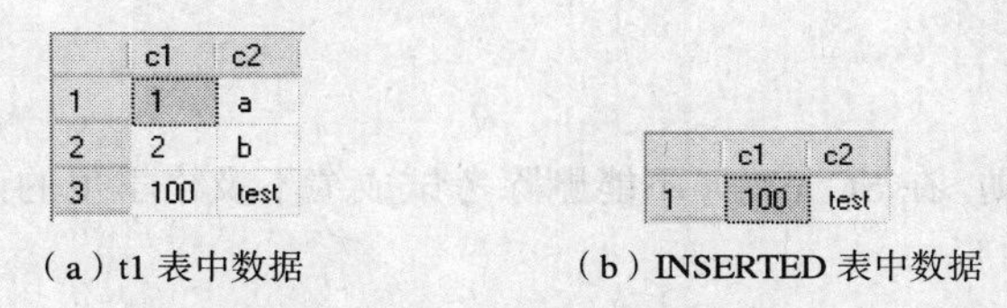

	c1	c2
1	1	a
2	2	b
3	100	test

（a）t1 表中数据

	c1	c2
1	100	test

（b）INSERTED 表中数据

图 9-9　触发器执行后的结果

例 13　限制列取值范围。限定 Course 表中 Semester 的取值范围为 1~10。

```
CREATE Trigger tri_Semester
  ON Course AFTER INSERT, UPDATE
AS
  IF EXISTS(SELECT * FROM INSERTED          -- 判断是否违反约束
              WHERE Semester NOT BETWEEN 1 AND 10)
    ROLLBACK    -- 撤销操作
```

说明：

（1）对 EXISTS()函数，如果其中的 SQL 语句执行有结果，则该函数返回“真”；如果没有结果则返回“假”。

（2）“--”为 T-SQL 语言的单行注释符。

注意：触发器与引发触发器执行的操作共同构成了一个事务，这个事务是系统隐含建立的。事务的开始是引发触发器执行的操作，事务的结束是触发器的结束。由于 AFTER 型触发器在执行时，引发触发器执行的操作已经执行完了，因此，在触发器中应使用 ROLLBACK 语句撤销不正确的操作，这里的 ROLLBACK 实际是回滚到引发触发器执行的操作之前的状态，也就是撤销了违反完整性约束的操作。

例 13 所示的约束完全可以用 CHECK 约束实现，因为它只是限制一个列的取值范围，而且这种约束用 CHECK 实现更合适，因为完整性约束的检查效率比触发器高。该例子也说明，用 CHECK 实现的约束用触发器也能实现。

例 14　实现业务规则。限制每个学期开设的课程总数不能超过 10 门（即当一个学期开设的课程门数到达 10 门时，就不能再插入该学期开设的课程信息了。假设一次只插入一门课程），如果超过了 10 门，则给出提示信息：本学期课程太多。

```
CREATE Trigger tri_TotalCno
```

```
  ON Course AFTER INSERT
AS
  IF (SELECT COUNT(*) FROM Course C
        JOIN INSERTED I ON I.Semester = C.Semester ) > 10
  BEGIN
     PRINT '本学期课程太多！'
     ROLLBACK
  END
```

说明：

（1）在 SQL Server 中，用 BEGIN 和 END 括起来的语句是一个语句块，一个语句块是由一组 SQL 语句组成的语法单元。

（2）T-SQL 也支持分支语句 IF，该语句的语法格式为：

```
IF 布尔表达式
   语句块 1
[ ELSE
   语句块 2 ]
```

例 15　实现业务规则。在 SC 表中，不能删除考试成绩不及格学生的该门课程的考试记录（假设 60 分为及格）。

```
CREATE Trigger tri_DeleteSC
  ON SC AFTER DELETE
AS
  IF EXISTS(SELECT * FROM DELETED WHERE Grade < 60 )
  BEGIN
     PRINT '不能删除成绩不及格的考试记录！'
     ROLLBACK
  END
```

例 16　实现业务规则。在 SC 表中，不能将不及格的考试成绩改为及格。

```
CREATE Trigger tri_UpdateGrade
  ON SC AFTER UPDATE
AS
  IF EXISTS(SELECT * FROM INSERTED I
              JOIN DELETED D ON I.Sno = D.Sno AND I.Cno = D.Cno
              WHERE D.Grade < 60 AND I.Grade >= 60)
  BEGIN
     PRINT '不能将不及格成绩改为及格！'
     ROLLBACK
  END
```

9.2.3　前触发型触发器

使用 INSTEAD OF 选项定义的触发器为前触发型触发器。在这种模式的触发器中，指定执行触发器而不是执行引发触发器执行的 SQL 语句，从而替代引发语句的操作。

前触发型触发器的执行过程如图 9-10 所示。

从图 9-10 可以看到，当前触发型触发器执行时，引发触发器执行的数据操作语句并没有真正执行，因此，在编写前触发型触发器时，需要在触发器中判断未实现的操作是否符合完整性约束，如果符合，则需要实际执行该操作。

在一张表上，每个 INSERT、UPDATE 或 DELETE 操作最多只能定义一个 INSTEAD OF 触发器。

例 17　查看前触发器对数据的影响。利用例 12 建立的 t1 表，假设 t1 表包含如下 2 行数据：

```
(1, 'a')
(2, 'b')
```

在 t1 表上建立如下触发器并执行：

```
CREATE Trigger tri_Instead
  ON t1 INSTEAD OF INSERT
AS
  SELECT * FROM t1
  SELECT * FROM INSERTED
```

为更准确地验证该触发器的执行情况，我们首先删除 tri_After 触发器，删除方法可参见 9.2.4 小节。删除完 tri_After 之后执行下列语句：

```
INSERT INTO T1 VALUES(100,'test')
```

系统返回的结果如图 9-11 所示。从图 9-11 可以看到，当执行 INSERT 语句时，引发了触发器执行，但在触发器执行时，t1 表中的数据并没有发生变化，表明数据并没有实际插入到 t1 表中。也就是在触发器执行时，引发触发器执行的操作语句并没有实际执行。

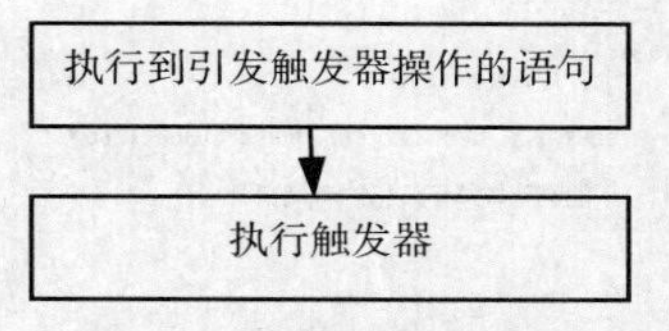

图 9-10　前触发型触发器执行过程

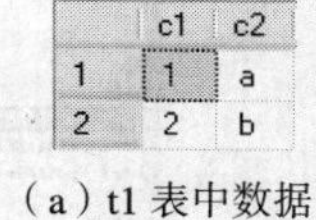

	c1	c2
1	1	a
2	2	b

（a）t1 表中数据

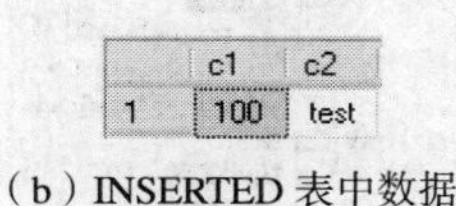

	c1	c2
1	100	test

（b）INSERTED 表中数据

图 9-11　触发器执行后的结果

例 18　用前触发器实现例 13 的限定 Course 表中 Semester 的取值范围为 1~10 的约束。

```
CREATE Trigger tri_Semester1
  ON Course INSTEAD OF INSERT, UPDATE
AS
  IF NOT EXISTS(SELECT * FROM INSERTED        --判断是否符合约束要求
           WHERE Semester NOT BETWEEN 1 AND 10)
      INSERT INTO Course SELECT * FROM INSERTED  --重做操作
```

例 19　用前触发器实现例 14 的限制每个学期开设的课程总数不能超过 10 门的约束。

```
CREATE Trigger tri_TotalCno1
  ON Course INSTEAD OF INSERT
AS
  IF (SELECT COUNT(*) FROM Course C
      JOIN INSERTED I ON I.Semester = C.Semester ) < 10
    INSERT INTO Course SELECT * FROM INSERTED
```

例 20　用前触发器实现例 15 的不能删除考试成绩不及格学生的该门课程的考试记录约束。

```
CREATE Trigger tri_DeleteSC1
  ON SC INSTEAD OF DELETE
AS
  IF NOT EXISTS(SELECT * FROM DELETED WHERE Grade < 60 )
    DELETE FROM SC
     WHERE Sno IN( SELECT Sno FROM DELETED )
      AND Cno IN( SELECT Cno FROM DELETED )
```

9.2.4 查看和维护触发器

1. 查看已定义的触发器

定义好触发器后，可以在SSMS工具的“对象资源管理中”查看已定义的触发器，具体方法是：在对象资源管理器，展开要查看触发器的数据库（假设这里展开的是Students），然后展开数据库下的“表”节点，展开某个定义了触发器的表（假设这里展开的是SC表），最后再展开表下的“触发器”节点，即可看到在该表上定义的全部触发器。图9-12所示为查看在SC表上定义的触发器的情形。

如果要查看定义触发器的代码，可在要查看代码的触发器上右击鼠标，然后在弹出的菜单中选择“修改”命令，即可弹出修改触发器的代码，如图9-13所示（该图显示的是tri_DeleteSC触发器的代码）。

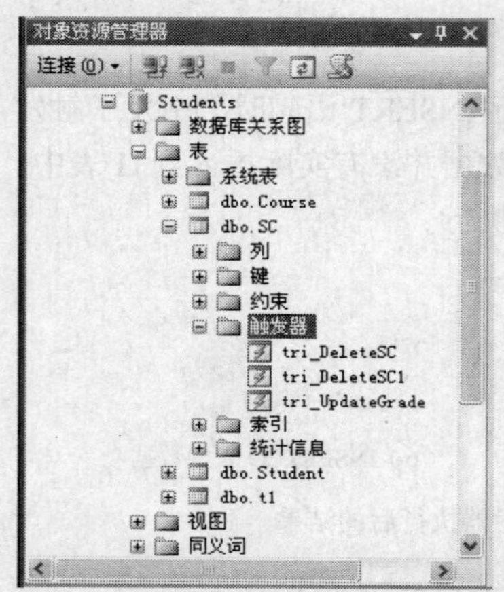

图9-12 在SC表上定义的触发器

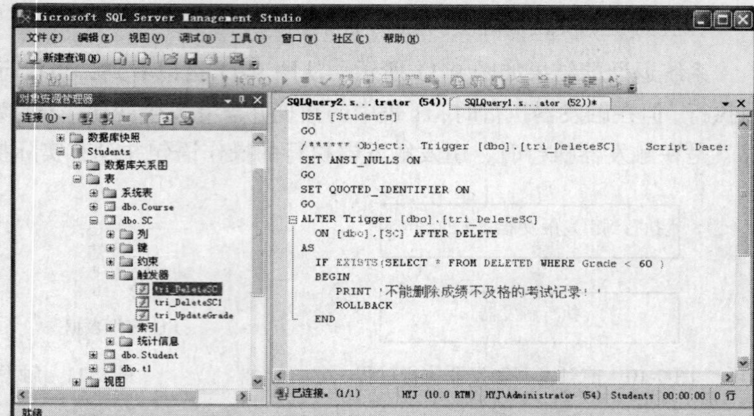

图9-13 tri_DeleteSC触发器代码

2. 修改触发器

用户可以对定义好的触发器代码进行修改，修改触发器可以通过SQL语句实现，也可以通过SSMS工具实现。

修改触发器代码的语句为：ALTER TRIGGER，其语法格式与定义触发器的CRETAE TRIGGER语句一样，只是将CREATE改为了ALTER。

如果是通过SSMS工具修改触发器代码，只需在查看触发器代码时直接进行修改即可。例如，从图9-13所示窗口可以看到，系统显示的代码就是修改触发器的代码。因此，可以直接在这里对触发器代码进行修改，修改完成之后，需要单击【! 执行(X)】按钮以使修改生效。

3. 删除触发器

当确认不再需要某个触发器时，可以将其删除。删除触发器的语句为：

```
DROP TRIGGER 触发器名 [ , … n ]
```

例21 删除tri_DeleteSC触发器。

```
DROP TRIGGER tri_DeleteSC
```

用户也可以通过SSMS的“对象资源管理器”删除触发器，方法是在要删除的触发器上右击鼠标，然后在弹出的菜单中选择“删除”命令即可。

9.3　游　标

关系数据库中的操作是基于集合的操作，即对整个行集产生影响，由 SELECT 语句返回的行集包括所有满足条件子句的行，这一完整的行集被称为结果集。在执行 SELECT 语句进行查询时，就可以得到这个结果集，但有时用户需要对结果集中的每一行或部分行进行单独的处理，这在 SELECT 的结果集中是无法实现的。游标就是提供这种机制的结果集扩展，它使我们可以逐行处理结果集。

9.3.1　游标概念

游标（cursor）包括如下两部分内容。

- 游标结果集：由定义游标的 SELECT 语句返回的结果的集合。
- 游标当前行指针：指向该结果集中的某一行的指针。

游标示意图如图 9-14 所示。

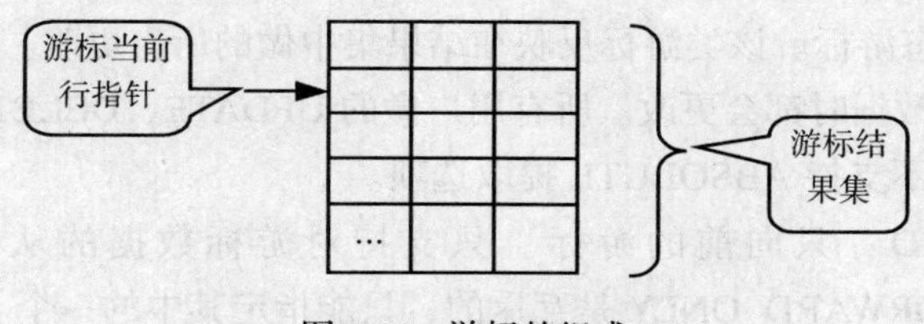

图 9-14　游标的组成

通过游标机制，可以使用 SQL 语句逐行处理结果集中的数据。游标具有如下特点。

- 允许定位结果集中的特定行。
- 允许从结果集的当前位置检索一行或多行。
- 支持对结果集中当前行的数据进行修改。
- 为由其他用户对显示在结果集中的数据所做的更改提供不同级别的可见性支持。

9.3.2　使用游标

使用游标的一般过程如图 9-15 所示。

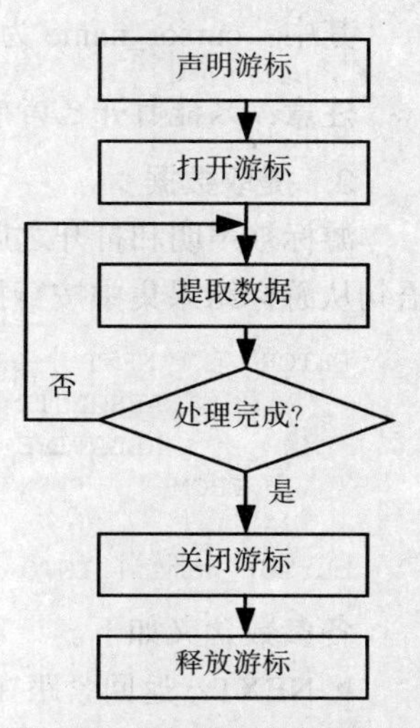

图 9-15　游标的一般使用过程

1．声明游标

声明游标实际是定义服务器端游标的特性，例如游标的滚动行为和用于生成游标结果集的查询语句。声明游标使用 DECLARE CURSOR 语句，该语句有两种格式，一种是基于 SQL-92 标准的语法，另一种是使用 T-SQL 扩展的语法。这里只介绍使用 T-SQL 声明游标的方法。

T-SQL 声明游标的简化语法格式如下：

```
DECLARE cursor_name CURSOR
[ FORWARD_ONLY | SCROLL ]
[ STATIC | KEYSET | DYNAMIC | FAST_FORWARD ]
FOR select_statement
[ FOR UPDATE [ OF column_name [,...n ] ] ]
```

其中各参数含义如下：

- cursor_name：游标名称。
- FORWARD_ONLY：指定游标只能从第一行滚动到最后一行。这种方式的游标只支持 FETCH NEXT 提取选项。如果在指定 FORWARD_ONLY 时没有指定 STATIC、KEYSET 和 DYNAMIC 关键字，则游标作为 DYNAMIC 游标进行操作。如果 FORWARD_ONLY 和 SCROLL 均未指定，则除非指定了 STATIC、KEYSET 或 DYNAMIC 关键字，否则默认为 FORWARD_ONLY。STATIC、KEYSET 和 DYNAMIC 游标默认为 SCROLL。
- STATIC：静态游标。游标的结果集在打开时建立在 tempdb 数据库中。因此，在对该游标进行提取操作时返回的数据并不反映游标打开后用户对基本表所做的修改，并且该类型游标不允许对数据进行修改。
- KEYSET：键集游标。指定当游标打开时，游标中行的成员和顺序已经固定。任何用户对基本表中的非主键列所做的更改在用户滚动游标时是可见的，对基本表数据进行的插入是不可见的（不能通过服务器游标进行插入操作）。如果某行已被删除，则对该行进行提取操作时，返回 @@FETCH_STATUS = -2。@@FETCH_STATUS 的含义在后边的“提取数据”中介绍。
- DYNAMIC：动态游标。该类游标反映在结果集中做的所有更改。结果集中的行数据值、顺序和成员在每次提取数据时都会更改。所有用户做的 UPDATE、DELETE 和 INSERT 语句通过游标均可见。动态游标不支持 ABSOLUTE 提取选项。
- FAST_FORWARD：只向前的游标。只支持对游标数据的从头到尾的顺序提取。FAST_FORWARD 和 FORWARD_ONLY 是互斥的，只能指定其中的一个。
- select_statement：定义游标结果集的 SELECT 语句。
- UPDATE [OF column_name [，...n]]：定义游标内可更新的列。如果提供了 OF column_name [，...n]，则只允许修改列出的列。如果在 UPDATE 中未指定列，则所有列均可更新。

2. 打开游标

打开游标的语句是 OPEN，其语法格式为：

```
OPEN cursor_name
```

其中：cursor_name 为游标名。

注意：只能打开已声明但还没有打开的游标。

3. 提取数据

游标被声明和打开之后，游标的当前行指针就位于结果集中的第一行位置，可以使用 FETCH 语句从游标结果集中按行提取数据。其语法格式如下：

```
FETCH  [ [ NEXT | PRIOR | FIRST | LAST
          | ABSOLUTE n
          | RELATIVE n ]
        FROM
         ]
cursor_name [ INTO @variable_name [,...n ] ]
```

各参数含义如下。

- NEXT：返回紧跟在当前行之后的数据行，并且当前行递增为结果行。如果 FETCH NEXT 是对游标的第一次提取操作，则返回结果集中的第一行。NEXT 为默认的游标提取选项。

● PRIOR：返回紧临当前行前面的数据行，并且当前行递减为结果行。如果 FETCH PRIOR 为对游标的第一次提取操作，则没有行返回并且将游标当前行置于第一行之前。

● FIRST：返回游标中的第一行并将其作为当前行。

● LAST：返回游标中的最后一行并将其作为当前行。

● ABSOLUTE n ：如果 *n* 为正数，则返回从游标第一行开始的第 *n* 行并将返回的行变成新的当前行；如果 *n* 为负数，则返回从游标最后一行开始之前的第 *n* 行并将返回的行变成新的当前行；如果 *n* 为 0，则没有行返回。*n* 必须为整型常量。

● RELATIVE n：如果 *n* 为正数，则返回当前行之后的第 *n* 行并将返回的行成为新的当前行。如果 *n* 为负数，则返回当前行之前的第 *n* 行并将返回的行成为新的当前行。如果 *n* 为 0，则返回当前行。如果对游标的第一次提取操作时将 FETCH RELATIVE 的 *n* 为负数或 0，则没有行返回。*n* 必须为整型常量。

● cursor_name：要从中进行提取数据的游标名称。

● INTO @variable_name [，...n]：将提取的列数据存放到局部变量中。列表中的各个变量从左到右与游标结果集中的相应列对应。各变量的数据类型必须与相应结果列的数据类型匹配。变量的数目必须与游标选择列表中的列的数目一致。

在对游标数据进行提取的过程中，可以使用@@FETCH_STATUS 全局变量判断数据提取的状态。@@FETCH_STATUS 返回 FETCH 语句执行后的游标最终状态。@@FETCH_STATUS 的取值和含义如表 9-1 所示。

表 9-1 @@FETCH_STATUS 函数的取值和含义

返 回 值	含 义
0	FETCH 语句成功
–1	FETCH 语句失败或此行不在结果集中
–2	被提取的行不存在

@@FETCH_STATUS 返回的数据类型是：int。

由于@@FETCH_STATUS 对于在一个连接上的所有游标是全局性的，不管是对哪个游标，只要执行一次 FETCH 语句，系统都会对@@FETCH_STATUS 全局变量赋一次值，以表明该 FETCH 语句的执行情况。因此，在每次执行完一条 FETCH 语句后，都应该测试一下@@FETCH_STATUS 全局变量的值，以观测当前提取游标数据语句的执行情况。

注意：在对游标进行提取操作前，@@FETCH_STATUS 的值没有定义。

4. 关闭游标

关闭游标使用 CLOSE 语句，其语法格式为：

```
CLOSE cursor_name
```

在使用 CLOSE 语句关闭游标后，系统并没有完全释放游标的资源，并且也没有改变游标的定义，当再次使用 OPEN 语句时可以重新打开此游标。

5. 释放游标

释放游标是释放分配给游标的所有资源。释放游标使用 DEALLOCATE 语句，其语法格式为：

```
DEALLOCATE  cursor_name
```

9.3.3 游标示例

例22 对Students数据库的Student表，定义查询姓“王”的学生姓名和所在系的游标，并输出游标结果。

```
DECLARE @sn CHAR(10), @dept VARCHAR(20) -- 声明存放结果集各列数据的变量
DECLARE Sname_cursor CURSOR FOR          -- 声明游标
  SELECT Sname, Sdept FROM Student
    WHERE Sname LIKE '王%'
OPEN Sname_cursor                              -- 打开游标
FETCH NEXT FROM Sname_cursor INTO @sn, @dept  -- 首先提取第一行数据
-- 通过检查@@FETCH_STATUS的值判断是否还有可提取的数据
WHILE @@FETCH_STATUS = 0
BEGIN
  PRINT @sn + @dept
  FETCH NEXT FROM Sname_cursor INTO @sn, @dept
END
CLOSE Sname_cursor
DEALLOCATE Sname_cursor
```

说明：WHHILE为T-SQL语言中的循环语句，该语句的语法格式如下：

```
WHILE 布尔表达式
 循环体语句块
```

此游标的执行结果如图9-16所示。

消息

王敏	计算机系
王大力	通信工程系

图9-16 例22游标的执行结果

例23 声明带SCROLL选项的游标，并通过绝对定位功能实现游标当前行的任意方向的滚动。声明查询计算机系学生姓名、选修课程名和成绩的游标，并将游标内容按成绩降序排序。

```
DECLARE CS_cursor SCROLL CURSOR FOR
  SELECT Sname, Cname, Grade FROM Student S
  JOIN SC ON S.Sno = SC.Sno
  JOIN Course C ON C.Cno = SC.Cno
  WHERE Sdept = '计算机系'
  ORDER BY Grade DESC
OPEN CS_cursor
FETCH LAST FROM CS_cursor            -- 提取游标中的最后一行数据
FETCH ABSOLUTE 4 FROM CS_cursor      -- 提取游标中的第4行数据
FETCH RELATIVE 3 FROM CS_cursor      -- 提取当前行后边的第3行数据
FETCH RELATIVE -2 FROM CS_cursor     -- 提取当前行前边的第2行数据
CLOSE CS_cursor
DEALLOCATE CS_cursor
```

该游标的结果集内容如图9-17所示，游标的执行结果如图9-18所示。

例24 建立生成报表的游标。对Students数据库中的表，生成显示如下报表形式的游标：首先列出一门课程名（只考虑有人选的课程），然后在此门课程下列出该门课程考试成绩大于等于80分的学生姓名、性别、所在系和成绩；然后再列出第二门课程名，然后再在此课程下列出该门课程考试成绩大于等于80分的学生姓名、性别、所在系和成绩；依此类推，直到列出全部有人选的课程。

	Sname	Cname	Grade
1	李勇	高等数学	96
2	刘晨	高等数学	92
3	刘晨	大学英语	90
4	刘晨	计算机文化学	84
5	李勇	大学英语	84
6	李勇	大学英语	80
7	李勇	VB	62

图 9-17　例 23 的游标结果集数据

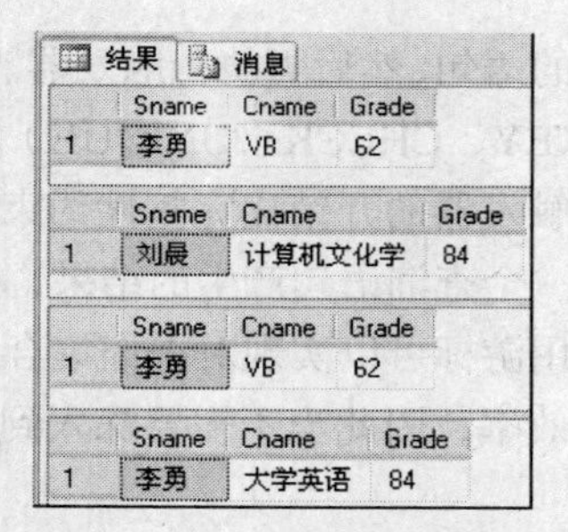

	Sname	Cname	Grade
1	李勇	VB	62

	Sname	Cname	Grade
1	刘晨	计算机文化学	84

	Sname	Cname	Grade
1	李勇	VB	62

	Sname	Cname	Grade
1	李勇	大学英语	84

图 9-18　例 23 的游标执行结果

实现代码如下：

```
DECLARE @cname varchar(20),@sname char(10),@sex char(6),@dept char(14),@grade tinyint
DECLARE C1 CURSOR FOR SELECT DISTINCT Cname FROM Course
   WHERE Cno IN (SELECT Cno FROM SC WHERE Grade IS NOT NULL)
OPEN C1
FETCH NEXT FROM C1 INTO @cname
WHILE @@FETCH_STATUS = 0
BEGIN
  PRINT @cname
  PRINT '姓名    性别   所在系    成绩'
  DECLARE C2 CURSOR FOR
   SELECT Sname, Ssex, Sdept,Grade FROM Student S
    JOIN SC ON S.Sno = SC.Sno
    JOIN Course C ON C.Cno = SC.Cno
    WHERE Cname = @cname AND Grade >= 80
  OPEN C2
  FETCH NEXT FROM C2 INTO @sname, @sex, @dept, @grade
  WHILE @@FETCH_STATUS = 0
  BEGIN
    PRINT @sname + @sex + @dept + cast(@grade as char(4))
    FETCH NEXT FROM C2 INTO @sname, @sex, @dept, @grade
  END
  CLOSE C2
  DEALLOCATE C2
  PRINT ''
  FETCH NEXT FROM C1 INTO @cname
END
CLOSE C1
DEALLOCATE C1
```

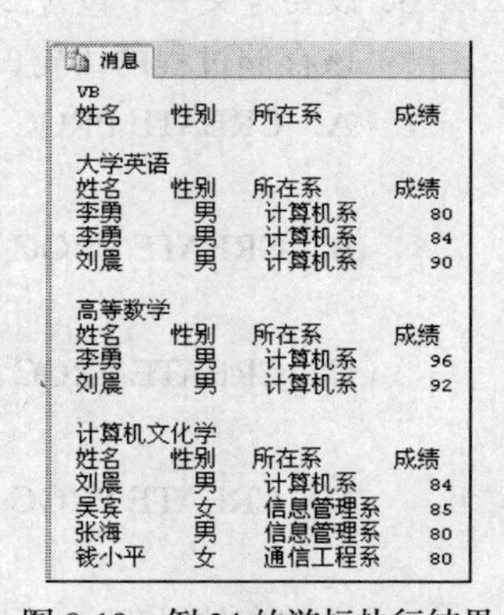

此游标的执行结果形式如图 9-19 所示。

图 9-19　例 24 的游标执行结果

小　结

存储过程是一段可执行的代码块，该代码块经过编译后生成的可执行代码被保存在内存一个专用区域中，这种模式可以极大地提高后续执行存储过程的效率。存储过程同时还提供了模块共享的功能，简化了客户端数据库访问的编程，同时还提供了一定的数据安全机制。

触发器是由对表进行插入、删除、更改语句触发执行的代码，主要用于实现数据完整性约束和业务规则。触发器有前触发和后触发两种类型，如果是前触发型触发器，则系统只执行触发器语句，而并不真正执行引发触发器执行的操作语句；如果是后触发型触发器，则系统先执行引发触发器操作的语句，然后再执行触发器。当某个约束条件能够用完整性约束语句（PRIMARY KEY、FOREIGN KEY、CHECK、UNIQUE）实现，也能够用触发器实现时，一般选用完整性约束语句实现，因为触发器的开销比完整性约束语句大。

游标是一个查询语句产生的结果，这个结果被保存在内存中，并允许用户对这个结果进行定位访问，利用游标可以实现对查询集合内部的操作。但游标提供的定位操作是有代价的，它降低了数据访问效率，因此当不需要深入到结果集内部操作数据时，应尽可能不使用游标机制。

习　题

一、选择题

1. 创建存储过程的用处主要是（　　）。

A．提高数据操作效率　　B．维护数据的一致性

C．实现复杂的业务规则　　D．增强引用完整性

2. 下列关于存储过程的说法，正确的是（　　）。

A．在定义存储过程的代码中可以包含数据的增、删、改、查语句

B．用户可以向存储过程传递参数，但不能输出存储过程产生的结果

C．存储过程的执行是在客户端完成的

D．存储过程是存储在客户端的可执行代码段

3. 设要定义一个包含2个输入参数和2个输出参数的存储过程，各参数均为整型。下列定义该存储过程的语句，正确的是（　　）。

A．CREATE PROC P1 @x1，@x2 int，
　　@x3 ，@x4 int output

B．CREATE PROC P1 @x1 int，@x2 int，
　　@x2，@x4 int output

C．CREATE PROC P1 @x1 int，@x2 int，
　　@x3 int，@x4 int output

D．CREATE PROC P1 @x1 int，@x2 int，
　　@x3 int output，@x4 int output t

4. 设有存储过程定义语句：CREATE PROC P1 @x int，@y int output，@z int output。下列调用该存储过程的语句，正确的是（　　）。

A．EXEC P1 10，@a int output，@b int output

B．EXEC P1 10，@a int，@b int output

C．EXEC P1 10，@a output，@b output

D．EXEC P1 10，@a，@b output

5. 下列修改存储过程P1的语句，正确的是（　　）。

A．ALTER P1　B．ALTER PROC P1　C．MODIFY P1　D．MODIFY PROC P1

6. 下列删除存储过程P1的语句，正确的是（　　）。

A．DELETE P1　　B．DELETE PROC P1

C．DROP P1　　D．DROP PROC P1

7．定义触发器的主要作用是（　　）。

A．提高数据的查询效率　　B．增强数据的安全性

C．加强数据的保密性　　D．实现复杂的约束

8．现有学生表和修课表，其结构为：

学生表（学号，姓名，入学日期，毕业日期）

修课表（学号，课程号，考试日期，成绩）

现要求修课表中的考试日期必须在学生表中相应学生的入学日期和毕业日期之间。下列实现方法中，正确的是（　　）。

A．在修课表的考试日期列上定义一个 CHECK 约束

B．在修课表上建立一个插入和更新操作的触发器

C．在学生表上建立一个插入和更新操作的触发器

D．在修课表的考试日期列上定义一个外码引用约束

9．设有教师表（教师号，教师名，职称，基本工资），其中基本工资的取值范围与教师职称有关，比如，教授的基本工资是 6000~10000，副教授的基本工资是 4000~8000。下列实现该约束的方法中，可行的是（　　）。

A．可通过在教师表上定义插入和修改操作的触发器实现

B．可通过在基本工资列上定义一个 CHECK 约束实现

C．A 和 B 都可以

D．A 和 B 都不可以

10．设在 SC（Sno，Cno，Grade）表上定义了触发器：

```
CREATE TRIGGER tri1 ON SC INSTEAD OF INSERT …
```

当执行语句：INSERT INTO SC VALUES（'s001'，'c01'，90）

会引发该触发器执行。下列关于触发器执行时表中数据的说法，正确的是（　　）。

A．SC 表和 INERTED 表中均包含新插入的数据

B．SC 表和 INERTED 表中均不包含新插入的数据

C．SC 表中包含新插入的数据，INERTED 表中不包含新插入的数据

D．SC 表中不包含新插入的数据，INERTED 表中包含新插入的数据

11．当执行由 UPDATE 语句引发的触发器时，下列关于该触发器临时工作表的说法，正确的是（　　）。

A．系统会自动产生 UPDATED 表来存放更改前的数据

B．系统会自动产生 UPDATED 表来存放更改后的数据

C．系统会自动产生 INSERTED 表和 DELETED 表，用 INSERTED 表存放更改后的数据，用 DELETED 表存放更改前的数据

D．系统会自动产生 INSERTED 表和 DELETED 表，用 INSERTED 表存放更改前的数据，用 DELETED 表存放更改后的数据

12．下列关于游标的说法，错误的是（　　）。

A．游标允许用户定位到结果集中的某行

B．游标允许用户读取结果集中当前行位置的数据

C．游标允许用户修改结果集中当前行位置的数据

D．游标中有个当前行指针，该指针只能在结果集中单向移动

13．对游标的操作一般包括声明、打开、处理、关闭、释放几个步骤，下列关于关闭游标的说法，错误的是（　）。

A．游标被关闭之后，还可以通过 OPEN 语句再次打开

B．游标一旦被关闭，其所占用的资源即被释放

C．游标被关闭之后，其所占用的资源没有被释放

D．关闭游标之后的下一个操作可以是释放游标，也可以是再次打开该游标

二、填空题

1．利用存储过程机制，可以________数据操作效率。

2．存储过程可以接收输入参数和输出参数，对于输出参数，必须用________词来标明。

3．执行存储过程的 SQL 语句是________。

4．调用存储过程时，其参数传递方式有________和________两种。

5．修改存储过程的 SQL 语句是________。

6．SQL Server 支持两种类型的触发器，它们是________触发型触发器和________触发型触发器。

7．在一个表上针对每个操作，可以定义________个前触发型触发器。

8．如果在某个表的 INSERT 操作上定义了触发器，则当执行 INSERT 语句时，系统产生的临时工作表是________。

9．对于后触发型触发器，当触发器执行时，引发触发器的操作语句（已执行完/未执行）________。

10．对于后触发型触发器，当在触发器中发现引发触发器执行的操作违反了约束时，需要通过________语句撤销已执行的操作。

11．打开游标的语句是________。

12．在操作游标时，判断数据提取状态的全局变量________。

三、简答题

1．存储过程的作用是什么？为什么利用存储过程可以提高数据的操作效率？

2．用户和存储过程之间如何交换数据？

3．存储过程的参数有几种形式？

4．触发器的作用是什么？ 前触发和后触发的主要区别是什么？

5．插入操作产生的临时工作表叫什么？它存放的是什么数据？

6．删除操作产生的临时工作表叫什么？它存放的是什么数据？

7．更改操作产生的两个临时工作表叫什么？它们分别存放的是什么数据？

8．游标的作用是什么？

9．使用游标需要几个步骤？分别是什么？其中哪个步骤是真正的产生游标的结果？

10．关闭游标和释放游标在功能上的区别是什么？

上机练习

以下各题均利用第 3、4 章建立的 Students 数据库以及 Student、Course 和 SC 表实现。

1．创建满足下述要求的存储过程，并查看存储过程的执行结果。

（1）查询每个学生的修课总学分，要求列出学生学号及总学分。

（2）查询学生的学号、姓名、选修的课程号、课程名、课程学分，将学生所在系作为输入参数，默认值为“计算机系”。执行此存储过程，并分别指定一些不同的输入参数值，查看执行结果。

（3）查询指定系的男生人数，其中系为输入参数，人数为输出参数。

（4）删除指定学生的修课记录，其中学号为输入参数。

（5）修改指定课程的开课学期。输入参数为：课程号和修改后的开课学期。

2．创建满足下述要求的触发器（前触发器、后触发器均可），并验证触发器执行情况。

（1）限制学生的年龄在 15～45 之间。

（2）限制学生所在系的取值范围为{计算机系，信息管理系，数学系，通信工程系}。

（3）限制每个学期开设的课程总学分在 20～30 范围内。

（4）限制每个学生每学期选课门数不能超过 6 门（设只针对插入操作）。

3．创建满足下述要求的游标，并查看游标的执行结果。

（1）列出 VB 考试成绩最高的前 2 名和最后 1 名学生的学号、姓名、所在系和 VB 成绩。显示结果形式如图 9-20 所示。

（2）列出每个系年龄最大的 2 名学生的姓名和年龄，将结果按年龄降序排序。显示结果形式如图 9-21 所示。

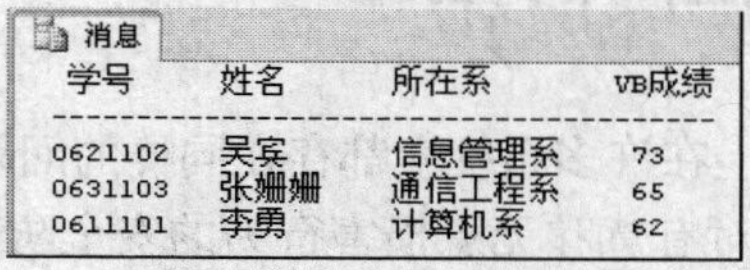

消息

学号	姓名	所在系	VB成绩
0621102	吴宾	信息管理系	73
0631103	张姗姗	通信工程系	65
0611101	李勇	计算机系	62

图 9-20 （1）游标的显示结果

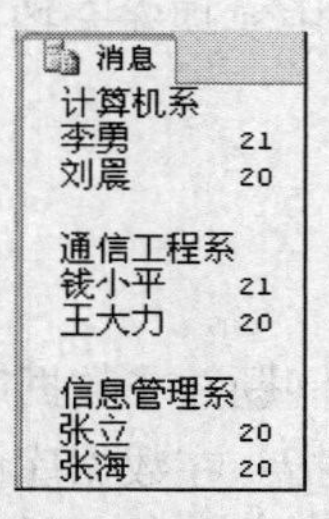

图 9-21 （2）游标的显示结果

第10章 安全管理

安全性对于任何一个数据库管理系统来说都是至关重要的。数据库通常存储了大量的数据，这些数据可能是个人信息、客户清单或其他机密资料。如果有人未经授权非法侵入了数据库，并窃取了查看和修改数据的权限，将会造成极大的危害，特别是在银行、金融等系统中更是如此。SQL Server 对数据库数据的安全管理使用身份验证、数据库用户权限确认等措施来保护数据库中的信息资源，以防止这些资源被破坏。本章首先介绍数据库安全控制模型，然后讨论如何在 SQL Server 2008 中实现安全控制，包括用户身份的确认和用户操作权限的授予等。

10.1 安全控制概述

安全性问题并非数据库管理系统所独有，实际上在许多系统上都存在同样的问题。数据库的**安全控制**是指：在数据库应用系统的不同层次提供对有意和无意损害行为的安全防范。

在数据库中，对有意的非法活动可采用加密存取数据的方法控制；对有意的非法操作可使用用户身份验证、限制操作权限来控制；对无意的损坏可采用提高系统的可靠性和数据备份等方法来控制。

在介绍数据库管理系统如何实现对数据的安全控制之前，有必要先了解一下数据库的安全控制模型和数据库用户的分类。

10.1.1 安全控制模型

在一般的计算机系统中，安全措施是一级一级层层设置的。图 10-1 显示了计算机系统中从用户使用数据库应用程序开始一直到访问后台数据库数据，需要经过的安全认证过程。

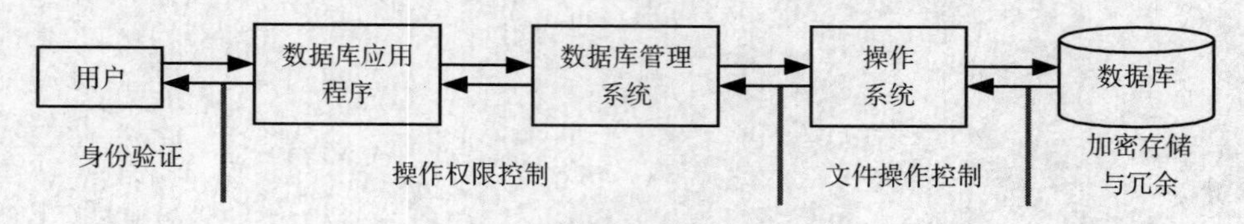

图 10-1 计算机系统的安全模型

当用户要访问数据库数据时，应该首先进入数据库系统。用户进入数据库系统通常是通过数据库应用程序实现的，这时用户要向数据库应用程序提供其身份，然后数据库应用程序将用户的身份递交给数据库管理系统进行验证，只有合法的用户才能进入到下一步的操作。对于合法用户，当其进行数据库操作时，DBMS 还要验证此用户是否具有这种操作权限。如果有操作权限，才进行操作，否则拒绝执行用户的操作。在操作系统一级也有自己的保护措施。比如，设置文件的访问权限等。对于存储在磁盘上的文件，还可以加密存储，这样即使数据被人窃取，也很难读懂数据。另外，还可以将数据库文件保存多份，当出现意外情况时（如磁盘破损），可以不至于丢失数据。

这里只讨论与数据库有关的用户身份验证和用户操作权限管理等技术。

10.1.2　用户分类

在数据库管理系统中，用户按操作权限的不同可分为如下 3 类。

1. 系统管理员

系统管理员在数据库服务器上具有全部的权限，包括对数据库服务器进行配置和管理等权限，也包括对全部数据库的操作权限。当用户以系统管理员身份进行操作时，系统不对其进行权限检验。每个数据库管理系统在安装好之后都有自己的默认系统管理员，在安装好之后可以授予某些用户具有系统管理员权限。SQL Server 2008 安装好之后的默认系统管理员是“sa”。

2. 数据库对象拥有者

创建数据库对象的用户即为数据库对象拥有者。数据库对象拥有者对其所拥有的对象具有全部的权限。

3. 普通用户

普通用户只具有对数据库数据的查询、插入、删除和修改的权限。

10.2　SQL Server 的安全控制

如果用户要访问 SQL Server 数据库中的数据，必须经过三个认证过程。第一个认证过程是身份验证，这通过登录账户（SQL Server 称之为登录名）来标识用户，身份验证只验证用户连接到 SQL Server 数据库服务器的资格，即验证该用户是否具有连接到数据库服务器的“连接权”。第二个认证过程是访问权认证，当用户访问数据库时，必须具有数据库的访问权，即验证用户是否是数据库的合法用户。第三个认证过程是操作权限认证，当用户操作数据库中的数据或对象时，必须具有合适的操作权限。这个过程的示意图如图 10-2 所示。

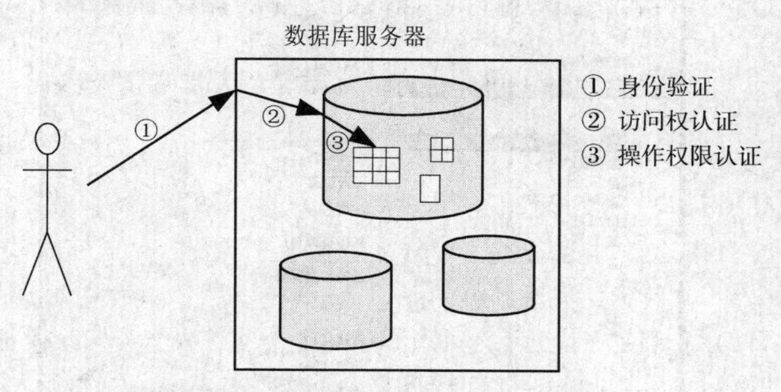

图 10-2　安全认证的三个过程

由于 SQL Server 是支持客户/服务器结构的关系数据库管理系统，而且它与 Windows 的操作系统很好地融合在了一起，因此，SQL Server 的安全机制与操作系统进行了很好地集成。

SQL Server 的登录账户有两种类型。

- Windows 授权用户：来自于 Windows 的用户或组。
- SQL 授权用户：来自于非 Windows 的用户，也将这类用户称为 SQL 用户。

SQL Server 为不同类型的登录账户提供了不同的身份认证模式，主要有 Windows 身份验证模式和混合身份验证模式两种。

1. Windows 身份验证模式

Windows 身份验证模式允许 Windows 操作系统的用户连接到 SQL Server。在这种身份验证模式下，SQL Server 将通过 Windows 操作系统来获得用户信息，并对账户名和密码进行重新验证。

当使用 Windows 身份验证模式时，用户必须首先登录到 Windows 操作系统中，然后再连接到 SQL Server。而且用户连接到 SQL Server 时，只需选择 Windows 身份验证模式，而无需再提供登录名和密码，系统会从用户登录到 Windows 操作系统时提供的用户名和密码查找当前用户的登录信息，以判断其是否是 SQL Server 的合法用户。

对于 SQL Server 来说，一般推荐使用 Windows 身份验证模式，因为这种安全模式能够与 Windows 操作系统的安全系统集成在一起，以提供更多的安全功能。

使用 Windows 身份验证模式进行的连接，被称为信任连接（trusted connection）。

2. 混合身份验证模式

混合身份验证模式表示 SQL Server 允许 Windows 授权用户和 SQL 授权用户连接到 SQL Server 数据库服务器。如果希望允许非 Windows 操作系统的用户也能连接到 SQL Server 数据库服务器上，则应该选择混合身份验证模式。如果在混合身份验证模式下选择使用 SQL 授权用户连接 SQL Server 数据库服务器，则用户必须提供登录名和密码两部分内容，因为 SQL Server 必须要用这两部分内容来验证用户的合法身份。

3. 设置身份验证模式

系统管理员可以根据系统的实际应用情况设置 SQL Server 的身份验证模式。设置身份验证模式可以在安装 SQL Server 2008 时进行，也可以在安装完成之后通过 SSMS 工具进行设置。

在 SSMS 中设置身份验证模式的步骤如下。

（1）以系统管理员身份连接到 SSMS，在 SSMS 的“对象资源管理器”中，在要设置身份验证模式的 SQL Server 实例上右击鼠标，然后从弹出的菜单中选择“属性”命令（见图 10-3），弹出“服务器属性”窗口。

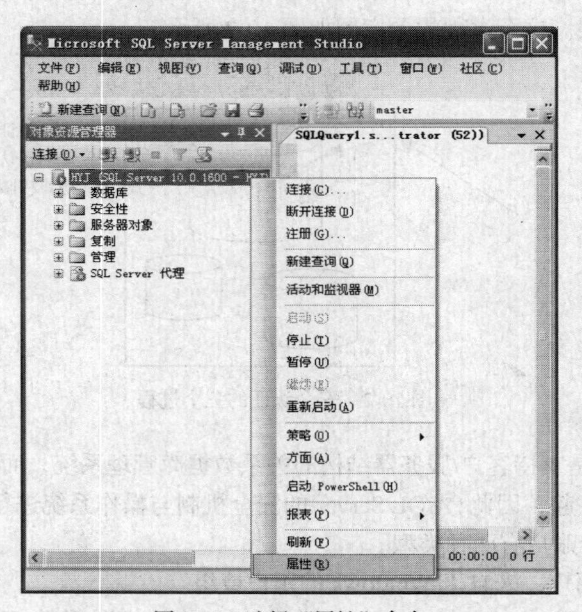

图 10-3 选择“属性”命令

（2）在“服务器属性”窗口左边的“选择页”上，单击“安全性”选项，窗口形式如图 10-4 所示。

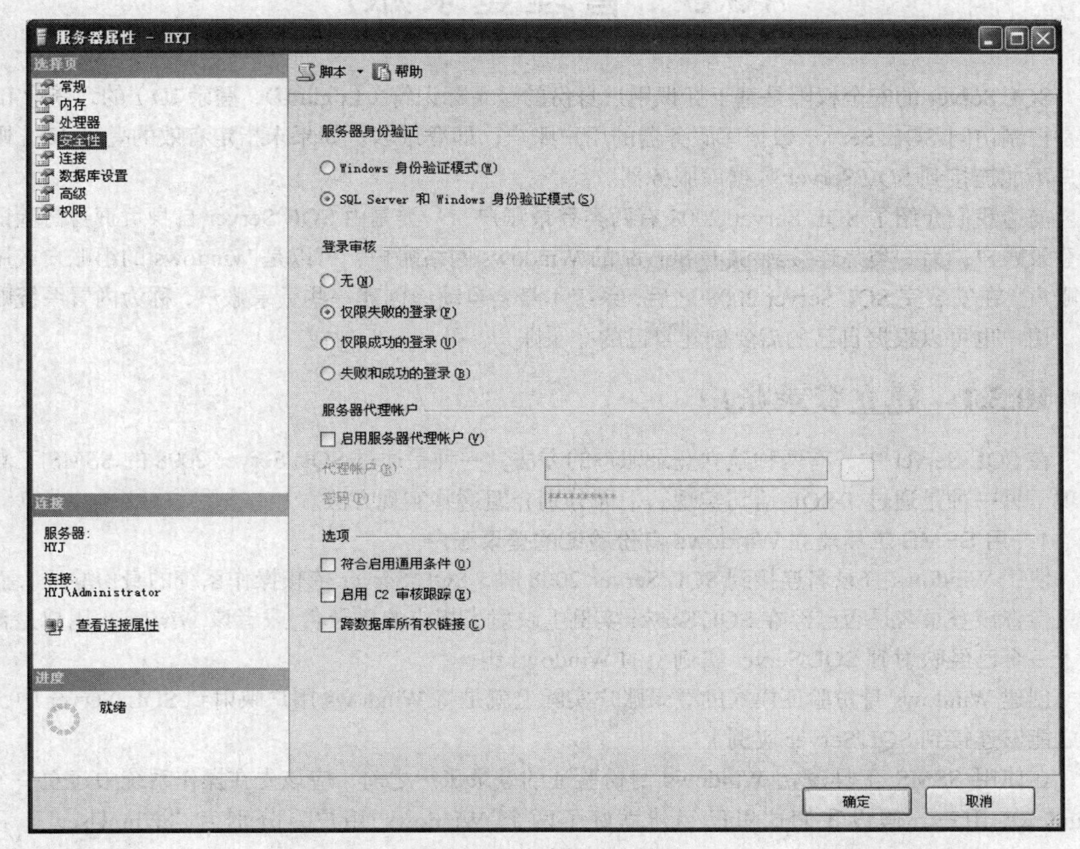

图 10-4　“安全性”选项页

（3）在图 10-4 所示窗口的“服务器身份验证”部分，可以设置该实例的身份验证模式。

- Windows 身份验证模式：仅允许 Windows 身份的用户连接到该 SQL Server 实例。
- SQL Server 和 Windows 身份验证模式：即混合身份验证模式，同时允许 Windows 身份的用户和非 Windows 身份的用户（SQL Server 用户）连接到 SQL Server 实例。

（4）选定一个身份认证模式（我们这里选择“SQL Server 和 Windows 身份验证模式”），然后单击“确定”按钮，弹出如图 10-5 所示的提示窗口，单击“确定”按钮，关闭此窗口。

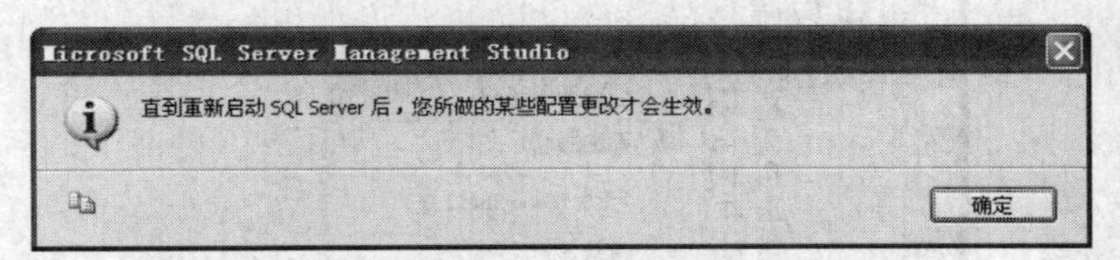

图 10-5　提示重新启动服务窗口

注意：在设置完身份验证模式之后，必须重新启动 SQL Server 服务才能使设置生效。通过在 SQL Server 实例上右击鼠标，然后从弹出的菜单中选择“重新启动”命令（见图 10-3），可让 SQL Server 按新的设置启动服务。

10.3 管理登录账户

SQL Server 的安全权限是基于标识用户身份的登录标识符（Login ID，登录 ID）的，登录 ID 就是控制访问 SQL Server 数据库服务器的用户账户，即登录名。如果未指定有效的登录 ID，则用户不能连接到 SQL Server 数据库服务器。

前边我们介绍了 SQL Server 2008 有两类登录账户，一类是由 SQL Server 自身负责身份验证的登录账户；另一类是连接到 SQL Server 的 Windows 网络账户，可以是 Windows 的组账户或用户账户。在安装完 SQL Server 2008 之后，系统本身会自动地创建一些登录账户，称为内置系统账户，用户也可以根据自己的需要创建自己的登录账户。

10.3.1 建立登录账户

在 SQL Server 中，有两种建立登录账户的方法，一种是通过 SQL Server 2008 的 SSMS 工具实现，另一种是通过 T-SQL 语句实现。下面分别介绍这些实现方法。

1. 用 SSMS 工具建立 Windows 身份验证的登录账户

使用 Windows 登录名连接到 SQL Server 2008 时，SQL Server 依赖操作系统的身份验证，而且只检查该登录名是否已经在 SQL Server 实例上映射了相应的登录名，或者该 Windows 用户是否属于一个已经映射到 SQL Server 实例上的 Windows 组。

创建 Windows 身份验证模式的登录账户实际上就是将 Windows 用户映射到 SQL Server 中，使之能够连接到 SQL Server 实例上。

在使用 SSMS 工具建立 Windows 身份验证的登录账户之前，应该先在操作系统中建立一个 Windows 用户，假设我们这里已经建立好了两个 Windows 用户，分别为“Win_User1”和“Win_User2”。

在 SSMS 工具中，建立 Windows 身份验证的登录账户的步骤如下。

（1）以系统管理员身份连接到 SSMS，在 SSMS 的“对象资源管理器”中，依次展开“安全性”→“登录名”节点。在“登录名”节点上右击鼠标，在弹出的菜单中选择“新建登录名”命令（见图 10-6），弹出如图 10-7 所示的“登录名—新建”窗口。

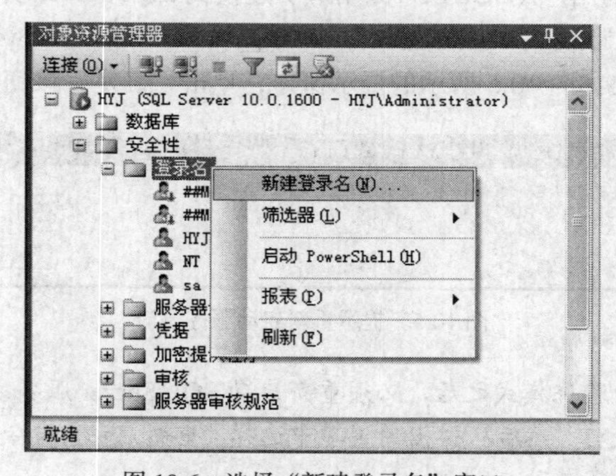

图 10-6 选择“新建登录名”窗口

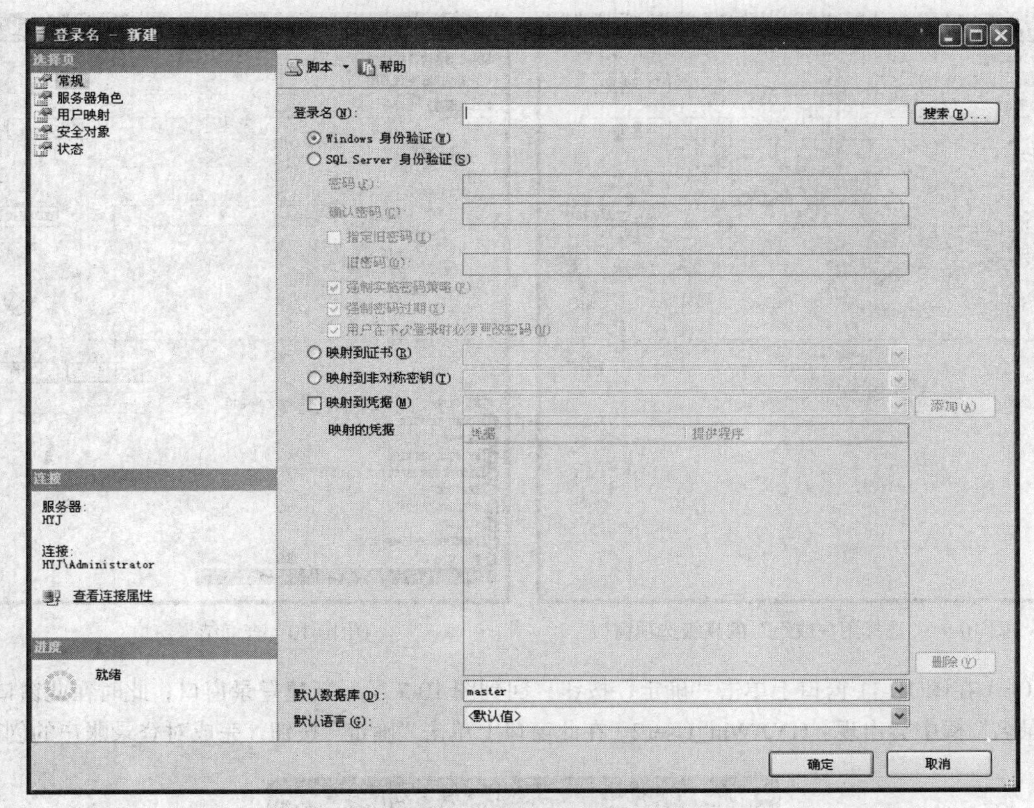

图 10-7　“登录名—新建”窗口

（2）在图 10-7 所示窗口上单击“搜索”按钮，弹出如图 10-8 所示的“选择用户或组”窗口。

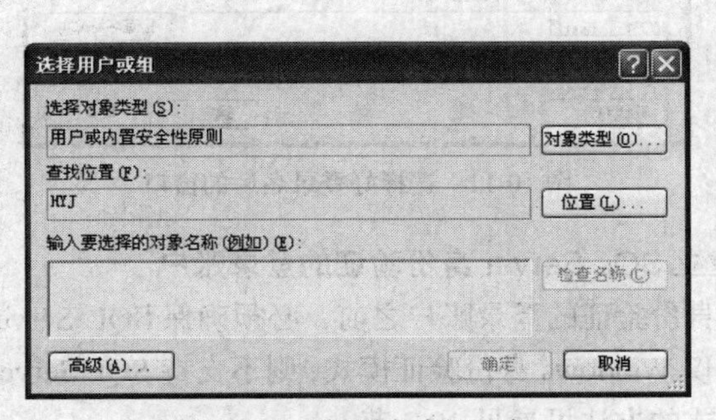

图 10-8　“选择用户或组”窗口

（3）在图 10-8 所示窗口上单击“高级”按钮，弹出如图 10-9 所示窗口。

（4）在图 10-9 所示窗口上单击“立即查找”按钮，在下面的“名称”列表框中将列出查找的结果，如图 10-10 所示窗口。

（5）图 10-10 所示窗口列出了全部可用的 Windows 用户和组。在这里可以选择组，也可以选择用户。如果选择一个组，则表示该 Windows 组中的所有用户都可以登录到 SQL Server，而且他们都对应到 SQL Server 的一个登录账户上。我们这里选中“Win_User2”，然后单击“确定”按钮，回到“选择用户或组”窗口，此时窗口的形式如图 10-11 所示样式。

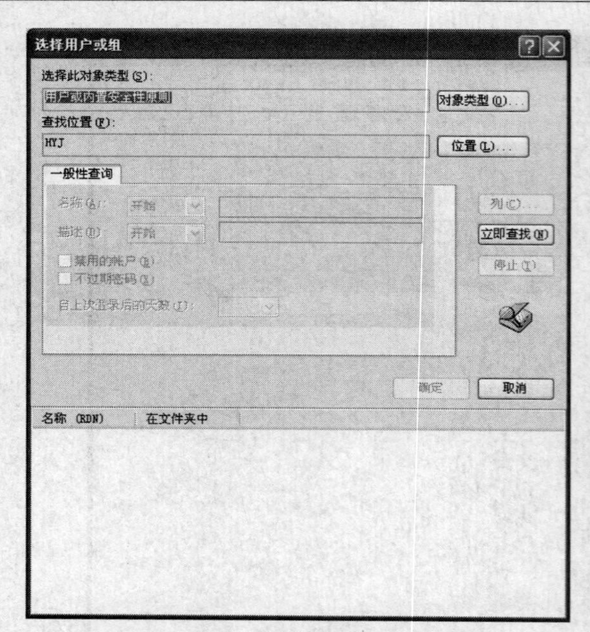

图 10-9 “选择用户或组”的高级选项窗口

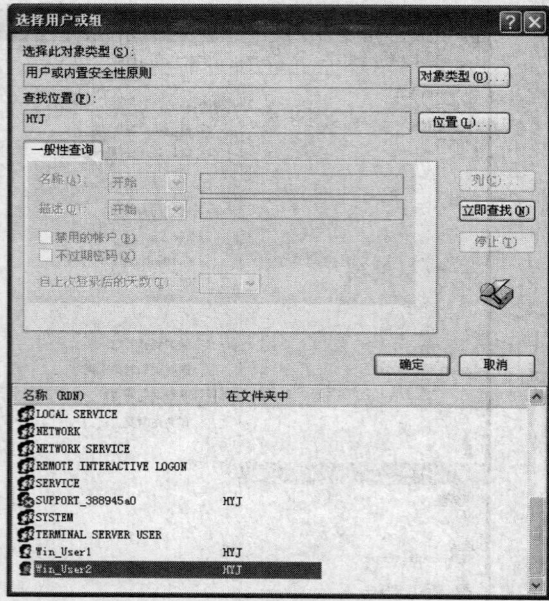

图 10-10 查询结果窗口

（6）在图 10-11 窗口上单击“确定”按钮，回到图 10-7 所示新建登录窗口，此时在此窗口的“登录名”框中会出现：HYJ\Win_User2。在此窗口上单击“确定”按钮，完成对登录账户的创建。

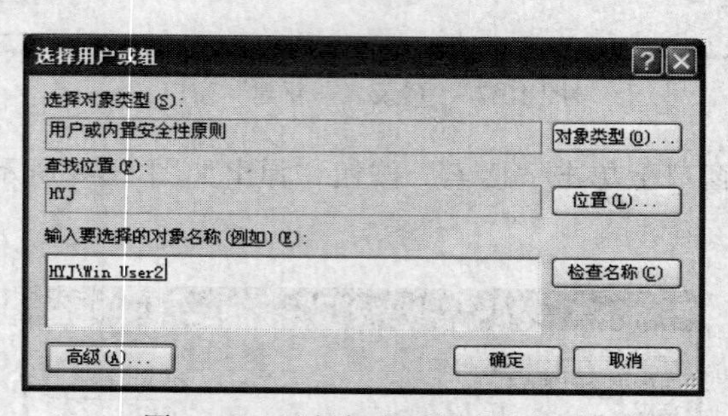

图 10-11 选择好登录名后的窗口

2. 用 SSMS 工具建立 SQL Server 身份验证的登录账户

在建立 SQL Server 身份验证的登录账户之前，必须确保 SQL Server 实例支持的身份验证模式是混合模式的。如果是仅 Windows 身份验证模式，则不支持 SQL Server 身份的账户登录到 SQL Server。设置身份验证模式的方法可参见 10.2 节。

通过 SSMS 工具建立 SQL Server 身份验证登录账户的步骤如下。

（1）以系统管理员身份连接到 SSMS，在 SSMS 的“对象资源管理器”中，依次展开“安全性”→“登录名”节点。在“登录名”节点上右击鼠标，在弹出的菜单中选择“新建登录名”命令（见图 10-6），弹出新建登录窗口（见图 10-7）。

（2）在图 10-7 所示窗口的“常规”标签页上，在“登录名”文本框中输入：SQL_User1，在身份验证模式部分选中“SQL Server 身份验证”选项，表示新建立一个 SQL Server 身份验证模式的登录账户。选中该选项后“密码”、“确认密码”等选项成为可用状态，如图 10-12 所示。

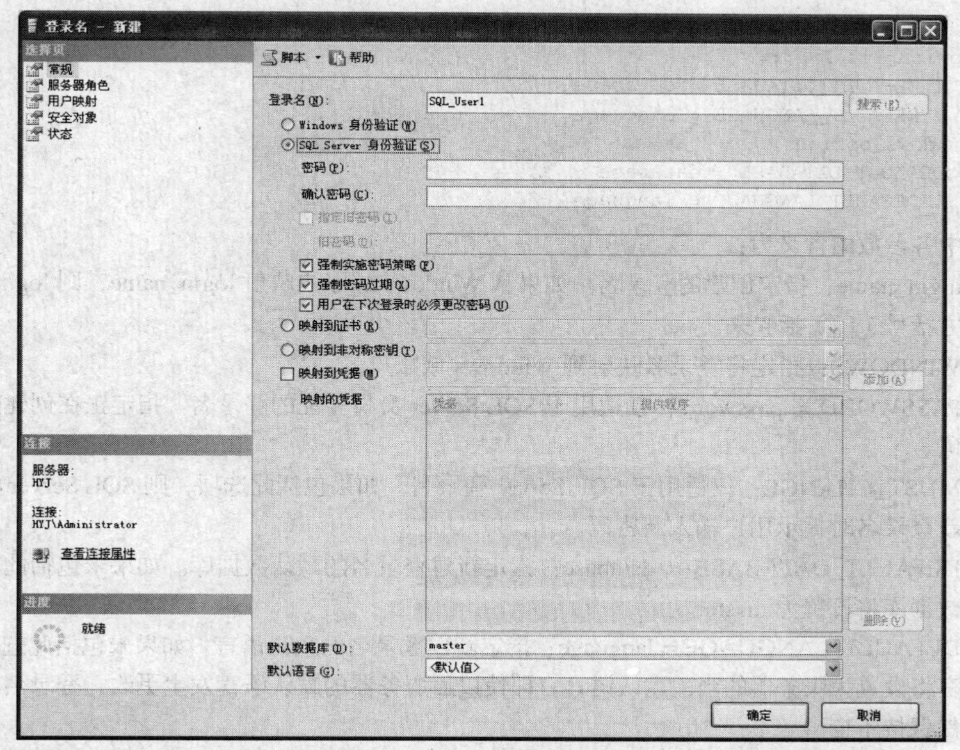

图 10-12　输入登录名并选中“SQL Server 身份验证”

（3）在“密码”和“确认密码”文本框中可以输入该登录账户的密码。中间几个复选框的说明如下。

① 强制实施密码策略。表示对该登录名强制实施密码策略，这样可强制用户的密码具有一定的复杂性。

② 强制密码过期。对该登录名强制实施密码过期策略。必须先选中“强制实施密码策略”才能启用此复选框。

③ 用户在下次登录时必须更改密码。首次使用新登录名时，SQL Server 将提示用户输入新密码。

④ 映射到证书。表示此登录名与某个证书相关联。

⑤ 映射到非对称密钥。表示此登录名与某个非对称密钥相关联。

⑥ 默认数据库。指定该登录名初始连接到 SSMS 时访问的数据库。

⑦ 默认语言。指定该登录名连接到 SQL Server 时使用的默认语言。一般情况下都使用“默认值”，使该登录名使用的语言与所连接的 SQL Serer 实例所使用的语言一致。

我们这里去掉“强制实施密码策略”复选框，然后单击“确定”按钮，完成对登录账户的建立。

3. 用 T-SQL 语句建立登录账户

创建新的登录账户的 T-SQL 语句是 CREATE LOGIN，其简化语法格式为：

```
CREATE LOGIN login_name { WITH <option_list1> | FROM <sources> }
<sources> ::=
   WINDOWS [ WITH <windows_options> [ ,... ] ]
<option_list1> ::=
```

```
    PASSWORD = 'password' [ MUST_CHANGE ] [ , <option_list2> [ ,... ] ]
<option_list2> ::=
    | DEFAULT_DATABASE = database
    | DEFAULT_LANGUAGE = language
<windows_options> ::=
    DEFAULT_DATABASE = database
    | DEFAULT_LANGUAGE = language
```

其中各参数的含义为：

- login_name：指定创建的登录名。如果从 Windows 域账户映射 login_name，则 login_name 必须用方括号（[ ]）括起来。
- WINDOWS：指定将登录名映射到 Windows 域账户。
- PASSWORD = 'password'：仅适用于 SQL Server 身份验证的登录名。指定正在创建的登录名的密码。
- MUST_CHANGE：仅适用于 SQL Server 登录名。如果包括此选项，则 SQL Server 将在首次使用新登录名时提示用户输入新密码。
- DEFAULT_DATABASE = database：指定新建登录名的默认数据库。如果未包括此选项，则默认数据库将设置为 master。
- DEFAULT_LANGUAGE = language：指定新建登录名的默认语言。如果未包括此选项，则默认语言将设置为服务器的当前默认语言。即使以后服务器的默认语言发生更改，登录名的默认语言仍然保持不变。

例 1 创建 SQL Server 身份验证的登录账户。登录名为：SQL_User2，密码为：a1b2c3XY。

```
CREATE LOGIN SQL_User2 WITH PASSWORD = 'a1b2c3XY';
```

例 2 创建 Windows 身份验证的登录账户。从 Windows 域账户创建 [HYJ\Win_User2] 登录账户。

```
CREATE LOGIN [HYJ\Win_User2] FROM WINDOWS;
```

例 3 创建 SQL Server 身份验证的登录账户。登录名为：SQL_User3，密码为：AD4h9fcdhx32MOP。要求该登录账户首次连接服务器时必须更改密码。

```
CREATE LOGIN SQL_User3 WITH PASSWORD = 'AD4h9fcdhx32MOP' MUST_CHANGE;
```

10.3.2 删除登录账户

由于 SQL Server 的登录账户可以是多个数据库中的合法用户，因此在删除登录账户时，应该先将该登录账户在各个数据库中映射的数据库用户删除掉（如果有的话），然后再删除登录账户。否则会产生没有对应的登录账户的孤立的数据库用户。

删除登录账户可以在 SSMS 工具中实现，也可以使用 T-SQL 语句实现。

1. 用 SSMS 工具实现

我们以删除 NewUser 登录账户为例（假设系统中已有此登录账户），说明删除登录账户的步骤。

（1）以系统管理员身份连接到 SSMS，在 SSMS 的“对象资源管理器”中，依次展开“安全性”→“登录名”节点。

（2）在要删除的登录账户（NewUser）上右击鼠标，从弹出的菜单中选择“删除”命令，在弹出的“删除对象”窗口（见图 10-13）单击“确定”按钮，将弹出图 10-14 所示的提示窗口。在此窗口中单击“确定”按钮，将真正删除登录账户。

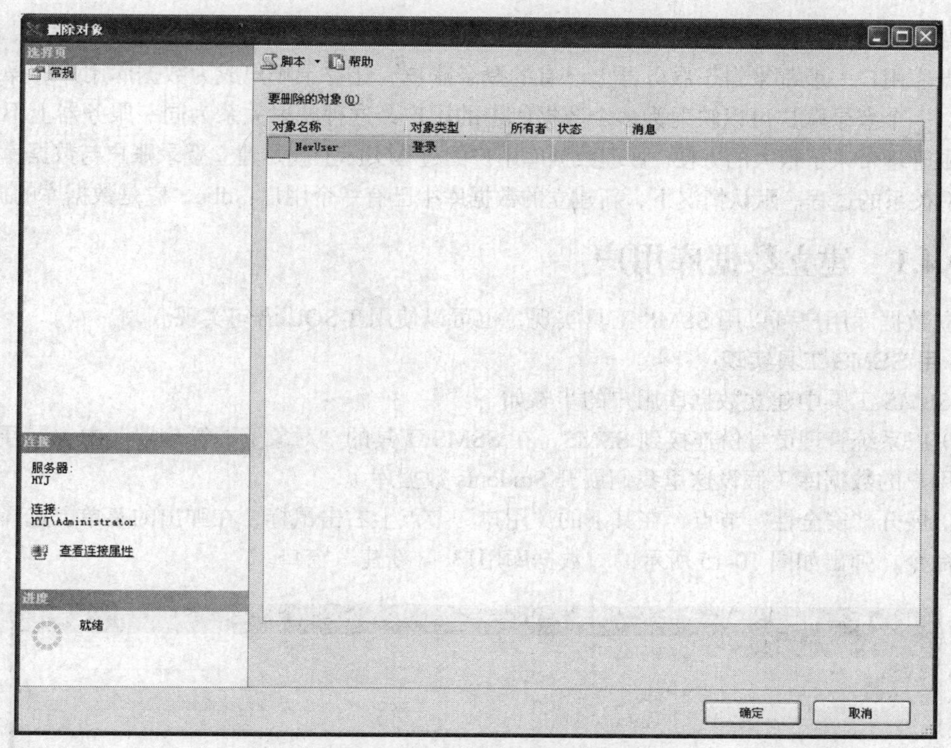

图 10-13　删除登录账户的窗口

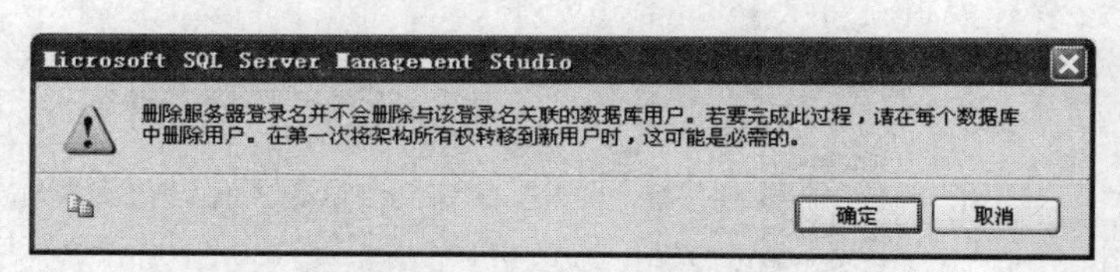

图 10-14　确认是否删除登录账户的窗口

2. 用 T-SQL 语句实现

删除登录账户的 T-SQL 语句为 DROP LOGIN，其语法格式为：

```
DROP LOGIN login_name
```

其中 login_name 为要删除的登录账户的名字。

注意：不能删除正在使用的登录账户，也不能删除拥有任何数据库和服务器级别对象的登录账户。

例 4　删除 SQL_User2 登录账户。

```
DROP LOGIN SQL_User2
```

10.4　管理数据库用户

数据库用户是数据库级别上的主体。用户在具有登录账户之后，他只能连接到数据库服务器上，并不具有访问任何用户数据库的权限，只有成为数据库的合法用户后，才能访问此数据库。

本节介绍如何对数据库用户进行管理。

数据库用户一般都来自于服务器上已有的登录账户，让登录账户成为数据库用户的操作称为“映射”。一个登录账户可以映射为多个数据库中的用户，这种映射关系为同一服务器上不同数据库的权限管理带来了很大的方便。管理数据库用户的过程实际上就是建立登录账户与数据库用户之间的映射关系的过程。默认情况下，新建立的数据库中已有一个用户：dbo，它是数据库的拥有者。

10.4.1　建立数据库用户

建立数据库用户可以用 SSMS 工具实现，也可以使用 T-SQL 语句实现。

1．用 SSMS 工具实现

在 SSMS 工具中建立数据库用户的步骤如下。

（1）以系统管理员身份连接到 SSMS，在 SSMS 工具的“对象资源管理器”中，展开要建立数据库用户的数据库（假设这里我们展开 Students 数据库）。

（2）展开“安全性”节点，在其下的“用户”节点上右击鼠标，在弹出的菜单上选择“新建用户”命令，弹出如图 10-15 所示的“数据库用户 – 新建”窗口。

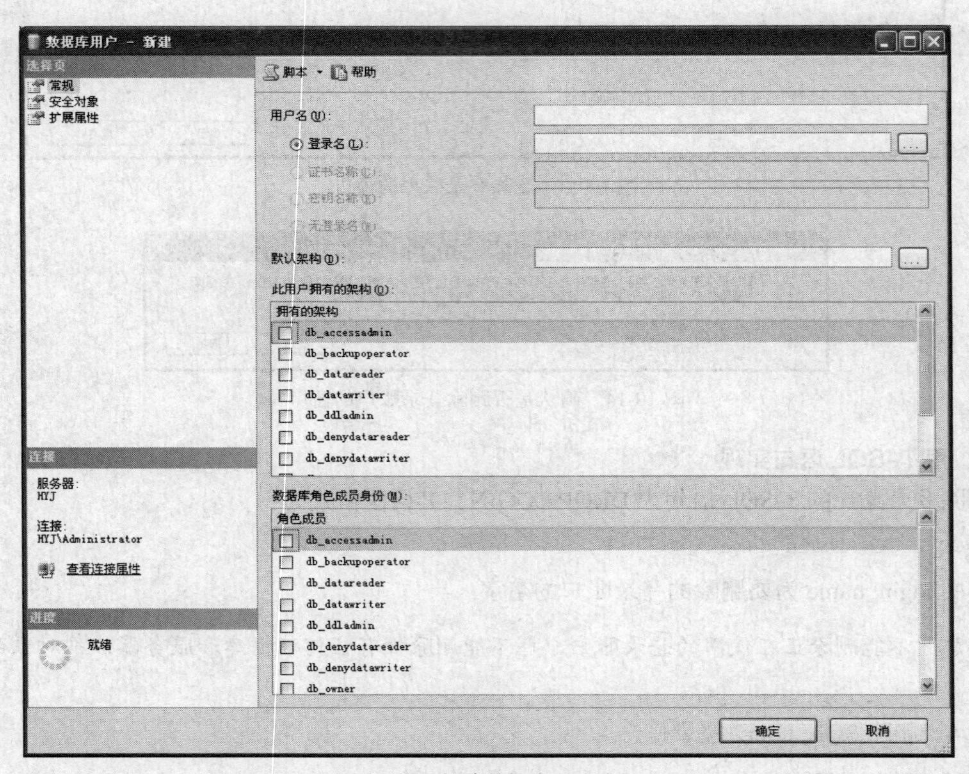

图 10-15　新建数据库用户窗口

（3）在图 10-15 所示窗口中，在“用户名”文本框中可以输入一个与登录名对应的数据库用户名；在“登录名”部分指定将要成为此数据库用户的登录名，可以通过单击“登录名”文本框右边的[...]按钮，来查找某个存在的登录名。

这里我们在“用户名”文本框中输入：SQL_User1，然后单击“登录名”文本框右边的[...]按钮，弹出如图 10-16 所示的“选择登录名”窗口。

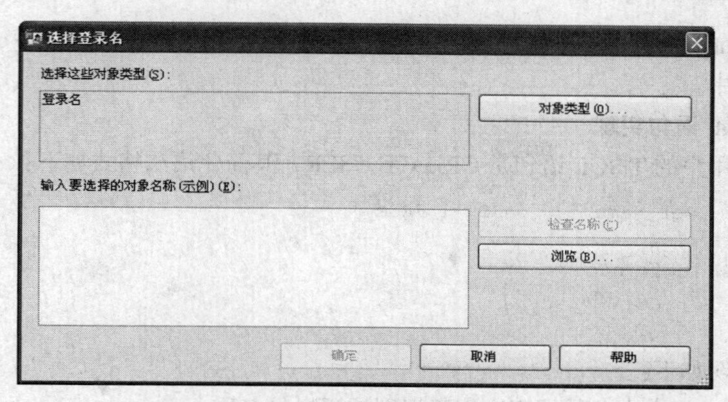

图 10-16　“选择登录名”窗口

（4）在图 10-16 所示窗口中，单击“浏览”按钮，弹出如图 10-17 所示的“查找对象”窗口。

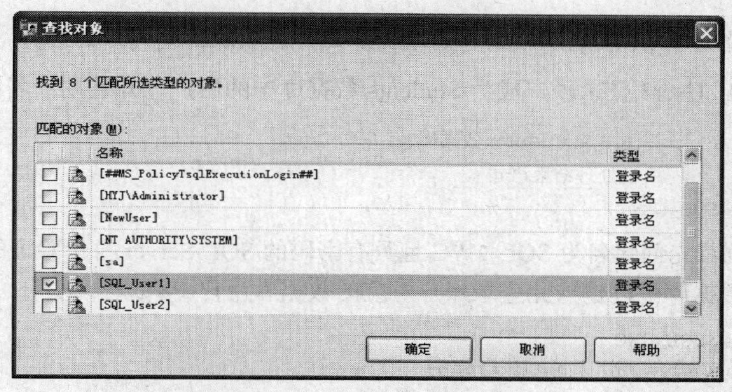

图 10-17　查找登录账户界面

（5）在图 10-17 所示窗口中，选中“[SQL_User1]”前的复选框，表示让该登录账户成为 Students 数据库中的用户。单击“确定”按钮关闭“查找对象”窗口，回到“选择登录名”窗口，这时该窗口的形式如图 10-18 所示。

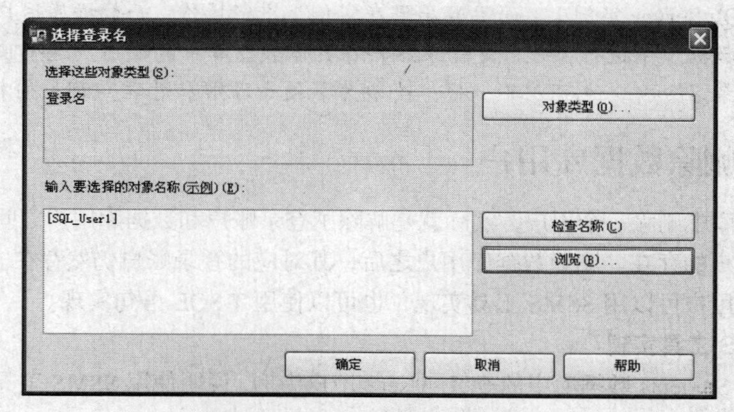

图 10-18　选择好登录名后的情形

（6）在图 10-18 所示窗口上单击“确定”按钮，关闭该窗口，回到新建数据库用户窗口。在此窗口上再次单击“确定”按钮关闭该窗口，完成数据库用户的建立。

这时展开 Students 数据库下的“安全性”→“用户”节点，可以看到 SQL_User1 已经在该数据库的用户列表中。

2. 用 T-SQL 语句实现

建立数据库用户的 T-SQL 语句是 CREATE USER，其简化语法格式如下：

```
CREATE USER user_name [ { { FOR | FROM }
    {
      LOGIN login_name
    }
   ]
```

其各参数说明如下：

- user_name：指定在此数据库中用于识别该用户的名称。
- LOGIN login_name：指定要映射为数据库用户的 SQL Server 登录名。login_name 必须是服务器中的有效登录名。

注意：如果省略 FOR LOGIN，则新的数据库用户将被映射到同名的 SQL Server 登录名。

例 5　让 SQL_User2 登录账户成为 Students 数据库中的用户，并且用户名同登录名。

```
USE Students    --使用 Students 数据库
GO              --批处理结束语句
CREATE USER SQL_User2
```

例 6　本示例首先创建名为 SQL_JWC 且具有密码的 SQL Server 身份验证的服务器登录名，然后在 Students 数据库中创建与此登录账户对应的数据库用户 JWC。

```
CREATE LOGIN SQL_JWC
  WITH PASSWORD = 'jKJl3$nN09jsK84'
GO
USE students
GO
CREATE USER JWC FOR LOGIN SQL_JWC
GO
```

注意：一定要清楚服务器登录账户与数据库用户是两个完全不同的概念。具有登录账户的用户可以登录到 SQL Server 实例上，而且只局限在实例上进行操作。而数据库用户则是登录账户以什么样的身份在数据库中进行操作，是登录账户在具体数据库中的映射，这个映射名（数据库用户名）可以和登录名一样，也可以不一样。一般为了便于理解和管理，都采用相同的名字。

10.4.2　删除数据库用户

从当前数据库中删除一个用户，实际就是解除了登录账户和数据库用户之间的映射关系，但并不影响登录账户的存在。删除数据库用户之后，其对应的登录账户仍然存在。

删除数据库用户可以用 SSMS 工具实现，也可以使用 T-SQL 语句实现。

1. 用 SSMS 工具实现

我们以删除 Students 数据库中的 SQL_User2 用户为例，说明使用 SSMS 工具删除数据库用户的步骤。

（1）以系统管理员身份连接到 SSMS，在 SSMS 工具的“对象资源管理器”中，依次展开“数据库”→“Students”→“安全性”→“用户”节点。

（2）在要删除的“SQL_User2”用户名上右击鼠标，在弹出的菜单上选择“删除”命令，弹出与 10-13 类似的“删除对象”窗口。在窗口中单击“确定”按钮，可删除此用户。

2. 用 T-SQL 语句实现

删除数据库用户的 T-SQL 语句是 DROP USER，其语法格式为：

```
DROP USER user_name
```

其中 user_name 为要在此数据库中删除的用户名。

注意：不能从数据库中删除拥有对象的用户。

例 7　删除 Students 数据库中的 SQL_User2 用户。

```
DROP USER SQL_User2
```

10.5 管 理 权 限

在现实生活中，每个单位的职工都有一定的工作职能以及相应的配套权限。在数据库中也是一样，为了让数据库中的用户能够进行合适的操作，SQL Server 提供了一套完整的权限管理机制。

当登录账户成为数据库中的合法用户之后，对数据库中的用户数据和对象并不具有任何操作权限，因此，下一步就需要为数据库中的用户授予数据库数据及对象的操作权限。

10.5.1　权限的种类

SQL Server 2008 数据库管理系统将权限分为对象权限、语句权限和隐含权限 3 种。

对象权限是用户在已经创建好的对象上行使的权限，主要包括：

- DELETE、INSERT、UPDATE 和 SELECT：具有对表和视图数据进行删除、插入、更改和查询的权限，其中 UPDATE 和 SELECT 可以对表或视图的单个列进行授权。
- EXECUTE：具有执行存储过程的权限。

语句权限主要包括：

- CRAETE TABLE：具有在数据库中创建表的权限。
- CREATE VIEW：具有在数据库中创建视图的权限。
- CREATE PROCEDURE：具有在数据库中创建存储过程的权限。
- CREATE DATABASE：具有创建数据库的权限。
- BACKUP DATABASE 和 BACKUP LOG：具有备份数据库和备份日志的权限。

隐含权限是指由 SQL Server 预定义的服务器角色、数据库角色（10.6 节介绍）、数据库拥有者和数据库对象拥有者所具有的权限，隐含权限相当于内置权限，不需要再明确地授予这些权限。例如，数据库拥有者自动具有对数据库进行一切操作的权限。

10.5.2　权限的管理

在对象权限、语句权限和隐含权限中，隐含权限是由系统预先定义好的，这类权限不需要也不能进行设置。因此，权限的设置实际上是指对对象权限和语句权限的设置。权限的管理包含如下 3 个内容。

- 授予权限：授予用户或角色具有某种操作权。
- 收回权限：收回（或称为撤销）曾经授予给用户或角色的权限。

• 拒绝访问：拒绝某用户或角色具有某种操作权限。一旦拒绝了用户的某个操作权限，则用户从任何地方都不能获得该权限。

对象权限的管理

对对象权限的管理可以通过 SSMS 工具实现，也可以通过 T-SQL 语句实现。

1. 用 SSMS 工具实现

我们以在 Students 数据库中，授予 SQL_User1 用户具有 Student 表的 SELECT 和 INSERT 权限、Course 表的 SELECT 权限为例，说明在 SSMS 工具中授予用户对象权限的过程。

在授予 SQL_User1 用户权限之前，我们先做个实验。用 SQL_User1 建立一个新的数据库引擎查询（在工具栏上单击“数据库引擎查询”，弹出“连接到数据库引擎”窗口，在此窗口中将“身份验证”设为“SQL Server 身份验证”，在“登录名”文本框中输入：SQL_User1，然后再单击“连接”按钮，如图 10-19 所示）。

图 10-19　设置连接身份

在 SSMS 工具栏的“可用数据库”下拉列表框中选择 Students 数据库，然后输入并执行如下代码：

```
SELECT * FROM Student
```

执行该代码后，SSMS 的界面如图 10-20 所示。

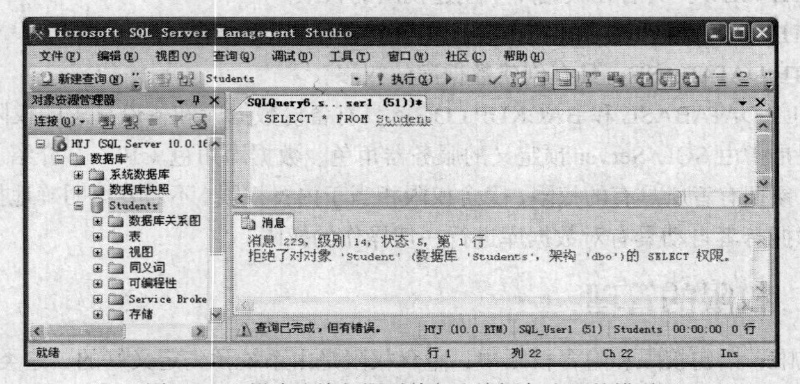

图 10-20　没有查询权限时执行查询语句出现的错误

这个实验表明，在授权之前数据库用户在数据库中对用户数据是没有任何操作权限的。

下面介绍在 SSMS 工具中对数据库用户授权的方法。

（1）在 SSMS 工具的“对象资源管理器”中，依次展开“数据库”→“Students” →“安全性”→“用户”，在“SQL_User1”上右击鼠标，在弹出的菜单中选择“属性”命令，弹出“数据库用户 — SQL_User1”窗口。在此窗口中，单击左边“选择页”中的“安全对象”选项，出现如图 10-21 所示的“安全对象”界面。

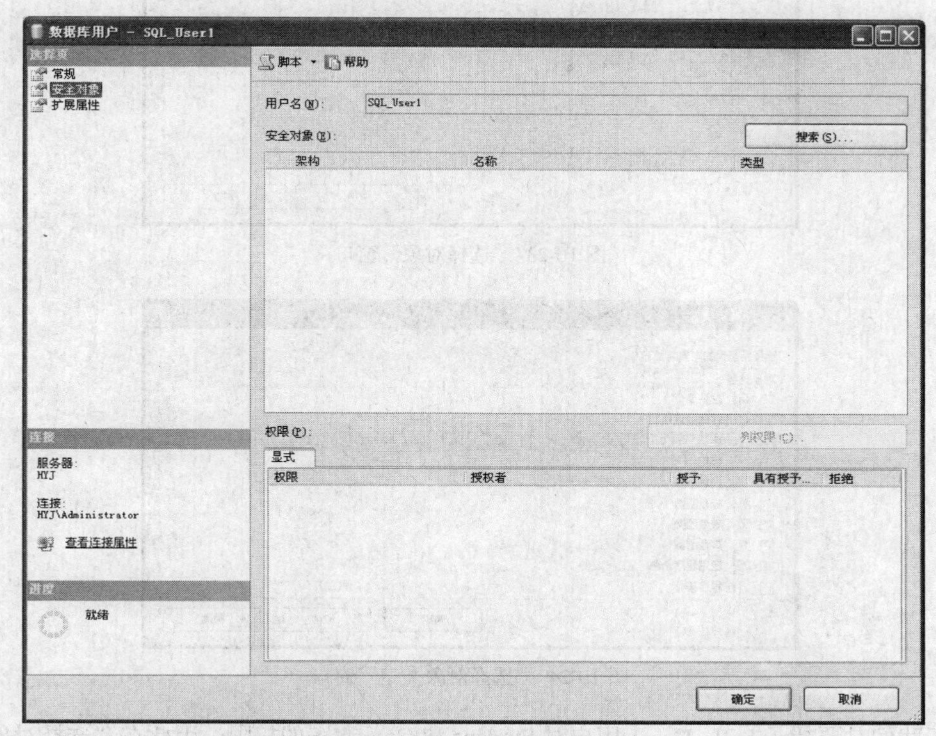

图 10-21　用户的安全对象窗口

（2）在图 10-21 所示窗口中，单击“搜索”按钮，弹出如图 10-22 所示的“添加对象”窗口，在这个窗口中可以选择要添加的对象类型。默认是添加“特定对象”类。

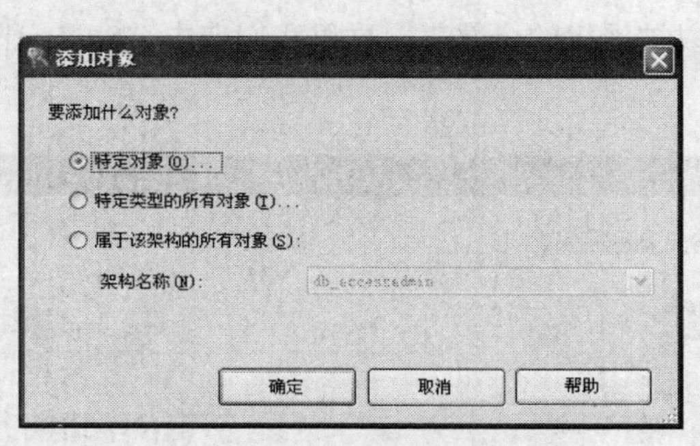

图 10-22　“添加对象”窗口

（3）在“添加对象”窗口中，我们不进行任何修改，单击“确定”按钮，弹出如图 10-23 所示的“选择对象”窗口。在这个窗口中可以通过选择对象类型来对对象进行筛选。

（4）在“选择对象”窗口中，单击“对象类型”按钮，弹出如图 10-24 所示的“选择对象类型”窗口。在这个窗口中可以选择要授予权限的对象类型。

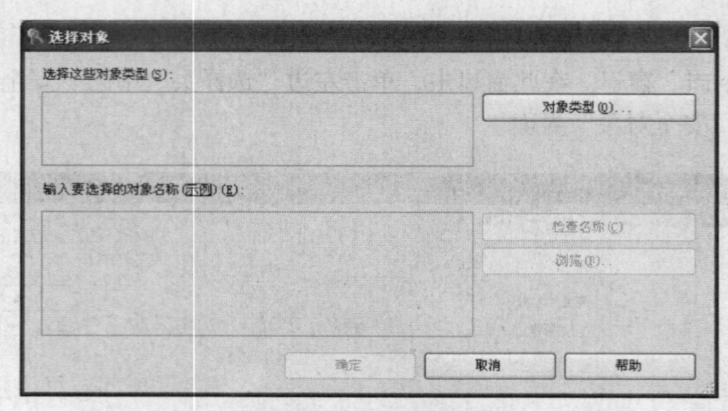

图 10-23 “选择对象”窗口

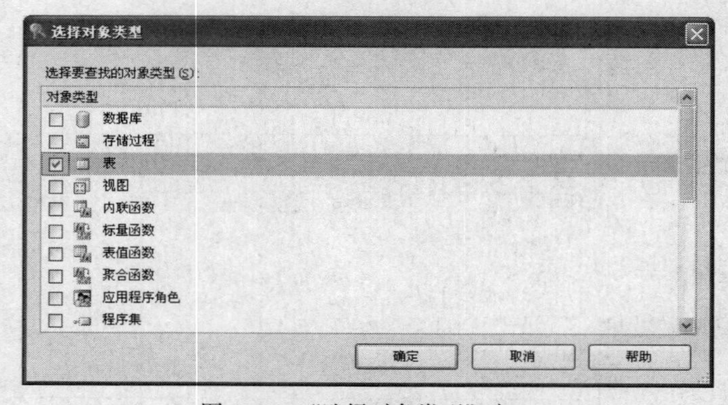

图 10-24 “选择对象类型”窗口

由于我们是要授予 SQL_User1 用户对 Student 和 Course 表的权限，因此在“选择对象类型”窗口中，选中“表”前边的复选框（见图 10-24）。单击“确定”按钮，回到“选择对象”窗口，这时在该窗口的“选择这些对象类型”列表框中会列出所选的“表”对象类型。

（5）在“选择对象”窗口中，单击“浏览”按钮，弹出如图 10-25 所示的“查找对象”窗口。在该窗口中列出了当前可以被授权的全部表。这里我们选中“Student”和“Course”前边的复选框（见图 10-25）。

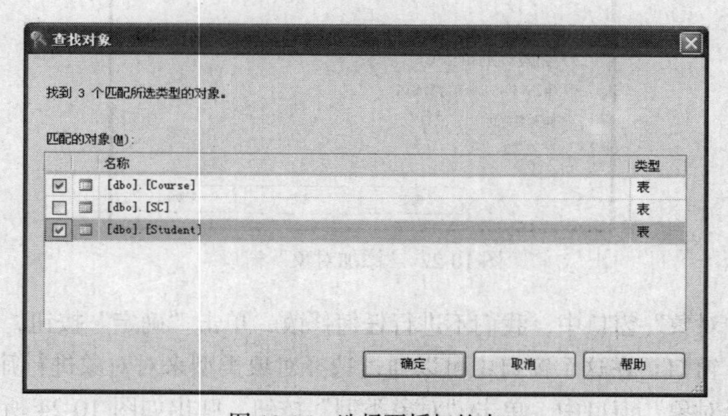

图 10-25 选择要授权的表

（6）在“查找对象”窗口中指定好要授权的表之后，单击“确定”按钮，回到“选择对象”窗口，此时该窗口的形式如图 10-26 所示。

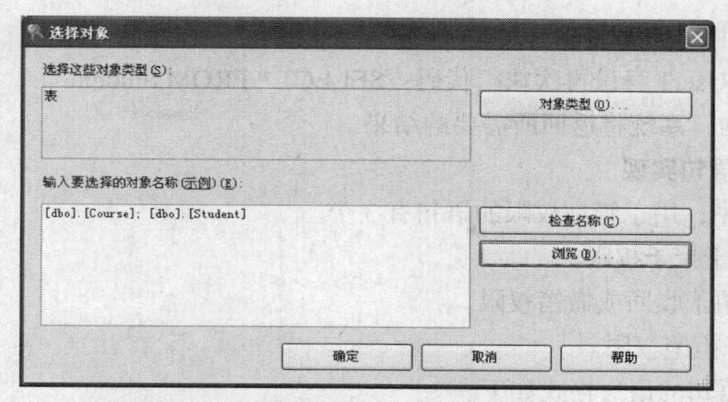

图 10-26　指定要授权的表之后的“选择对象”窗口

（7）在图 10-26 所示窗口中，单击“确定”按钮，回到数据库用户属性中的“安全对象”窗口，此时该窗口形式如图 10-27 所示。现在可以在这个窗口上对选择的对象授予相关的权限。

（8）在图 10-27 窗口中：

- 选中“授予”对应的复选框表示授予该项权限；
- 选中“具有授予权”表示在授权时同时授予该权限的转授权，即该用户可以将其获得的权限授予其他人；
- 选中“拒绝”对应的复选框表示拒绝用户获得该权限。

我们这里首先在“安全对象”列表框中选中“Course”，然后在下面的权限部分选中“选择”（即 SELECT）对应的“授予”复选框，表示授予对 Course 表的 SELECT 权。然后再在“安全对象”列表框中选中“Student”，并在下面的权限部分分别选中“选择”和“插入”对应的“授予”复选框。图 10-27 所示为授予 Student 表的 SELECT 和 INSERT 权限后的情形。

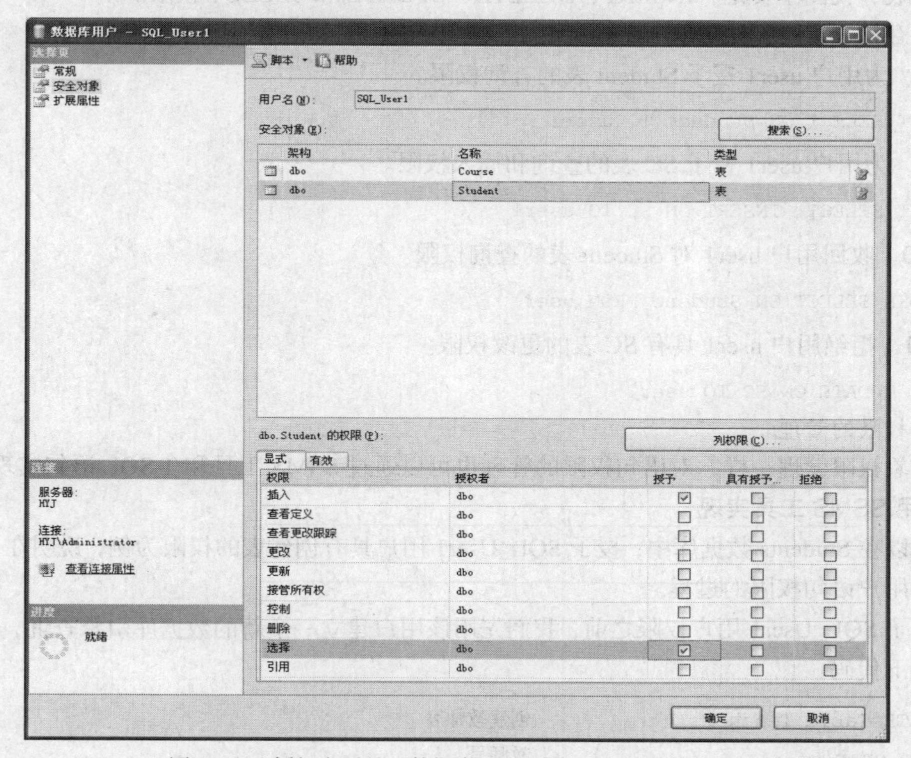

图 10-27　授权之后的“数据库用户 — SQL_User1”窗口

至此，完成了对数据库用户的授权。

此时，以 SQL_User1 身份再次执行代码：SELECT * FROM Student

这次会执行成功，系统将返回所需要的结果。

2. 用 T-SQL 语句实现

在 T-SQL 语句中，用于管理权限的语句有 3 个。

- GRANT：用于授予权限。
- REVOKE：用于收回或撤销权限。
- DENY：用于拒绝权限。

管理语句权限语句的语法格式如下。

（1）授权语句

```
GRANT 对象权限名 [ , … ] ON {表名 | 视图名 | 存储过程名}
     TO { 数据库用户名 | 用户角色名 } [ , … ]
```

（2）收权语句

```
REVOKE 对象权限名 [ , … ]  ON { 表名 | 视图名 | 存储过程名 }
  FROM { 数据库用户名 | 用户角色名 } [ , … ]
```

（3）拒绝权限语句

```
DENY 对象权限名 [ , … ] ON {表名 | 视图名 | 存储过程名}
     TO { 数据库用户名 | 用户角色名 } [ , … ]
```

其中对象权限包括：

- 对表和视图主要是：INSERT、DELETE、UPDATE 和 SELECT 权限。
- 对存储过程是：EXECUTE 权限。

例 8 为用户 user1 授予 Student 表的查询权限。

```
GRANT SELECT ON Student TO user1
```

例 9 为用户 user1 授予 SC 表的查询和插入权限。

```
GRANT SELECT, INSERT ON SC TO user1
```

例 10 收回用户 user1 对 Student 表的查询权限。

```
REVOKE SELECT ON Student FROM user1
```

例 11 拒绝用户 user1 具有 SC 表的更改权限。

```
DENY UPDATE ON SC TO user1
```

语句权限的管理

同对象权限管理一样，对语句权限的管理也可以通过 SSMS 工具和 T-SQL 语句实现。

1. 用 SSMS 工具实现

我们以在 Students 数据库中，授予 SQL_User1 用户具有创建表的权限为例，说明在 SSMS 工具中授予用户语句权限的过程。

在授予 SQL_User1 用户权限之前，我们先用该用户建立一个新的数据库引擎查询，然后输入并执行如下代码：

```
CREATE Table Teachers(              -- 创建教师表
 Tid char(6),                       -- 教师号
```

```
Tname varchar(10) )                -- 教师名
```

执行该代码后，SSMS 的界面如图 10-28 所示，说明 SQL_User1 没有创建表的权限。

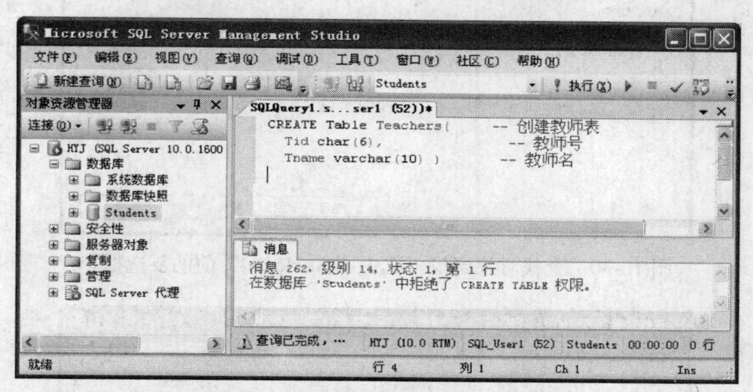

图 10-28 执行建表语句时出现的错误

使用 SSMS 工具授予用户语句权限的步骤如下。

（1）在 SSMS 工具的“对象资源管理器”中，依次展开“数据库”→“Students”→“安全性”→“用户”，在“SQL_User1”用户上右击鼠标，在弹出的菜单中选择“属性”命令，弹出用户属性窗口，在此窗口中单击左边“选择页”中的“安全对象”选项，在“安全对象”选项的窗口（见图 10-21）中单击“搜索”按钮。在弹出的“添加对象”窗口（见图 10-22）中确保选中了“特定对象”选项，单击“确定”按钮，在弹出的“选择对象”窗口（见图 10-23）中单击“对象类型”按钮，弹出“选择对象类型”窗口。

（2）在“选择对象类型”窗口中，选中“数据库”前的复选框，如图 10-29 所示。单击“确定”按钮，回到“选择对象”窗口，此时在窗口的“选择对象类型”列表框中已经列出了“数据库”。

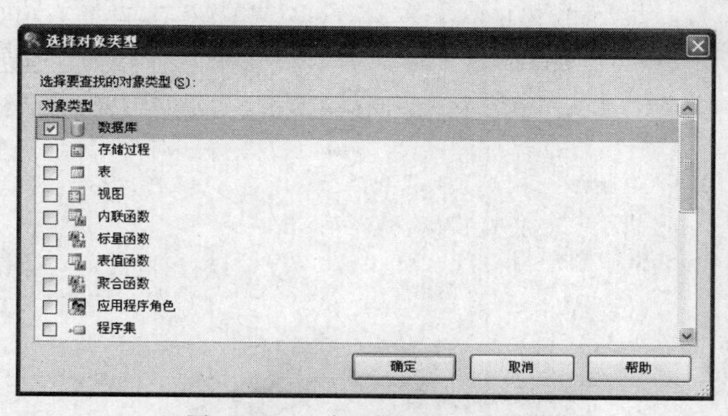

图 10-29 选中“数据库”复选框

（3）在“选择对象”窗口中，单击“浏览”按钮，弹出如图 10-30 所示的“查找对象”窗口，在此窗口中可以选择要赋予的权限所在的数据库。由于我们要为 SQL_User1 授予对 Students 数据库的建表权，因此在此窗口中选中“[Students]”前的复选框（见图 10-30）。单击“确定”按钮，回到“选择对象”窗口，此时在此窗口的“输入要选择的对象名称（示例）”列表框中已经列出了“[Students]”数据库，如图 10-31 所示。

（4）在“选择对象”窗口中单击“确定”按钮，回到数据库用户属性窗口，在此窗口中可以选择合适的语句权限授予相关用户。

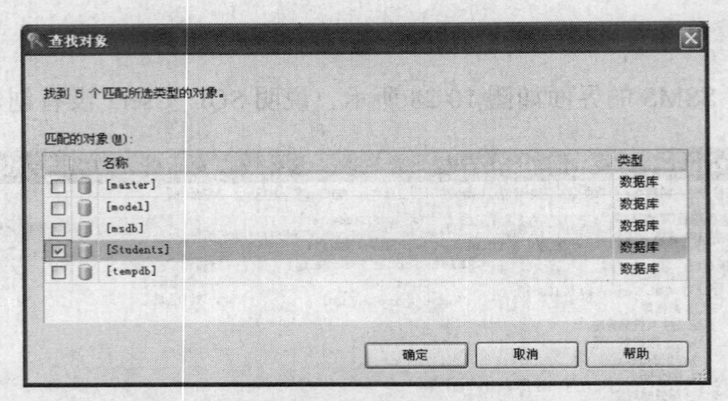

图 10-30　查找对象窗口（选中“[Students]”前的复选框）

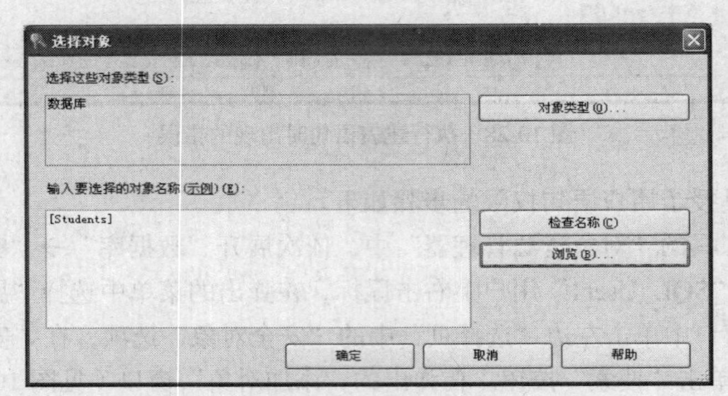

图 10-31　指定好授权对象后的情形

（5）在此窗口下边的权限列表框中，选中“创建表”对应的“授予”复选框，如图 10-32 所示。

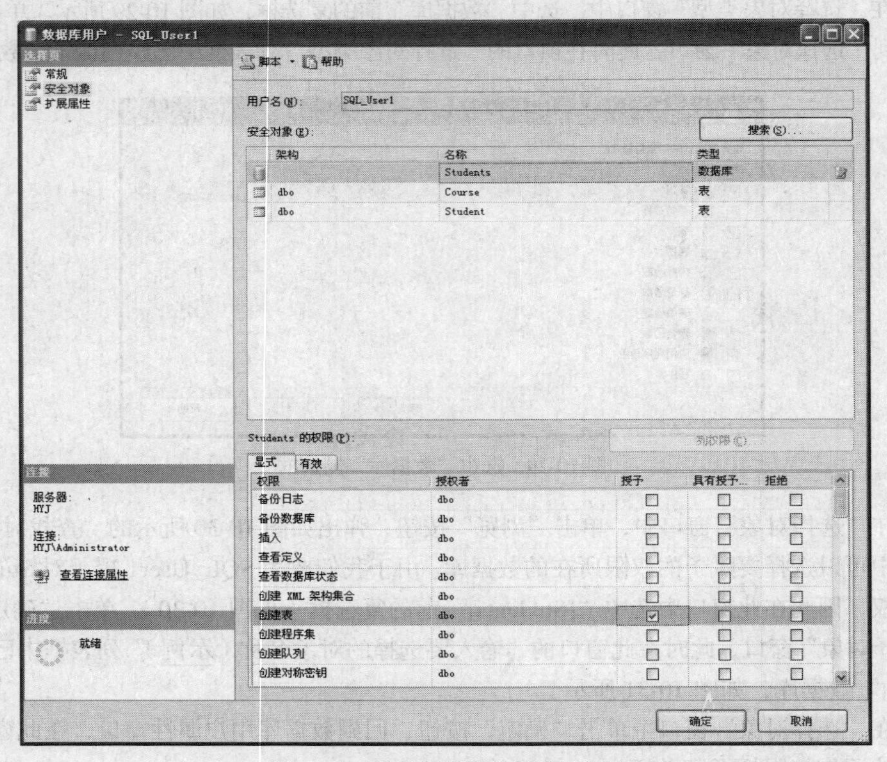

图 10-32　指定好授权对象后的窗口

（6）单击“确定”按钮，完成授权操作，关闭此窗口。

注意：如果此时在 SQL_User1 建立的数据库引擎查询中，再次执行之前的 CREATE Table Teachers 建表语句，则系统会出现如图 10-33 所示的错误信息。

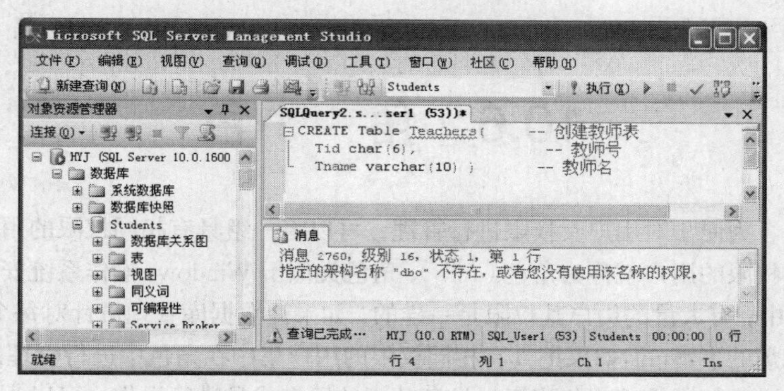

图 10-33　创建表时的另一个错误

出现这个错误的原因是 SQL_User1 用户没有在 dbo 架构中创建对象的权限，而且也没有为 SQL_User1 用户指定默认架构，因此创建 dbo.Teachers 失败。

解决此问题的一个办法是让数据库系统管理员定义一个架构，并将该架构的所有权赋给 SQL_User1 用户，然后将新建架构设为 SQL_User1 用户的默认架构。

示例：首先创建一个名为 TestSchema 的架构，将该架构的所有权赋给 SQL_User1 用户，然后将该架构设为 SQL_User1 用户的默认架构。

```
CREATE SCHEMA TestSchema AUTHORIZATION SQL_User1
GO
ALTER USER SQL_User1 WITH DEFAULT_SCHEMA = TestSchema
```

然后再让 SQL_User1 用户执行创建表的语句，这时就不会出现错误了。这时创建的表的名字为：TestSchema.Teachers。

2. 用 T-SQL 语句实现

同对象权限管理一样，语句权限的管理也有 GRANT、REVOKE 和 DENY 3 种。

（1）授权语句

```
GRANT 语句权限名 [ , … ] TO {数据库用户名 | 用户角色名} [, … ]
```

（2）收权语句

```
REVOKE 语句权限名 [ , … ] FROM { 数据库用户名 | 用户角色名 } [, … ]
```

（3）拒绝权限语句

```
DENY 语句权限名 [ , … ] TO {数据库用户名 | 用户角色名} [, … ]
```

其中语句权限包括：CREATE TABLE、CREATE VIEW、CREATE PROCEDURE 等。

例 12　授予 user1 具有创建表的权限。

```
GRANT CREATE TABLE TO user1
```

例 13　授予 user1 和 user2 具有创建表和视图的权限。

```
GRANT CREATE TABLE, CREATE VIEW TO user1, user2
```

例 14 收回 user1 的创建表的权限。

```
REVOKE CREATE TABLE FROM user1
```

例 15 拒绝 user1 具有创建视图的权限。

```
DENY CREATE VIEW TO user1
```

10.6 角 色

在数据库中，为便于对用户及权限进行管理，可以将一组具有相同权限的用户组织在一起，这一组具有相同权限的用户就称为角色（role）。角色类似于 Windows 操作系统安全体系中组的概念。在实际工作中，有大量的用户其权限是一样的，如果让数据库管理员针对每个用户分别授权，将是一件非常麻烦的事情。但如果把具有相同权限的用户集中在角色中进行管理，则会方便很多。

为一个角色进行权限管理就相当于对该角色中的所有成员进行操作。可以为有相同权限的一类用户建立一个角色，然后为角色授予合适的权限。当有人新加入到工作中时，只需将他添加到该工作的角色中，当有人离开时，只需从该角色中删除该用户即可，而不需要在每个工作人员进入或离开工作时反复进行权限设置。

使用角色的好处是系统管理员只需对权限的种类进行划分，然后将不同的权限授予不同的角色，而不必关心有哪些具体的用户。而且当角色中的成员发生变化时，比如添加或删除成员，系统管理员都无需做任何关于权限的操作。

在 SQL Server 中，角色分为系统预定义的固定角色和用户根据自己的需要定义的用户角色。系统角色又根据其作用范围的不同分为固定的服务器角色和固定的数据库角色，服务器角色是为整个服务器设置的，而数据库角色是为具体的数据库设置的。

10.6.1 固定的服务器角色

固定的服务器角色的作用域属于服务器范围，这些角色具有完成特定服务器级管理活动的权限。用户不能添加、删除或更改固定的服务器角色。可以将登录账户添加到固定的服务器角色中，使其成为服务器角色中的成员，从而具有服务器角色的权限。固定的服务器角色中的每个成员都具有向其所属角色添加其他登录账户的权限。

表 10-1 列出了 SQL Server 2008 支持的固定的服务器角色及其所具有的权限。

表 10-1 固定的服务器角色及其权限

固定的服务器角色	描 述
bulkadmin	具有执行 BULK INSERT 语句的权限
dbcreator	具有创建数据库的权限
diskadmin	具有管理磁盘资源的权限
processadmin	具有管理全部的连接以及服务器状态的权限
securityadmin	具有管理服务器登录账户的权限
serveradmin	具有全部配置服务器范围的设置
setupadmin	具有更改任何链接服务器的权限
sysadmin	系统管理员角色。具有服务器及数据库上的全部操作权限

除表 10-1 列出的服务器角色外，SQL Server 2008 还新添加了一个服务器角色 public。在服务器上创建的每个登录账户自动是 public 服务器角色的成员，而且都将具有服务器权限。

注意：不要为服务器角色 public 进行任何授权。

为固定的服务器角色添加成员

将登录账户添加到固定的服务器角色中可以使用 SSMS 工具实现，也可以使用 T-SQL 语句实现。

1. 用 SSMS 工具实现

系统管理员可以通过 SSMS 工具图形化地将登录账户添加到系统提供的服务器角色中。我们以将 SQL_User1 登录名添加到 sysadmin 角色中为例，说明具体实现步骤。

方法 1：

（1）以系统管理员身份连接到 SSMS，在 SSMS 的对象资源管理器中，依次展开“安全性”→“登录名”节点，在“SQL_User1”登录名上右击鼠标，在弹出的菜单中选择“属性”命令，弹出“登录属性-SQL_User1”窗口。

（2）在“登录属性-SQL_User1”窗口中，单击“选择页”中的“服务器角色”选项，在对应的窗口中选中“sysadmin”前的复选框（见图 10-34），表示将当前登录名添加到该角色中。

（3）单击“确定”按钮，关闭登录属性窗口。

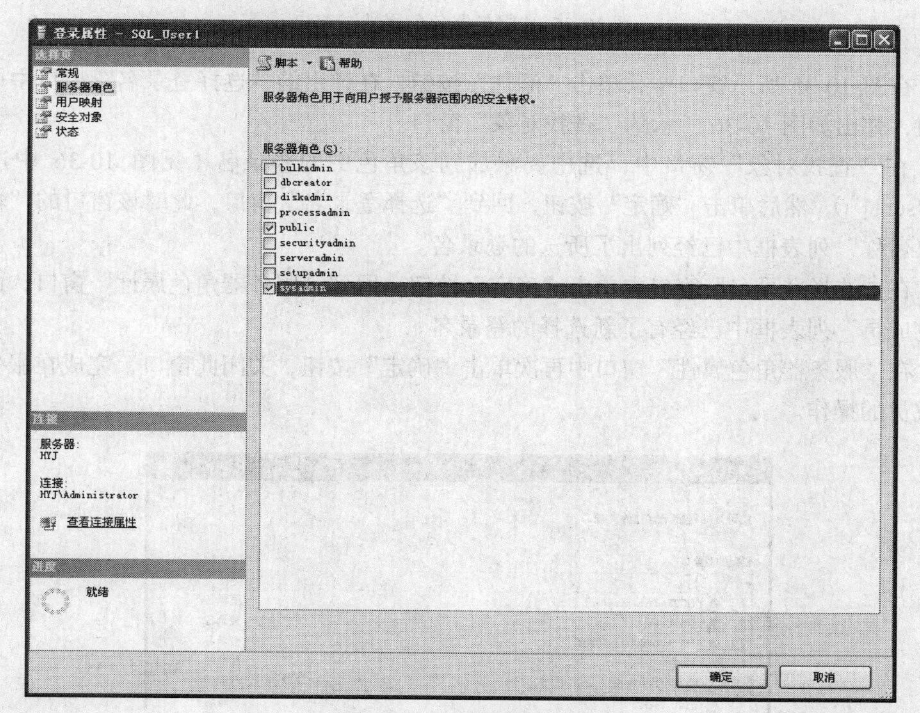

图 10-34 登录属性窗口

方法 2：

（1）以系统管理员身份登录到 SSMS，在 SSMS 的对象资源管理器中，依次展开“安全性”→“服务器角色”节点，在“sysadmin”角色上右击鼠标，在弹出的菜单中选择“属性”命令，弹出如图 10-35 所示的“服务器角色属性—sysadmin”窗口。

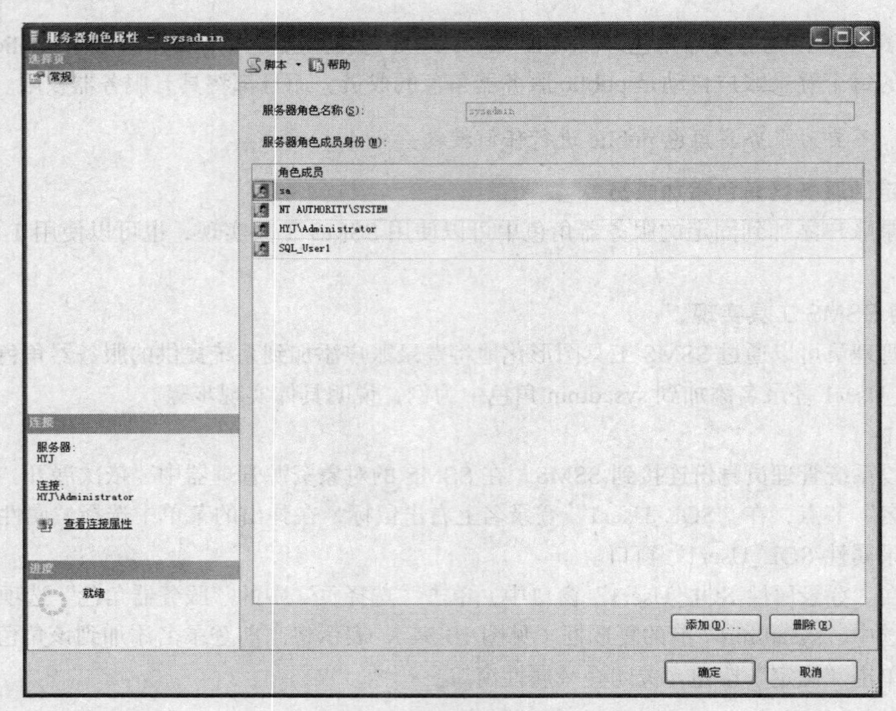

图 10-35 “服务器角色属性”窗口

（2）在图 10-35 所示窗口中，单击“添加”按钮，在弹出的“选择登录名”窗口中单击“浏览”按钮，弹出如图 10-36 所示的“查找对象”窗口。

（3）在“查找对象”窗口中，选中要添加到该角色中的登录名（见图 10-36 中选中的是“[SQL_User1]”），然后单击“确定”按钮，回到“选择登录名”窗口，此时该窗口的“输入要选择的对象名称”列表框中已经列出了所选的登录名。

（4）在“选择登录名”窗口中单击“确定”按钮，回到“服务器角色属性”窗口，此时该窗口“角色成员”列表框中已经有了新选择的登录名。

（5）在“服务器角色属性”窗口中再次单击“确定”按钮，关闭此窗口，完成在服务器角色中添加成员的操作。

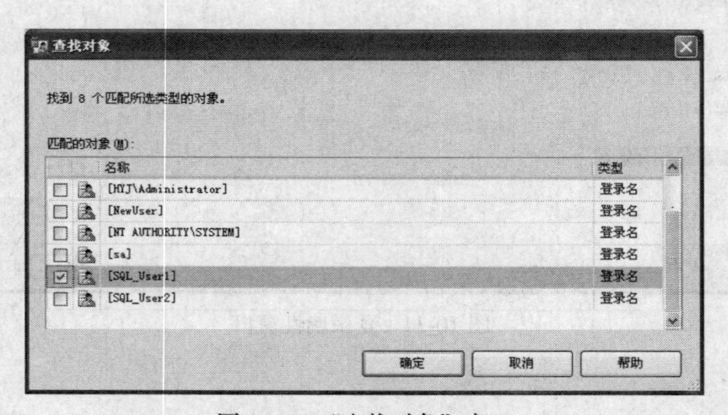

图 10-36 “查找对象”窗口

2. 用 T-SQL 语句实现

在固定的服务器角色中添加成员使用的是 sp_addsrvrolemember 系统存储过程，该存储过程的语法格式如下：

```
sp_addsrvrolemember [ @loginame= ] 'login'
    , [ @rolename = ] 'role'
```

其中各参数说明如下：

- [@loginame =] 'login'：要添加到固定的服务器角色中的登录名。login 可以是 SQL Server 身份验证的登录名，也可以是 Windows 身份验证的登录名。如果该 Windows 登录名没有连接到 SQL Server 的权限，则该操作将自动授予该登录名该权限。
- [@rolename =] 'role'：要添加到的固定的服务器角色的名称，默认值为 NULL。

该存储过程的返回值为：0（成功）或 1（失败）。

注意：本节所有例子的权限管理语句应该由系统管理员执行。

例 16 将 Windows 身份验证的 HYJ\Win_User1 登录名添加到 sysadmin 角色中。

```
EXEC sp_addsrvrolemember 'HYJ\Win_User1', 'sysadmin'
```

例 17 将 SQL Server 身份验证的 SQL_User2 登录名添加到 dbcreator 角色中。

```
EXEC sp_addsrvrolemember 'SQL_User2', 'dbcreator'
```

删除固定的服务器角色成员

如果不再希望某个登录账户是某服务器角色中的成员，可将其从服务器角色中删掉。从服务器角色中删除成员可以使用 SSMS 工具实现，也可以使用 T-SQL 语句实现。

1. 用 SSMS 工具实现

用 SSMS 工具删除服务器角色中成员的方法与添加成员类似，也有两种方法。我们以从 sysadmin 角色中删除 SQL_User1 成员从为例，说明实现过程。

方法 1：

（1）以系统管理员身份连接到 SSMS，在 SSMS 的“对象资源管理器”中，依次展开“安全性”→“登录名”节点，在“SQL_User1”登录名上右击鼠标，在弹出的菜单中选择“属性”命令，弹出“登录属性”窗口。

（2）在“登录属性”窗口中，单击“选择页”中的“服务器角色”选项，在对应的窗口（见图 10-34）中去掉“sysadmin”前的复选框，表示将当前登录名从此角色中删除。

（3）单击“确定”按钮，关闭登录属性窗口，完成删除成员操作。

方法 2：

（1）以系统管理员身份连接到 SSMS，在 SSMS 的“对象资源管理器”中，依次展开“安全性”→“服务器角色”节点，在“sysadmin”角色上右击鼠标，在弹出的菜单中选择“属性”命令，弹出如图 10-35 所示的“服务器角色属性”窗口。

（2）在“服务器角色属性”窗口的“角色成员”列表框中，选中要删除的登录名，然后单击“删除”按钮，即可将选中的登录名从该角色中删除。

（3）删除完毕后，单击“确定”按钮，关闭“服务器角色属性”窗口。

2. 用 T-SQL 语句实现

从固定的服务器角色中删除成员使用的是 sp_dropsrvrolemember 系统存储过程，该存储过程的语法格式如下：

```
sp_dropsrvrolemember [ @loginame = ] 'login'
    , [ @rolename = ] 'role'
```

其中各参数说明如下：

- [@loginame =] 'login'：要从固定的服务器角色中删除的登录名。
- [@rolename =] 'role'：固定的服务器角色名称，默认值为 NULL。

该存储过程的返回值为：0（成功）或 1（失败）。

例 18　从 dbcreator 角色中删除 SQL_User2。

```
EXEC sp_dropsrvrolemember 'SQL_User2', 'dbcreator'
```

10.6.2　固定的数据库角色

固定的数据库角色是定义在数据库级别上的，它存在于每个数据库中，为管理数据库一级的权限提供了方便。用户不能添加、删除或更改固定的数据库角色，但可以将数据库用户添加到固定的数据库角色中，使其成为固定的数据库角色中的成员，从而具有角色的权限。固定的数据库角色中的成员来自于每个数据库中的用户。

表 10-2 列出了 SQL Server 2008 支持的固定的数据库角色及其具有的权限。

表 10-2　　固定的数据库角色及其权限

固定的数据库角色	描　述
db_accessadmin	具有添加或删除数据库用户的权限
db_backupoperator	具有备份数据库、备份日志的权限
db_datareader	具有查询数据库中所有用户表数据的权限
db_datawriter	具有更改数据库中所有用户表数据的权限
db_ddladmin	具有建立、修改和删除数据库对象的权限
db_denydatareader	不允许具有查询数据库中所有用户表数据的权限
db_denydatawriter	不允许具有更改数据库中所有用户表数据的权限
db_owner	具有数据库中的全部操作权限
db_securityadmin	具有管理数据库角色和角色成员以及数据库中的语句权限和对象权限

在固定的数据库角色中也有一个 public 角色，每个数据库用户都自动属于 public 数据库角色，用户可以为数据库 public 角色授予数据库中的操作权限。

为固定的数据库角色添加成员

数据库角色成员的来源是数据库中的用户。将数据库用户添加到固定的数据库角色中可以使用 SSMS 工具实现，也可以使用 T-SQL 语句实现。

1. 用 SSMS 工具实现

我们以在 Students 数据库中将 SQL_User2（假设该登录名已是 Students 数据库中的用户）添加到 db_datareader 角色中为例，说明具体实现步骤。

方法 1：

（1）以系统管理员身份连接到 SSMS，在 SSMS 的“对象资源管理器”中，依次展开“数据库”→“Students”→“安全性”→“用户”节点，在“SQL_User2”上右击鼠标，在弹出的菜单中选择“属性”命令，弹出“数据库用户-SQL_User2”属性窗口。

（2）在“数据库用户-SQL_User2”属性窗口的“数据库角色成员身份”的“角色成员”列表框中列出了全部的数据库角色，选中对应角色前的复选框，我们这里选择“db_datareader”（见图

10-37），表示将当前用户添加到此角色中。

（3）单击“确定”按钮，关闭“数据库用户-SQL_User2”属性窗口。

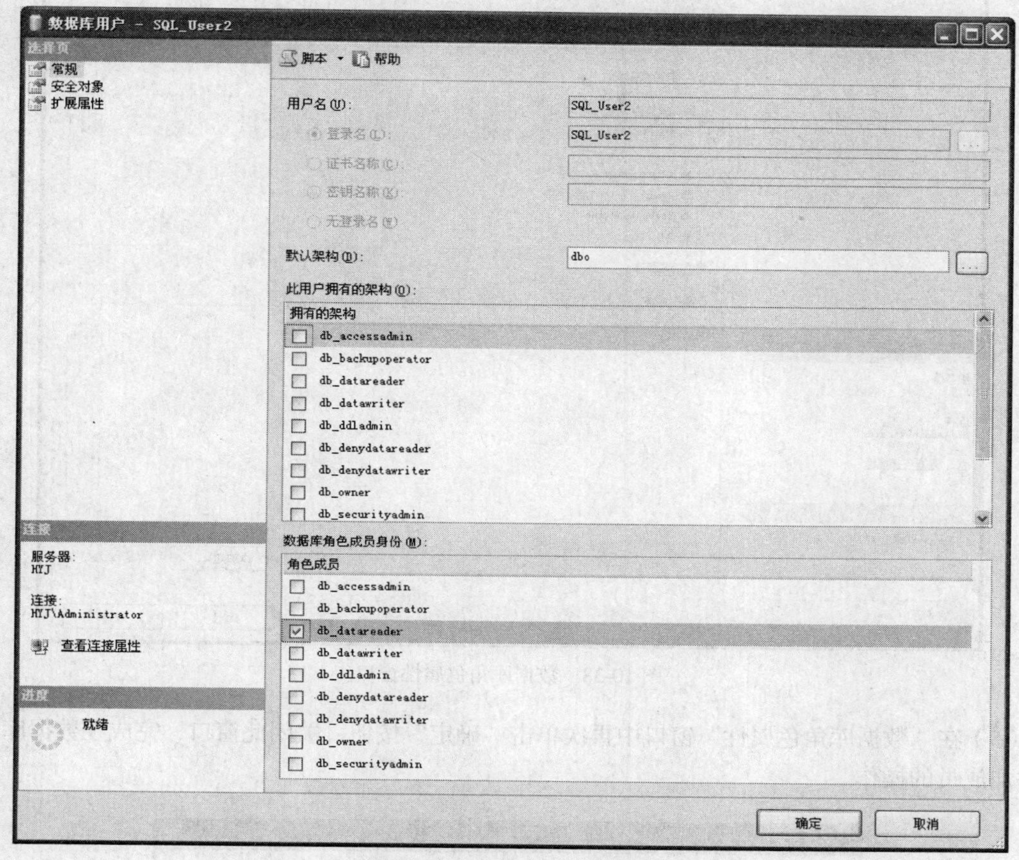

图 10-37　数据库用户窗口

方法 2：

（1）以系统管理员身份连接到 SSMS，在 SSMS 的“对象资源管理器”中，依次展开“数据库”→“Students”→“安全性”→“角色”节点，在“db_datareader”角色上右击鼠标，在弹出的菜单中选择“属性”命令，弹出如图 10-38 所示的“数据库角色属性-db_datareader”窗口。

（2）在图 10-38 窗口中，单击“添加”按钮，在弹出的“选择数据库用户或角色”窗口中单击“浏览”按钮，弹出如图 10-39 所示的“查找对象”窗口。

（3）在“查找对象”窗口中，选中要添加的用户名前的复选框，表示将此用户添加到该角色中，我们这里选中的是“[SQL_User2]”前的复选框。单击“确定”按钮，回到“选择数据库用户或角色”窗口，此时该窗口“输入要选择的对象名称”列表框中已经列出了所选的用户。

（4）在“选择数据库用户或角色”窗口中单击“确定”按钮，回到“数据库角色属性”窗口，此时该窗口“角色成员”列表框中已经有了新选择的用户。

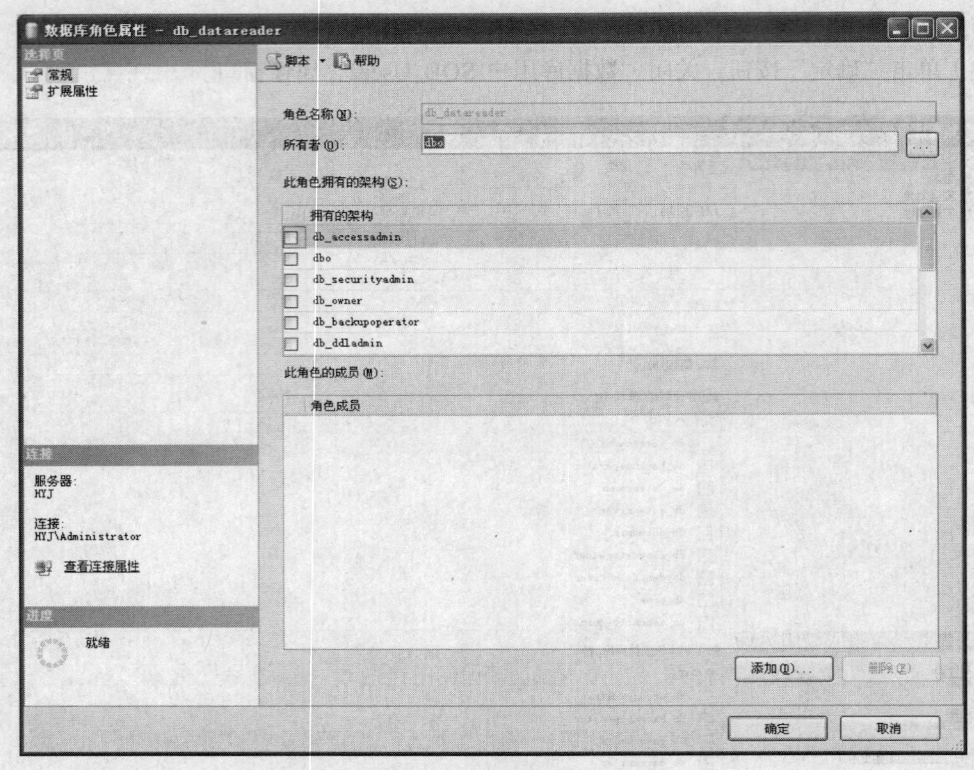

图 10-38　数据库角色属性窗口

（5）在“数据库角色属性”窗口中再次单击“确定”按钮，关闭此窗口，完成在数据库角色中添加成员的操作。

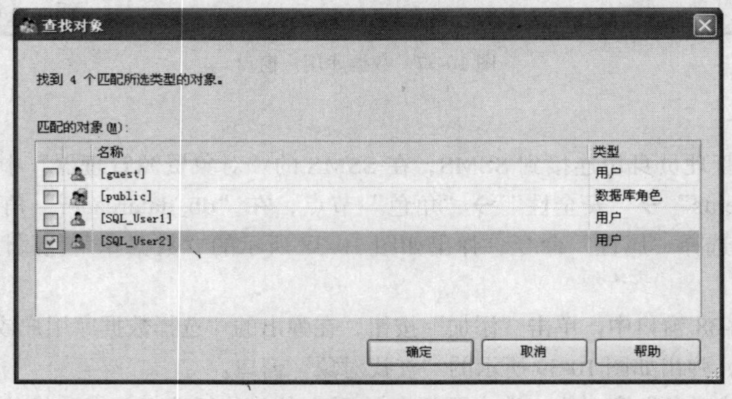

图 10-39　查找对象窗口

2. 用 T-SQL 语句实现

在数据库角色中添加成员使用的是 sp_addrolemember 系统存储过程，该存储过程的操作仅限于当前选中的数据库。该存储过程的语法格式如下：

```
sp_addrolemember [ @rolename = ] 'role',
    [ @membername = ] 'security_account'
```

其中各参数说明如下：

- [@rolename =] 'role'：当前数据库中的数据库角色名，无默认值。
- [@membername =] 'security_account'：要添加到角色中的数据库用户名，无默认值。security_account 可以是数据库用户、数据库角色、Windows 用户名或 Windows 组。如果新成员是没有相应数据库用户的 Windows 用户名，则将为其创建一个对应的数据库用户。

该存储过程的返回值为：0（成功）或 1（失败）。

注意：不能向数据库角色中添加固定的数据库角色、固定的服务器角色或 dbo。

例 19　将 Windows 用户 HYJ\Win_User1 添加到 Students 数据库的 db_datareader 角色中（注意，在执行下述语句前，应首先在“可用数据库”下拉列表框中选中 Students 数据库，以下例子均如此）。

```
EXEC sp_addrolemember 'db_datareader', 'HYJ\Win_User1'
```

例 20　将 SQL_User2 添加到 Students 数据库的 db_datawriter 角色中。

```
EXEC sp_addrolemember 'db_datawriter', 'SQL_User2'
```

删除固定的数据库角色成员

如果不再希望某个数据库用户是某角色中的成员，可将其从数据库角色中删除。从数据库角色中删除成员可以使用 SSMS 工具实现，也可以使用 T-SQL 语句实现。

1. 用 SSMS 工具实现

删除数据库角色成员的方法与添加成员类似，也有两种方法。我们以从 db_datareader 角色中删除 SQL_User2 成员为例说明删除过程。

方法 1：

（1）以系统管理员身份连接到 SSMS，在 SSMS 的对象资源管理器中，依次展开“数据库”→“Students”→“安全性”→“用户”节点，在“SQL_User2”用户上右击鼠标，在弹出的菜单中选择“属性”命令，弹出“数据库用户-SQL_User2”属性窗口（见图 10-37）。

（2）在“数据库用户-SQL_User2”属性窗口的“数据库角色成员身份”的“角色成员”列表框中取消对应角色（我们这里是 db_datareader 角色）前的复选框，表示将当前用户从该角色中删除。

（3）单击“确定”按钮，关闭数据库用户属性窗口，完成删除成员操作。

方法 2：

（1）以系统管理员身份连接到 SSMS，在 SSMS 的“对象资源管理器”中，依次展开“数据库”→“Students”→“安全性”→“角色”节点，在“db_datareader”角色上右击鼠标，在弹出的菜单中选择“属性”命令，弹出“数据库角色属性-db_datareader”窗口，如图 10-40 所示。

（2）在“数据库角色属性-db_datareader”窗口的“角色成员”列表框中选中要删除的用户（图 10-40 选中的是 SQL_User2），然后单击“删除”按钮，即可将选中的用户从该角色中删除。

（3）删除完毕后，单击“确定”按钮，关闭“数据库角色属性-db_datareader”窗口，完成删除操作。

2. 用 T–SQL 语句实现

从固定的数据库角色中删除成员使用的是 sp_droprolemember 系统存储过程，该存储过程的语法格式如下：

```
sp_droprolemember [ @rolename = ] 'role' ,
        [ @membername = ] 'security_account'
```

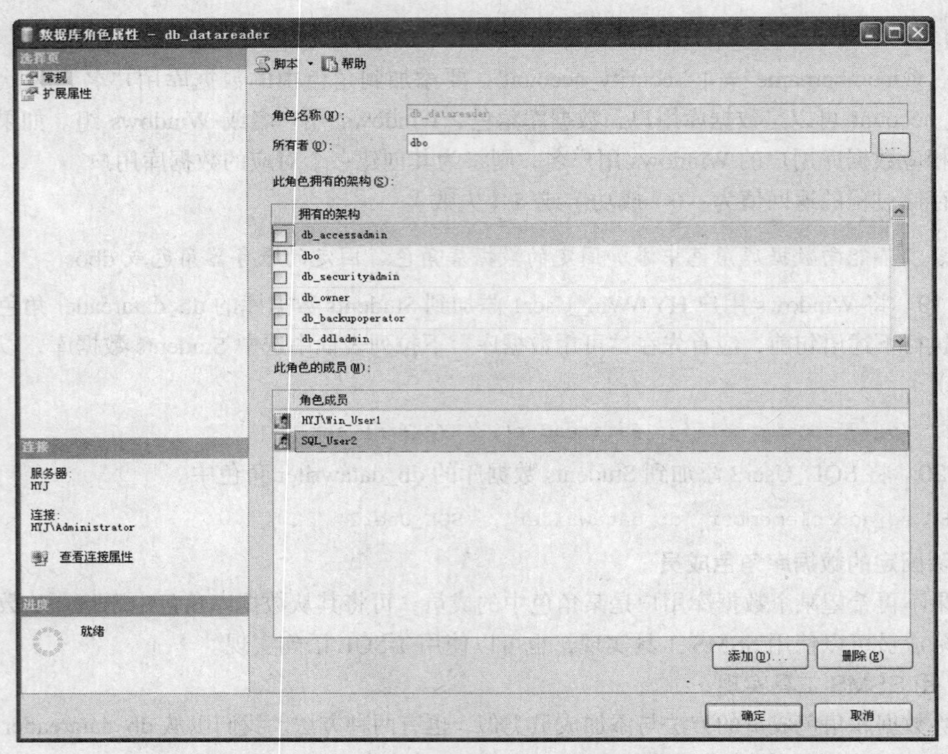

图 10-40　数据库角色属性窗口

其中各参数说明如下：

• [@rolename =] 'role'：将从中删除成员的数据库角色名，没有默认值。role 必须存在于当前数据库中。

• [@membername =] 'security_account'：被删除的用户名，无默认值。security_account 可以是数据库用户、其他数据库角色、Windows 用户名或 Windows 组。security_account 必须存在于当前数据库中。

该存储过程的返回值为：0（成功）或 1（失败）。

例 21　在 Students 数据库中，删除 db_datawriter 角色中的 SQL_User2 成员。

```
EXEC sp_droprolemember 'db_datawriter', 'SQL_User2'
```

10.6.3　用户定义的角色

SQL Server 2008 除了提供系统预定义角色外，还提供了用户自己定义角色的功能。用户定义的角色均属于数据库一级的角色。数据库管理员可以根据用户实际对数据库的操作情况，将用户分为不同的组，每个组具有相同的操作权限，这些具有相同权限的组在数据库中就称为用户定义的角色。有了角色的概念，系统管理员不再需要直接管理每个具体的数据库用户的权限，而只需将数据库用户放置到合适的角色中即可。当组的工作职能发生变化时，只需更改角色的权限，而无需更改角色中的成员。用户定义角色的成员可以是数据库中的用户，也可以是用户定义的角色。只要权限没有被拒绝过，则角色成员的权限就是其所在角色的权限加上他们自己被授予的权限。如果某个权限在角色中被拒绝，则角色中的成员就不能再拥有此权限，即使为此成员授予了此权限。

用户定义的角色主要是为简化用户在使用数据库时的权限管理。

建立用户定义的角色

建立用户角色可以在 SSMS 工具中实现，也可以用 T-SQL 语句实现。下面我们以在 Students 数据库中建立一个 Software 用户角色为例，说明其实现过程。

1. 用 SSMS 工具实现

使用 SSMS 工具建立用户定义的角色的步骤如下。

（1）以系统管理员身份连接到 SSMS，在“对象资源管理器”中，依次展开“数据库”→“Students”→“安全性”→“角色”节点，在“角色”上右击鼠标，在弹出的菜单中选择“新建”→“新建数据库角色”命令，或者是在“角色”节点下的“数据库角色”上右击鼠标，在弹出的菜单中选择“新建数据库角色”命令，均弹出“新建数据库角色–新建”窗口，如图 10-41 所示。

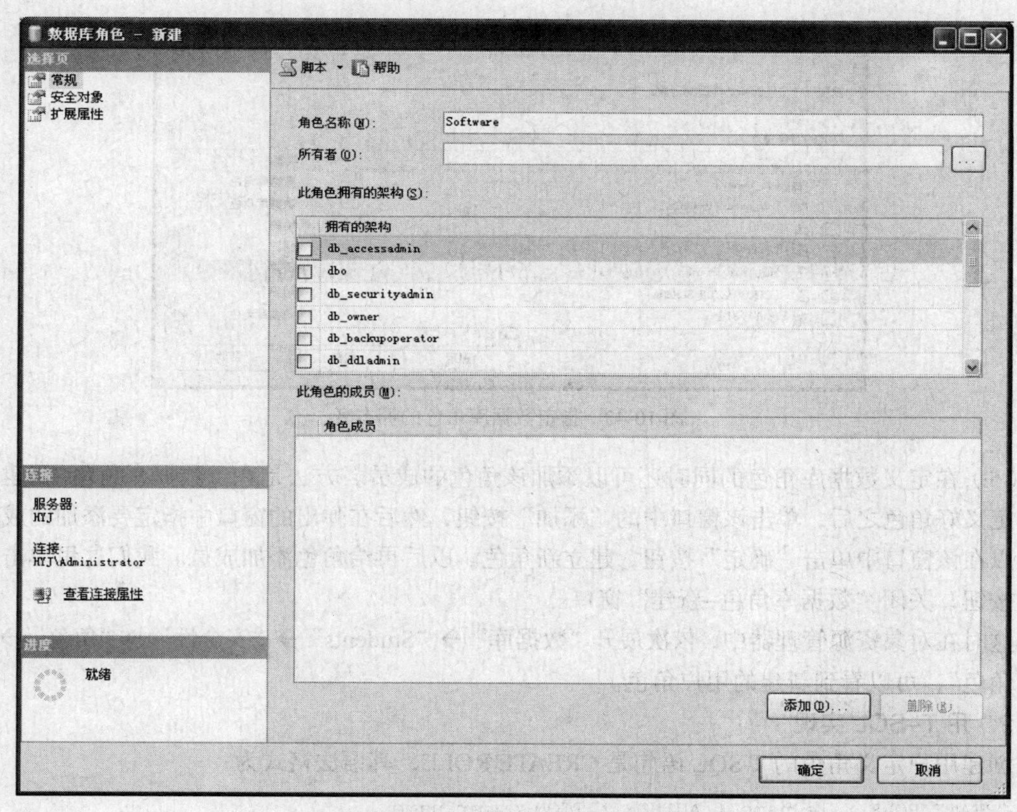

图 10-41　新建数据库角色窗口

（2）在“角色名称”文本框中输入角色的名字，这里输入：Software，如图 10-41 所示。

（3）在“所有者”文本框中可输入拥有该角色的用户名或数据库角色名，也可以指定该角色的拥有者。方法是单击其右边的[...]按钮，在弹出的图 10-42 所示的“选择数据库用户或角色”窗口中，单击“浏览”按钮，弹出如图 10-43 所示的“查找对象”窗口，在此窗口中可以指定拥有该角色的用户名或数据库角色名。这里选中的是“[HYJ\Win_User1]”。

（4）单击“确定”按钮，回到“选择数据库用户或角色”窗口，此时在此窗口的“输入要选择的对象名称（示例）”列表框中已经列出了所选的所有者。再次单击“确定”按钮，回到“数据库角色–新建”窗口，此时该窗口的“所有者”文本框中会显示出所指定的所有者。

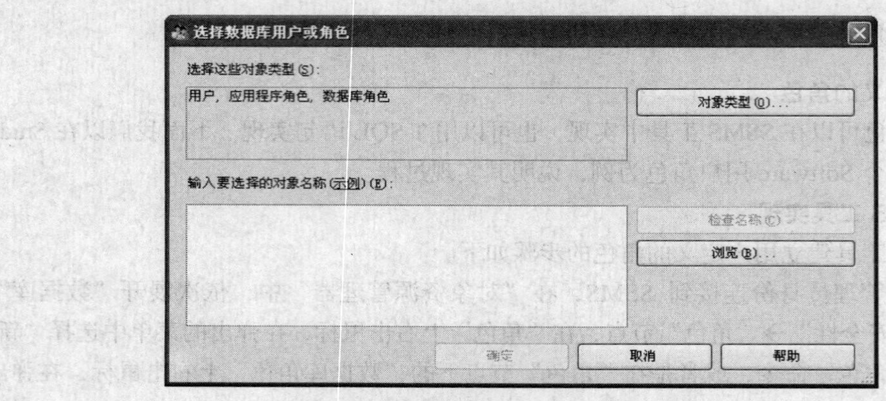

图 10-42　选择数据库用户或角色窗口

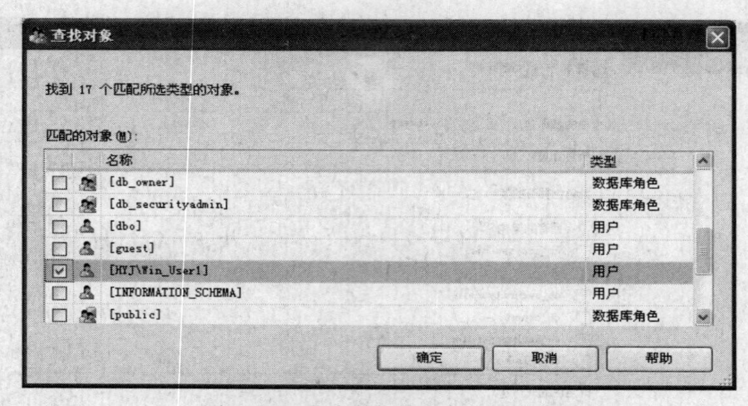

图 10-43　指定数据库角色的拥有者

（5）在定义数据库角色的同时还可以添加该角色的成员。方法是在“数据库角色–新建”窗口中定义好角色之后，单击该窗口中的“添加”按钮，然后在弹出的窗口中指定要添加的成员。也可以在该窗口中单击“确定”按钮，建立新角色。以后再给角色添加成员。我们这里单击“确定”按钮，关闭“数据库角色–新建”窗口。

这时在对象资源管理器中，依次展开“数据库”→“Students”→“安全性”→“角色”→“数据库角色”，可以看到新建的用户角色。

2. 用 T–SQL 实现

创建用户定义角色的 T-SQL 语句是 CREATE ROLE，其语法格式为：

```
CREATE ROLE role_name [ AUTHORIZATION owner_name ]
```

其中各参数说明如下：

- role_name：待创建角色的名称。
- AUTHORIZATION owner_name：将拥有新角色的数据库用户或角色名。如果未指定，则执行 CREATE ROLE 的用户将拥有该角色。

例 22　在 Students 数据库中创建用户定义角色：CompDept，其拥有者为创建该角色的用户。

首先选中 Students 数据库，然后执行下列语句：

```
CREATE ROLE CompDept
```

例 23　在 Students 数据库中创建用户定义角色：InfoDept，其拥有者为 SQL_User1。

首先选中 Students 数据库，然后执行下列语句：

```
CREATE ROLE InfoDept AUTHORIZATION SQL_User1;
```

例 24　在 Students 数据库中创建用户定义角色：MathDept，其拥有者为 Software 角色。

首先选中 Students 数据库，然后执行下列语句：

```
CREATE ROLE MathDept AUTHORIZATION Software
```

为用户定义的角色授权

为用户定义的角色授权可以在 SSMS 工具中实现，也可以使用 T-SQL 语句实现。使用 SQL 语句对用户角色授权的方法与为数据库用户授权完全一样，因此，不再赘述。这里，只介绍在 SSMS 中对用户角色授权的方法。

我们以授予 Students 数据库中 Software 角色具有该数据库中 Student、Course 和 SC 表的查询权为例，说明使用 SSMS 为用户定义的角色进行授权的过程。

（1）以系统管理员身份登录到 SSMS，在 SSMS 的对象资源管理器中，依次展开“Students”→“安全性”→“角色”→“数据库角色”，在 Software 上右击鼠标，在弹出的菜单中选择“属性”命令，弹出“数据库角色属性-Software”窗口。

（2）在“数据库角色属性-Software”窗口中，单击左边“选择页”中的“安全对象”选项，窗口形式如图 10-44 所示。

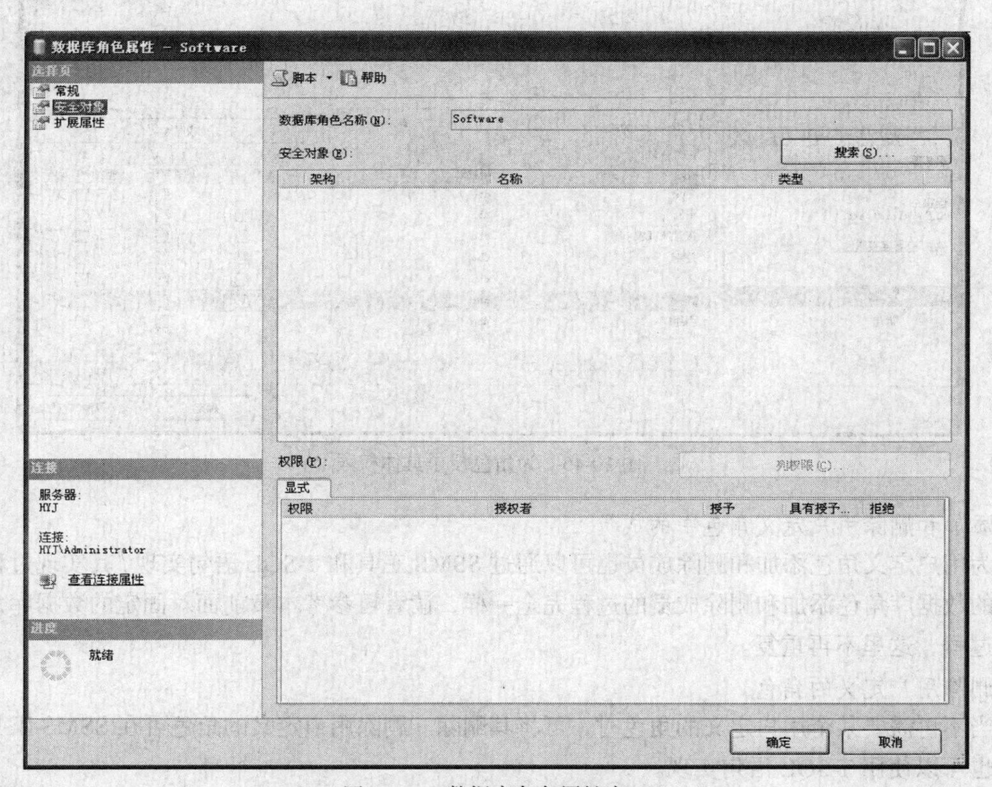

图 10-44　数据库角色属性窗口

（3）在图 10-44 所示窗口中，单击“搜索”按钮，弹出“添加对象”窗口（见图 10-22）。

（4）在“添加对象”窗口中，选中“特定类型的所有对象”，单击“确定”按钮，弹出“选择对象类型”窗口（见图 10-23）。

（5）在“选择对象类型”窗口中，我们选中“表”对应的复选框（见图 10-24），单击“确定”按钮关闭“选中对象”窗口，回到“数据库角色属性-Software”窗口，此时该窗口上边的“安全对象”列表框中列出了全部的表，在下边的“显式”列表框中列出了可为这些表授权的全部权限。

（6）在“安全对象”列表框中选中要授权的对象（表名），然后在下面的“显式”列表框中列出的相应权限部分打勾，即可完成对具体对象的授权操作。图 10-45 所示为为 Software 角色授予 Student 表的 SELECT（图中为“选择”）权限的情况。

（7）单击“确定”按钮，关闭“数据库角色属性-Software”窗口，完成授权操作。

从上述我们也可以看到，为数据库角色授权的过程与为数据库用户授权的过程实际是一样的。

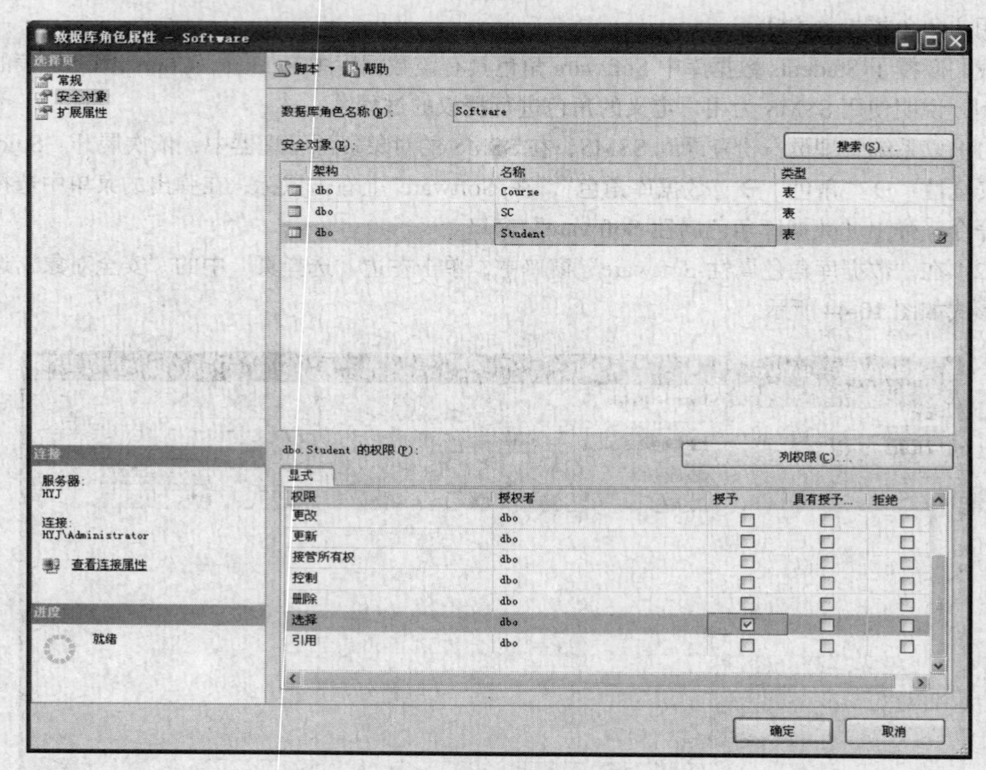

图 10-45　为角色授予具体权限

添加和删除用户定义角色中的成员

为用户定义角色添加和删除成员也可以通过 SSMS 工具和 T-SQL 语句实现，其实现过程与为固定的数据库角色添加和删除成员的过程完全一样，读者可参考本章前面对固定的数据库角色的操作过程，这里不再重复。

删除用户定义的角色

当不再需要某个用户定义的角色时，可将其删除。删除用户定义的角色可在 SSMS 工具中实现，也可以使用 T-SQL 语句实现。

1．用 SSMS 工具实现

用 SSMS 删除用户定义角色的步骤如下。

（1）用系统管理员身份连接到 SSMS，在“对象资源管理器”中，展开要删除角色的数据库，并展开数据库下的“安全性”→“角色”→“数据库角色”。

（2）在要删除的用户定义角色名上右击鼠标，在弹出的菜单中选择“删除”命令，在弹出的“删除对象”窗口（见图 10-13）中，如果确实要删除，则单击“确定”按钮。

2. 用 T-SQL 语句实现

删除用户定义角色的 T-SQL 语句是 DROP ROLE，其语法格式如下：

```
DROP ROLE role_name
```

其中 role_name 为要删除的角色名。

注意：

- 不能从数据库中删除拥有安全对象的角色。
- 不能从数据库中删除拥有成员的角色。若要删除有成员的角色，必须首先删除角色中的成员。
- 不能用该语句删除固定的数据库角色。

例 25　删除用户定义的角色：InfoDept。

```
DROP ROLE InfoDept
```

小　结

数据库的安全管理是数据库系统中非常重要的部分，安全管理设置的好坏直接影响数据库中数据的安全。因此，作为一个数据库系统管理员一定要仔细研究数据的安全性问题，并进行合适的设置。

本章介绍数据库安全控制模型、SQL Server 2008 的安全验证过程以及实现方法。SQL Server 将权限的验证过程分为三步：第一步验证用户是否是服务器的合法登录账户；第二步验证用户是否是要访问的数据库的合法用户；第三步验证用户是否具有适当的操作权限。可以为用户授予的权限有两种，一种是对数据的操作权，即对数据的查询、插入、删除和更改权限；另一种是创建对象的权限，如创建表、视图和存储过程等数据库对象的权限。为便于对用户和权限进行管理，数据库管理系统采用角色的概念来管理具有相同权限的一组用户。除了可以根据实际操作情况创建用户定义的角色之外，系统还提供了一些预先定义好的角色，包括管理服务器一级的固定服务器角色和数据库一级的固定数据库角色。利用 SQL Server 2008 提供的 SSMS 工具和 T-SQL 语句，可以很方便地实现数据库的安全管理。

习　题

一、选择题

1. 下列关于 SQL Server 数据库用户权限的说法，错误的是（　　）。
   A．数据库用户自动具有该数据库中全部用户数据的查询权
   B．通常情况下，数据库用户都来源于服务器的登录账户
   C．一个登录账户可以对应多个数据库中的用户
   D．数据库用户都自动具有该数据库中 public 角色的权限

2．下列关于 SQL Server 数据库服务器登录账户的说法，错误的是（　　）。

A．登录账户的来源可以是 Windows 用户，也可以是非 Windows 用户

B．所有的 Windows 用户都自动是 SQL Server 的合法账户

C．在 Windows 身份验证模式下，不允许非 Windows 身份的用户登录到 SQL Server 服务器

D．sa 是 SQL Server 提供的一个具有系统管理员权限的默认登录账户

3．下列关于 SQL Server 2008 身份认证模式的说法，正确的是（　　）。

A．只能在安装过程中设置身份认证模式，安装完成之后不能再修改

B．只能在安装完成后设置身份认证模式，安装过程中不能设置

C．在安装过程中可以设置身份认证模式，安装完成之后还可以再对其进行修改

D．身份认证模式是系统规定好的，在安装过程中及安装完成后都不能进行修改

4．下列 SQL Server 提供的系统角色中，具有数据库服务器上全部操作权限的角色是（　　）。

A．db_owner　　B．dbcreator　　C．db_datawriter　　D．sysadmin

5．下列角色中，具有数据库中全部用户表数据的插入、删除、修改权限且只具有这些权限的角色是（　　）。

A．db_owner　　B．db_datareader　　C．db_datawriter　　D．public

6．创建 SQL Server 登录账户的 SQL 语句是（　　）。

A．CREATE LOGIN　　B．CREATE USER

C．ADD LOGIN　　D．ADD USER

7．下列 SQL 语句中，用于收回已授予用户权限的语句是（　　）。

A．DROP　　B．DELETE　　C．REVOKE　　D．ALTER

8．在 SQL Server 中，向数据库角色添加成员的 SQL 语句是（　　）。

A．ADD member　　B．ADD rolemember

C．sp_addmember　　D．sp_addrolemember

9．下列关于数据库中普通用户的说法，正确的是（　　）。

A．只能被授予对数据的查询权限

B．只能被授予对数据的插入、修改和删除权限

C．只能被授予对数据的操作权限

D．不能具有任何权限

10．下列关于用户定义的角色的说法，错误的是（　　）。

A．用户定义角色可以是数据库级别的角色，也可以是服务器级别的角色

B．用户定义的角色只能是数据库级别的角色

C．定义用户定义角色的目的是简化对用户的权限管理

D．用户角色可以是系统提供角色的成员

二、填空题

1．数据库中的用户按操作权限的不同，通常分为________、________和________三种。

2．在 SQL Server 2008 中，系统提供的具有管理员权限的角色是________。

3．在 SQL Server 2008 中，系统提供的默认管理员账户是________。

4．SQL Server 的身份验证模式有________和________两种。

5．SQL Server 的登录账户来源有________和________两种。

6．在 SQL Server 2008 中，所的数据库用户都自动是_____角色的成员。

7. 在 SQL Server 2008 中，系统提供的具有创建数据库权限的服务器角色是________。

8. 在 SQL Server 2008 中，创建用户定义角色的 SQL 语句是________。

9. SQL Server 2008 将权限分为________、________和________三种。

10. 在 SQL Server 2008 中，角色分为________和________两大类。

三、简答题

1. SQL Server 2008 的安全验证过程是什么？

2. 数据库中的用户按其操作权限可分为哪几类，每一类的权限是什么？

3. 权限的管理包含哪些操作？

4. 角色的作用是什么？

5. 写出实现下列操作的 SQL 语句。

（1）授予用户 u1 具有对 Course 表的插入和删除权限。

（2）收回用户 u1 对 Course 表的删除权限。

（3）拒绝用户 u1 获得对 Course 表中数据进行更改的权限。

（4）授予用户 u1 具有创建表的权限。

（5）收回用户 u1 创建表的权限。

上机练习

利用第 3 章、第 4 章建立的 Students 数据库和其中的 Student、Course、SC 表，并利用 SSMS 工具完成下列操作。

1. 建立 SQL Server 身份验证模式的登录账户：log1、log2 和 log3。

2. 用 log1 新建一个数据库引擎查询，这时在“可用数据库”下拉列表框中能否选中 Students 数据库？为什么？

3. 将 log1、log2 和 log3 映射为 Students 数据库中的用户，用户名同登录名。

4. 在 log1 建立的数据库引擎查询中，在“可用数据库”下拉列表框中选中 Students 数据库，这次能否成功？为什么？

5. 在 log1 建立的数据库引擎查询中，执行下述语句，能否成功？为什么？

```
SELECT * FROM Course
```

6. 授予 log1 具有 Course 表的查询权限，授予 log2 具有 Course 表的插入权限。

7. 用 log2 建立一个数据库引擎查询，然后执行下述两条语句，能否成功？为什么？

```
INSERT INTO Course VALUES('C101', 'Java', 2, 3)
INSERT INTO Course VALUES('C102', '操作系统', 4, 4)
```

再执行下述语句，能否成功？为什么？

```
SELECT * FROM Course
```

8. 在 log1 建立的数据库引擎查询中，再次执行下述语句：

```
SELECT * FROM Course
```

这次能否成功？为什么？

让 log1 执行下述语句，能否成功？为什么？

```
INSERT INTO Course VALUES('C103', '软件工程', 4, 6)
```

9．在 Students 数据库中建立用户角色：Role1，并将 log1、log2 添加到此角色中。

10．授予 Role1 具有 Course 表的插入、删除和查询权限。

11．在 log1 建立的数据库引擎查询中，再次执行下述语句，能否成功？为什么？

```
INSERT INTO Course VALUES('C103', '软件工程', 4, 6)
```

12．在 log2 建立的数据库引擎查询中，再次执行下述语句，能否成功？为什么？

```
SELECT * FROM Course
```

13．用 log3 建立一个数据库引擎查询，并执行下述语句，能否成功？为什么？

```
SELECT * FROM Course
```

14．将 log3 添加到 db_datareader 角色中，并在 log3 建立的数据库引擎查询中再次执行下述语句，能否成功？为什么？

```
SELECT * FROM Course
```

15．在 log3 建立的数据库引擎查询中，执行下述语句，能否成功？为什么？

```
INSERT INTO Course VALUES('C104', 'C语言', 3, 1)
```

16．在 Students 数据库中，授予 public 角色具有 Course 表的查询和插入权限。

17．在 log3 建立的数据库引擎查询中，再次执行下述语句，能否成功？为什么？

```
INSERT INTO Course VALUES('C104', 'C语言', 3, 1)
```

第 11 章 备份和恢复数据库

数据库中的数据是有价值的信息资源，数据库中的数据是不允许丢失或损坏的。因此，在维护数据库时，一项重要的任务就是如何保证数据库中的数据不损坏和不丢失，即使是存放数据库的物理介质损坏的情况下，也应该能够保证这点。数据库备份和恢复技术就是保证数据库不损坏和数据不丢失的一种技术，本章主要介绍在 SQL Server 2008 环境下如何实现数据库的备份和恢复。

11.1 备份数据库

备份数据库就是将数据库中的数据以及保证数据库系统正常运行的有关信息保存起来，以备系统出现问题时恢复数据库时使用。

11.1.1 为什么要进行数据备份

备份是制作数据的副本，包括数据库结构、对象和数据。备份数据库的主要目的是为了防止数据丢失。我们可以设想一下，如果银行等大型部门中的数据由于某种原因被破坏或丢失了，会产生什么样的结果？在现实生活中，数据的安全、可靠问题是无处不在的。因此，要使数据库能够正常工作，就必须做好数据库的备份工作。

造成数据丢失的原因主要包括如下几种情况。

（1）存储介质故障。无论是早期的使用磁带存储数据还是现在的使用磁盘、光盘存储数据，这些存储介质都有一定的寿命。在长时间使用之后，存储介质可能会出现损坏或者是彻底崩溃的现象，这势必会造成数据的丢失。

（2）用户的操作错误。不管是管理人员还是普通用户，都很难避免没有操作错误。如果用户无意或恶意在数据库中进行非法操作，如删除或更改重要数据等，也会造成数据损坏。

（3）服务器故障。虽然大型服务器的可靠性比较好，但终究是机器，因为硬件或软件等原因都有可能出现损坏或崩溃的现象。如果数据库服务器出现故障，其造成的损失将是非常巨大的。

（4）由于病毒的侵害而造成的数据丢失或损坏。

（5）由于自然灾害而造成的数据丢失或损坏。

总之，有各种各样的外在因素，有可能造成数据库数据的损坏和不可用，因此备份数据库是数据库管理员非常重要的一个任务。一旦数据库出现问题，就可以利用数据库的备份恢复数据库，从而将数据恢复到正常的状态。

备份数据库的另一个作用是进行数据转移，我们可以先对一台服务器上的数据库进行备份，然后在另一台服务器上进行恢复，从而使这两台服务器上具有相同的数据库。

11.1.2 备份内容及备份时间

1. 备份内容

在正常运行的数据库系统中，除了用户数据库之外，还有维护系统正常运行的系统数据库。因此，在备份数据库时，不但要备份用户数据库，同时还要备份系统数据库，以保证在系统出现故障时，能够完全的恢复数据库。

2. 备份时间

不同类型的系统对备份的要求是不同的。对于系统数据库来说，在进行了修改之后立即做备份比较合适。对于用户数据库，就不能采用立即备份的方式，因为系统数据库中的数据是不经常变化的，而用户数据库中的数据是经常变化的，特别是对于联机事务处理型的应用系统，比如处理银行业务的数据库。因此，对用户数据库应该采取周期性的备份方法。至于多长时间备份一次，与数据的更改频率和用户能够允许的数据丢失多少有关。如果数据修改比较少，或者用户可以忍受的数据丢失时间比较长，则可以让备份的时间间隔长一些，否则可以让备份的时间间隔短一些。

SQL Server 数据库管理系统在备份过程中是允许用户操作数据库（不同的数据库管理系统在这方面有差别），因此对用户数据库的备份一般都选在数据操作少的时间进行，比如在夜间进行，这样可以减少对备份和数据操作性能的影响。

11.2 SQL Server 支持的备份机制

11.2.1 备份设备

SQL Server 将备份数据库的场所称为备份设备，它支持将数据库备份到磁带或磁盘上。备份设备在操作系统一级上实际上就是物理存在的磁带或磁盘上的文件。SQL Server 支持两种备份方式，一种是先建立备份设备，然后再将数据库备份到备份设备上；另一种是直接将数据库备份到物理文件上。

创建备份设备时，需要指定备份设备（逻辑备份设备）对应的操作系统文件名和文件的存放位置（物理备份设备）。SQL Servr 2008 支持两种备份方法，一种是通过 SSMS 图形化创建备份设备，一种是用 T-SQL 语句创建备份设备。

1. 用 SSMS 工具图形化创建备份设备

在 SSMS 中图形化地创建备份设备的步骤如下。

（1）在 SSMS 的“对象资源管理器”中，展开服务器实例下的“安全对象”节点，在“备份设备”上右击鼠标，在弹出的菜单中选择“新建备份设备”命令，弹出如图 11-1 所示的窗口。

（2）在图 11-1 所示窗口的“设备名称”文本框中输入备份设备的名称（这里输入：bk1），单击“文件”文本框右边的[...]按钮可以修改备份设备文件的存储位置和备份文件名。备份设备的默认存储位置为 SQL Server 安装文件夹中的：\Microsoft SQL Server \MSSQL\Backup\文件夹下，默认的文件扩展名为：BAK。

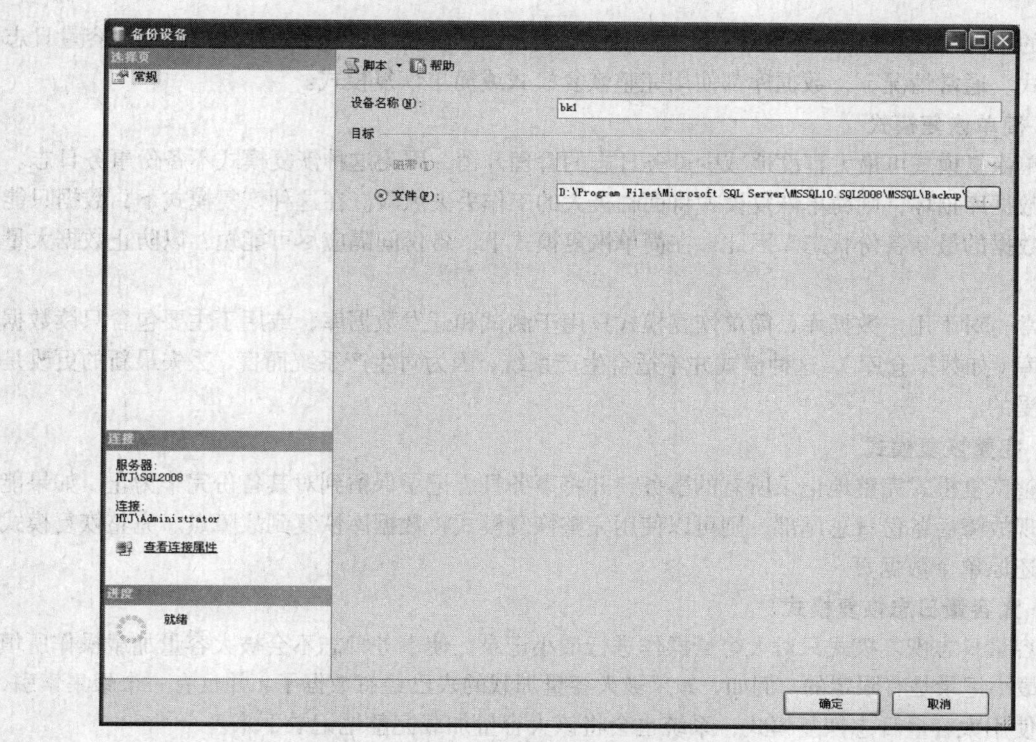

图 11-1　新建备份设备窗口

（3）单击“确定”按钮，关闭此窗口并创建备份设备。

2. 用 T-SQL 语句创建备份设备

创建备份设备的 T-SQL 语句是 sp_addumpdevice 系统存储过程，其语法格式如下：

```
sp_addumpdevice [ @devtype = ] 'device_type'
    , [ @logicalname = ] 'logical_name'
    , [ @physicalname = ] 'physical_name'
```

其中各参数含义说明如下：

- [@devtype =] 'device_type'：备份设备的类型。device_type 的数据类型为 varchar(20)，无默认值，可以是下列值之一。
  - Disk：备份设备为磁盘上的文件。
  - Type：备份设备为 Windows 支持的任何磁带设备。

说明：在 SQL Server 的未来版本中将不再支持磁带备份设备。因此应避免在新的开发工作中使用该功能。

- [@logicalname =] 'logical_name'：备份设备的逻辑名称。
- [@physicalname =] 'physical_name'：备份设备的物理文件名，且必须包含完整路径。

该存储过程返回：0（成功）或 1（失败）。

例 1　建立一个名为 bk2 的磁盘备份设备，其物理存储位置及文件名为 D:\dump\bk.bak。

```
EXEC sp_addumpdevice 'disk', 'bk2', 'D:\dump\bk2.bak'
```

11.2.2　恢复模式

数据库的恢复模式决定了数据库支持的备份类型和还原方案。恢复模式的作用旨在控制对事务日志的维护，SQL Server 2008 支持 3 种恢复模式：简单恢复模式、完整恢复模式和大容量日志恢复模式。通常情况下，数据库都使用完整恢复模式或简单恢复模式。

1. 简单恢复模式

简单恢复模式可最大程度地减少事务日志的管理开销，因为这种恢复模式不备份事务日志。但如果数据库损坏，则简单恢复模式将面临极大的工作丢失风险。在这种恢复模式下，数据只能恢复到数据的最新备份状态。因此，在简单恢复模式下，备份间隔应尽可能短，以防止数据大量丢失。

通常，对于用户数据库，简单恢复模式只用于测试和开发数据库，或用于主要包含只读数据的数据库（如数据仓库），这种模式并不适合生产系统，因为对生产系统而言，丢失最新的更改是无法接受的。

2. 完整恢复模式

完整恢复模式完整地记录所有的事务，并将事务日志记录保留到对其备份完毕为止。如果能够在出现故障后备份日志尾部，则可以使用完整恢复模式将数据库恢复到故障点。完整恢复模式还支持还原单个数据页。

3. 大容量日志恢复模式

大容量日志恢复模式只对大容量操作进行最小记录，使事务日志不会被大容量加载操作所填充。但最小记录是有限定的。例如，如果被大容量加载的表已经有数据了，并且有一个聚集索引，则即使使用大容量日志恢复模式，系统也会将该大容量加载完整地记录下来。

大容量日志恢复模式保护大容量操作不受媒体故障的危害，提供最佳性能并占用最小日志空间。

大容量日志恢复模式一般只作为完整恢复模式的附加模式。对于某些大规模大容量操作（如大容量导入或索引创建），暂时切换到大容量日志恢复模式可提高这些操作的性能，并可减少日志空间使用量。与完整恢复模式相同，大容量日志恢复模式也将事务日志记录保留到对其备份完毕为止。由于大容量日志恢复模式不支持时点恢复，因此必须在增大日志备份与增加工作丢失风险之间进行权衡。

4. 查看和更改恢复模式

在 SQL Server 2008 中，更改恢复模式可以在 SSMS 工具中用图形化的方法实现。下面我们以查看 Students 数据库的恢复模式为例，说明在 SSMS 工具中用图形化方法查看和更改恢复模式的方法。

（1）在 SSMS 的“对象资源管理器”中，展开“数据库”节点，在 students 数据库上右击鼠标，在弹出的快捷菜单中选择“属性”命令，打开“数据库属性-Students”窗口。

（2）在“选择页”窗格中，单击“选项”。在“恢复模式”下拉列表框中可以看到当前设置的恢复模式。通过从下拉列表中选择不同的模式可以更改数据库的恢复模式，可以选择“完整”、“大容量日志”或“简单”，如图 11-2 所示。

11.2.3 备份类型及策略

备份类型

数据库的恢复模式决定了可以使用的备份类型，而数据库的备份类型决定了备份的内容。SQL Server 2008 支持的备份类型包括数据库备份、文件备份以及事务日志备份几种方式。下面我们主要介绍数据库备份和日志备份。

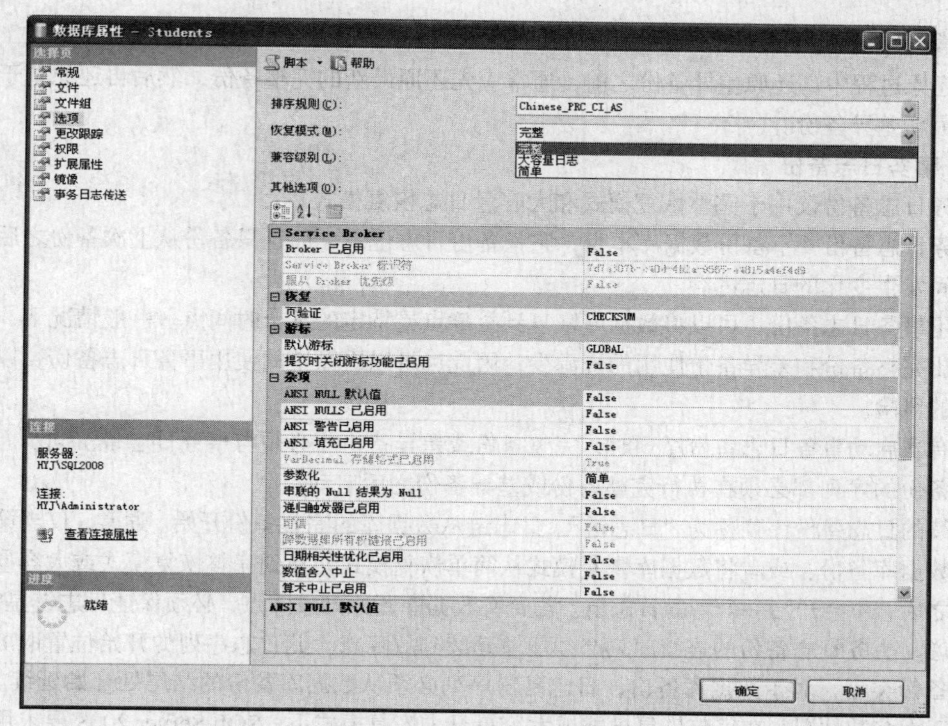

图 11-2　Students 数据库的恢复模式

1. 数据库备份

对数据库备份方式，SQL Server 支持完整数据库备份和差异数据库备份两种类型。

（1）**完整数据库备份**（可简称为完整备份）将备份特定数据库中的所有数据，以及可以恢复这些数据的足够的日志。

完整数据库备份是所有备份方法中最基本也是最重要的备份，是备份的基础。完整数据库备份备份数据库中的全部信息，是恢复的基线。在进行完整备份时，不仅备份数据库的数据文件、日志文件，而且还备份文件的存储位置信息以及数据库中的全部对象。

当数据库比较大时，完整数据库备份需要消耗比较长的时间和资源。SQL Server 2008 支持在备份数据库的过程中，用户可以对数据库数据进行增、删、改等操作，因此，备份并不影响用户对数据库的操作，而且在备份数据库时还能将在备份过程中所发生的操作也全部备份下来。例如，假设在上午 10:00 开始对某数据库进行完整数据库备份，到 11:00 备份结束，则用户在 10:00 ~ 11:00 之间对该数据库所进行的更改操作均被备份下来。

（2）**差异数据库备份**（可简称为差异备份）是备份从最近的完整备份之后数据库的全部变化内容，它以前一次完整备份为基准点（称为差异基准），备份完整备份之后变化了的数据文件、日志文件以及数据库中其他被修改的内容。因此，差异数据库备份通常比完整数据库备份占用的空间小，且执行速度快，但会增加备份的复杂程度。对于大型数据库，差异备份的间隔通常比完整数据库备份的间隔更短，这可降低工作丢失风险。

差异备份也备份差异备份过程中用户对数据库进行的操作。

差异备份的大小取决于自建立差异基准后更改的数据量。通常，差异基准越旧，新的差异备份就越大。因此，建议在间隔一段时间后要执行一次新的完整备份，以便为数据建立新的差异基准。例如，可以每周对数据库进行一次完整数据库备份，然后在该周内每隔一天对数据库进行一次差异数据库备份。

在还原过程中，还原差异备份之前，通常应先还原最新的完整备份，然后再还原基于该完整备份的最新差异备份。

2. 事务日志备份

事务日志备份仅用于完整恢复模式和大容量日志恢复模式。

事务日志备份并不备份数据库本身，它只备份日志记录，而且只备份从上次备份之后到当前备份时间发生变化的日志内容。

使用事务日志备份，可以将数据库恢复到故障点或特定的某个时间点。一般情况下，事务日志备份比完整备份和差异备份使用的资源少，因此，可以更频繁的使用事务日志备份，以减少数据丢失的风险。

只有当启动事务日志备份序列时，完整备份或差异备份才必须与事务日志备份同步。每个事务日志备份的序列都必须在执行完整备份或差异备份之后启动。

连续的日志备份序列称为“日志链”。日志链从数据库的完整备份开始。通常，仅当第一次进行完整数据库备份，或者将数据库恢复模式从简单恢复模式切换到完整恢复模式或大容量日志恢复模式之后，才会开始一个新的日志链。若要将数据库还原到故障点，必须保证日志链是完整的。也就是说，事务日志备份的连续序列必须能够延续到故障点。此日志序列的开始位置取决于还原的数据备份类型，对于数据库备份，日志备份序列必须从数据库备份的结尾处开始延续。

对于大多数情况，在完整恢复模式或大容量日志恢复模式下，SQL Server 2008要求用户备份日志结尾以捕获尚未备份的日志记录。在进行还原操作之前对日志尾部执行的备份称为“结尾日志备份”，结尾日志备份可以防止工作丢失并确保日志链的完整性。在将数据库恢复到故障点的过程中，结尾日志备份是恢复计划中的最后一个备份。如果无法备份日志尾部，则只能将数据库恢复到故障发生之前创建的最后一个备份。

注意：简单恢复模式不支持事务日志备份。

常用备份策略

建立备份的目的是为了可以恢复已损坏的数据库。但是，备份和还原数据必须根据特定环境进行定义，并且必须使用可用资源。因此，在设计良好的备份策略时，除了要考虑特定业务要求，同时还应尽量提高数据的可用性并尽量减少数据的丢失。

备份策略的制定包括定义备份的类型和频率、备份所需硬件的特性和速度、备份的测试方法以及备份媒体的存储位置和方法。

设计有效的备份策略需要仔细计划、实现和测试，而且测试是必需的环节。在成功还原备份策略中的所有备份后，才能生成备份策略。在制定备份和恢复策略时必须考虑各种因素，其中包括：

- 使用数据库的组织对数据库的生产目标，尤其是对可用性和防止数据丢失的要求。
- 每个数据库的特性，包括：大小、使用模式、内容特性以及数据要求等。
- 对资源的约束，例如，硬件、人员、备份媒体的存储空间以及所存储媒体的物理安全性等。

1. 完整数据库备份

完整数据库备份策略适合数据库数据不是很大，而且数据更改不是很频繁的情况。完整备份一般可以几天进行一次或几周进行一次。

当对数据库数据的修改不是很频繁，数据库比较小，且允许一定量的数据丢失时，使用完整数据库备份是一种比较好的策略。

在简单恢复模式下，每次备份后，如果出现严重故障，则数据库可能会丢失一些工作，而且每次更新都会增加丢失工作的风险，这种情况将一直持续到下一次完整备份。图 11-3 所示为只采用完整备份策略的备份示意图。如果系统在周三出现故障，则数据库只能恢复到周二零点时刻的状态。

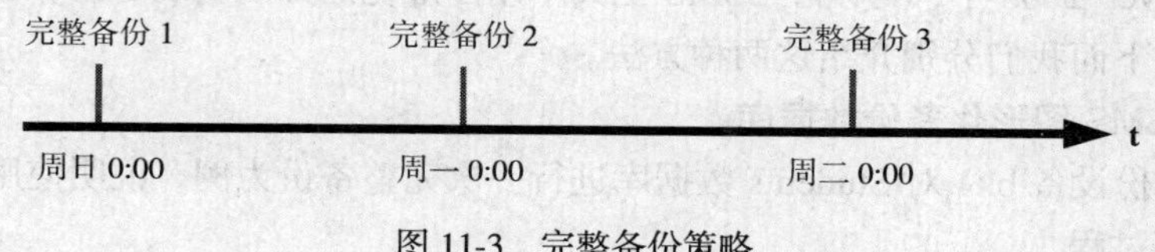

图 11-3　完整备份策略

2. 完整数据库备份加日志备份

如果用户不允许丢失太多的数据，而且又不希望经常进行完整备份（因为完整备份占用的时间比较长），则可以将恢复模式设置为完整恢复模式或大容量日志恢复模式，这样就可在完整备份中间加入若干次日志备份。例如，可以每天 0:00 进行一次完整备份，然后每隔几小时进行一次日志备份。

图 11-4 显示了在完整恢复模式下采用完整数据库备份加日志备份的策略。在此图中，已完成了完整数据库备份 1 以及 3 个例行日志备份：日志备份 1、日志备份 2 和日志备份 3。假设在日志备份 3 后的某个时刻数据库出现数据丢失。在利用已有备份还原数据库前，可先对日志进行一次尾部备份，然后再还原数据库，这样可把数据库恢复到故障点，从而恢复出所有数据。

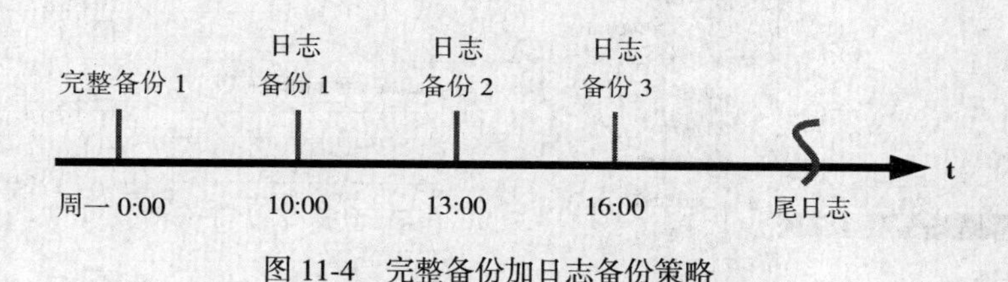

图 11-4　完整备份加日志备份策略

3. 完整数据库备份加差异数据库备份再加日志备份

如果进行一次完整备份的时间比较长，用户可能希望将进行完整备份的时间间隔再加大一些，比如每周的周日进行一次。如果还采用完整备份加日志备份的方法，则恢复起来比较耗费时间。因为，在利用日志备份进行恢复时，系统是将日志记录的操作重做一遍。这时可以采取第三种备份策略，即完整备份加差异备份和日志备份的策略。在完整备份中间加一些差异备份，比如每周周日 0:00 进行一次完整备份，然后每天 0:00 进行一次差异备份，然后再在两次差异备份之间增加一些日志备份。这种策略的优点是备份和恢复的速度都比较快，而且当系统出现故障时，丢失的数据也非常少。

完整备份加差异备份再加日志备份策略的示意图如图 11-5 所示。

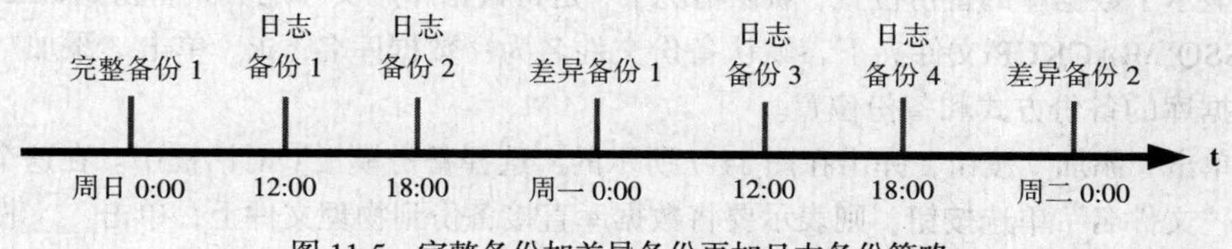

图 11-5　完整备份加差异备份再加日志备份策略

如果系统在周二的差异备份之前出现故障，则应首先尝试备份活动日志（日志尾部），然后再按顺序恢复完整备份 1、差异备份 1、日志备份 3 和日志备份 4，最后再恢复备份的尾部日志。如果尾部日志备份成功，则数据库可以还原到故障点。

11.2.4 实现备份

在 SQL Server 2008 中，可以在 SSMS 工具中用图形化的方法实现备份，也可以使用 T-SQL 语句实现备份。下面我们分别介绍这两种方法。

1．使用 SSMS 图形化备份数据库

我们以用备份设备 bk1 对 Students 数据库进行一次完整备份为例，说明使用 SSMS 图形化备份数据库的实现过程。

（1）在 SSMS 的“对象管理器”中，展开“数据库”节点，在 Students 数据库上右击鼠标，在弹出的菜单中选择“任务”→“备份”命令，弹出如图 11-6 所示的窗口。

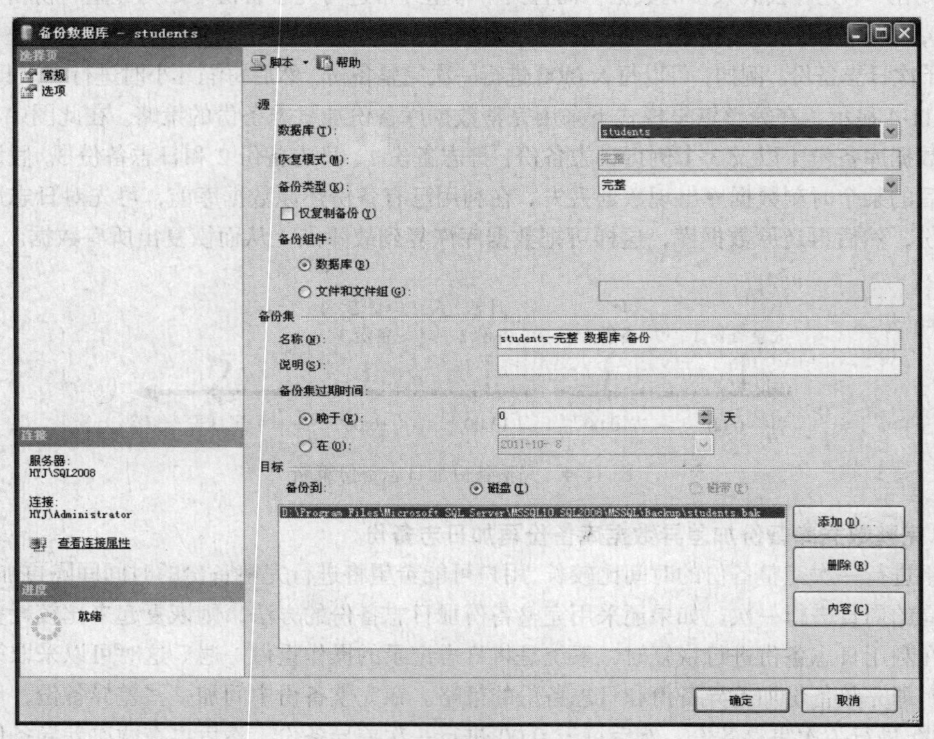

图 11-6 备份数据库窗口

（2）在图 11-6 所示的窗口中，在“数据库”下拉列表框中可以选择要备份的数据库（这里是 students）；在“备份类型”下列列表框中选择备份的类型，这里选择的是“完整”；在“备份到”列表框中显示了数据库的备份位置，默认情况下，是将数据库用文件的方式备份到\Microsoft SQL Server\MSSQL\BACKUP\文件夹下，默认备份文件名为：数据库名.bak。单击“添加”按钮，可以更改数据库的备份方式和备份位置。

（3）单击“添加”按钮，弹出在图 11-7 所示的“选择备份模板”对话框中。在这个对话框中如果选中“文件名”单选按钮，则表示要将数据库直接备份到物理文件上，单击[...]按钮可以修改文件存储位置和文件名。如果选中“备份设备”单选按钮，则表示要将数据库备份到备份设备上。这时可从下拉列表框中选择一个已经创建好的备份设备名（如图 11-8 所示，选择的是 bk1 设备）。

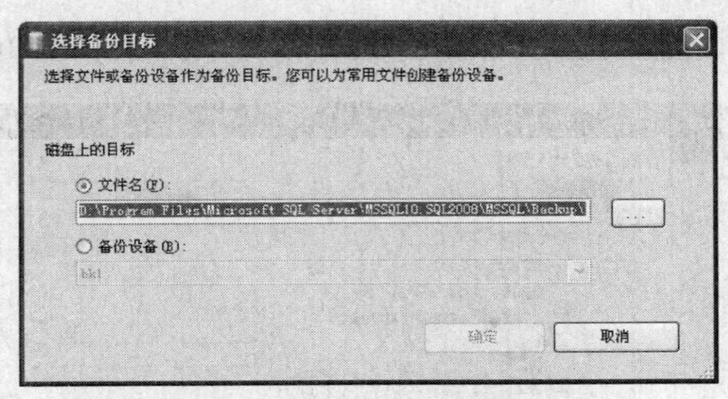

图 11-7　选择备份目的对话框

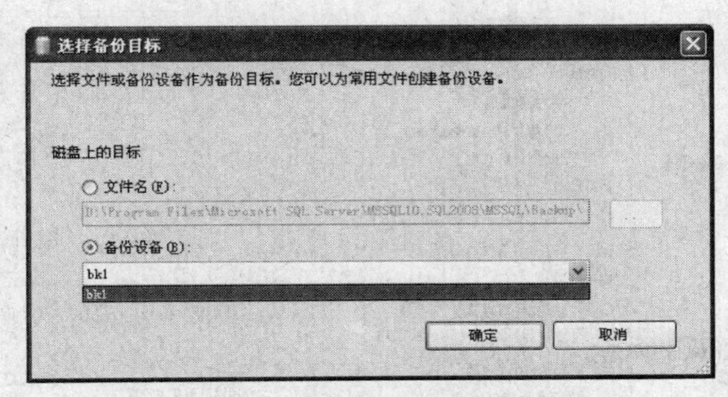

图 11-8　选择备份目的对话框

（4）单击“确定”按钮回到如图 11-9 所示的窗口。该窗口中“备份到”列表框列出的内容是数据库将要备份的位置。由于我们只希望将 students 数据库备份到 bk1 设备上，因此选中第一个文件，然后单击“删除”按钮，从列表框中删除该备份文件，只留下 bk1 设备。

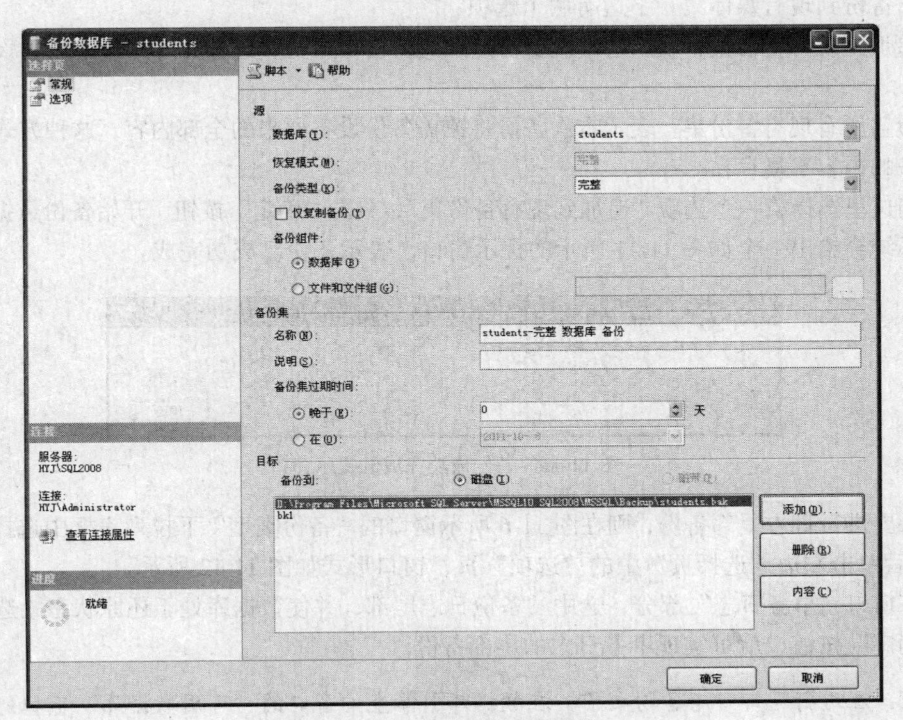

图 11-9　设置完备份场所后的窗口

（5）单击 11-9 窗口左边“选择页”中的“选项”，窗口形式如图 11-10 所示。

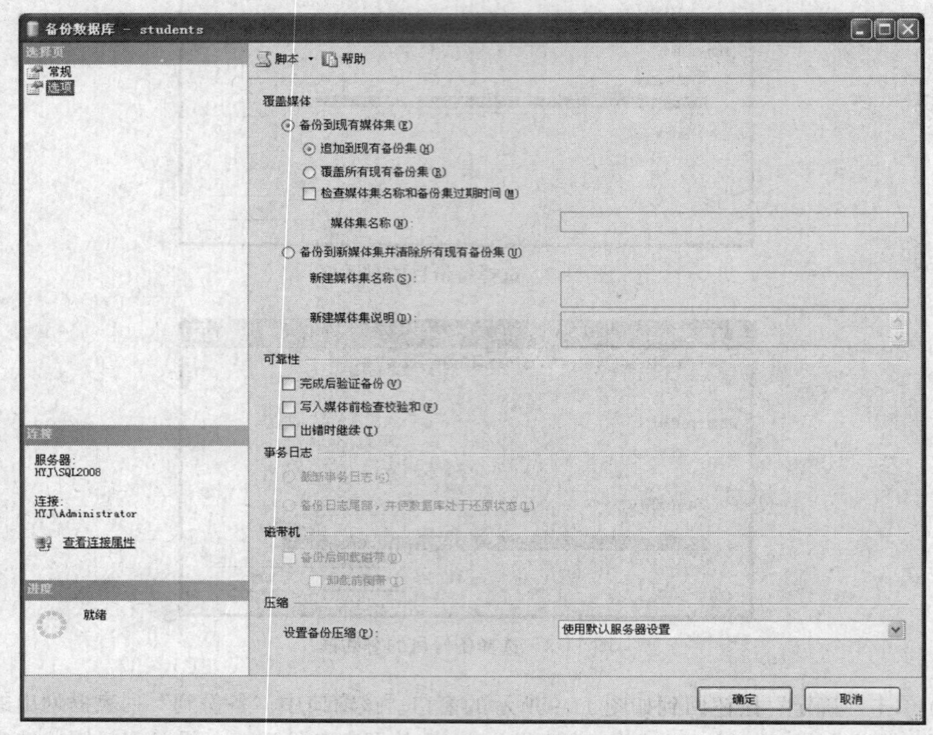

图 11-10　备份数据库的“选项”页窗口

在“备份到现有媒体集”下边有两个选项：

- 追加到现有备份集：表示将本次备份追加到备份设备上，这种方式不影响备份设备原来的内容。
- 覆盖所有现有备份集：表示本次备份将覆盖备份设备原来的全部内容，这种方式会使备份设备原来的内容不复存在。

我们这里选择第一个选项“追加到现有备份集”，单击“确定”按钮，开始备份数据库，备份完成后系统会给出一个如图 11-11 所示的提示窗口，表示备份已成功完成。

图 11-11　备份成功完成的提示窗口

如果要进行日志尾部备份，则在图 11-6 所示窗口的“备份类型”下拉列表框中选择“事务日志”，然后单击左边“选择页”中的“选项”页，窗口形式如图 11-12 所示。

在该窗口“事务日志”部分，选中“备份日志尾部，并使数据库处于还原状态”选项，然后单击“确定”按钮，就可实现事务日志的尾部备份。

注意：在进行尾部日志备份之前，在数据库引擎查询窗口的“可用数据库”下拉列表框中不能选中进行尾部日志备份的数据库，否则备份将失败。

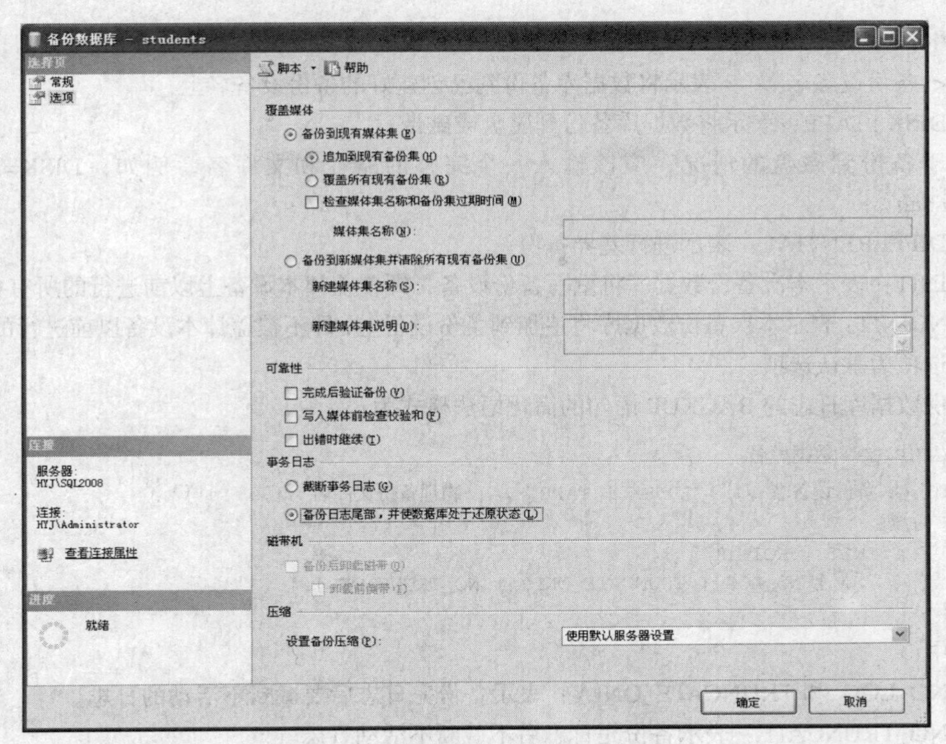

图 11-12　进行日志尾部备份的窗口

进行完数据库尾部日志备份后，数据库将处于正在还原状态，这种状态的数据库是不可访问的，其在 SSMS 中的显示形式如图 11-13 所示。

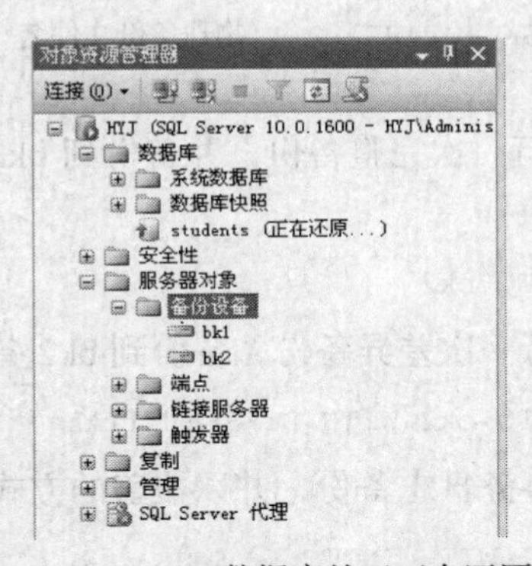

图 11-13　students 数据库处于正在还原状态

2. 使用 T-SQL 语句备份数据库

备份数据库使用的是 BACKUP 语句，该语句分为备份数据库和备份日志两种语法格式。备份数据库的简化语法格式为：

```
BACKUP DATABASE 数据库名
  TO {< 备份设备名 >} | {DISK | TAPE} = {'物理备份文件名'}[ ,...n ]
  [ WITH
    [ DIFFERENTIAL ]
    [ [ , ] { INIT | NOINIT } ]
  ]
```

其中：

- < 备份设备名 > ：表示将数据库备份到已创建好的备份设备名上；
- DISK | TAPE：表示将数据库备份到磁盘或磁带；

对于备份到磁盘的情况，应该输入一个完整的路径和文件名，例如：DISK='D:\Data\MyData.bak'。

- DIFFERENTIAL：表示进行差异备份；
- INIT：表示本次备份数据库将重写备份设备，即覆盖掉本设备上以前进行的所有备份；
- NOINIT：表示本次备份数据库将追加到备份设备上，即不覆盖掉本设备以前进行的所有备份。该选项为默认选项。

备份数据库日志的 BACKUP 语句的简化语法格式为：

```
BACKUP LOG 数据库名
  TO {< 备份设备名 >} | {DISK | TAPE} = {'物理备份文件名'}[,...n ]
  [ WITH
    [ { INIT | NOINIT } ]
    [ { [ , ] NO_LOG | TRUNCATE_ONLY | NO_TRUNCATE } ]
  ]
```

其中：

- NO_LOG 和 TRUNCATE_ONLY：表示备份完日志后要截断不活动的日志。
- NO_TRUNCATE：表示备份完日志后不截断不活动日志。
- 其它选项同备份数据库语句的选项。

备份尾部日志的 BACKUP 语句的简化语法格式为：

```
BACKUP LOG 数据库名
  TO {< 备份设备名 >} | {DISK | TAPE} = {'物理备份文件名'}[,...n ]
  WITH NORECOVERY
```

例 2　对 students 数据库进行一次完整备份，并备份到 bk2 备份设备上（假设此备份设备已创建好）。

```
BACKUP DATABASE students TO bk2
```

例 3　对 students 数据库进行一次差异备份，备份到 bk2 备份设备上。

```
BACKUP DATABASE students TO bk2 WITH DIFFERENTIAL
```

例 4　对 students 进行一次事务日志备份，并以覆盖的方式备份到 bk1 备份设备上。

```
BACKUP LOG students TO bk1 WITH INIT
```

11.3　恢复数据库

当数据库系统出现故障或异常毁坏时，可以使用数据库备份对数据库进行恢复。

11.3.1　恢复数据库的顺序

1. 恢复前的准备

在对数据库进行恢复之前，如果数据库没有毁坏，则应先对数据库的访问进行一些必要的限制。因为在恢复数据库的过程中，不允许用户操作数据库。如果恢复有用户访问的数据库，则在恢复数据库时会出现如图 11-14 所示的错误。

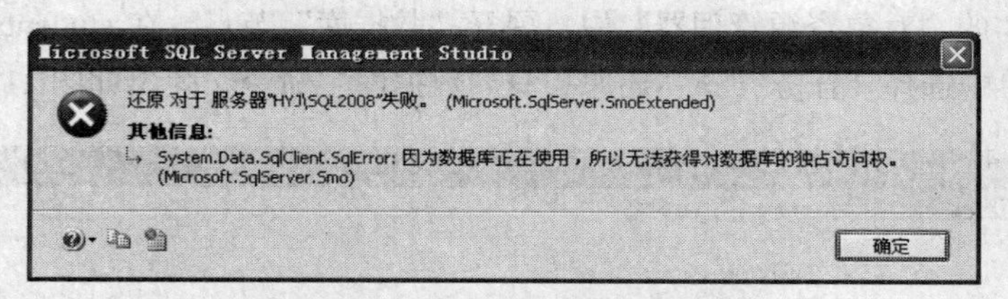

图 11-14　恢复有用户访问的数据库时出现的错误

简单的不访问数据库的方式是在 SSMS 的数据库引擎查询窗口中，在“可用数据库”下列列表框中不选中要恢复的数据库。

2．恢复的顺序

在还原数据库之前，如果数据库的日志文件没有损坏，则为尽可能减少数据的丢失，可在恢复之前对数据库进行一次尾部日志备份，这样可将数据的损失减少到最小。

备份数据库是按一定的顺序进行的，恢复数据库时也有一定的顺序关系。恢复数据库的顺序如下：

（1）还原最近的完整数据库备份。因为最近的完整数据库备份记录数据库最近的全部信息。

（2）还原完整备份之后的最近的差异数据库备份（如果有的话）。因为差异备份是相对完整备份之后对数据库所作的全部修改。

（3）从最后一次还原备份后创建的第一个事务日志备份开始，按日志备份的先后顺序还原所有日志备份。由于日志备份记录的是自上次备份之后新记录的日志部分，因此，必须按顺序还原自最近的完整备份或差异备份之后所进行的全部日志备份。

示例：表 11-1 所示为对某个数据库的操作序列：

表 11-1　数据库备份操作

时　间	事　件
上午 8:00	进行完整数据库备份
中午 12:00	进行事务日志备份
下午 16:00	进行事务日志备份
下午 18:00	进行完整数据库备份
晚上 20:00	进行事务日志备份
晚上 21:45	出现故障

如果要将数据库还原到晚上 21:45（故障点）时的状态，可以使用以下恢复过程：

首先进行一次尾部事务日志备份；然后还原下午 18:00 进行的完整数据库备份；之后还原晚上 20:00 进行的日志备份；最后再还原尾部日志备份。

11.3.2　实现还原

恢复数据库可以在 SSMS 工具中图形化地实现，也可以使用 T-SQL 语句实现。

1．用 SSMS 图形化实现还原

我们以在 SSMS 中还原 students 数据库为例（假设已对 students 数据库进行了一次完整备份、

一次差异备份和一次日志尾部备份，这些备份均在 bk1 设备上实现），说明用图形化方法还原数据库的方法。

（1）在 SSMS 的“对象资源管理器”中，展开“数据库”节点，在 students 数据库上右击鼠标，在弹出的菜单中选择“任务”→“还原”→“数据库”命令，弹出如图 11-15 所示窗口。

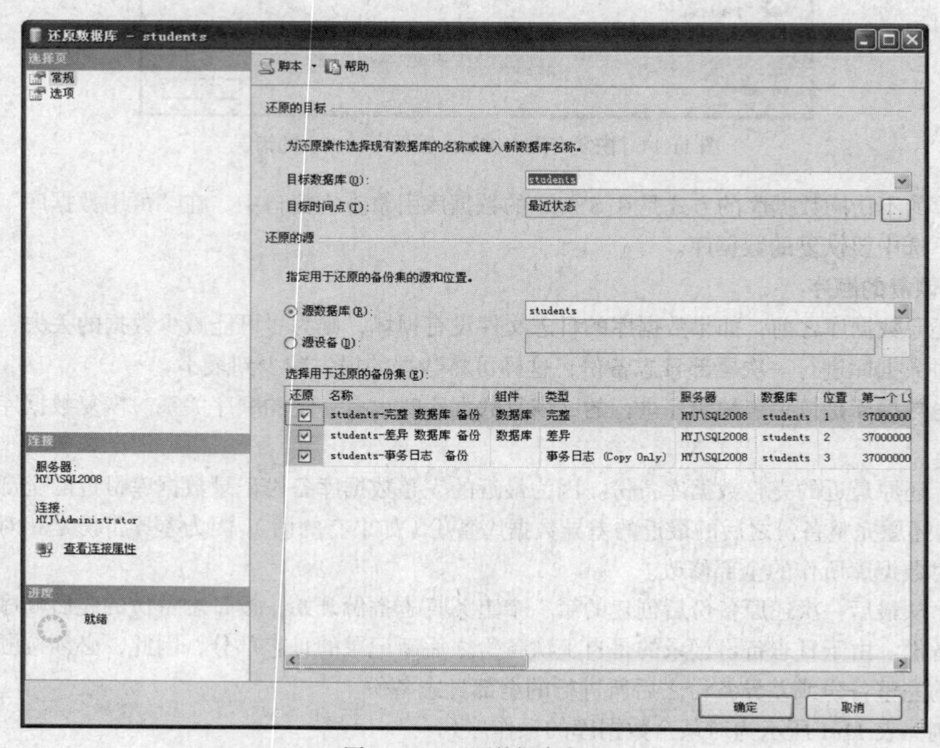

图 11-15　还原数据库窗口

（2）在图 11-15 所示窗口，在“选择用于还原的备份集”列表框中，列出了对 students 数据库进行的全部备份，如果单击“确定”按钮，即可将 students 数据库恢复到最终的备份状态。

如果希望还原到中间的某个备份状态，比如只还原到完整备份后的状态，则可去掉下边的差异备份和日志备份前的复选框。然后单击左边“选择页”中的“选项”页（窗口形式如图 11-16 所示），在此窗口中选中“覆盖现有数据库(WITH REPLACE)”复选框，然后再单击“确定”按钮。

注意：如果不选中“覆盖现有数据库(WITH REPLACE)”复选框，则在进行部分备份的恢复时，系统会产生错误，要求进行一次日志尾部备份。

2. 用 T-SQL 语句还原数据库

还原数据库和日志的 T-SQL 语句是 RESTORE。还原数据库的 RESTORE 语句的简化语法格式为：

```
RESTORE DATABASE 数据库名 FROM  备份设备名
[ WITH FILE = 文件号
[ , ] NORECOVERY
[ , ] RECOVERY
]
```

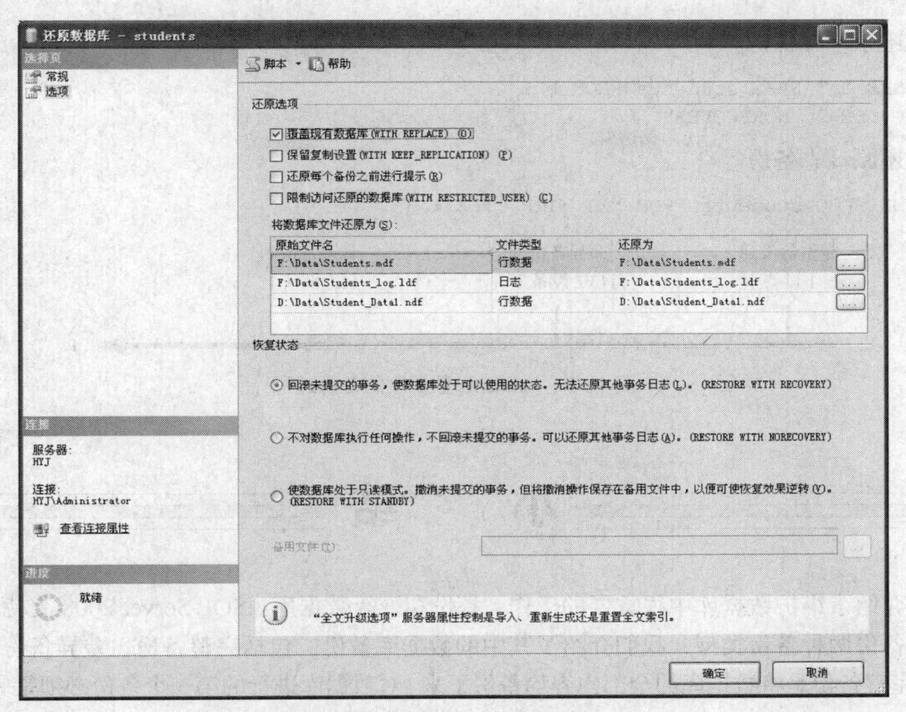

图 11-16　还原数据库中的“选项”页

其中：

- FILE = 文件号：标识要还原的备份，文件号为 1 表示备份设备上的第一个备份，文件号为为 2 表示第二个备份。
- NORECOVERY：表明对数据库的恢复操作还没有完成。使用此选项恢复的数据库是不可用的，但可以继续还原后续的备份。如果没有指明该恢复选项，则默认的选项是 RECOVERY。
- RECOVERY：表明对数据库的恢复操作已经完成。使用此选项还原的数据库是可用的。一般是在还原数据库的最后一个备份时使用此选项。

还原日志的 RESTORE 语句与还原数据库的语句基本相同，其简化语法格式为：

```
RESTORE LOG 数据库名 FROM  备份设备名
  [ WITH FILE = 文件号
  [ , ] NORECOVERY
  [ , ] RECOVERY
  ]
```

其中各选项的含义同恢复数据库的语句相同。

例 5　假设已对 db1 数据库进行了完整备份，并备份到 MyBK 备份设备上，假设此备份设备只含有对 db1 数据库的完整备份。则恢复 db1 数据库的语句为：

```
RESTORE DATABASE db1 FROM MyBK
```

例 6　设对 students 数据库进行了如图 11-17 所示的备份过程，假设在最后一个日志备份完成之后的某个时刻系统出现故障，现利用所作的备份对其进行恢复。还原过程为：

（1）还原完整备份。

```
RESTORE DATABASE students FROM bk1
WITH FILE=1, NORECOVERY
```

（2）还原差异备份。

```
RESTORE DATABASE students FROM bk1
WITH FILE=2, NORECOVERY
```

（3）还原日志备份。

```
RESTORE LOG students FROM bk1 WITH FILE = 3
```

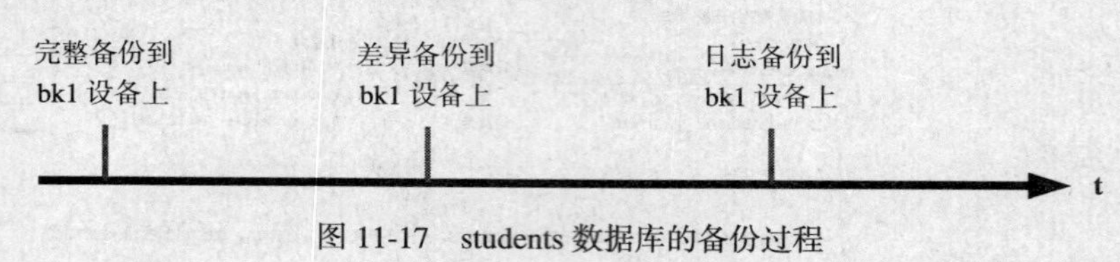

图 11-17 students 数据库的备份过程

小 结

本章介绍了维护数据库中很重要的工作：备份和恢复数据库。SQL Server 2008 支持文件备份和数据库备份两种备份类型，我们介绍了其中的数据库备份，包括完整备份、差异备份和事务日志备份。完整备份是将数据库的全部内容均备份下来，对数据库进行的第一个备份必须是完整备份；差异备份是备份数据库中相对于最近的一次完整备份之后对数据库的修改部分；日志备份是备份自前一次备份之后新增加的日志内容。根据不同的备份要求，SQL Server 提供了恢复模式的概念，包括完整恢复模式、大容量日志恢复模式和简单恢复模式，其中简单恢复模式不支持日志备份。

数据库的恢复是有一定的顺序要求的，一般是先从完整备份开始，然后恢复最近的差异备份，最后再按备份的顺序恢复后续的所有日志备份。在数据库恢复的过程中。SQL Server 2008 支持在备份的同时允许用户访问数据库，但在将数据库恢复到正确状态之前，是不允许用户访问数据库的。

数据库的备份地点可以是磁盘，也可以是磁带。在备份数据库时可以将数据库备份到备份设备上，也可以直接备份到物理文件上。

习 题

一、选择题

1．备份数据库的主要目的是为了防止数据丢失。下列有可能造成数据丢失的是（　　）。

A．存储数据的磁盘出现故障　　B．存储数据的服务器出现故障

C．因用户的不正常操作而更改了数据　　D．数据库文件被移动

2．下列关于数据库备份的说法，正确的是（　　）。

A．对系统数据库和用户数据库都应采用定期备份的策略

B．对系统数据库和用户数据库都应采用修改后即备份的策略

C．对系统数据库应采用修改后即备份的策略，对用户数据库应采用定期备份的策略

D．对系统数据库应采用定期备份的策略，对用户数据库应采用修改后即备份的策略

3．下列关于 SQL Server 备份设备的说法，正确的是（　　）。

A．备份设备可以是磁盘上的一个文件

B．备份设备是一个逻辑设备，它只能建立在磁盘上

C．备份设备是一台物理存在的有特定要求的设备

D．一个备份设备只能用于一个数据库的一次备份

4．在简单恢复模式下，可以进行的备份是（　　）。

A．仅完整备份　　　　　　B．仅事务日志备份

C．仅完整备份和差异备份　　　　　　D．完整备份、差异备份和日志备份

5．下列关于差异备份的说法，正确的是（　　）。

A．差异备份备份的是从上次备份到当前时间数据库变化的内容

B．差异备份备份的是从上次完整备份到当前时间数据库变化的内容

C．差异备份仅备份数据，不备份日志

D．两次完整备份之间进行的各差异备份的备份时间都是一样的

6．下列关于日志备份的说法，错误的是（　　）。

A．日志备份仅备份日志，不备份数据

B．日志备份的执行效率通常比差异备份和完整备份高

C．日志备份的时间间隔通常比差异备份短

D．第一次对数据库进行的备份可以是日志备份

7．下列关于恢复数据库的说法，正确的是（　　）。

A．在恢复数据库时不允许有用户访问数据库

B．恢复数据库时必须按照备份的顺序还原全部的备份

C．恢复数据库时，对是否有用户在使用数据库没有要求

D．首先进行恢复的备份可以是差异备份和日志备份

8．设有如下备份操作：

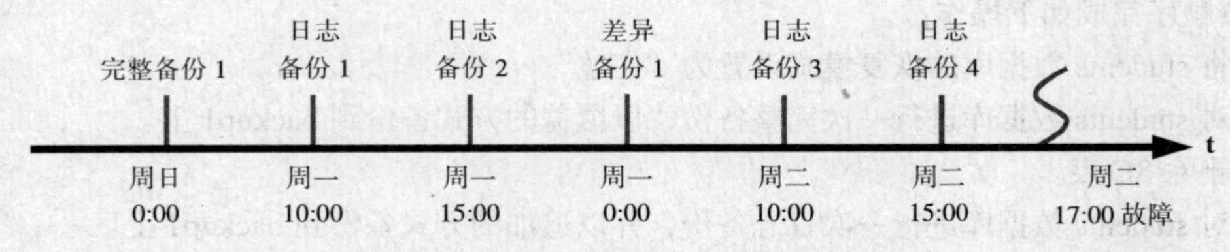

现从备份中对数据库进行恢复，正确的恢复顺序为（　　）。

A．完整备份 1，日志备份 1，日志备份 2，差异备份 1，日志备份 3，日志备份 4

B．完整备份 1，差异备份 1，日志备份 3，日志备份 4

C．完整备份 1，差异备份 1

D．完全备份 1，日志备份 4

二、填空题

1．SQL Server 2008 支持的三种恢复模式是________、________和________。

2．对于数据库备份，SQL Server 2008 支持的三种备份方式是________、________和________。

3．第一次对数据库进行的备份必须是________。

4．SQL Server 2008 中，创建备份设备的系统存储过程是________。

5．SQL Server 2008 中，当恢复模式为简单模式时，不能进行________备份。

6．SQL Server 2008 中，还原数据库的 SQL 语句是________。

7．通常情况下，完整备份、差异备份和日志备份中，备份时间最长的是________。

8．SQL Server 2008 中，在进行数据库备份时（允许/不允许）________用户操作数据库。

三、简答题

1．在确定用户数据库的备份周期时，应考虑哪些因素？

2．在创建备份设备时需要指定备份设备的大小吗？备份设备的大小是由什么决定的？

3．日志备份对数据库恢复模式有什么要求？

4．差异备份备份的是哪段时间的哪些内容？

5．日志备份备份的是哪段时间的哪些内容？

6．恢复数据库时，对恢复的顺序有什么要求？

7．写出对 students 数据库分别进行一次完整备份、差异备份和日志备份的 T-SQL 语句，设这些备份均备份到 bk2 设备上，完整备份时要求覆盖 bk2 设备上的已有内容。

8．写出利用第 7 题进行的全部备份，恢复 students 数据库的 T-SQL 语句。

上机练习

1．按顺序完成如下操作：

（1）创建永久备份设备：backup1, backup2。

（2）将 students 数据库完整备份到 backup1 上。

（3）在 Student 表中插入一行新的记录，然后将 students 数据库差异备份到 backup2 上。

（4）再将新插入的记录删除。

（5）利用所做的备份恢复 students 数据库。恢复完成后，在 Student 表中有新插入的记录吗？为什么？

2．按顺序完成如下操作：

（1）将 students 数据库的恢复模式设置为“完整”。

（2）对 students 数据库进行一次完整备份，以覆盖的方式备份到 backup1 上。

（3）删除 SC 表。

（4）对 students 数据库进行一次日志备份，并以追加的方式备份到 backup1 上。

（5）利用所做的全部备份恢复 students 数据库，恢复完成后，SC 是否恢复出来了？

（6）再次恢复 students 数据库，这次只利用所做的完整备份进行恢复，恢复完成后，SC 表是否恢复出来了？为什么？

3．按顺序完成如下操作：

（1）对 students 数据库进行一次完整备份，以覆盖的方式备份到 backup2 上。

（2）删除 SC 表。

（3）对 students 数据库进行一次差异备份，以追加的方式备份到 backup2 上。

（4）删除 students 数据库。

（5）利用 backup2 设备对 students 数据库进行的全部备份恢复 students 数据库，恢复完成之后，查看 students 数据库中是否有 SC 表？为什么？

（6）再次删除 students 数据库。

（7）利用 backup2 设备对 students 数据库进行的完整备份恢复 students 数据库，恢复完成之后，查看 students 数据库中是否有 SC 表？为什么？

附录 A SQL Server 2008 基础

SQL Server 是 Microsoft 公司推出的适用于大型网络环境的数据库产品，它一经推出后，很快得到了广大用户的积极响应并迅速占领了 NT 环境下的数据库领域，成为数据库市场上的一个重要产品。Microsoft 公司经过对 SQL Server 的不断更新换代，目前已经推出到 SQL Server 2008 版本。本附录我们介绍 SQL Server 2008 包含的组件、安装与配置方法以及其常用的工具。

A.1 安装 SQL Server 2008

SQL Server 2008 于 2008 年 6 月正式被发布。为了满足不同用户在性能、功能、价格等因素上的不同要求，SQL Server 2008 提供了不同的版本系列和不同的组件。

A.1.1 SQL Server 2008 的版本

SQL Server 2008 分为服务器版和专业版两大类，专业版是针对特定的用户群体而设计的。表 A-1 列出了服务器版包含的版本和定义，表 A-2 列出了专业版包含的版本和定义。

表 A-1 服务器版包含的版本

版　本	定　义
Enterprise（x86、x64 和 IA64）（企业版）	是一种综合的数据平台，可以为运行安全的业务关键应用程序提供企业级可扩展性、性能、高可用性和高级商业智能功能
Standard（x86 和 x64）（标准版）	是一个提供易用性和可管理性的完整数据平台。它的内置业务智能功能可用于运行部门应用程序

表 A-2 专业版包含的版本

版　本	定　义
SQL Server 2008 Developer（x86、x64 和 IA64）（开发版）	支持开发人员构建基于 SQL Server 的任何类型的应用程序。该版本包括 SQL Server 2008 Enterprise 的所有功能，但有许可限制，只能用作开发和测试系统，而不能用作生产服务器。SQL Server 2008 Developer 是构建和测试应用程序人员的理想之选
SQL Server Workgroup（x86 和 x64）（工作组版）	是运行分支位置数据库的理想选择，该版本提供一个可靠的数据管理和报告平台，其中包括安全的远程同步和管理功能
Web（x86、x64）（网络版）	对于为从小规模至大规模 Web 资产提供可扩展性和可管理性功能的 Web 宿主和网站来说，SQL Server 2008 Web 是一项总拥有成本较低的选择

续表

版　本	定　义
SQL Server Express（x86 和 x64）（免费版） SQL Server Express with Advanced Services（x86 和 x64）	SQL Server Express 数据库平台基于 SQL Server 2008。它也可用于替换 Microsoft Desktop Engine（MSDE）。SQL Server Express 与 Visual Studio 集成在一起，使开发人员可以轻松开发功能丰富、存储安全且部署快速的数据驱动应用程序。 SQL Server Express 免费提供，是学习和构建桌面及小型服务器应用程序的理想选择，也是独立软件供应商、非专业开发人员和热衷于构建客户端应用程序人员的最佳选择
Compact 3.5 SP1（x86）（移动版） Compact 3.1（x86）	SQL Server Compact 免费提供，是用于生成基于各种 Windows 平台的移动设备、桌面和 Web 客户端的独立和偶尔连接的应用程序的嵌入式数据库理想选择

A.1.2　SQL Server 2008 的组件

表 A-3 列出了 SQL Server 2008 提供的服务器组件，也就是 SQL Server 2008 提供的服务。在 SQL Server 安装向导的“功能选择”界面，可以指定要安装的 SQL Server 服务器组件。表 A-4 列出了 SQL Server 2008 提供的管理工具。

表 A-3　服务器组件

服务器组件	说　明
SQL Server 数据库引擎	包括：数据库引擎（用于存储、处理和保护数据的核心服务）、复制、全文搜索以及用于管理关系数据和 XML 数据的工具
Analysis Services	该组件包括用于创建和管理联机分析处理（OLAP）以及数据挖掘应用程序的工具
Reporting Services	该组件包括用于创建、管理和部署表格报表、矩阵报表、图形报表以及自由格式报表的服务器和客户端组件。Reporting Services 还是一个可用于开发报表应用程序的可扩展平台
Integration Services	该组件是一组图形工具和可编程对象，用于移动、复制和转换数据

表 A-4　管理工具

管理工具	说　明
SQL Server Management Studio	该工具是一个集成环境，用于访问、配置、管理和开发 SQL Server 的组件，它使得各种技术水平的开发人员和管理员都能方便地使用 SQL Server。该工具的安装需要 Internet Explorer 6 SP1 或更高版本
SQL Server 配置管理器	该工具为 SQL Server 服务、服务器协议、客户端协议和客户端别名提供基本配置管理
SQL Server Profiler	该工具提供了一个图形用户界面，用于监视数据库引擎实例或 Analysis Services 实例
数据库引擎优化顾问	数据库引擎优化顾问可以协助创建索引、索引视图和分区的最佳组合
Business Intelligence Development Studio	该工具是 Analysis Services、Reporting Services 和 Integration Services 解决方案的 IDE。该工具的安装需要 Internet Explorer 6 SP1 或更高版本
连接组件	安装用于客户端和服务器之间通信的组件，以及用于 DB-Library、ODBC 和 OLE DB 的网络库

A.1.3 SQL Server 2008 各版本支持的功能

在可扩展性方面，只有 SQL Server 2008 企业版才支持分区、数据压缩等功能。表 A-5 列出了 SQL Server 2008 各版本在高可用性上的功能差别，表 A-6 列出了各版本提供的管理工具。

表 A-5 高可用性

功能名称	Enterprise	Standard	Workgroup	Web	Express	Express Advanced
多实例支持	50	16	16	16	16	16
联机系统更改	是	是	是	是	是	是
备份日志传送	是	是	是	是		
数据库镜像	是（完全）	是（仅完全安全）	仅见证服务器	仅见证服务器	仅见证服务器	仅见证服务器
故障转移群集	操作系统最大值	2 个节点				
数据库快照	是					
快速恢复	是					
联机索引	是					
联机还原	是					
镜像备份	是					
备份压缩	是					
数据压缩	是					

表 A-6 管理工具

功能名称	Enterprise	Standard	Workgroup	Web	Express	Express Advanced
SQL 管理对象（SMO）	是	是	是	是	是	是
SQL 配置管理器	是	是	是	是	是	是
SQL CMD（命令提示工具）	是	是	是	是	是	是
SQL Server Management Studio	是	是	是	是		是
SQL 事件探查器	是	是	是	是		
SQL Server 代理	是	是	是	是		
数据库优化顾问	是	是	是	是		

A.1.4 安装 SQL Server 2008 需要的软硬件环境

1. 系统要求

安装 SQL Server 2008 需要.NET Framework 3.5、Windows Installer 4.5 或更高版本以及 Microsoft 数据访问组件（MDAC）2.8 SP1 或更高版本。

表 A-7 列出了能够安装 SQL Server 2008 各版本（32 位）的主要系统要求。

表 A-7　　对系统的要求

组　件	要　求
处理器	处理器类型：Pentium III 兼容处理器或速度更快的处理器 处理器速度：最低：1.0 GHz，建议：2.0 GHz 或速度更快的处理器
操作系统	Windows XP Professional SP2 Windows Server 2003 SP2 Windows Vista Windows Server 2008
内存	最小：512 MB 建议：2.048 GB 或更大的内存 最大：操作系统最大内存

2. 磁盘空间要求

在安装 SQL Server 2008 的过程中，Windows Installer 会在系统驱动器中创建临时文件。在运行安装程序以安装或升级 SQL Server 之前，应检查系统驱动器中是否有至少 2 GB 的可用磁盘空间用来存储这些文件。

实际硬盘空间需求取决于系统配置和用户决定安装的功能。表 A-8 列出了 SQL Server 2008 各组件对磁盘空间的要求：

表 A-8　　对磁盘空间的要求

功　能	磁盘空间要求
数据库引擎和数据文件、复制以及全文搜索	280 MB
Analysis Services 和数据文件	90 MB
Reporting Services 和报表管理器	120 MB
Integration Services	120 MB
客户端组件	850 MB
SQL Server 联机丛书和 SQL Server Compact 联机丛书	240 MB

A.1.5　安装 SQL Server 2008

同其他 Microsoft 产品一样，Microsoft 也为 SQL Server 2008 的安装过程提供了一个很友好的安装向导，利用该向导可以很方便地完成安装。

我们以在 Windows XP+SP2 操作系统上安装 SQL Server 2008 企业试用版为例，说明 SQL Server 2008 的安装过程及安装过程中的选项。在其他 Windows 操作系统平台上的安装过程与此类似。

（1）将包含 SQL Server 2008 软件的光盘插入光驱后，系统将自动启动 SQL Server 2008 的安装程序，也可以在资源管理器中通过运行 SQL Server 2008 光盘中的 Setup.exe 程序来启动安装程序。启动安装程序后，第一个界面如图 A-1 所示。在这个界面中，在左边选中“安装”，然后再在右边的列表中单击“全新 SQL Server 独立按照计划或向现有安装添加功能”，进入如图 A-2 所示的“安装程序支持规则”窗口（图中所示为展开了详细信息后的窗口内容）。

（2）在图 A-2 上，如果系统检测状态均为“已通过”，则可单击“确定”按钮进入如图 A-3 所示的“安装程序支持文件”窗口。如果出现错误或警告，则对警告可以不处理，但对错误则必须将其排除后才能进行下一步的安装。

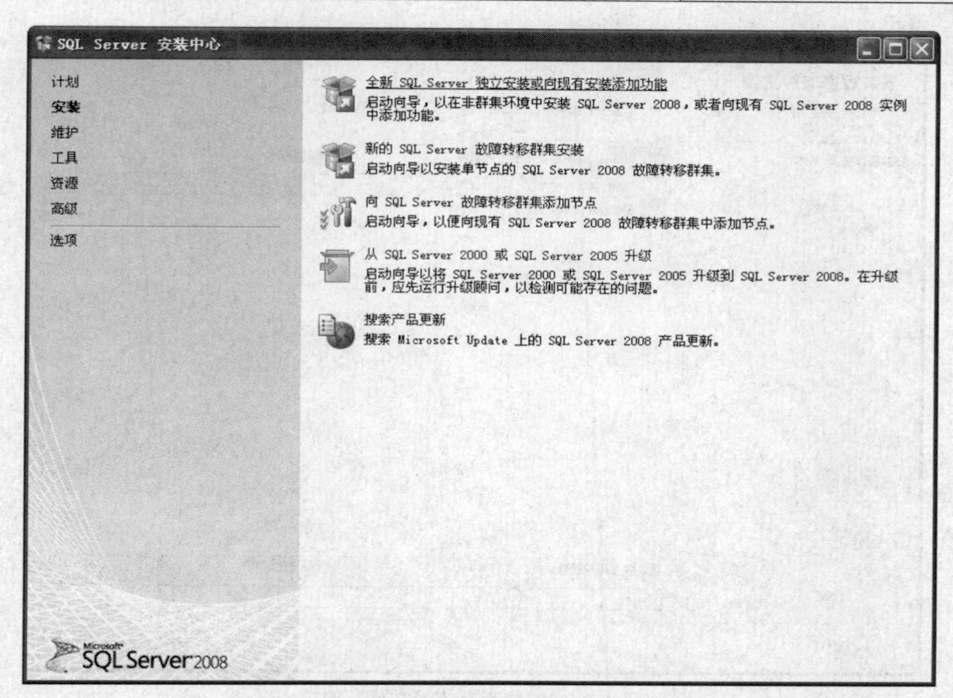

图 A-1　SQL Server 2008 安装的第一个界面

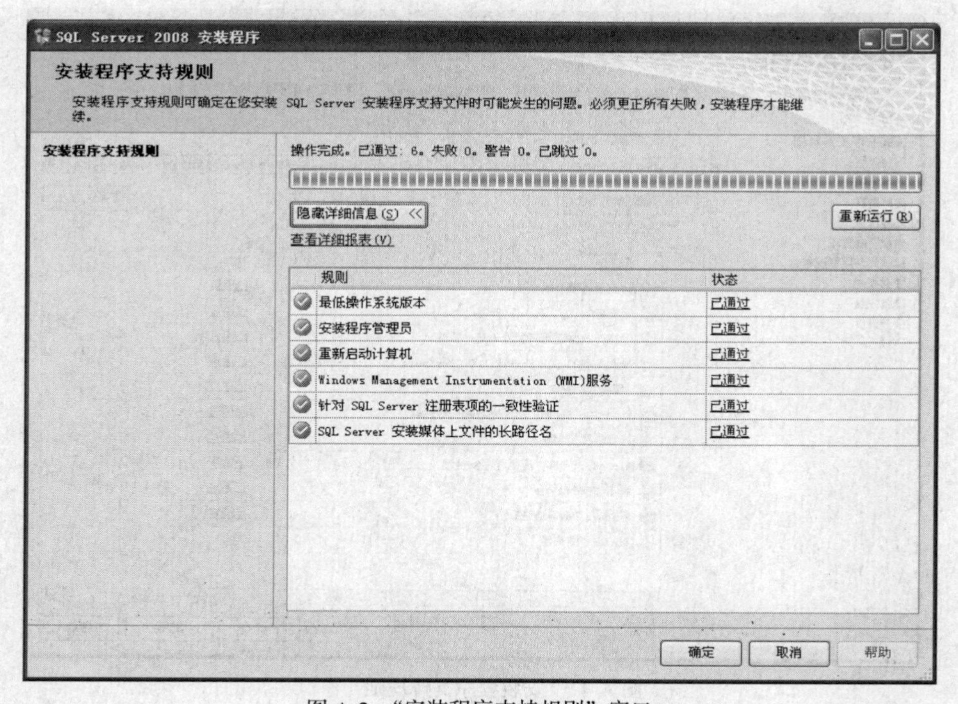

图 A-2　“安装程序支持规则”窗口

（3）在图 A-3 所示窗口上单击“安装”按钮，系统经过短时间的安装后进入图 A-4 所示的“安装程序支持规则”窗口。

（4）在图 A-4 上单击“下一步”按钮，进入图 A-5 所示的指定要安装的 SQL Server 版本的窗口。

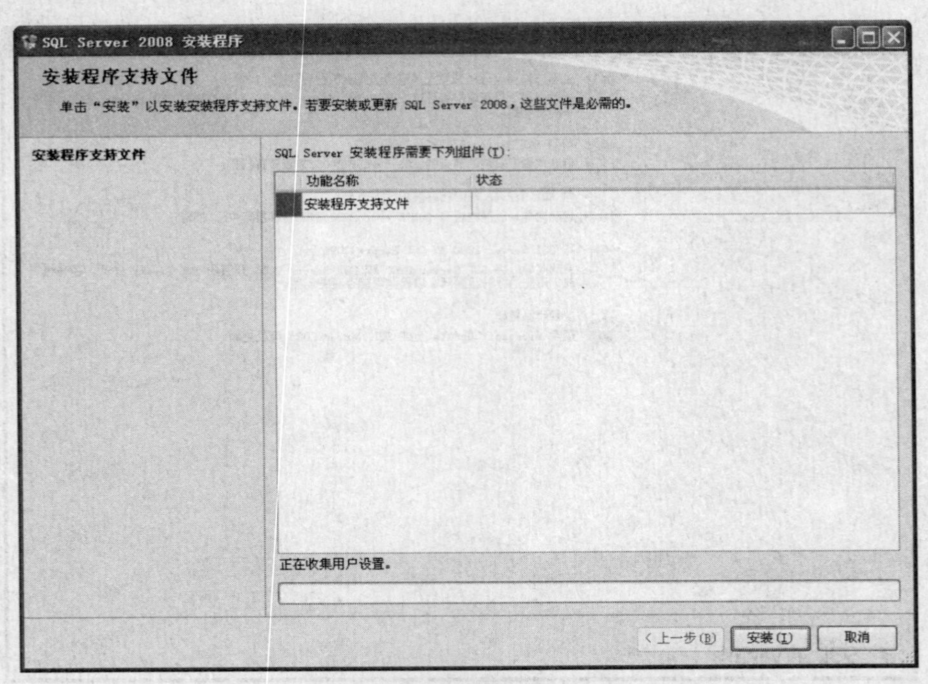

图 A-3 “安装程序支持文件”窗口

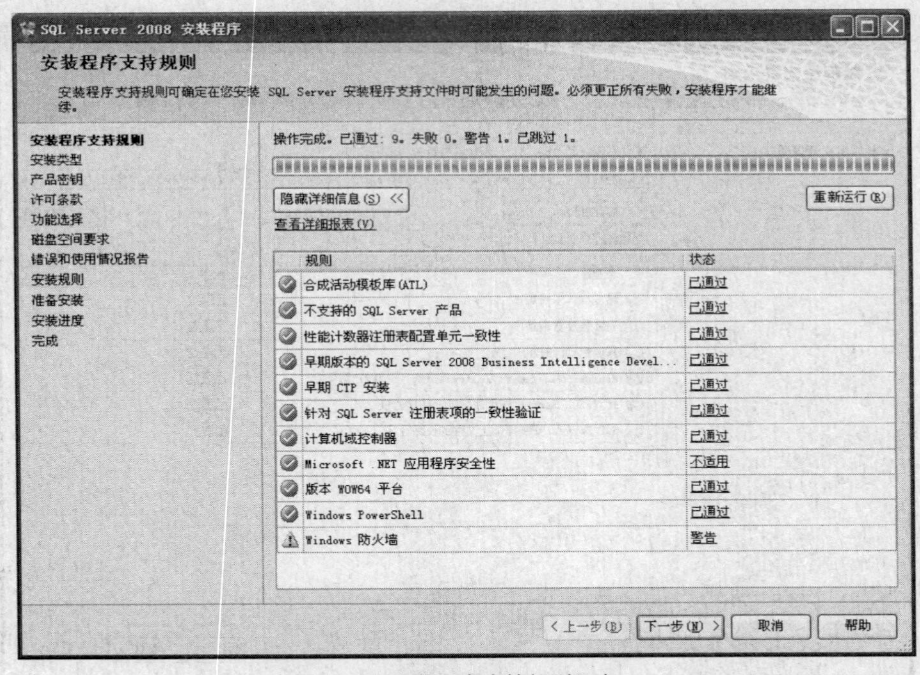

图 A-4 “安装程序支持规则”窗口

（5）在图 A-5 所示窗口中，在“指定可用版本”下拉列表框中，指定一个要安装的版本，并在下面的“输入产品密钥”框中输入产品的 25 位密钥。单击“下一步”按钮，进入“许可条款”窗口，在此窗口中选中下边的“我接受许可条款”复选框，然后单击“下一步”按钮，进入图 A-6 所示的“功能选择”窗口。

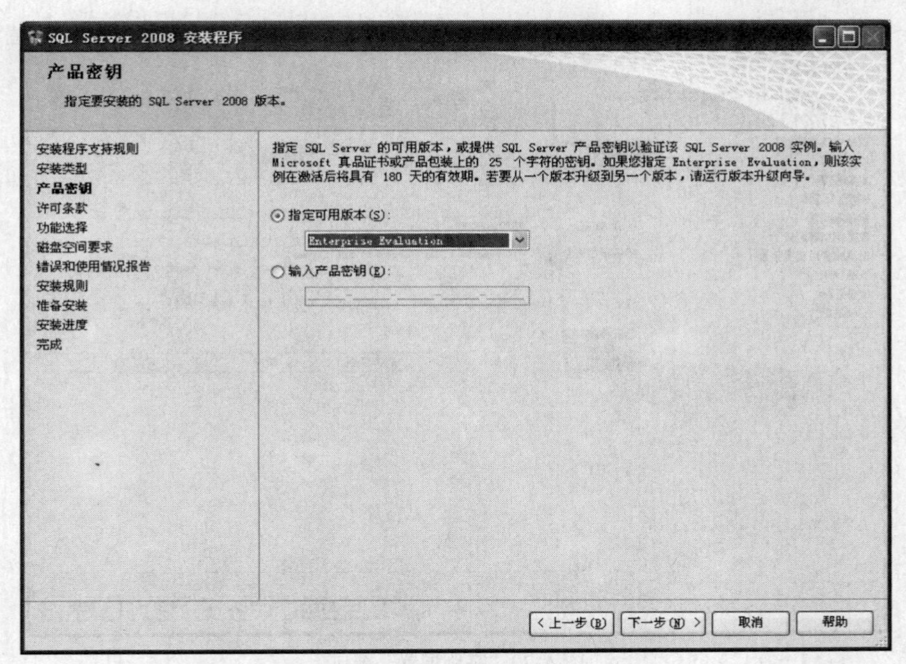

图 A-5 “产品密钥”窗口

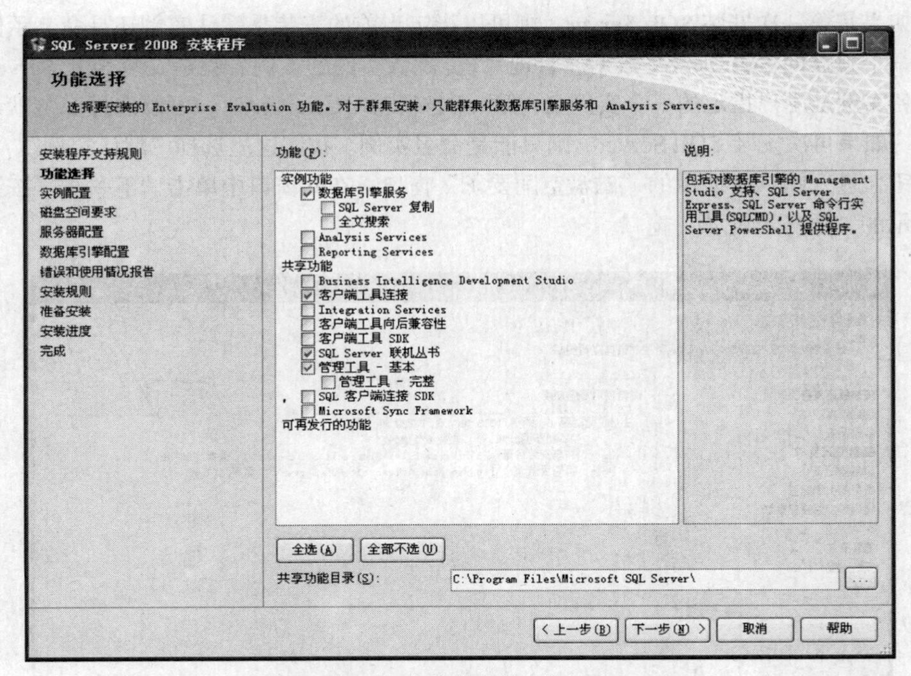

图 A-6 “功能选择”窗口

（6）在“功能选择”窗口可以选择要安装的功能，其中的“数据库引擎服务”是 SQL Server 的核心服务，是必须要安装的，“Analysis Service”和“Report Service”分别是分析服务和报表服务，由于本教材未涉及到这些功能，因此可以不安装。我们在此窗口中选中的是“数据库引擎服务”、“客户端工具连接”、“SQL Server 联机丛书”和“管理工具 – 基本”（将包括 Management Studio 工具）。单击“下一步”按钮，进入图 A-7 所示的“实例配置”窗口。

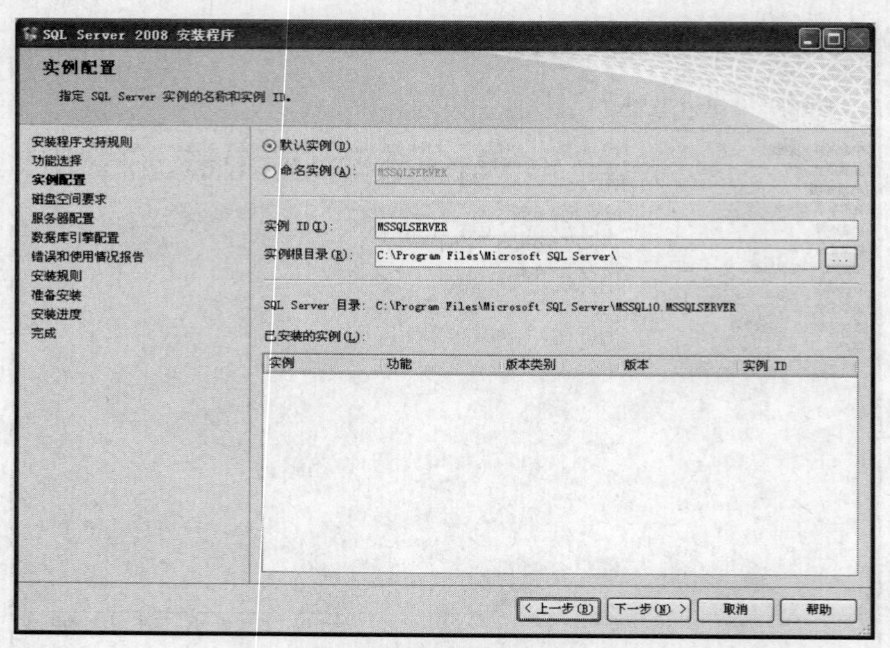

图 A-7 “实例配置”窗口

（7）如果是第一次安装 SQL Server，则可以指定当前的安装是默认实例还是命名示例。一个实例就是一个独立的 SQL Server 数据库管理系统。默认实例的实例名就是安装 SQL Server 的计算机名，命名实例是用户指定的一个实例名。第一次安装 SQL Server 时，可以选择安装默认实例或命名实例，如果再次安装 SQL Server，则只能是命名实例。我们这里选择“默认实例”。单击“下一步”按钮，进入图 A-8 所示的“磁盘空间要求”窗口，在此窗口中单击“下一步”按钮，进入图 A-9 所示的“服务器配置”窗口。

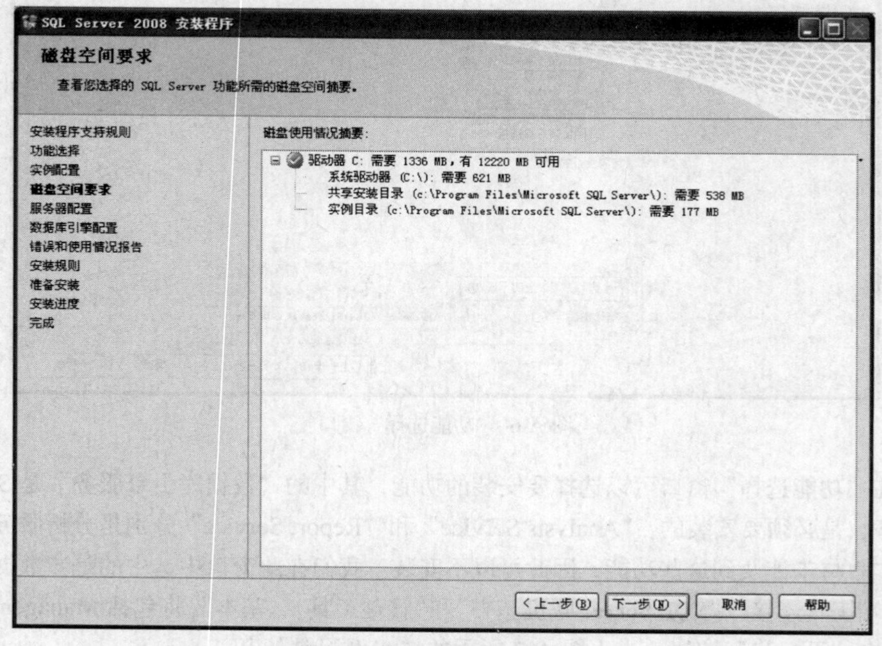

图 A-8 “磁盘空间要求”窗口

（8）在“服务器配置”窗口中，在“服务账户”选项卡中可以为每个 SQL Server 服务配置账户和密码及启动类型。“账户名”可以在下拉框中进行选择。我们将“SQL Server 代理”和“SQL Server Database Engine”对应的账户名下拉列表框中均选择“NT AUTHORITY\SYSTEM”，如图 A-9 所示。单击“下一步”按钮，进入图 A-10 所示的“数据库引擎配置”窗口。

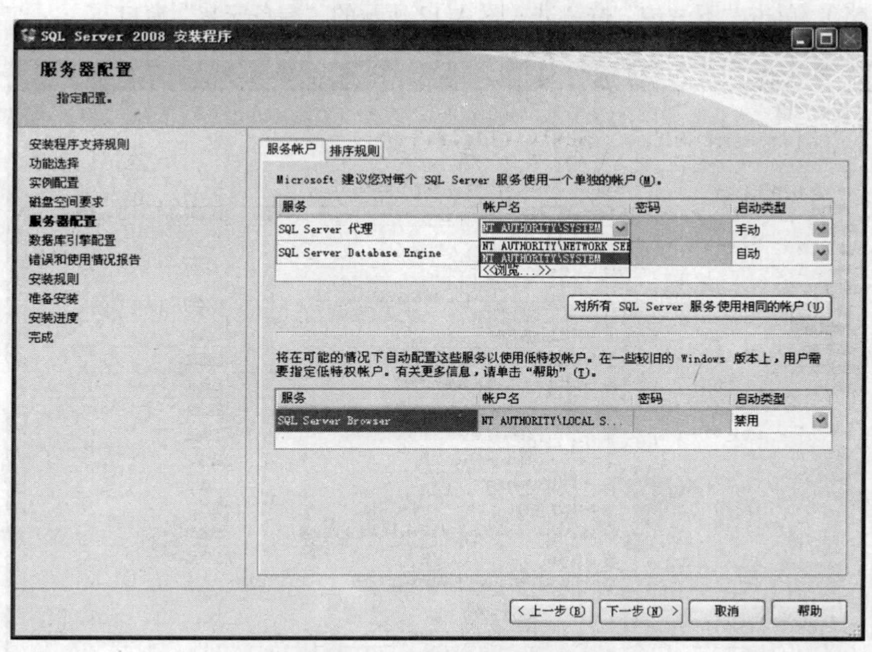

图 A-9　“服务器配置”窗口

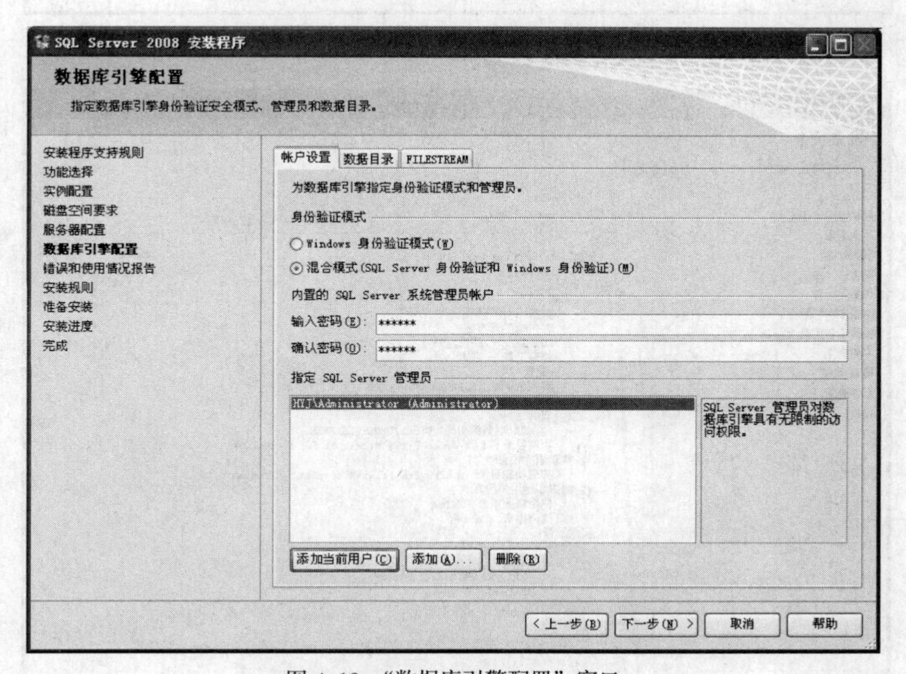

图 A-10　“数据库引擎配置”窗口

（9）在“数据库引擎配置”窗口中，在“账户设置”选项卡中可以选择身份验证模式。我们这里选择“混合模式（SQL Server 身份验证和 Windows 身份验证）”选项，并在“输入密码”和“确认密码”文本框中输入 sa 的密码。单击“下一步”按钮进入“错误和使用情况报告”窗口，在此窗口中直接单击“下一步”按钮，进入图 A-11 所示的“安装规则”窗口（该窗口中在“FAT32 文件系统”项上有个警告，Microsoft 不建议将 SQL Server 2008 安装在 FAT32 文件格式上，这个警告可以忽略）。单击“下一步”按钮进入图 A-12 所示的“准备安装”窗口。

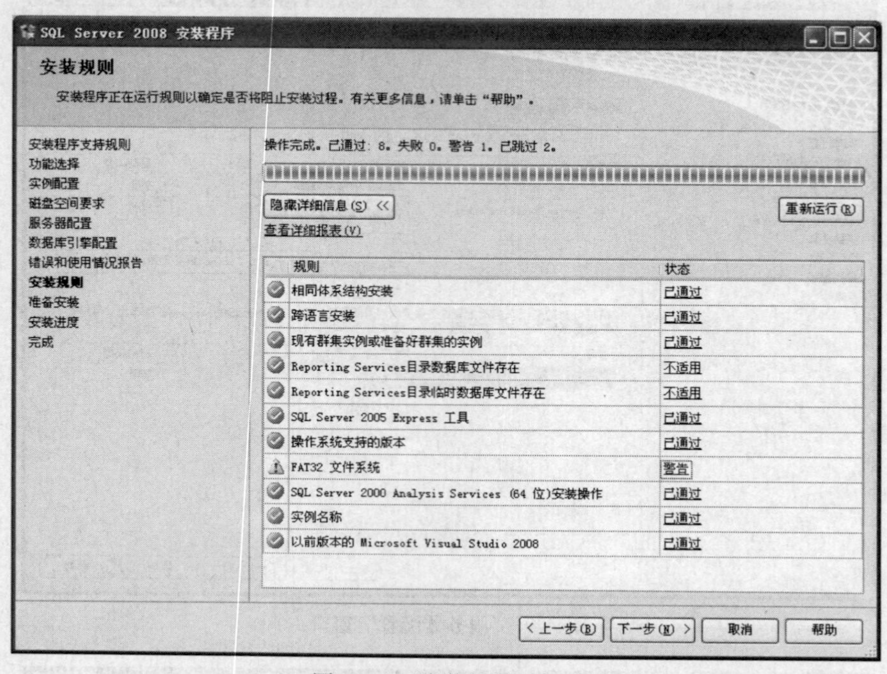

图 A-11 “安装规则”窗口

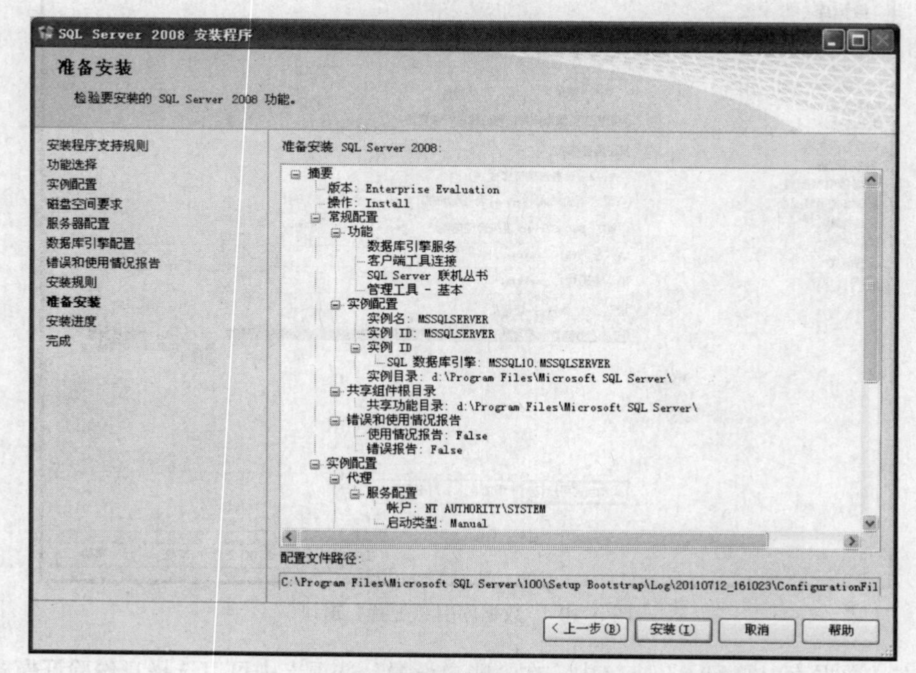

图 A-12 “准备安装”窗口

（10）在“准备安装”窗口，系统列出了用户所选择的功能、实例配置、安装位置等信息，单击“安装”，系统进入如图 A-13 所示的“安装进度”窗口，安装完成后“安装进度”窗口将成为图 A-14 所示形式。从图 A-14 可以看成，我们所选择的功能均已安装成功。单击“下一步”按钮，进入“完成”窗口，在此窗口中单击“关闭”按钮，完成 SQL Server 2008 的安装。

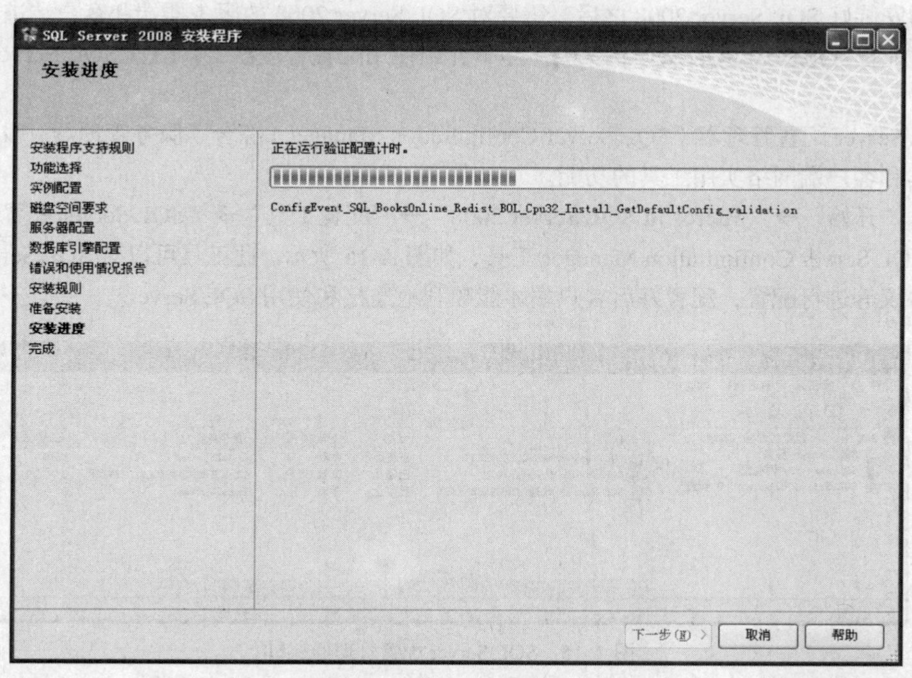

图 A-13　“安装进度”窗口

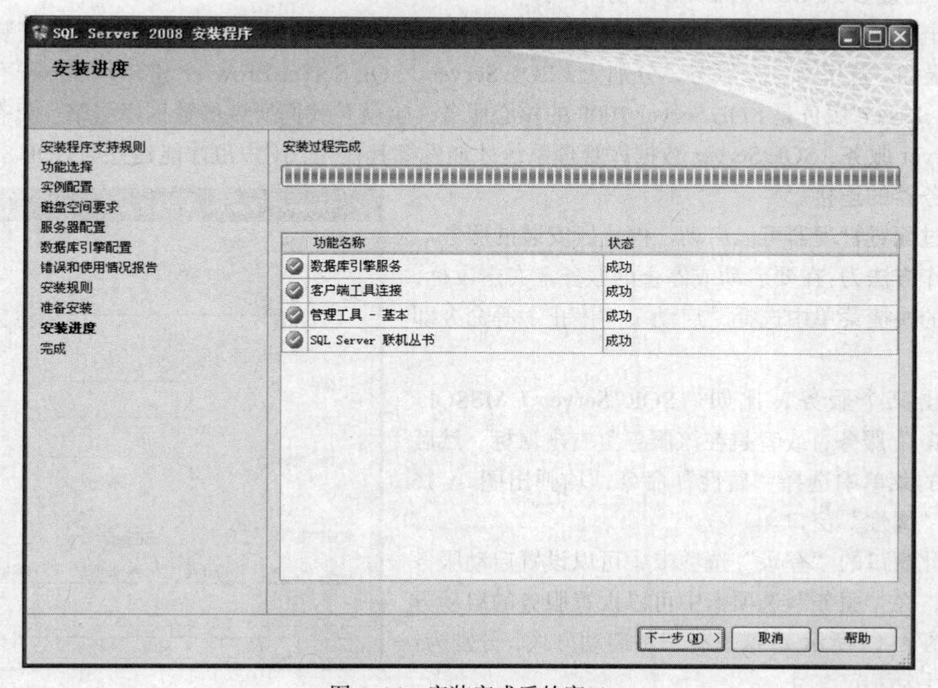

图 A-14　安装完成后的窗口

A.2 配置 SQL Server 2008

成功安装好 SQL Server 2008 之后，需要对 SQL Server 2008 的服务器端和客户端进行适当的配置，才能正常地使用 SQL Server 2008。本节介绍使用配置管理器工具配置 SQL Server 2008 的方法。

SQL Server 配置管理器（SQL Server Configuration Manager）综合了服务管理器、服务器网络实用工具和客户端网络实用工具的功能。

单击“开始”→“Microsoft SQL Server 2008”→“配置工具”→“SQL Server 配置管理器”，可打开 SQL Server Configuration Manager 工具，如图 A-15 所示。此工具可以对 SQL Server 服务、网络、协议等进行配置，配置好后客户端才能顺利地连接和使用 SQL Server。

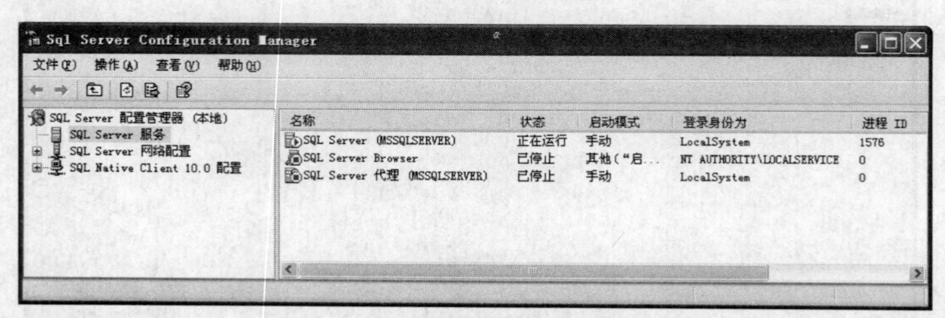

图 A-15 SQL Server 配置管理器窗口

1. 配置 SQL Server 2008 服务

单击图 A-15 所示窗口左边的“SQL Server 服务”节点，在窗口的右边将列出已安装的 SQL Server 服务。这里有三个服务，分别为：SQL Server、SQL Server Browser 和 SQL Server 代理，其中“SQL Server”服务是 SQL Server 2008 的核心服务，也就是我们所说的数据库引擎。只有启动了 SQL Server 服务，SQL Server 数据库管理系统才能发挥其作用，用户也才能建立与 SQL Server 数据库服务器的连接。

通过配置管理器可以启动、停止所安装的服务。具体操作方法为：在要启动或停止的服务上右击鼠标，在弹出的快捷菜单中选择“启动”、“停止”等命令即可。

双击某个服务，比如“SQL Server（MSSQLSERVER）”服务，或者是在该服务上右击鼠标，然后在弹出的菜单中选择“属性”命令，均弹出图 A-16 所示的“属性”窗口。

在此窗口的“登录”选项卡中可以设置启动服务的账户，在“服务”选项卡中可以设置服务的启动方式（如图 A-17 所示）。这里有三种启动方式，分别为：自动、手动和已禁止。

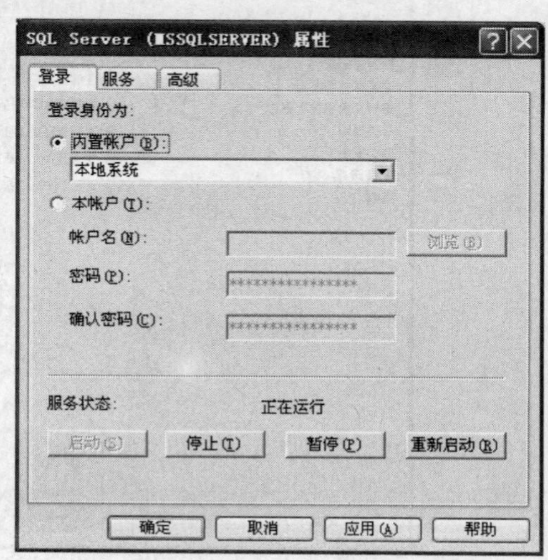

图 A-16 SQL Server 服务的属性窗口

- 自动：表示每当操作系统启动时自动启动该服务；
- 手动：表示每次使用该服务时都需要用户手工地启动；
- 已禁用：表示要禁止该服务的启动。

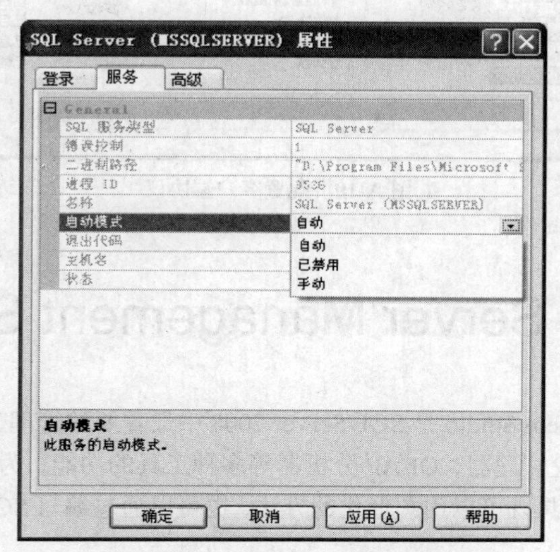

图 A-17　设置服务的启动方式

2. 配置 SQL Server 2008 网络配置

在图 A-15 所示的 SQL Server Configuration Manager 窗口中，展开“SQL Server 网络配置”节点左边的加号，然后单击其下面的“MSSQLSERVER 协议”，则在窗口右边将显示 SQL Server 2008 提供的网络协议，如图 A-18 所示。

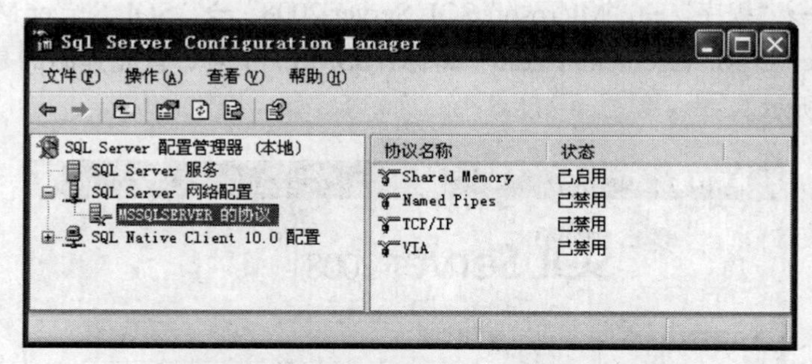

图 A-18　配置 SQL Server 2008 的网络

在某个协议上右击鼠标，然后在弹出的快捷菜单中，通过选择“启用”、“禁用”命令可以启用或禁用某个协议。

3. 配置 SQL Server 2008 Native Client 配置

在图 A-15 所示的 SQL Server Configuration Manager 窗口中，展开“SQL Native Client10.0 配置”左边的加号，然后单击其中的“客户端协议”节点，将出现如图 A-19 所示的窗口。

在图 A-19 所示窗口中，当前客户端已启用了 Shared Memory、TCP/IP 和 Name Pipes 三种协议，也就是说，如果服务器端的网络配置中，启用了上述三种协议中的任何一种，那么客户端就可以连接到服务器上。

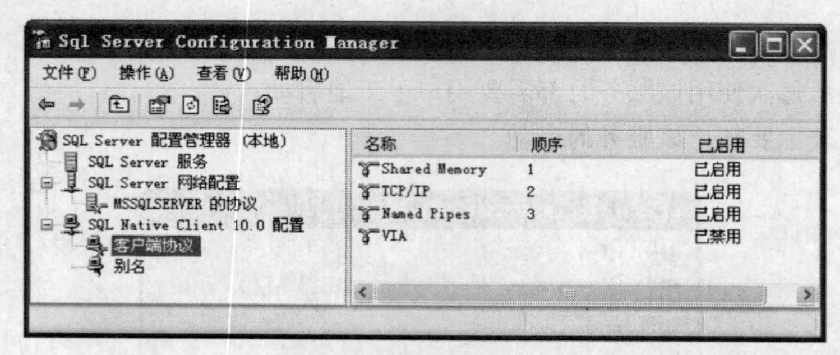

图 A-19　配置客户端协议

A.3　SQL Server Management Studio 工具

SQL Server Management Studio 是 SQL Server 2008 中最重要的管理工具，它融合了 SQL Server 2000 的查询分析器和企业管理器、OLAP 分析器等多种工具的功能，为管理人员提供了一个简单的实用工具，使用这个工具既可以用图形化的方法，也可以通过编写 SQL 语句来实现对数据库的操作。

SQL Server Management Studio 是一个集成环境，用于访问、配置和管理所有的 SQL Server 组件，它组合了大量的图形工具和丰富的脚本编辑器，使各种技术水平的开发和管理人员都可以通过这个工具访问和管理 SQL Server。

A.3.1　连接到数据库服务器

单击“开始”→“程序”→“Microsoft SQL Server 2008”→“SQL Server Management Studio”命令，打开 SQL Server Management Studio（简称：SSMS）工具，首先弹出的是“连接到服务器”窗口，如图 A-20 所示。

图 A-20　“连接到服务器”的窗口

在图 A-20 所示窗口中，各选项含义如下：

- 服务器类型：列出了 SQL Server 2008 数据库服务器所包含的服务，当前连接的是“数据库引擎”，即 SQL Server 服务。

- 服务器名称：指定要连接的数据库服务器的实例名。SSMS 能够自动扫描当前网络中的 SQL Server 实例。这里连接的是刚安装的默认实例，其实例名就是计算机名（HYJ）。
- 身份验证：选择用哪种身份连接到数据库服务器，这里有两种选择：“Windows 身份验证”和“SQL Server 身份验证”。如果选择的是“Windows 身份验证”，则用当前登录到 Windows 的用户连接，如果选择的是“SQL Server 身份验证”，则窗口形式如图 A-21 所示，这时需要输入 SQL Server 身份验证的登录名和相应的密码。

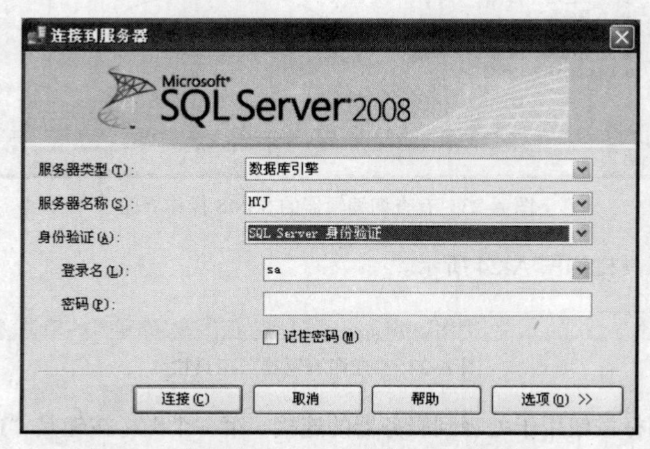

图 A-21　选择“SQL Server 身份验证”的连接窗口

连接成功后，将进入 SSMS 操作界面，如图 A-22 所示。

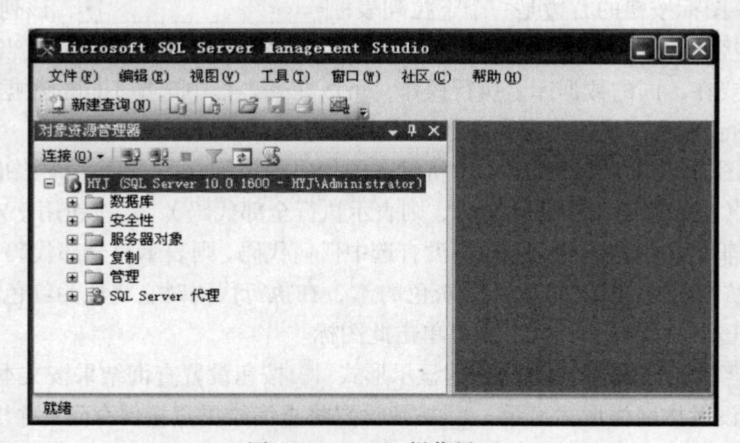

图 A-22　SSMS 操作界面

A.3.2　查询编辑器

SSMS 工具提供了图形化界面来创建和维护对象，同时也提供了用户编写 T-SQL 语句，并通过执行 SQL 语句创建和管理对象的工具，这就是查询编辑器。查询编辑器以选项卡窗口的形式存在于 SSM 界面右边的文档窗格中，可以通过如下方式之一打开查询编辑器：

- 单击标准工具栏中的“新建查询(N)”按钮；
- 选择“文件”菜单中“新建”命令下的“数据库引擎查询”命令。

在 SSMS 中查询编辑器是位于右部的窗格，如图 A-23 所示。

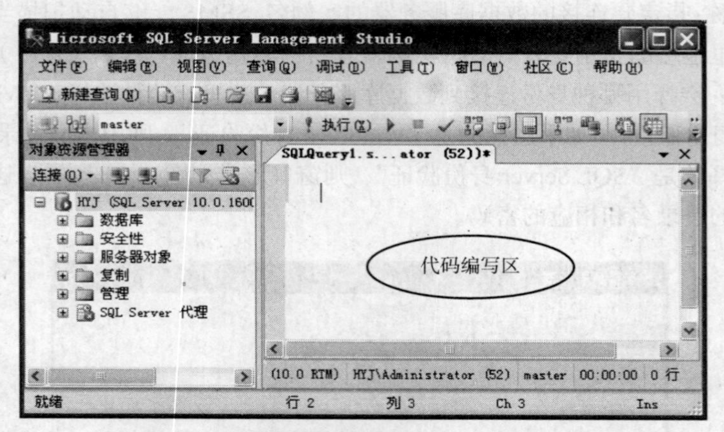

图 A-23　有查询编辑器的 SSMS 操作界面

查询编辑器的工具栏如图 A-24 所示。

图 A-24　“查询编辑器”工具栏

最左边的二个图标按钮用于处理到服务器的连接。第一个图标按钮是“连接”，用于请求一个到服务器的连接（如果当前没有建立任何连接的话），如果当前已经建立有到服务器的连接，则此按钮为不可用状态。第二个图标按钮是“更改连接”，单击此按钮表示要更改当前的连接。

“更改连接”图标按钮的右边是一个下拉列表框 master，该列表框列出了当前查询编辑器所连接的数据库服务器上的所有数据库，列表框上显示的数据库是当前连接正在访问的数据库。如果要在不同的数据库上执行操作，可以在列表框中选择不同的数据库，选择一个数据库就代表要执行的 SQL 代码都是在此数据库上进行的。

随后的四个图标按钮与查询编辑器中所键入的代码的执行有关。执行(X) 按钮用于执行在编辑区所选中的代码（如果没有选中任何代码，则表示执行全部代码）。按钮用于对代码进行调试。按钮用于对编辑区中选中的代码（如果没有选中任何代码，则表示对全部代码）进行语法分析。该组的最后一个图标按钮在图 A-24 上是灰色的，在执行代码时它将成为红色。如果在执行代码过程中，希望取消代码的执行，则可单击此图标。

图标按钮用于改变查询结果的显示形式。按钮设置查询结果按文本格式显示，按钮设置查询结果设置按网格形式显示，按钮设置将查询结果直接保存到一个文件中。

按钮用于注释掉选中的代码行，按钮用于取消对选中行代码的注释。按钮用于减少缩进，按钮用于增加缩进。不管是增加缩进还是减少缩进，都是针对选中的代码。

附录 B 系统提供的常用函数

SQL Server 2008 提供了许多内置函数，使用这些函数可以方便快捷地执行某些操作。这些函数通常用在查询语句中，用来计算查询结果或修改数据格式和查询条件。一般来说，允许使用变量、字段或表达式的地方都可以使用这些内置函数。我们在本书第 4 章介绍了一些实现统计功能到聚合函数，本附录将介绍一些日期和时间函数、字符串函数以及类型转换函数。

B.1 日期和时间函数

日期和时间函数对日期和时间型的值执行操作，并返回一个字符串、数字值或日期和时间值。

1. GETDATE ()

作用：按 datetime 值的 SQL Server 标准内部格式返回当前的系统日期和时间。

返回类型：datetime。

注释：日期函数可用在 SELECT 语句的选择列表或用在查询语句的 WHERE 子句中。

例 1 用 GETDATE 返回系统当前的日期和时间。

```
SELECT GETDATE()
```

例 2 在 CREATE TABLE 语句中使用 GETDATE 函数作为列的默认值，这样可简化用户对业务发生日期和时间的输入。此示例创建 employees 表，用 GETDATE 函数给出员工被雇佣的时间，并将此时间作为该列的默认值。

```
CREATE TABLE employees(
 eid char(11) NOT NULL,
 ename char(10) NOT NULL,
 hire_date datetime DEFAULT GETDATE()
)
```

2. DATEADD

作用：对给定的日期加上一段时间，返回新的 datetime 值。

语法：DATEADD (日期部分，常数，日期)

其中：

- 日期部分：指定应向日期的哪一部分计算新值。表 B-1 列出了 SQL Server 识别的日期部分和缩写形式。

表 B-1　　SQL Server 识别的日期部分和缩写形式

日期部分	缩　写	含　义
Year	yy，yyyy	年
quarter	qq，q	季度
Month	Mm，m	月份
Dayofyear	Dy，y	一年中的第几天
Day	Dd，d	日
Week	Wk，ww	一年中的第几周
Hour	Hh	点（时）
Minute	Mi，n	分
Second	Ss，s	秒
Millisecond	ms	毫秒

- 常数：是用来增加日期部分的值。如果指定一个不是整数的值，则将忽略此值的小数部分。
- 日期：是返回 datetime 或 smalldatetime 值或日期格式字符串的表达式。

返回类型：返回 datetime，但如果 date 参数是 smalldatetime，则返回 smalldatetime。

例 3　计算当前日期加上 100 天后的日期。

```
SELECT DATEADD(DAY,100,GETDATE())
```

例 4　设有图书表 titles，结构如下：

```
CREATE TABLE titles(
   title_id   char(6)       PRIMARY KEY,     -- 书号
   title      varchar(80)   NOT NULL,        -- 书名
   type       char(12)      NOT NULL,        -- 类型
   price      numeric(6,2)  NULL,            -- 价格
   pubdate    datetime      NOT NULL )       -- 出版日期
```

设该表包含有如图 B-1 所示的数据：

	title_id	title	type	price	pubdate
1	BU1032	The Busy Executive's Database Guide	business	19.99	1991-06-12 00:00:00.000
2	BU1111	Cooking with Computers: Surreptitious Balance Sh...	business	11.95	1991-06-09 00:00:00.000
3	BU2075	You Can Combat Computer Stress!	business	2.99	1991-06-30 00:00:00.000
4	BU7832	Straight Talk About Computers	business	19.99	1991-06-22 00:00:00.000
5	MC2222	Silicon Valley Gastronomic Treats	mod_cook	19.99	1991-06-09 00:00:00.000
6	MC3021	The Gourmet Microwave	mod_cook	2.99	1991-06-18 00:00:00.000
7	MC3026	The Psychology of Computer Cooking	UNDECIDED	NULL	2000-08-06 01:33:54.123
8	PC1035	But Is It User Friendly?	popular_comp	22.95	1991-06-30 00:00:00.000
9	PC8888	Secrets of Silicon Valley	popular_comp	20.00	1994-06-12 00:00:00.000
10	PC9999	Net Etiquette	popular_comp	NULL	2000-08-06 01:33:54.140

图 B-1　titles 表的数据

查询 titles 表中每本书的出版日期加上 21 天后的日期。

```
SELECT title_id AS 书号, pubdate AS 出版日期,
     DATEADD(day,21,pubdate) AS 新日期
FROM titles
```

执行结果如图 B-2 所示。

	书号	出版日期	新日期
1	BU1032	1991-06-12 00:00:00.000	1991-07-03 00:00:00.000
2	BU1111	1991-06-09 00:00:00.000	1991-06-30 00:00:00.000
3	BU2075	1991-06-30 00:00:00.000	1991-07-21 00:00:00.000
4	BU7832	1991-06-22 00:00:00.000	1991-07-13 00:00:00.000
5	MC2222	1991-06-09 00:00:00.000	1991-06-30 00:00:00.000
6	MC3021	1991-06-18 00:00:00.000	1991-07-09 00:00:00.000
7	MC3026	2000-08-06 01:33:54.123	2000-08-27 01:33:54.123
8	PC1035	1991-06-30 00:00:00.000	1991-07-21 00:00:00.000
9	PC8888	1994-06-12 00:00:00.000	1994-07-03 00:00:00.000
10	PC9999	2000-08-06 01:33:54.140	2000-08-27 01:33:54.140

图 B-2 例 4 查询的执行结果

3. DATEDIFF

作用：返回两个指定日期之间所差的日期。

语法：DATEDIFF(日期部分 ，开始日期, 结束日期)

日期部分的取值如表 B-1 所示。

返回类型：int

注释：返回结果是用结束日期减去开始日期。如果开始日期比结束日期晚，则返回负值。

例 5 计算 2011 年 10 月 1 日到 2012 年 1 月 1 日之间的天数。

```
SELECT DATEDIFF( DAY,'2011/10/1', '2012/1/1' )
```

例 6 查询 titles 表中每本书从出版日期到 2011 年共出版了多少年。

```
SELECT title_id AS 书号,
    DATEDIFF(year, pubdate, '2011/1/1') AS 出版年数,
    pubdate AS 出版日期
FROM titles
```

结果如图 B-3 所示。

	书号	出版年数	出版日期
1	BU1032	20	1991-06-12 00:00:00.000
2	BU1111	20	1991-06-09 00:00:00.000
3	BU2075	20	1991-06-30 00:00:00.000
4	BU7832	20	1991-06-22 00:00:00.000
5	MC2222	20	1991-06-09 00:00:00.000
6	MC3021	20	1991-06-18 00:00:00.000
7	MC3026	11	2000-08-06 01:33:54.123
8	PC1035	20	1991-06-30 00:00:00.000
9	PC8888	17	1994-06-12 00:00:00.000
10	PC9999	11	2000-08-06 01:33:54.140

图 B-3 例 6 的执行结果

4. DATENAME

作用：返回代表指定日期的指定日期部分的字符串描述。

语法：DATENAME(日期部分, date)

日期部分的取值如表 B-1 所示。

返回类型：nvarchar

注释：SQL Server 自动在字符和 datetime 值间按需要进行转换。

例 7 从 GETDATE 函数返回的日期中提取月份名。

```
SELECT DATENAME(month, getdate()) AS 'Month Name'
```

5. DATEPART

作用：返回代表给定日期的指定日期部分的整数。

语法：DATEPART(日期部分, date)

日期部分的取值如表 B-1 所示。

返回类型：int

例 8 从 GETDATE 函数返回的当前日期中得到年份。

```
SELECT DATEPART (year, GETDATE()) AS 'Current year'
```

例 9 对前边建立的 titles 表，统计每年出版的图书数量。

```
SELECT DATEPART(year, Pubdate) AS 年, COUNT(*) AS 图书数量
```

```
FROM titles
GROUP BY DATEPART(year, Pubdate)
```

执行结果如图 B-4 所示。

	年	图书数量
1	1991	7
2	1994	1
3	2000	2

图 B-4　例 9 的执行结果

6. DAY

作用：返回指定日期的日部分的整数。

语法：DAY(date)

返回类型：int

此函数等价于 DATEPART(day, date)。

例 10　返回当前日期的日部分。

```
SELECT DAY(getdate()) AS 'Day Number'
```

7. MONTH

作用：返回指定日期的月份的整数。

语法：MONTH (date)

返回类型：int

此函数等价于 DATEPART(month, date)。

8. YEAR

作用：返回指定日期中的年份的整数。

语法：YEAR (date)

返回类型：int

此函数等价于 DATEPART(year, date)。

B.2　字符串函数

字符串函数用于对字符串进行操作，返回字符串或数字值。

1. LEFT

作用：返回从字符串左边开始指定个数的字符串。

语法：LEFT (字符串, 整数值)

返回类型：varchar

例 11　返回字符串“abcdefg”最左边的 2 个字符。

```
SELECT LEFT('abcdefg', 2)
```

执行结果为：ab

例 12　对 Student 表，查询所有不同的姓氏（假设没有复姓）。

```
SELECT DISTINCT LEFT(Sname,1) AS 姓氏 FROM Student
```

执行结果如图 B-5 所示。

	姓氏
1	李
2	刘
3	钱
4	王
5	吴
6	张

图 B-5　例 12 的执行结果

2. RIGHT

作用：返回字符串中从右边开始指定个数的字符串。

语法：RIGHT (字符串 ，整数)

返回类型：varchar

例 13　返回字符串"abcdefg"最右边的 2 个字符。

```
SELECT RIGHT ('abcdefg', 2)
```

执行结果为：fg

3. LEN

作用：返回给定字符串中字符（而不是字节）的个数，其中不包含尾随空格。

语法：LEN (字符串)

返回类型：int

例 14　返回字符串"数据库系统基础"的字符个数。

```
SELECT LEN('数据库系统基础')
```

结果为：7

例 15　对 Student 表，统计名字为 2 个汉字和 3 个汉字的学生人数。

```
SELECT LEN(Sname) AS 人名长度, COUNT(*) AS 人数
 FROM Student WHERE LEN(Sname) IN (2,3)
 GROUP BY LEN(Sname)
```

执行结果如图 B-6 所示。

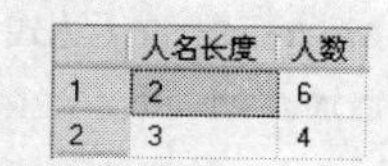

	人名长度	人数
1	2	6
2	3	4

图 B-6　例 15 的执行结果

4. SUBSTRING

作用：返回字符串中的指定部分。

语法：SUBSTRING（字符串，起始位置，长度）

其中：

- 起始位置：整数，指定子串的开始位置。
- 长度：整数，指定要返回的字符串子串的长度（字符数）。

返回类型：字符数据

例 16　返回名字的第二个字是"小"或"大"的学生姓名。

```
SELECT Sname FROM Student
 WHERE SUBSTRING(Sname,2,1) IN ('小', '大')
```

执行结果如图 B-7 所示。

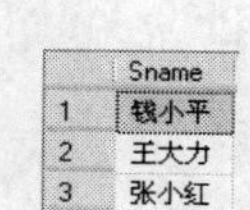

	Sname
1	钱小平
2	王大力
3	张小红

图 B-7　例 16 的执行结果

5. LTRIM

作用：删除字符串左边的起始空格。

语法：LTRIM（字符串）

返回类型：varchar

6. RTRIM

作用：截断字符串右边的所有尾随空格。

语法：RTRIM（符串）

返回类型：varchar

例 17　查询姓"王"且名字是 3 个字的学生姓名。

```
SELECT Sname FROM Student
 WHERE Sname LIKE '王%' AND LEN(RTRIM(Sname)) =3
```

例 18　查询全体名字的最后一个字是"勇"、"平"和"力"的学生姓名和所在系

```
SELECT Sname, Sdept FROM Student
```

```
WHERE RIGHT(RTRIM(Sname),1) IN ('勇','平','力')
```

执行结果如图 B-8 所示。

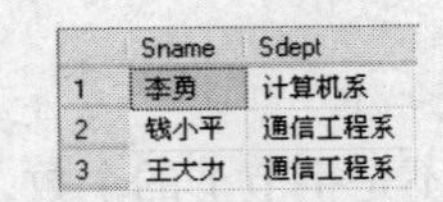

	Sname	Sdept
1	李勇	计算机系
2	钱小平	通信工程系
3	王大力	通信工程系

图 B-8　例 18 的执行结果

B.3　类型转换函数

类型转换函数是将某种数据类型的表达式显式转换为另一种数据类型。SQL Server 2008 提供了两个类型转换函数：CAST 和 CONVERT，这两个函数提供了相似的功能。

语法：

```
CAST：CAST（达式 AS 数据类型）
CONVERT：CONVERT（据类型[（长度）]，表达式）
```

例 19　针对 students 数据库中的 SC 表，计算每个学生的考试平均成绩，将平均成绩转换为小数点前保留 3 位，小数点后保留 2 位的定点小数。

```
SELECT Sno AS 学号,
  CAST(AVG(CAST(Grade AS real)) AS numeric(5,2)) AS 平均年龄
  FROM SC GROUP BY Sno
```

执行结果如图 B-9 所示。

	学号	平均年龄
1	0611101	80.50
2	0611102	88.67
3	0621102	78.00
4	0621103	65.00
5	0631101	65.00
6	0631102	NULL
7	0631103	71.50

图 B-9　例 19 的执行结果

注意：默认情况下，AVG 函数返回结果的类型同它统计的数据的类型相同，由于 Grade 是 int 型的，因此，若不进行类型转换，则 AVG 函数返回的结果就是整型的。